高等学校教材·材料科学与工程

无机材料科学基础简明教程

谷　智　陈福义　介万奇　刘长友　李焕勇　编著

西北工业大学出版社

西　安

【内容简介】 本书主要介绍了无机材料(无机非金属材料)的组分、结构、缺陷与性质之间的相互关系及其在制备过程中的热力学和动力学原理。全书共8章,内容包括晶体化学基础、晶体的点缺陷、熔体与玻璃、相平衡与相图、固体中的扩散、固相反应、烧结过程和人工晶体生长。

本书可以用作高等院校无机非金属材料相关专业本科生的基础理论课教材,亦可供材料类相关专业的教学科研人员和工程技术人员阅读参考。

图书在版编目(CIP)数据

无机材料科学基础简明教程 / 谷智等编著. — 西安 : 西北工业大学出版社, 2023.10

ISBN 978-7-5612-8957-0

Ⅰ.①无… Ⅱ.①谷… Ⅲ.①无机材料-材料科学-高等学校-教材 Ⅳ.①TB321

中国国家版本馆CIP数据核字(2023)第203975号

WUJI CAILIAO KEXUE JICHU JIANMING JIAOCHENG

无 机 材 料 科 学 基 础 简 明 教 程

谷智 陈福义 介万奇 刘长友 李焕勇 编著

责任编辑: 王玉玲 **策划编辑:** 杨 军
责任校对: 曹 江 **装帧设计:** 李 飞
出版发行: 西北工业大学出版社
通信地址: 西安市友谊西路127号 邮编:710072
电 话: (029)88491757, 88493844
网 址: www.nwpup.com
印 刷 者: 兴平市博闻印务有限公司
开 本: 787 mm×1 092 mm 1/16
印 张: 15
字 数: 384千字
版 次: 2023年10月第1版 2023年10月第1次印刷
书 号: ISBN 978-7-5612-8957-0
定 价: 58.00元

前　言

无机材料，亦称无机非金属材料，是除金属材料和有机材料以外的所有材料的统称。传统无机材料以陶瓷、玻璃、水泥和耐火材料等硅酸盐材料为主，其应用历史悠久，是工业生产、日常生活和基本建设所必需的基础材料。随着科学技术的发展，在传统无机材料的基础之上开发了许多具有特殊性质的新型无机材料，如高温高强、半导体、激光、压电和铁电等材料。很多新型无机材料已经广泛应用于电子工业、计算机技术、激光技术、光电技术、能源技术等现代工业和高新技术领域。

随着现代科学技术的发展，无机材料领域的研究日趋活跃，无机功能材料向着高效能、高可靠性、高灵敏性、智能化和功能集成化等方向发展，无机结构材料向着强韧化、功能化、耐极端环境、绿色制备和高可靠性等方向发展。传统无机非金属材料也不断地得到改造、更新和发展。与此同时，无机材料的基础理论在深度和广度上发生了前所未有的变化，除了物理化学以外，与结构化学和固体物理中的基本理论日益渗透交叉。

《无机材料科学基础简明教程》原名《材料制备原理与技术》，是西北工业大学无机非金属材料方向本科生的基础理论课教材。根据教育部提高本科教学质量的要求以及新工科建设的需求，本教材在原教材的基础之上进行进一步凝练提高，以满足课程建设的需求，达到深化教学改革、提高教学质量、培养高素质人才的目的。

本书以新型无机材料和传统硅酸盐材料为例，应用晶体化学、缺陷化学、熔体化学、非晶态物理学、材料热力学和动力学晶体生长物理学中的基础理论，阐述无机材料的组分、结构、缺陷、性质与制备之间的相互关系及制约规律，用基础理论阐明无机材料制备过程的本质，以无机材料的内部结构解释其性质与行为，揭示无机材料结构与性质的内在联系与变化关系，为认识和改进无机材料以及设计、生产、研究、开发无机材料提供必备的理论基础。

西北工业大学无机非金属材料方向的专业先修课程——“材料科学基础”以金属作为模型体系。无机材料与金属材料既有相同的基础理论，也有各自独特的结构组织及其与性质之间的关系及变化规律。与同类教材相比：本教材在全面反映学科知识体系的前提下，力求简明精练，不再收录与金属材料共同的基础理论以及一些科普性较强的内容；增加人工晶体生长的热力学、动力学基本原理和实现途径等内容。全书共 8 章，内容包括晶体化学基础、晶体的点缺陷、熔体与玻璃、相平衡与相图、固体中的扩散、固相反应、烧结过程和人工晶体生长。

本书以无机材料为核心，对知识点进行梳理，对知识体系进行重构。在内容统筹上力求条理清晰、逻辑严谨，深度和广度适中，增强适用性；在文字叙述上力求概念准确、严谨，深入浅出，图、表、实例与内容叙述相吻合，便于读者理解和自学。

在编写本书的过程中参阅了相关文献资料，在此向其作者深表谢意。

无机材料科学的内涵丰富，涉及的学科领域和范围非常广泛，知识和技术在不断发展更新，鉴于笔者知识水平有限，书中难免存在缺点及不足之处，恳请读者批评指正。

编著者

2023 年 5 月

目　　录

第1章 晶体化学基础

无机非金属材料多数是由晶体构成的。晶体的性质是由晶体的内部结构决定的，如果内部结构发生了变化，性质也将产生变化。构成晶体的质点(原子或离子)在三维空间中的堆积方式决定了晶体的内部结构，故晶体的内部结构又与晶体的化学组成联系在一起。化学组成的改变，意味着构成晶体的质点(原子或离子)在本质上发生改变，导致晶体的内部结构也发生变化。晶体化学主要研究晶体的组成、内部结构和性质之间的关系。

本章从微观层次出发，介绍质点之间结合力和结合能、质点的堆积、配位数和配位多面体、鲍林规则等晶体化学的基本原理，理解晶体的组成、结构、性质之间的相互关系及其制约规律，为认识和了解无机非金属材料结构以及材料设计和应用提供必要的理论基础。

1.1 晶体中质点间的结合力

原子之间以什么力构成分子、形成物质是键合理论的核心。在分子或晶体中，两个或多个质点(原子或离子)之间的相互作用，称为键合或结合力。元素原子或离子依靠键合形成晶体。根据结合力的性质，晶体中质点间的结合力可以分为化学键和物理键。化学键是强键力，又称为主价键；物理键是弱键力，又称为次价键。

化学键可归纳为三种：离子键、共价键和金属键。其中，离子键是依靠静电库仑力作用形成的化学键，常见于离子化合物。共价键由两个或多个电负性相差不大的原子依靠共有若干电子所构成，气态分子中的化学键主要是共价键。金属键由金属中的自由电子和金属正离子组成的晶格之间的相互作用力构成。

物理键包括分子间作用力和氢键。分子间作用力是普遍存在于分子之间的一种较弱的相互作用。有时分子间或分子内部的由F、O、N与H组成的某些基团之间还可形成氢键，氢键也是一种较弱的键，但比分子间作用力强，比共价键弱，具有方向性与饱和性。

1.1.1 化学键

1.离子键

金属原子将其外层的一个或一个以上的价电子转移到非金属原子时，形成具有较稳定电子组态的正、负离子，正、负离子之间由于库仑引力而相互吸引，但当它们充分靠近时，离子的核外电子云之间将产生斥力。当引力与斥力平衡时，就形成稳定的离子键。离子键既可存在于气态分子中，也可存在于晶体中，前者称离子型分子，后者称离子型晶体。离子键没有方向性和饱和性。每一个正离子容许几何上可能放置的最大数目的负离子包围在其周围；同样，每个负离子也将被最大数目的正离子所包围。

2.共价键

原子相互接近时，原子轨道相互重叠变成分子轨道，原子核之间的电子云密度增大，电子同时受到两个核的吸引，使系统能量降低，这样形成的化学键称共价键。共价键可由价键理论和分子轨道理论来描述。这两个理论最终并不矛盾，它们是从不同的观点处理化学键问题。

价键理论是以量子力学方法处理氢分子为基础发展而来的。将处理氢分子基态的结果推广到其他双原子或多原子分子系统，当这些分子的原子相互接近时，那些尚未配对且自旋相反的电子可两两配对形成共价键。价键理论认为：

(1)如果 A、B 两原子的外层原子轨道(价电子轨道)各有一个未配对电子，则当 A、B 两原子接近时，这两个原子的电子以自旋反平行配对而形成共价单键。当 A、B 两原子的外层原子轨道(价电子轨道)各有两个或三个未配对电子，则这些电子两两配对形成共价双键或共价三键。

(2)如果 A 原子的外层原子轨道有 n 个未配对电子，B 原子的外层原子轨道只有 1 个未配对电子，则 1 个 A 原子可与 n 个 B 原子结合形成 AB_n 型分子。

(3)共价键具有饱和性：已配对的电子不能再与另外的电子配对。

(4)共价键具有方向性：原子形成分子时，电子云重叠愈多，形成的共价键愈牢固，故共价键的形成将尽可能采用能实现电子云最大重叠的方向。

分子轨道理论是以变分法处理氢分子/离子为基础发展而来的。分子轨道理论认为，一般分子中每个电子的轨道运动状态也可用适当的单电子波函数来描述。这种分子中描述单电子运动状态的波函数叫分子轨道。对某一分子，如果能获得它的一系列分子轨道和相应的能级，就可像处理多电子原子一样，按电子排布原理，将分子中的电子填入分子轨道，得到分子的电子构型、分子中电子的概率分布以及能级。

3.金属键

金属键理论认为金属都是电离能低、电负性小的元素，这些元素的原子内层电子受束缚较强，只能在较狭窄的区域内活动，称“定域电子”；而其外层电子则受束缚较弱，可以电离出来，并可在整个晶体中比较自由地运动，称“自由电子”或“离域电子”。这些脱离了原子的自由电子不属于个别原子，而是为所有原子所共有。同时，失去外层电子的金属原子形成金属离子。金属离子与自由电子相互吸引，形成金属晶体，金属的这种结合力称为金属键。金属键的特性是无方向性和饱和性。

1.1.2 物理键

1.分子间作用力

化学键的作用能为 120～600 kJ/mol，是原子间强烈的相互作用。除了化学键之外，分子间还存在较弱的相互作用，比化学键小 1～2 个数量级，这种作用不需要电子云重叠，无方向性和饱和性，在分子间普遍存在。这种分子间较弱的相互作用，称为分子间作用力，又称范德瓦耳斯力。由于使用分子间势能比分子间作用力更方便，故通常用分子间势能来讨论分子间作用力。

分子间作用力的来源主要有以下 3 种。

(1)取向力(静电力)：极性分子有永久偶极矩，取向力由极性分子永久偶极矩间的静电引

力作用引起，可根据静电理论计算这种平均静电作用能为

$$E_{取}=\frac{2\mu_1^2\mu_2^2}{3kTR^6} \tag{1-1}$$

式中：μ_1、μ_2为两个相互作用分子的偶极矩；k 为玻尔兹曼常数；T 为绝对温度；R 为两个分子重心间的距离。

(2)诱导力：极性分子的永久偶极矩将诱导邻近非极性分子发生电荷位移，产生诱导偶极矩，诱导力由永久偶极距和诱导偶极矩的相互作用引起。

两个同种分子的相互平均诱导作用能为

$$E_{诱}=\frac{2\alpha\mu^2}{R^6} \tag{1-2}$$

两个异种分子的相互平均诱导作用能为

$$E_{诱}=\frac{\alpha_1\mu_2{}^2+\alpha_2\mu_1{}^2}{R^6} \tag{1-3}$$

式中：μ、μ_1、μ_2 为分子的偶极矩；α、α_1、α_2 为分子极化率；R 为两个分子重心间的距离。

(3)色散力：取向作用、诱导作用至少有一个分子是极性分子，但许多非极性分子之间仍然存在吸引力，原因是非极性分子之间虽然无永久偶极矩，但由于电子与原子核的运动，其运动方向和位移大小在不断变化，可产生瞬时正、负电荷中心不重合，形成瞬时偶极矩，它可诱导另一个分子出现瞬时偶极矩，彼此发生瞬时吸引，其作用能为

$$E_{色}=\frac{3}{2}\cdot\frac{I_1I_2}{I_1+I_2}\cdot\frac{\alpha_1\alpha_2}{R^6} \tag{1-4}$$

式中：I_1、I_2 为两分子极化力；α_1、α_2 为两分子极化率；R 为两个分子重心间距离。

取向力和诱导力只存在于极性分子中，色散力则在极性分子或非极性分子中都存在。这些作用力不仅存在于不同分子间，而且还存在于同一分子内的不同原子或基团之间。

2.氢键

分子中以共价键与电负性大的原子 X 相连的氢原子还可以与另一个电负性大的原子 Y 形成一种较弱的键，即 X—H…YR，这种键称为氢键。X、Y 原子可以是 F、O、N 等电负性大而半径小的原子。如 F—H…F、O—H…O、N—H…N、N—H…F、N—H…O 等结构中的“…”即表示氢键。特殊情况下，半径较大、电负性大的 Cl 和半径小、电负性较小的 C 也可有弱的氢键，如 N—H…Cl、C—H…C 等。

一般认为，X—H 基本上是共价键，而 H…Y 则是一种很强的分子间作用力。因为 X 电负性大，H 带部分正电荷而半径又特别小，可对另一个电负性大的 Y 原子产生强的静电吸引而形成氢键。由于 H 特别小，X、Y 相对较大，在 H 和 X、Y 接触后，第三个电负性大的原子就很难再接近 H，故氢键又呈饱和性。为减小 X、Y 之间的斥力，X—H…Y 要尽可能在一条直线上，故氢键具有方向性。也可说氢键是一种较强的、具有饱和性和方向性的分子间作用力。

氢键的强弱与 X、Y 的电负性大小有关，电负性愈大，氢键愈强。同时，其强弱与 Y 的半径也有关，半径愈小，氢键愈强。

氢键这一名称有两层意义：一是指 X—H…Y 结构，如键长是指 X…Y 间的距离，通常比共价键长，但比分子间作用力短；二是指 H…Y 的结合，如氢键的键能是指 H…Y 被破坏时所需要的能量。氢键的键能一般比共价键能小，但又比一般分子间相互作用力大，它的形成不像

共价键那样需要严格的条件，它的结构参数，如键长、键角和方向性等，都可在相当大的范围内变化，具有一定的适应性和灵活性。

大部分氢键 X—H…Y 中的 X—H 与 Y 分别为两个分子中的组成部分，这种氢键称分子间氢键，如 H_2O、HCl、HF 等；但也有氢键是在分子内形成的，称为分子内氢键，如邻位硝基苯酚。

1.2 离子键和共价键的杂化

大多数无机非金属材料中的化学键中既有离子键也有共价键，元素电负性和离子极化理论可以用于分析化学键中离子键或共价键的杂化情况。

1.2.1 电负性

电负性用于量度化合物中原子对成键电子吸引力的大小，用 χ 表示。当 A 和 B 两种原子结合成双原子分子 AB 时，如果 A 的电负性大，则生成分子的极性是 $A^{\delta-}B^{\delta+}$（δ 表示电荷的数量），即 A 带有较多的负电荷，B 带有较多的正电荷。反之，如果 B 的电负性大，则生成分子的极性是 $A^{\delta+}B^{\delta-}$。分子极性愈大，离子键成分愈多，故电负性也可认为是原子形成负离子倾向相对大小的量度。

马利肯根据原子电离能和电子亲和能计算了元素的电负性：

$$\chi = (I_1 + E_A)/125 \tag{1-5}$$

式中：I_1为第一电离能，单位是 kcal/mol（1 kcal=4.186 kJ）；E_A是电子亲和能，单位是 kcal/mol。

原子电离能用于衡量一个原子或离子丢失电子的难易程度。使一个处于能量最低状态的气态原子失去 1 个电子，变成 1 价气态正离子所需要的能量称第一电离能 I_1，则有 $A(g)+I_1 \rightarrow A^+(g)+e$。气态一价正离子再失去 1 个电子变成 2 价正离子所需要的能量，称第二电离能 I_2，则有 $A^+(g)+I_2 \rightarrow A^{2+}(g)+e$。第三、第四……电离能依此类推。逐级电离时，有效电荷越来越大，故所需电离能也越来越大，即 $I_1< I_2< I_3< I_4$……通常，第一电离能 I_1是重要的原子参数，它反映了原子中价电子被联系及解离的难易、被氧化的难易，以及极化能力、非金属性及成酸性的强弱。I_1小的元素易解离出电子，易被氧化，极化力弱，非金属性弱，成酸性强。

电子亲和能反映了原子得到电子的难易程度。一个处于能量最低状态的气态原子获得 1 个电子成为气态 1 价负离子时放出的能量，称电子的亲和能 E_A，则有 $A(g)+e \rightarrow A^-(g)+E_A$。电子亲和能的大小涉及核的吸引和核外电荷相斥两个因素，一般随原子半径增大而减小。

鲍林(Pauling)提出，电负性可用两元素形成化合物时的生成焓数值来计算。如果 A 和 B 两个原子的电负性相同，A—B 键的键能应为 A—A 键和 B—B 键键能的几何平均值，而多数 A—B 键的键能均超过此平均值，此差值 Δ 可用于测定 A 原子与 B 原子电负性。根据一系列电负性数据拟合，可得方程：$\chi_A-\chi_B=0.102\Delta^{1/2}$。例如：H—F 键的键能为 565 kJ/mol，而 H—H 和 F—F 键的键能分别为 436 kJ/mo1 和 155 kJ/mol，二者的几何平均值为 260 kJ/mo1，与 H—F 键的键能的差值 Δ 为 305 kJ/mol；F 的电负性值为 4.0，H 的电负性值即为 2.2。表 1-1是由鲍林给出的常见元素的电负性值。

表 1-1　常见元素的电负性值

Li	Be											B	C	N	O	F
1.0	1.5											2.0	2.5	3.0	3.5	4.0
Na	Mg											Al	Si	P	S	Cl
0.9	1.2											1.5	1.8	2.1	2.5	3.0
K	Ca	Sc	Ti	V	Cr	Mn	Fe	Co	Ni	Cu	Zn	Ga	Ge	As	Se	Br
0.8	1.0	1.3	1.5	1.6	1.6	1.5	1.8	1.8	1.8	1.9	1.6	1.6	1.8	2.0	2.4	2.8
Rb	Sr	Y	Zr	Nb	Mo	Tc	Ru	Rh	Pd	Ag	Cd	In	Sn	Sb	Te	I
0.8	1.0	1.2	1.4	1.6	1.8	1.9	2.2	2.2	2.2	1.9	1.7	1.7	1.8	1.9	2.1	2.5
Cs	Ba		Hf	Ta	W	Re	Os	Ir	Pt	Au	Hg	Tl	Pb	Bi	Po	At
0.7	0.9		1.3	1.5	1.7	1.9	2.2	2.2	2.2	2.4	1.9	1.8	1.8	1.9	2.0	2.2
Fr	Ra															
0.7	0.9															

一般情况下，同一周期由左向右随着族序增加，元素的电负性也增大；而同族元素随着周期序的增加，其电负性减小。金属元素电负性较小，非金属元素电负性较大。电负性是判断元素金属性的重要参数，$\chi=2$ 可作为近似标志金属元素和非金属元素的分界点。电负性相差大的元素之间生成离子键的倾向较大，电负性相近的非金属元素之间以共价键结合，金属元素相互以金属键结合。

电负性值是研究、判断化学键中离子键或共价键所占比例的主要参数。可以用下面的经验公式计算由元素 A 和元素 B 组成的晶体的混合键中离子键的比例 P_{AB}：

$$P_{AB}=1-\exp[-0.25(\chi_A-\chi_B)^2] \tag{1-6}$$

式中：χ_A 和 χ_B 分别是元素 A 和元素 B 的电负性值。

1.2.2　离子极化

从电学的角度可以将离子作为点电荷处理。实际上，在外电场作用下，离子的正、负电荷中心将离开原子核而不再重合，正电荷向外电场的阴极方向偏转，负电荷向外电场的阳极方向偏转，使核外电子云变形而产生偶极矩，这样，整个离子就不再是个球体，大小也产生变化，这种现象称为极化，如图 1-1 所示。在晶体中，带电离子在其周围形成一定的电场，必然要对其周围离子产生吸引或排斥作用，使周围离子的电子云变形，正负电荷中心不再重合，产生离子极化。

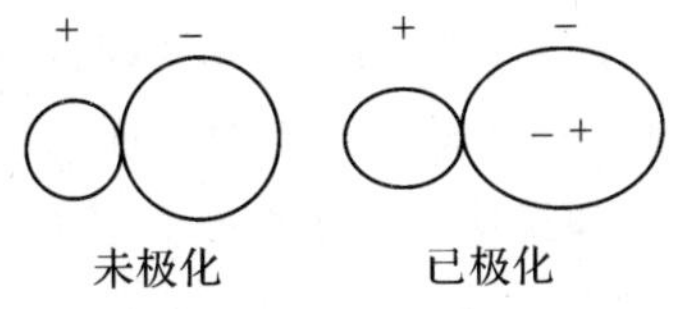

图 1-1　离子极化作用示意图

离子晶体中，每个离子都具有双重作用，即自身被其他离子极化和极化周围另一个离子。前者称为极化率，后者称为极化力。

离子的极化率表征的是离子的可极化性。如果离子在单位强度的电场中产生的诱导偶极矩为 μ，离子极化率 α 可以表示为

$$\alpha = \mu / E \tag{1-7}$$

式中：$\mu = L \times e$，L 为正、负电荷中心距，e 为电子电荷；E 为电场强度。

离子极化率一般有如下规律：①离子半径愈大，极化率愈大；②负离子的极化率一般比正离子大；③正离子价数愈高，极化率愈小；④负离子价数愈高，极化率愈大；⑤正离子最外层为18电子构型时，极化率也较大，如 Cu^{+}、Ag^{+}、Zn^{+}、Cd^{+}、Hg^{+} 等。

离子的极化力表征的是一个离子极化别的离子的能力。离子极化力 f 可以表示为

$$f \approx \frac{Z}{r^2} \tag{1-8}$$

式中：Z 为离子所带电荷；r 为离子半径。

离子极化力一般有如下规律：①高价正离子有较强的极化力；②同价正离子，半径愈小，极化力愈大；③负离子的极化力一般小于正离子极化力，复杂负离子（络合负离子）的极化力更小；④正离子最外层为18电子构型时，极化力较小。

一般来说：正离子半径小，电价较高，极化力表现明显，不易被极化；负离子则正好相反，常显示出被极化的现象。

正负离子相互极化的结果是电子云产生变形和重叠，使离子间的距离缩短，离子键中出现共价键成分。随着极化的逐渐增强，离子键中的共价键成分逐渐增多，使无方向性和饱和性的离子键逐渐变成有方向性和饱和性的共价键，导致晶体结构对称性降低，使原来高度对称的密堆积结构转向链状、层状或架状结构，同时配位数降低。因此，离子极化也是决定晶型的重要因素之一。

在金属中加入 Si^{4+}、P^{5+}、B^{3+} 等半径小、电价高的半金属离子，或加入场强大的过渡金属离子，它们对金属原子产生强烈的极化作用，金属键向共价键过渡，形成金属共价键。

1.3 晶体中质点间的结合能

在各种晶体中，质点（原子或离子）间结合力的类型和大小是不同的。但是在任何晶体中，两个质点间的相互作用力或相互作用势能与质点间的距离的关系在定性上是相同的。晶体中质点间的相互作用分为吸引作用和排斥作用。当距离远时，吸引作用是主导；当距离近时，排斥作用是主导；在合适的距离时，吸引作用和排斥作用互相抵消，晶体处于稳定状态。下面以离子晶体为例计算晶体中离子间的结合能——晶格能。

由正、负离子靠静电作用力结合在三维空间的有规则排列成的晶体称为离子晶体。在离子晶体中静电力使离子结合在一起，因此离子晶体中表征离子间的结合能（离子键强度）的晶格能可用晶体中所有静电吸引作用和排斥作用加起来计算而获得。

当绝对温度为0时，1 mol 化合物中由相互远离的气态正、负离子结合成离子晶体时所释放的能量，称为离子晶体的晶格能，也等于将1 mol 离子晶体转化为气态离子所需要的能量。

假设晶体中键的作用力完全是离子键力，则可根据离子晶体中离子的电荷、离子的排布等结构数据计算晶格能。根据库仑定律，两个相距为 r 的正、负离子之间的吸引能为

$$U_{吸引}=\frac{Z_1Z_2e^2}{r} \tag{1-9}$$

式中：e 为电子电荷；Z_1、Z_2为正、负离子电价；r 为正、负离子间的距离。

当 2 个离子相互接近时，电子云之间将产生排斥，排斥能可近似表示为

$$U_{排斥}=\frac{B}{r^n} \tag{1-10}$$

式中：B 为比例系数；n 为玻恩指数，其数值大小与离子的电子层结构有关，见表 1-2。当正、负离子属于不同类型时，n 取平均值，如 NaCl 晶体的 n 为 8。

表 1-2　波恩指数

离子的电子层结构类型	He	Ne	Ar、Cu^+	Kr、Ag^+	Xe、Au^+
n	5	7	9	10	12

综合考虑吸引能和排斥能，一对正、负离子间的势能为

$$U=U_{吸引}+U_{排斥}=\frac{Z_1Z_2e^2}{r}+\frac{B}{r^n} \tag{1-11}$$

U 明显随着离子间距离的变化而变化。当离子的吸引力和排斥力相等时，总势能最低，达到平衡，晶体相对稳定，r 为平衡距离 r_0。根据 $r=r_0$时 U 的一阶导数为零，可获得

$$B=\frac{Z_1Z_2e^2r_0^{n-1}}{n} \tag{1-12}$$

因此，一对正、负离子在平衡距离时具有的势能为

$$U=-\frac{Z_1Z_2e^2}{r_0}\left(1-\frac{1}{n}\right) \tag{1-13}$$

式(1-13)是一对正、负离子间的平衡势能，但还不是晶体的晶格能。在晶体中，正、负离子按一定规律排布，每个离子周围都有许多正、负离子与它作用，在计算晶格能时，对这些相互作用都要加以考虑。图 1-2 所示为 NaCl 晶体结构示意图，当 Na^+ 和 Cl^- 最近的距离为 r_0 时，每个 Na^+ 周围的离子有：6 个距离为 r_0 的 Cl^-，12 个距离为$\sqrt{2}r_0$ 的 Na^+，8 个距离为$\sqrt{3}r_0$ 的 Cl^-，6 个距离为$\sqrt{4}r_0$ 的 Na^+……

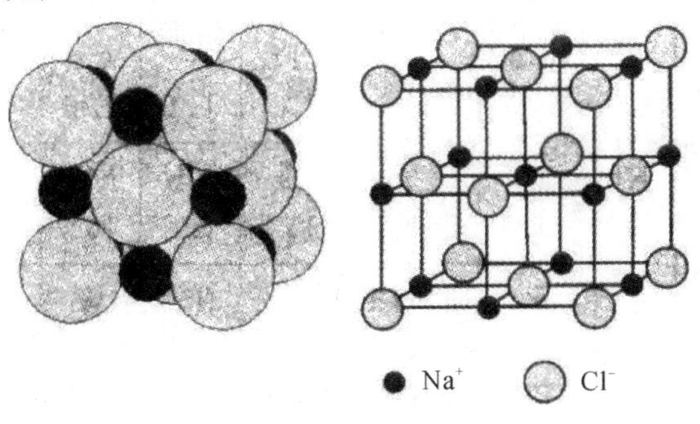

图 1-2　NaCl 晶体结构

这样，在 1 mol NaCl 型晶体结构中，每个离子所处势场的势能为

$$U=-\frac{Z_1Z_2e^2}{r_0}\left(1-\frac{1}{n}\right)\left(\frac{6}{1}-\frac{12}{\sqrt{2}}+\frac{8}{\sqrt{3}}-\frac{6}{\sqrt{4}}+\cdots\right) \tag{1-14}$$

设马德隆(Madelung)常数 $A=\left(\frac{6}{1}-\frac{12}{\sqrt{2}}+\frac{8}{\sqrt{3}}-\frac{6}{\sqrt{4}}+\cdots\right)$，$A$ 是与离子晶体构型有关的常数，见表 1-3。

表 1-3　各类晶体的 Madelung 常数

晶体结构	配位数	晶系	Madelung 常数
氯化钠(NaCl)	6∶6	立方	1.747 6
氯化铯(CsCl)	8∶8	立方	1.762 7
闪锌矿(ZnS)	4∶4	立方	1.638 1
纤锌矿(ZnS)	4∶4	立方	1.641 3
萤石(CaF_2)	8∶4	立方	2.519 4
金红石(TiO_2)	6∶3	四方	2.408 0
刚玉($A1_2O_3$)	6∶4		4.171 9

式(1-13)可表示为

$$U=-\frac{AZ_1Z_2e^2}{r_0}\left(1-\frac{1}{n}\right) \tag{1-15}$$

1 mol 二元型晶体结构中有 N_0(阿伏加德罗常数)对正负离子，则晶体的总势能为

$$U=-\frac{N_0AZ_1Z_2e^2}{r_0}\left(1-\frac{1}{n}\right) \tag{1-16}$$

晶体的晶格能为

$$U_{晶}=-U=\frac{N_0AZ_1Z_2e^2}{r_0}\left(1-\frac{1}{n}\right) \tag{1-17}$$

晶格能反映了晶体中质点结合的强度及晶格的稳定性，离子晶体的许多性质(如硬度、热膨胀系数、熔点、溶解度等)都与晶格能密切相关。由晶格能公式[式(1-17)]可知，由于玻恩指数都比较大，$(1-1/n)$对晶格能的影响比电价数、马德隆常数及正负离子之间的平衡距离要小得多。因此，不同离子晶体间如果电价数相同，离子构型也相同，则正、负离子半径之和 r_0 较大时，其晶格能较小，熔点较低，热膨胀系数较大。如同为 NaCl 构型的 MgO、CaO、SrO 和 BaO 晶体，随着碱土金属离子半径的增大，其晶格能由 MgO 到 BaO 逐渐降低，其硬度和熔点也逐渐下降。

晶格能高的晶体，稳定性很高，质点间的结合牢固，质点不易移动，相互之间在固态时不易发生化学反应。但是对于由两种以上质点构成的晶体，由于质点间的晶格不同，晶格能弱的位

置容易断开，在固态时容易发生化学反应。例如，有些硅酸盐晶体的晶格能很大，但稳定性并不是很高。

1.4　晶体中质点的堆积

如果晶体中的质点(原子或离子)的最外层电子构型是 8 电子构型或 18 电子构型，则其电子云分布呈球形对称，没有方向性。从几何角度看，这样的质点在空间堆积可以近似地认为是刚性球体的堆积，服从球体最紧密堆积规律。

1.4.1　球体最紧密堆积

晶体中的质点(原子或离子)都具有一定的半径，可以视为具有一定尺寸的球体。在由无方向性和饱和性的金属键、离子键、范德瓦耳斯键等构成的晶体结构中，为使晶体具有最小的内能而构成稳定的结构，原子、离子或分子总是倾向于密堆积结构。这样的堆积结构可用球体的密堆积规律来描述。

1.等径球体的最紧密堆积

等径球体的最紧密堆积可从密堆积层来了解。如图 1－3 所示。

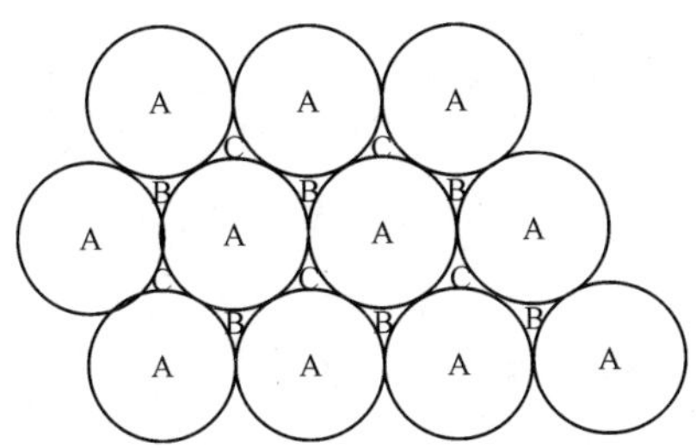

图 1－3　密堆积层的结构

将许多等径球最紧密排在一起，就构成密堆积层。在每层密堆积层中，每个球周围有 6 个球与其接触，此时，每 3 个彼此相接触的球之间存在呈弧线三角形的空隙，每个球周围有 6 个这样的空隙，其中半数空隙的尖角指向图的下方(其中心位置标为 B)，半数空隙的尖角指向图的上方(其中心位置标为 C)。将第二层球堆上去时，为保证最紧密堆积，就要将圆球放在 B 或 C 位置，即第二层球应放在第一层的空隙上，但空隙只用去一半。当第三层球放上去时，为保持密堆积，有两种放法，一种是每个球正好堆在第一层 A 球位置上面，即第三层球与第一层球的位置正对着，依次堆上去成为 ABABAB…堆积，这种堆积可取出一个六方晶胞，故称六方最紧密堆积，如图 1－4 所示。另一种是将第三层球放在正对第一层未被占用的空隙上方，即第一层在 A 位，第二层在 B 位，而第三层在 C 位上，依次堆上去成为 ABCABC…堆积，这种堆积可取出一个面心立方晶胞，故称面心立方最紧密堆积，如图 1－5 所示。在这两种堆积方式中，每个球体所接触到的同种球体的个数均为 12。

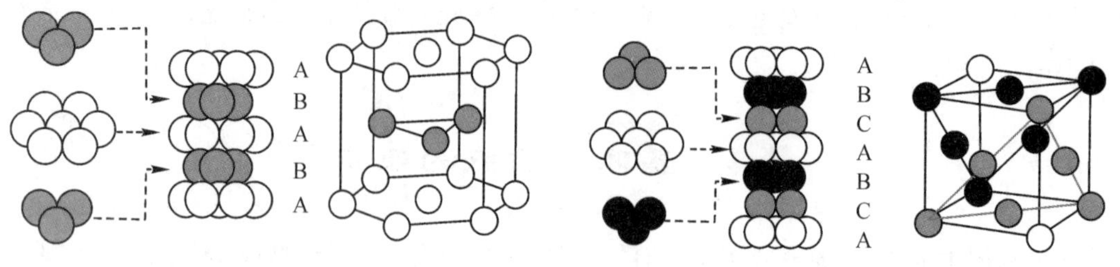

图 1-4　六方最紧密堆积　　　　图 1-5　面心立方最紧密堆积

2.最紧密堆积中的空隙

尽管六方最紧密堆积和面心立方最紧密堆积都是最紧密堆积，但是球体之间仍然存在一定的空隙。等径球体的各种最紧密堆积形式具有相同的堆积密度。如果用空间利用率，即一定空间中圆球所占体积的百分数表示球堆积的紧密程度，则六方最紧密堆积和面心立方最紧密堆积的空间利用率都是 74.05%。

在各种最紧密堆积中，球间的空隙数目和大小也相同。根据包围空隙的球体配位情况，可将空隙分为四面体空隙和八面体空隙。四面体空隙由 4 个球体环围而成，第二层的 1 个球放在第一层的 3 个球围成的空隙之上，这 4 个球就构成了四面体空隙。八面体空隙由 6 个球环围而成，球体中心连线构成八面体形，如图 1-6 所示。在体积上，八面体空隙稍大于四面体空隙。

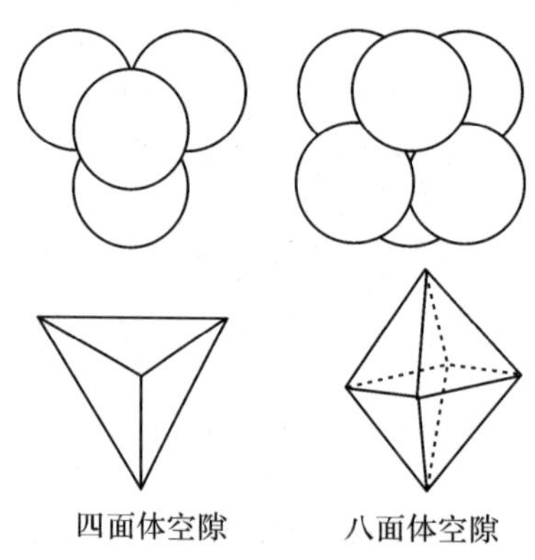

图 1-6　四面体空隙和八面体空隙

如图 1-3 所示，每个球的周围有 8 个四面体空隙和 6 个八面体空隙，而每个八面体空隙由 6 个球组成，每个四面体空隙由 4 个球组成，因此一个球体周围的八面体空隙不是都属于它，只有 $1(6\times\frac{1}{6})$个八面体空隙属于一个球体，类似地，只有 $2(8\times\frac{1}{4})$个四面体空隙属于一个球体。因此，对于由 n 个等径球堆积成的系统，共有 $2n$ 个四面体空隙和 n 个八面体空隙。

3.不等径球体的最紧密堆积

在不等径球体的堆积中，球体有大有小，通常可认为由较大的球体作为等径球的最紧密堆积，然后较小的球体填入由大球紧密堆积形成的空隙之中，其中小球填入四面体空隙，稍大的球填入八面体空隙，如果八面体空隙还不够大，则紧密堆积的大球的堆积方式稍加改变，空隙增大，使小球便于填放，此时大球的堆积方式就不是最紧密堆积。离子晶体中的正离子和负离子的堆积可视为不等径球体的堆积。

1.4.2　配位数和配位多面体

一个原子或离子临近周围的同种原子或异种离子的个数，称为原子配位数或离子配位数。如 NaCl 晶体结构中，Cl^- 按面心立方最紧密堆积方式排列，而 Na^+ 就填充在 Cl^- 所形成的八面体空隙中，每个 Na^+ 周围有 6 个 Cl^-，因此 Na^+ 的配位数为 6。

配位多面体是指在晶体结构中与某一个正离子(或原子)成配位关系而相邻结合的各个负离子中心连线所构成的多面体。正离子处于配位多面体的中心，各个配位负离子处于配位多面体的顶角上。图 1－7 为配位数分别为 3、4、6、8、12 时的负离子配位多面体形状。

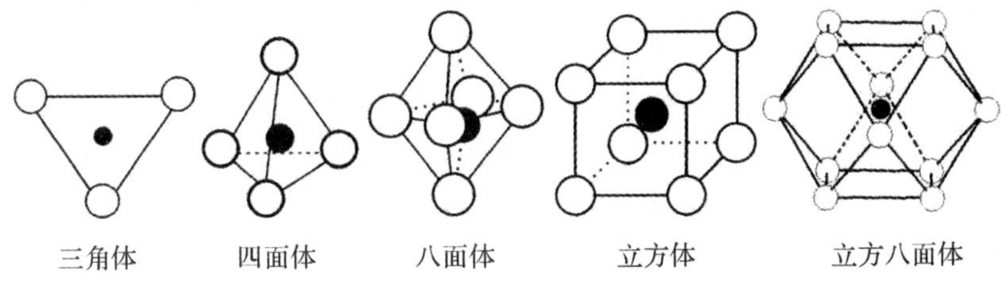

图 1－7　常见负离子配位多面体形状

通常，负离子半径较大，倾向于最紧密堆积，较小的正离子填入空隙中。配位数的大小与正离子半径和负离子半径的比值有关。例如，当正离子填入负离子形成的八面体空隙中时，正、负离子的相对位置有三种不同的情况，如图 1－8 所示。

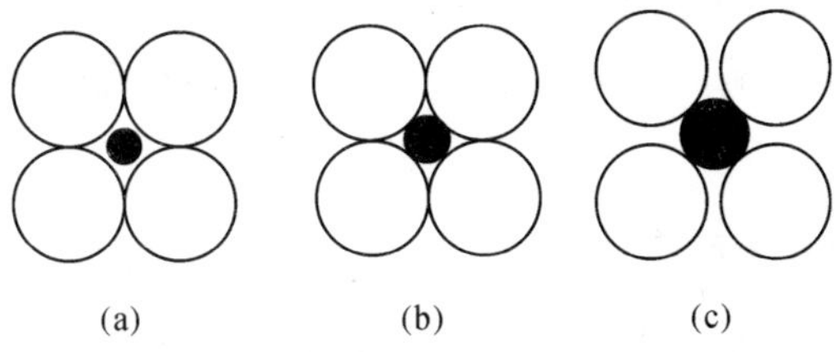

图 1－8　八面体配位中正、负离子的接触情况

(1)负离子与负离子相接触，正离子与负离子相脱离，正离子在负离子堆积的空隙中可自由移动，如图 1－8(a)所示。这种情况下，彼此接触的负离子之间的斥力，因平衡它的正离子远离而增大，能量增加，使系统处于非稳定状态。故这样的堆积结构并不能稳定存在，即使在晶体的形成过程中出现了这样一种状态，系统也将根据能量最低原理，改变排列状态，以保证正、负离子接触而成稳定结构。

(2)负离子与负离子相接触，正离子与负离子也接触，如图 1－8(b)所示。这种情况，系统处于平衡状态，结构稳定。

(3)正离子与负离子相接触，负离子之间脱离接触，如图 1－8(c)所示。这种情况下，正离子半径大于空隙临界值而将空隙撑大，负离子不是最紧密堆积，导致静电力不平衡，引力大于斥力，但过剩的引力可由更远的离子作用来平衡，故这种状态并不影响结构的稳定性及正离子配位数。但在晶体中，每个正离子的周围总是要尽可能紧密地围满负离子，每个负离子的周围也要尽可能紧密地围满正离子，否则这个系统便不稳定。因此，在正离子半径达到一定程度后，原来有 6 个负离子围着的正离子，要被 8 个负离子所包围，即配位数由 6 上升到了 8。

在图 1-8(b)所示的情况下，由几何关系 $(2r^+)^2+(2r^-)^2=(2r^++2r^-)^2$，可计算出 $r^+/r^-=0.414$。在图 1-8(a)所示的情况下，$r^+/r^-<0.414$，正离子的配位数将由 6 变为 4 或更小。由类似的几何关系，当正离子周围有 8 个负离子并正好负离子与负离子相接触，正离子与负离子也相互接触时，可计算出 $r^+/r^-=0.732$。

因此，当 $0.414\leqslant r^+/r^-<0.732$ 时，正离子的配位数为 6。当 $r^+/r^-\geqslant 0.732$ 时，正离子的配位数为 8 或更大。用类似的几何关系可以计算出形成不同配位结构时 r^+ 与 r^- 之比的极限值，见表 1-4。

表 1-4　配位数和离子半径比的关系

离子半径比 r^+/r^-	0.155～<0.225	0.225～<0.414	0.414～<0.732	0.732～<1.00	≥1.00
配位数	3	4	6	8	12
配位多面体形状	三角体	四面体	八面体	立方体	立方八面体或复七面体

因此，在离子晶体的堆积结构中，离子总是根据其半径来选择配位数或配位多面体。即在一个确定的负离子密堆积结构中，只能被具有一定半径范围的正离子填充，才不会改变原来的结构类型。一旦知道晶体由什么离子组成，由 r^+/r^- 就可确定正离子的配位数和所形成的负离子配位多面体的结构。

但实际上，除了正、负离子半径比，还有许多因素影响离子的配位数，如温度、压力、极化性能等。在许多复杂的晶体中，配位多面体的几何形状并不是理想的规则形状，有时甚至会出现较大的偏差。

1.4.3　配位多面体的连接方式

鲍林(Pauling)于 1928 年总结出了关于离子晶体结构的五条规则，即鲍林规则。鲍林规则强调，了解配位多面体之间的连接情况，对于研究复杂的离子晶体结构有一定的帮助。鲍林规则适用于离子晶体，不适用于共价晶体，而且还有少数例外。

1.鲍林第一规则(关于正离子配位多面体和正、负离子半径比的规则，即配位多面体规则)

在离子化合物结构中，每个正离子被包围在负离子所形成的多面体中，每个负离子占据多面体的一个顶角，其中正离子与负离子之间的距离由它们的半径之和决定，而正离子的配位数取决于正、负离子半径之比，与离子的价数无关。

鲍林第一规则表明，正离子的配位数并非取决于正、负离子的半径，而是取决于它们的比值。如果负离子为最紧密堆积，则可从理论上计算出正离子配位数与正、负离子半径比之间的关系。

2.鲍林第二规则(关于离子电价的规则，即电价规则)

在一个稳定的离子化合物中，每一个负离子的电价等于或近似等于从相邻正离子至该负离子的各静电键强度的总和。

设正离子的电荷数为 Z^+，n 为其配位数，则从正离子到配位多面体上每个负离子的静电

键强度 $S=Z^+/n$。如果某一负离子的电荷数为 Z^-，则鲍林第二规则可表示为

$$Z^-=\sum_i S_i=\sum_i \frac{Z_i^+}{n_i} \tag{1-18}$$

利用鲍林第二规则可分析离子晶体结构的稳定性。计算每个负离子所得到的静电键强度的总和，如果与其电价相等，则表明电价平衡，结构稳定。例如，NaCl 结构中，Na^+ 处于 6 个 Cl^- 所形成的八面体中，则 Cl^- 从一个 Na^+ 处获得的静电键强度为 1/6，而每个 Cl^- 又与 6 个 Na^+ 配位，故每个 Cl^- 从 Na^+ 处获得的总静电键强度为 $6\times\frac{1}{6}=1$，与 Cl^- 的 −1 价相等。

此外，鲍林第二规则也可用来确定共用同一个负离子的配位多面体的数目。例如，在 $[SiO_4]$ 四面体中，Si^{4+} 位于由 4 个 O^{2-} 构成的四面体中央，从 Si^{4+} 分配给每个 O^{2-} 的静电键强度为 $4\times\frac{1}{4}=1$，而 O^{2-} 的电价为 2，这样，O^{2-} 还可和其他的 Si^{4+} 或金属离子配位。在 $[AlO_6]$ 八面体中，Al^{3+} 分配给每个 O^{2-} 的静电键强度为 $3\times\frac{1}{6}=\frac{1}{2}$。在 $[MgO_6]$ 八面体中，Mg^{2+} 分配给每个 O^{2-} 的静电键强度为 $2\times\frac{1}{6}=\frac{1}{3}$。因此，$[SiO_4]$ 四面体中的每个 O^{2-} 还可同时与另一个 $[SiO_4]$ 四面体中的 Si^{4+} 配位，两个 $[SiO_4]$ 四面体共用一个 O^{2-}，或同时与两个 $[AlO_6]$ 八面体中的 Al^{3+} 配位，一个 $[SiO_4]$ 四面体和两个 $[AlO_6]$ 八面体共用一个 O^{2-}，或同时与三个 $[MgO_6]$ 八面体中的 Mg^{2+} 配位，一个 $[SiO_4]$ 四面体和三个 $[MgO_6]$ 八面体共用一个 O^{2-}。

3.鲍林第三规则（关于配位多面体共用点、共用棱、共用面的规则，即配位多面体连接方式的规则）

在离子晶体结构中，配位多面体之间共用棱，特别是共用面的存在将降低该结构的稳定性。对于高电价和低配位数的正离子，这个效应特别大。

图 1-9 所示为两个四面体或两个八面体相互连接的情况。两个四面体或两个八面体之间共顶连接，共用的顶点数为 1；共棱连接，共用的顶点数为 2；共面连接，共用的顶点数为 3。随着多面体间共用顶点数的增多，两个多面体中心的正离子之间的距离迅速缩短，正离子之间的斥力将显著增大，这样将导致晶体结构不稳定。

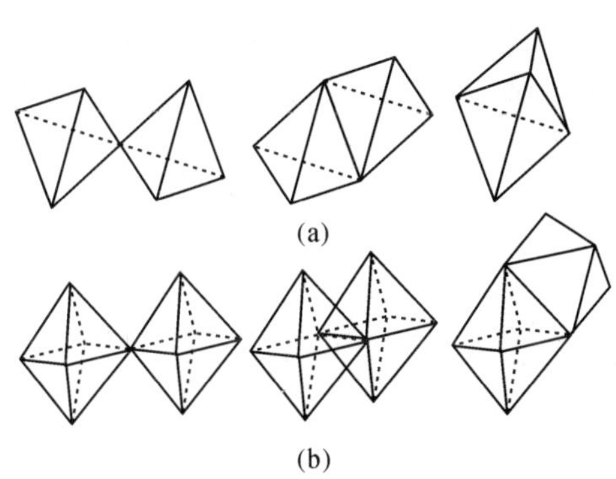

图 1-9　两个四面体或两个八面体之间相互连接的情况

(a) 两个四面体；(b) 两个八面体

设两个四面体中心的距离在共顶连接时为 1，则共用棱时为 0.58，共用面时为0.33。对于

八面体，这三个值分别为 1、0.71 和 0.58。因此，四面体时共用棱、共用面导致的结构稳定性降低效应更加突出。同样，正离子之间的静电斥力还与正离子的电价有关，电价越高，斥力越大，共用棱、共用面产生的结构稳定性的降低更加明显。因此，[SiO_4]四面体之间只能以共顶方式连接，而[AlO_6]八面体之间则可以共棱连接。

4.鲍林第四规则(关于配位多面体尽量互不结合的规则，即远离规则)

如果晶体中有一种以上正离子，那么电价较高、配位数较低的正离子配位多面体之间有尽量彼此互不结合的趋势。

当晶体中存在一种以上的正离子时，会产生一种以上的配位化合物，这些正离子的电价有高有低，配位数有多有少。配位多面体中心离子之间的静电斥力随配位多面体之间的距离减小而增大，因此电价较高、配位数较低的正离子配位多面体之间尽量互不结合而相互远离，这将减少配位多面体中心离子之间的静电斥力，使晶体结构稳定性增加。

5.鲍林第五规则(关于构造单元数目的规则，即节约规则)

同一晶体中，本质上不同组成的构造单元的数目趋向于最少。

鲍林第五规则表明，参与晶体结构的正、负离子种类应尽可能少，否则各种各样的多面体很难形成一个有规律排布的、统一的晶体骨架。该规则还表明，结构中所有化学性质相似的原子，其周围环境应该尽可能相同。

【本章小结】

晶体化学主要研究晶体组成、结构、性质之间的相互关系和规律。晶体化学基础是通过质点之间结合力和结合能、离子极化、球体紧密堆积、原子或离子半径、配位数和配位多面体以及鲍林规则等方面阐述它们对研究晶体结构及性质的意义。

晶体中质点依靠相互作用力结合在一起，通过离子键、共价键、金属键、分子间作用力形成典型的离子晶体、共价晶体、金属晶体及分子晶体。典型的离子晶体及金属晶体，其化学键没有方向性和饱和性，质点间堆积符合球体紧密堆积原理。典型的共价晶体，质点间堆积不符合紧密堆积原理。大多数晶体的结合力具有杂化特性。

化学组成、质点的相对大小、质点的堆积方式、配位数以及离子极化等内在因素决定晶体结构，压力、温度等外在因素影响晶体结构。鲍林规则中重要的三条是：①配位多面体规则；②电价规则；③配位多面体连接方式规则。

第 2 章　晶体的点缺陷

原子、离子或分子在三维空间有规则地排列形成晶体。具有理想点阵结构的晶体，称为理想晶体。但是在实际晶体中，原子、离子或分子的排列总是偏离理想点阵结构。偏离理想点阵结构的部位叫作晶体缺陷。根据空间的形态和尺寸，需要用原子间距衡量的晶体缺陷可以分为点缺陷、线缺陷和面缺陷。

点缺陷偏离理想点阵结构的部位可以视为一个点，其三维方向的尺度为一个或几个原子间距，也称为零维缺陷。空位、间隙原子或离子、杂质原子或离子是典型的点缺陷。线缺陷偏离理想点阵的部位可以视为一条线，其二维方向的直径为一个或几个原子间距，一维方向的长度较大，也称一维缺陷。各种类型的位错是典型的线缺陷。面缺陷偏离理想点阵结构的部位可以视为一个面，其一维方向的厚度为一个或几个原子间距，其他二维方向的尺度较大，也称二维缺陷。晶界、表面、堆垛层错是典型的线缺陷。

点缺陷的概念最早用于解释离子晶体的导电性。点缺陷的理论和研究现在已经在各种键合类型的晶体中广泛开展。点缺陷是晶体中物质输运的主要媒介，是一系列弛豫现象的物理根源，也是容纳晶体对化学配比偏离的重要方式。点缺陷还可以交互作用形成多种复合点缺陷、点缺陷群，构成有序化结构及各种广延缺陷，因而对于晶体结构敏感的许多性质有至关重要的影响。点缺陷的存在及其运动规律，与无机非金属材料的扩散、烧结等高温动力学过程，化学反应性，非化学计量组成等物理化学性质都密切相关。

本章从微观层面介绍点缺陷产生的原因及其类型，点缺陷和缺陷反应的表示方法，固溶体和非化学计量化合物的形成、结构和性质，阐述点缺陷的产生、复合及其控制和利用，建立点缺陷与材料性质之间的相互联系，为利用和控制点缺陷对无机非金属材料实施改性奠定理论基础。

2.1　点缺陷的类型

点缺陷是最简单的晶体缺陷。热振动、冷加工、辐照等导致晶体中产生的空位或间隙原子、间隙离子，晶体中掺入的杂质原子、杂质离子，破坏了晶体的周期性排列，引起质点间周期势场的畸变，造成晶体结构的不完整。根据产生原因，点缺陷的主要类型有热缺陷、杂质缺陷、非化学计量缺陷(电荷缺陷)。

2.1.1　热缺陷

在温度高于绝对温度 0 时，晶体中的原子或离子以格点平衡位置为中心振动，但这种振动不是简谐运动，一个原子或离子的振动和周围原子的振动密切相关，这使原子或离子振动的能量服从麦克斯韦-波尔兹曼分布而呈涨落现象。当某一原子或离子能量达到一定程度后，就能脱离正常平衡位置，进入晶格的其他位置，失去多余的能量之后，原子或离子就被束缚在那里，产生了热缺陷。

当没有外来杂质时，晶体中的原子或离子错排而形成的点缺陷称为本征缺陷。热缺陷是由原子或离子的热起伏引起的，其数量依赖于温度，是典型的本征缺陷。热缺陷有肖特基(Schottky)缺陷和弗兰克尔(Frenkel)缺陷两种基本形式。

1.肖特基缺陷

由于温度升高，振动加剧，晶体表面的某个原子具有足够大的能量，由原来的位置迁移到表面上另一个位置，在表面上形成空位。同时，晶体内部的某个原子，也由于温度升高，振动加剧，具有足够大的能量而脱离了其平衡位置，通过热运动逐步扩散到晶体表面的空位，形成内部的空位。这种在晶体内部只有空位的缺陷称为肖特基缺陷，如图 2－1 所示。肖特基缺陷由晶体内部的空位组成，可以存在于同一种原子组成的原子晶体中，也可存在于离子晶体、共价晶体和分子晶体中。

在离子晶体中，离子与离子空位都带有电荷，为了保持整个晶体的电中性，正离子的电荷总量必须与负离子的电荷总量相等，电荷类型相反；正离子空位的电荷总量必须与负离子空位的电荷总量相等，电荷类型相反。

2.弗兰克尔缺陷

晶体内部的某个原子，由于温度升高，振动加剧，脱离了其平衡位置，进入晶格间隙，在原来的位置形成空位，空位和间隙原子成对出现，晶体中空位数量和间隙原子数量相等，这种缺陷称弗兰克尔缺陷，如图 2－2 所示。由于空位与间隙原子的距离很近，当间隙原子具有足够能量时，有可能返回空位位置，这种过程称为复合。

在离子晶体中，负离子的半径一般比正离子大得多，一个负离子形成弗兰克尔缺陷所引起的晶格畸变要比一个正离子大得多。因此，离子晶体的弗兰克尔缺陷主要是正离子的弗兰克尔缺陷。离子空位的电荷总量与间隙离子的电荷总量相等，电荷类型相反，所以弗兰克尔缺陷的产生，既不会改变晶体的体积，也不会破坏晶体的电中性。

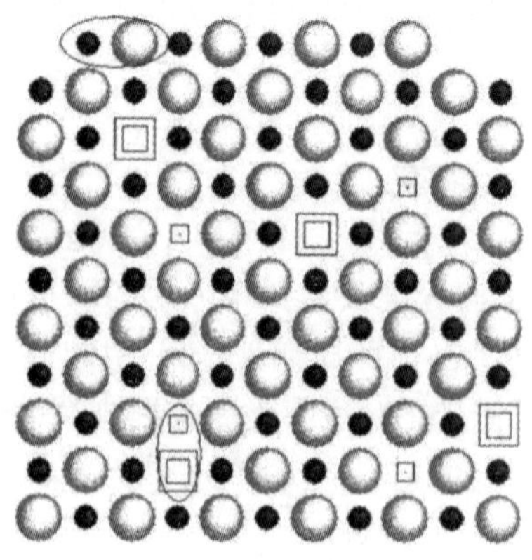

图 2－1　肖特基缺陷

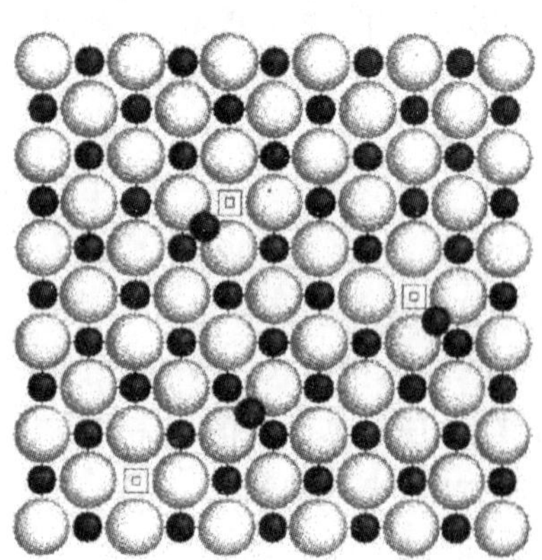

图 2－2　弗兰克尔缺陷

2.1.2　杂质缺陷

与构成晶体的原子或离子不同的外来的杂质原子或离子进入晶体内部，形成的点缺陷称为杂质缺陷。杂质原子或离子的性质不同于构成晶体的原子或离子，其存在不仅破坏了原有原子或离子的周期性排布，而且引起杂质原子或离子周围的周期势场的畸变。根据杂质在晶体内的位置不同，可以分成置换型杂质缺陷和间隙型杂质缺陷两种类型。

1.置换型杂质缺陷

杂质原子或离子占据晶体中正常的点阵结构位置，称为置换型杂质缺陷。杂质原子或离子能否进入晶体中置换原有的原子或离子，取决于这种过程在能量或体积变化上是否有利。

在离子晶体中，正离子、负离子的电负性差别较大，杂质离子进入与它的电负性相近的离子位置，在能量上较为有利。因此，金属杂质离子占据晶体中原有的金属离子的位置，非金属杂质离子占据晶体中原有的非金属离子的位置。

在金属间化合物和共价化合物晶体中，如果组成元素之间的电负性相差不大，或者杂质元素的电负性介于组成元素的电负性之间，决定置换过程能否进行的主要因素是原子或离子的半径等几何因素。

置换型杂质缺陷的存在会在其周围引起晶格畸变。如图 2-3 所示，如果杂质原子或离子的半径大于原有的原子或离子，晶体的体积倾向于膨胀，晶格常数增大；如果杂质原子或离子的半径小于原有的原子或离子，晶体的体积倾向于收缩，晶格常数减小。

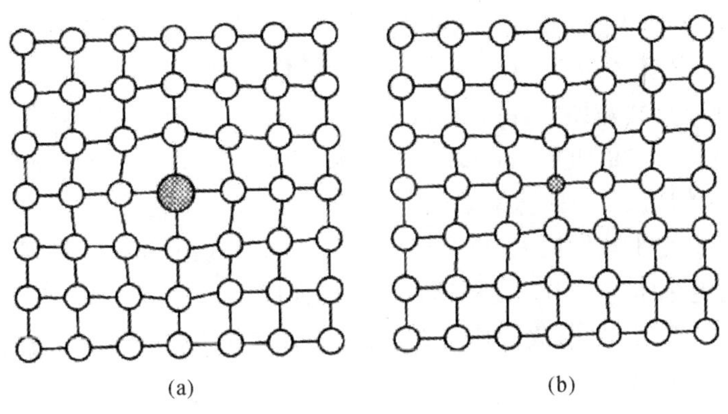

图 2-3　置换型杂质原子

(a)杂质原子半径比基质原子半径大；(b)杂质原子半径比基质原子半径小

2.间隙型杂质缺陷

杂质原子或离子占据晶体中的间隙位置，称为间隙型杂质缺陷。杂质原子或离子能否进入晶体的间隙位置，主要取决于体积效应。只有半径较小的原子或离子才能成为间隙杂质原子或离子。间隙杂质原子或离子的存在，也会在其周围引起晶格畸变，如图 2-4 所示，晶体的体积倾向于膨胀。

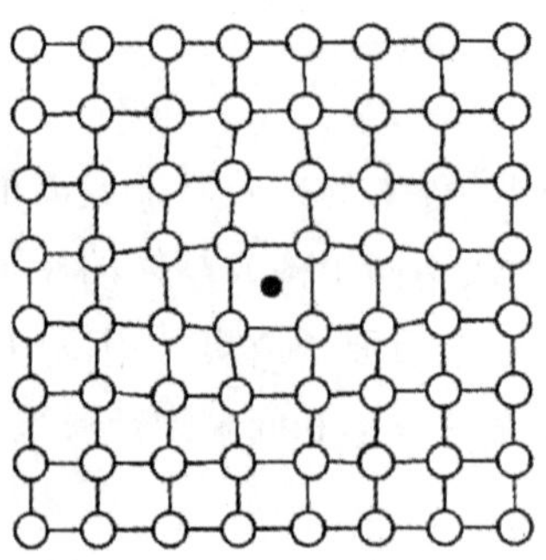

图 2－4　间隙型杂质原子

在离子晶体中，如果杂质离子的价态和原有离子的价态不同，就会带有额外电荷，这些额外电荷必须同时由具有相反电荷的其他杂质离子来补偿，以保持整个晶体的电中性。例如，在 $BaTiO_3$ 晶体中，如果其中少量的 Ba^{2+} 被 La^{3+} 所置换，则必须同时有相当数量的 Ti^{2+} 被还原为 Ti^{3+}。

2.1.3　非化学计量缺陷

在 NaCl、KCl、$CaCO_3$ 等化合物中，其组成比与位置比都符合化学计量比，这类化合物称为化学计量化合物。例如，在 TiO_2 化合物晶体中，Ti 原子组成数与 O 原子组成数之比是 1∶2，Ti 格点位置数与 O 格点位置数之比也是 1∶2，都符合化学计量关系，所以 TiO_2 是化学计量化合物。

但是，有一些化合物的组成比与位置比不符，偏离了化学计量比，这类化合物称为非化学计量化合物。例如，在 $TiO_{1.998}$ 化合物晶体中，Ti 与 O 的原子组成数之比是 1∶1.998，而格点位置数之比仍然是 1∶2，所以 $TiO_{1.998}$ 是非化学计量化合物。

在非化学计量化合物晶体中，由于组成偏离化学计量比所形成的缺陷称为非化学计量缺陷。在非化学计量化合物的组成上，化学计量的偏离很少超过 1%，但形成的非化学计量缺陷对烧结、催化、半导体性质等有重大影响。

在非化学计量缺陷形成的同时，也会产生电荷缺陷，从而使晶体的物理性质发生巨大的变化。例如，TiO_2 是绝缘体，但 $TiO_{1.998}$ 却具有半导体性质。

根据固体的能带理论，非金属固体具有价带、禁带和导带，如图 2－5 所示。半导体与绝缘体的区别仅在于半导体的禁带宽度较小。

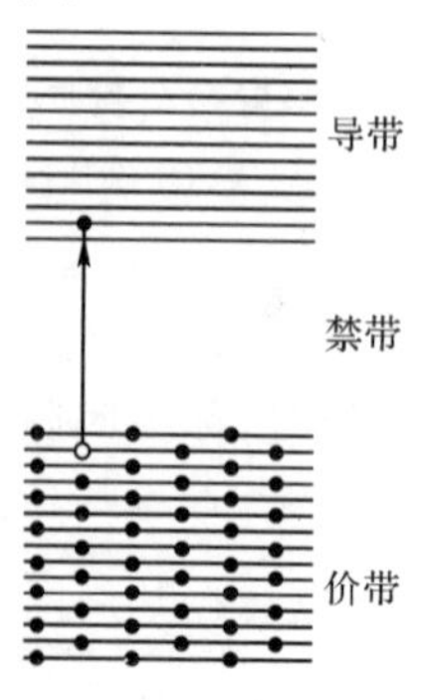

图 2－5　电荷缺陷示意图

在绝对温度 0 时的导带全空，而价带全被电子填满。在一定温度下，价带中的部分电子受到热运动等因素的影响，有可能跃迁至导带，成为自由电子，而导带获得电子后参与导电过程。温度越高，电子跃迁的概率越大，导电性越好。价带中的电子跃迁至导带后，价带中出现一些空的电子能级，这些空能级称为空穴。价带中其他能级的电子也可能跃迁至这些空穴，所以价带中的电子也可能参与导电过程。电子在外电场作用下定向移动相当于空穴向相反方向移动，即这些空穴的移动，相当于正电荷的移动，可以称为空穴电流。

一个电子由价带跃迁至导带，同时在价带中产生一个空穴，即产生一个电子-空穴对。相反，导带中的电子也可能返回价带，使价带中减少一个空穴，即一个电子与空穴复合。在一定温度下，电子-空穴对的产生与复合会达到平衡，即导带中有一定浓度的自由电子，价带中也有相同浓度的空穴。这样的过程虽然没有破坏晶体结构的周期性，但是由于电子和空穴分别带正电荷和负电荷，因此在其周围形成了一个附加电场，引起周期性势场的畸变，导致晶体的不完整性而形成的缺陷称为电荷缺陷。

晶体中原子或离子的外层电子受到外界光、热等的激发，少部分电子脱离原子核的束缚，成为自由电子，同时产生空穴，形成电荷缺陷。晶体中一些缺陷的电离过程，也会产生自由电子或空穴，形成电荷缺陷。电荷缺陷的存在使晶体的绝缘性变差，还会和其他缺陷结合，形成一些新的缺陷，从而影响晶体某些性质。

2.2　点缺陷的表示方法

2.2.1　点缺陷的符号表示法

在缺陷化学中，将点缺陷视为化学实物，规定了描述各种类型点缺陷的符号。在此基础上，应用质量作用定律，可以表示点缺陷之间的相互关系。目前应用最广泛的是克罗格-乌因克(Kroger - Vink)符号表示法。

克罗格-乌因克符号的形式为 A_b^z，其中，主符号 A 表示点缺陷的类型，下标 b 表示点缺陷在晶体中的位置，上标 z 表示点缺陷的有效电荷。

如果表示空位，主符号是 V；表示杂质缺陷，主符号是该杂质的元素符号；表示自由或空穴，主符号是 e 或 h。如果下标是被置换原子或离子的元素符号，表示缺陷位于该原子或离子的正常格点位置；下标 i 表示缺陷位于晶体结构的间隙位置。如果上标的符号是“×”，表示缺陷是中性的；符号是“・”，表示缺陷带一个单位的有效正电荷；符号是“/”，表示缺陷带一个单位的有效负电荷。如果缺陷共带有 n 个单位的电荷，就用 n 个类似的符号标出。

有效电荷是指缺陷及其周围的总电荷减去理想晶体中同一区域的总电荷后剩余的电荷。对于电子和空穴，其有效电荷与实际电荷相等。在原子晶体中，原子不带电荷；带电的置换型杂质缺陷的有效电荷与该杂质离子的实际电荷相等。在化合物晶体中，缺陷的有效电荷与实际电荷一般不相等。

以 AB 型化合物晶体为例，假设 A 是一价正离子，B 是一价负离子，如果晶体中存在 A 的空位，则用 $V_A^{/}$ 表示，说明在 A^+ 的位置出现了一个 A^+ 空位，此位置原来是带一个单位正电荷的 A^+ 离子，现在是不带电的空位，所以有效电荷是一个单位的负电荷。如果存在 B 的空位，则用 $V_B^{\cdot}$ 表示，说明在 B^- 的位置出现了一个 B^- 空位，此位置原来是带一个单位负电荷的

B^-，现在是不带电的空位，所以有效电荷是一个单位的正电荷。类似地，$A_i^{\cdot}$ 和 $B_i^{\prime}$ 分别表示间隙 A 离子和间隙 B 离子。如果掺杂少量的外来原子 L，L 占据 A 的位置，用 L_A表示；L 占据 B 的位置，用 L_B表示；L 占据间隙位置，用 L_i表示。

在 NaCl 晶体中掺杂少量的 Ca^{2+}，Ca^{2+} 置换 Na^+，与此位置原有的 Na^+ 相比，Ca^{2+} 多一个正电荷，可写成 $Ca_{Na}^{\cdot}$，表示 Ca^{2+} 在 Na^+ 位置上带一个单位的有效正电荷。在 ZrO_2 晶体中掺杂少量的 Ca^{2+}，Ca^{2+} 置换 Zr^{4+}，与此位置原有的 Zr^{4+} 相比，Ca^{2+} 少二个正电荷，可写成 $Ca_{Zr}^{\prime\prime}$，表示 Ca^{2+} 在 Zr^{4+} 位置上带二个单位的有效负电荷。对于电荷缺陷，如果电子并不局限于特定的原子位置，即准自由电子，用 $e^{\prime}$ 表示；不局限于特定的原子位置的准自由空穴，用 $h^{\cdot}$ 表示。

对于弗兰克尔缺陷，以 AgBr 离子晶体为例，当形成弗兰克尔缺陷时，Ag^+ 进入晶格间隙，留下带一个单位的负电荷 Ag^+ 空位，可以表示为

$$Ag_{Ag} \Leftrightarrow Ag_i^{\cdot} + V_{Ag}^{\prime}$$

对于肖特基缺陷，以 NaCl 离子晶体为例，当形成肖特基缺陷时，成对的 Na^+ 和 Cl^- 迁移到晶体表面，留下带一个单位电荷的 Na^+ 空位和 Cl^- 空位，可以表示为

$$Na_{Na} + Cl_{Cl} \Leftrightarrow V_{Na}^{\prime} + V_{Cl}^{\cdot} + (Na_{Na})_S^{\times} + (Cl_{Cl})_S^{\times}$$

其中，下标 S 表示表面位置。当晶体中 M 质点从内部移到表面时，可用符号 M_S表示，一般表面位置不特别表示。

2.2.2 缺陷化学反应表示法

如果将点缺陷视为化学物质，那么材料中点缺陷的形成及其相互作用就可以看作是缺陷反应，用与化学反应方程式类似的缺陷反应方程式表示。缺陷浓度也可以与化学反应一样，用热力学函数描述；还可以把质量作用定律和平衡常数等概念应用于缺陷反应。

1.缺陷反应方程式的规则

与化学反应式一样，书写缺陷反应方程式必须遵守一些基本规则。

(1)位置关系。在化合物晶体 M_aX_b 中，无论是否存在点缺陷，M 的位置数与 X 的位置数的比例关系，即 M 的格点数与 X 的格点数之比，必须符合化学计量比 $a:b$。

位置关系强调形成点缺陷时，晶体中的格点数之比保持不变，并不是原子数之比保持不变。例如，在 TiO_2 晶体中，Ti 与 O 的格点数之比是 1∶2。在缺氧的还原气氛中，晶体中形成氧空位，其化学式为 TiO_{2-x}，Ti 与 O 的原子数之比为 $1:(2-x)$，但格点数之比仍然是 1∶2，格点数中包含了 x 个氧空位˙。

(2)位置增殖。在化合物晶体 M_aX_b 中，有可能引入 M 或 X 的空位，也可能消除 M 或 X 的空位，相当于增加或减少了 M 或 X 的位置数。晶体中位置数的变化，称为位置增殖。发生位置增殖时，必须服从位置关系。V_M、V_X、M_M、M_X、X_M、X_X 等位于晶体格点的点缺陷，对格点数有影响，能发生位置增殖。e、h、M_i、X_i 等不在晶体格点的点缺陷，对格点数没有影响，不发生位置增殖。例如，形成肖特基缺陷时，晶体内部的原子或离子迁移到晶体表面，在晶体内部形成空位，增加了位置数。迁移到表面的原子或离子是按照分子式成比例出现的，因而服从位置关系。

(3)质量平衡。与化学反应方程式相同，在缺陷反应方程式中，反应方程式两边必须保持质量平衡。必须注意的是，缺陷符号的下标只是表示缺陷位置，对质量平衡没有影响。例如

V_M表示 M 位置的空位，是没有质量的。电子和空穴对质量平衡的影响也不需要考虑。

(4)电荷平衡。在缺陷反应前后，晶体必须保持电中性。或者说，在缺陷反应方程式中，反应方程式两边必须具有相同数目和类型的总有效电荷。

2.缺陷反应方程式的实例

缺陷反应方程式在描述材料的掺杂、固溶体的生成与非化学计量化合物的反应等方面都有重要作用。下面介绍形成热缺陷、杂质缺陷、非化学计量缺陷的缺陷反应方程式。

1)热缺陷反应方程式

在一定温度下，热缺陷的产生与复合处于动态平衡状态，所以热缺陷反应是平衡反应。

(1)肖特基缺陷。单质晶体 M 形成肖特基缺陷，晶体内部的原子迁移至表面，在晶体内部形成空位，其缺陷反应方程式为

$$M_M \Leftrightarrow M_S + V_M$$

如果不考虑环境和化学键的影响，晶体内部格点与表面的格点没有本质的区别，可以在方程式中互相抵消。如果以 0 表示无缺陷状态，上述方程式可以简化为

$$0 \Leftrightarrow V_M$$

化合物晶体 $M^{2+}X^{2-}$ 形成肖特基缺陷，其缺陷反应方程式为

$$M_M + X_X \Leftrightarrow V_M^{//} + V_X^{\cdot\cdot} + M_S + X_S$$

可以简化为

$$0 \Leftrightarrow V_M^{//} + V_X^{\cdot\cdot}$$

(2)弗兰克尔缺陷。单质晶体 M 形成弗兰克尔缺陷，其缺陷反应方程式为

$$M_M \Leftrightarrow M_i + V_M$$

化合物晶体 $M^{2+}X^{2-}$ 中 M^{2+} 形成弗兰克尔缺陷，其缺陷反应方程式为

$$M_M \Leftrightarrow M_i^{\cdot\cdot} + V_M^{//}$$

一般情况下，与负离子相比，正离子的半径较小，容易进入晶格间隙，形成弗兰克尔缺陷。晶体间隙较小时，容易形成肖特基缺陷；晶体间隙较大时，容易形成弗兰克尔缺陷。

2)杂质缺陷反应方程式

杂质缺陷有时又被称为组成缺陷，杂质缺陷的形成可以视为杂质在晶体中的溶解过程。杂质进入晶体，一般遵循杂质正离子、负离子分别进入晶体正离子、负离子位置的原则，这样可以减弱晶体的晶格畸变，缺陷更容易形成。如果杂质离子的价态与晶体离子的价态不同，为了维持晶体的电中性，就会产生间隙离子或空位。

(1)低价正离子置换高价正离子。如果低价正离子杂质进入晶体，占据高价正离子的位置，这个位置就带负电荷，为了维持晶体的电中性，就会产生负离子空位或间隙正离子。

例如，ZrO_2晶体掺杂 CaO 杂质，其缺陷反应方程式为

$$2MgO \xrightarrow{Al_2O_3} 2Mg_{Al}^{/} + V_O^{\cdot\cdot} + 2\,O_O^{\times}$$

(2)高价正离子置换低价正离子。如果高价正离子杂质进入晶体，占据低价正离子的位置，这个位置就带正电荷，为了维持晶体的电中性，就会产生正离子空位或间隙负离子。

例如，KCl 晶体掺杂 $CaCl_2$杂质，其缺陷反应方程式为

$$CaCl_2 \xrightarrow{KCl} Ca_K^{/} + V_K^{\cdot} + 2\,Cl_{Cl}^{\times}$$

3)非化学计量缺陷反应方程式

非化学计量缺陷的形成与浓度取决于环境气氛的性质及其分压，在一定的气氛性质和分压下达到平衡。

(1)负离子空位型化合物。以化合物晶体 $M^{2+}X^{2-}$ 为例，在环境中缺少 X_2 的气氛下，发生如下缺陷反应：

$$X_X \Leftrightarrow V_X + \frac{1}{2}X_2(g)$$

而

$$V_X \Leftrightarrow V_X^{\cdot\cdot} + 2e'$$

如果缺陷按照上述反应充分进行，其缺陷反应方程式为

$$X_X \Leftrightarrow V_X^{\cdot\cdot} + 2e' + \frac{1}{2}X_2(g)$$

(2)正离子空位型化合物。以化合物晶体 $M^{2+}X^{2-}$ 为例，在环境中富含 X_2 的气氛下，发生如下缺陷反应：

$$\frac{1}{2}X_2(g) \Leftrightarrow V_M + X_X$$

而

$$V_M \Leftrightarrow V_M'' + 2h^{\cdot}$$

如果缺陷按照上述反应充分进行，其缺陷反应方程式为

$$\frac{1}{2}X_2(g) \Leftrightarrow V_M'' + 2h^{\cdot} + X_X$$

2.3 热缺陷的动态平衡

热缺陷是由热起伏引起的，在热平衡条件下，热缺陷的数量仅与晶体所处的温度有关。当温度一定时，热缺陷处于不断产生和复合消失的过程中，如果单位时间内产生和消失的热缺陷数量相等，晶体内的热缺陷数量将保持不变，形成动态平衡。应用热力学统计物理方法，根据系统在平衡时应满足的热力学条件，可以计算单质晶体中的热缺陷浓度。应用化学平衡方法，根据质量作用定律，可以计算化合物晶体中的热缺陷浓度。

2.3.1 肖特基缺陷的动态平衡

1.单质晶体的肖特基缺陷

假设某单质晶体共有 N 个原子，有 N_h 个空位，在该晶体中形成一个肖特基缺陷时所需要的能量为 E_S。由热力学第二定律可知，在恒温、恒压下进行一个自发过程，反应系统的自由能降低，即

$$\Delta G = \Delta H - T\Delta S < 0$$

式中：ΔG、ΔH、ΔS 分别为系统的自由能、焓、熵的变化量。

由于固体中点缺陷的生成对晶体的体积影响很小，即晶体的体积基本上不变，故有 ΔV 近似为 0，则有

$$\Delta H = \Delta \nu + P\Delta V \approx \Delta \nu$$

式中：$\Delta\nu$ 表示系统内能的变化量。则有

$$\Delta G \approx \Delta \nu - T\Delta S$$

当晶体中存在肖特基缺陷时，其内能增加，同时熵也增加。内能增加使自由能增加，但熵的增加则使自由能减少，在一定温度下达到平衡时，系统的自由能达到最小值。根据统计热力学，熵可以表示为

$$S = k\ln\Omega$$

式中：Ω 为系统的微观状态；k 为玻尔兹曼常数。

假设无缺陷时单质晶体的熵值为 S_0，由原子热振动状态决定的系统的微观状态数是 Ω_0，则有

$$S_0 = k\ln\Omega_0$$

假设有肖特基缺陷时，单质晶体的熵值为 S_1，有 N_h 个空位缺陷，由空位在晶体中的无序分布所决定的微观状态数是 Ω_1，则有

$$S_1 = k\ln\Omega_1$$

通常，空位的产生不引起振动微观状态的改变，可不考虑 Ω_0 的具体值。而 Ω_1 则相当于晶体中 N 个同类原子和 N_h 个空位分布在 $(N+N_h)$ 个点阵结构所确定的位置上的排列方式的总数，即构型数，则有

$$\Omega_1 = (N+N_h)!\ /(N!\ N_h!)$$

以 Ω 表示有缺陷时系统的微观状态总数，则有

$$\Omega = \Omega_0 \times \Omega_1$$

故系统的熵变为

$$\Delta S = K\ln(\Omega_0 \times \Omega_1) - k\ln\Omega_0 = k\ln\frac{(N+N_h)!}{N!\ N_h!}$$

相应地，晶体中自由能的改变为

$$\Delta G = N_h E_s - kT\ln\frac{(N+N_h)!}{N!\ N_h!} \tag{2-1}$$

当系统达到平衡时，系统的自由能为最小值，即在一定温度下系统自由能的变化量对变量的一阶偏导数等于零，即

$$\left(\frac{\partial \Delta G}{\partial N_h}\right)_T = 0 \tag{2-2}$$

利用斯特林(Stirling)近似公式：

$$\ln N! = N\ln N - N (N \gg 1)$$

则有

$$\ln\frac{(N+N_h)!}{N!\ N_h!} = (N+N_h)\ln(N+N_h) - (N+N_h) - N\ln N + N - N_h\ln N_h + N_h \tag{2-3}$$

将式(2-3)和式(2-1)代入式(2-2)中，可得

$$\frac{N_h}{N+N_h} = \exp\left(-\frac{E_S}{kT}\right) \tag{2-4}$$

在一般晶体中，$N_h \ll N$，则式(2-4)可简化为

$$N_h = N\exp\left(-\frac{E_S}{kT}\right) \tag{2-5}$$

在一定温度下，用 N_h/N 表示空位数量在晶体总原子数量中所占的比例，即空位浓度，那么单质晶体的肖特基缺陷浓度可以表示为

$$\frac{N_h}{N} = \exp\left(-\frac{E_S}{kT}\right)$$

2.化合物晶体的肖特基缺陷

假设离子化合物晶体有 N 个正离子或负离子，在一定温度下形成 N_h 个正离子空位或负离子空位，则 N_h/N 表示正离子或负离子的空位浓度。

以 MgO 晶体为例，形成肖特基缺陷的反应方程式为

$$0 \Leftrightarrow V_{Mg}'' + V_O^{\cdot\cdot}$$

根据该方程，氧离子空位浓度 $[V_O^{\cdot\cdot}]$ 与镁离子空位浓度 $[V_{Mg}'']$ 相等，即 $[V_O^{\cdot\cdot}] = [V_{Mg}'']$。当反应达到平衡时，平衡常数 K_F 为

$$K_F = [V_O^{\cdot\cdot}][V_{Mg}'']$$

根据物理化学理论，肖特基缺陷形成能 E_S 与平衡常数 K_F 的关系为

$$K_F = \exp\left(-\frac{E_S}{kT}\right)$$

MgO 晶体的肖特基缺陷浓度为

$$\frac{N_i}{N} = [V_O^{\cdot}] = [V_{Mg}''] = \exp\left(-\frac{E_S}{2kT}\right)$$

以 CaF_2 晶体为例，形成肖特基缺陷的反应方程式为

$$0 \Leftrightarrow V_{Ca}'' + 2V_F^{\cdot}$$

根据该方程，氟离子空位浓度是钙离子空位浓度的 2 倍，即 $[V_F^{\cdot}] = 2[V_{Ca}'']$。当反应达到平衡时，平衡常数 K_F 为

$$K_F = [V_F^{\cdot}]^2[V_{Ca}'']$$

所以有

$$[V_{Ca}''] = \frac{1}{2}[V_F^{\cdot}] = \frac{1}{\sqrt[3]{4}}\exp\left(-\frac{E_S}{3kT}\right)$$

2.3.2 弗兰克尔缺陷的动态平衡

1.单质晶体的弗兰克尔缺陷

假设某单质晶体共有 N 个原子，其中有 N_i 个原子为间隙原子，同时在晶体的点阵结构中产生 N_i 个空位，再设每个结构单元即每个点阵点平均有 m 个间隙，则整个晶体共有 mN 个间隙位置。在晶体中 $(N-N_i)$ 个原子或 N_i 个空位分布在 N 个点阵结构位置上的方式或构型数为 $N!/[(N-N_i)!\,N_i!]$，而晶体中 N_i 个间隙原子分布在 mN 间隙位置上的方式或构型数为 $(mN)!/[(mN-N_i)!\,N_i!]$，故由于间隙原子和空位的无序排列所产生的构型总数为

$$\left[\frac{N!}{(N-N_i)!\,N_i!}\right]\left[\frac{mN!}{(mN-N_i)!\,N_i!}\right]$$

相应的构型熵变为

$$\Delta S_k = k\ln\left[\frac{N!}{(N-N_i)!\ N_i!}\right]\left[\frac{(mN!\ )}{(mN-N_i)!\ N_i!}\right]$$

由于空位和间隙原子的产生并不影响系统的振动微观状态，故在整个过程中，振动熵变 ΔS_v 近似为 0，故系统的总熵变为

$$\Delta S = \Delta S_k + \Delta S_v \approx \Delta S_k$$

假设每产生一个弗兰克尔缺陷所需的能量为 E_F，则产生弗兰克尔缺陷过程所引起的自由能变化为

$$\Delta G = N_i E_F - kT\ln\left[\frac{N!}{(N-N_i)!\ N_i!}\right]\left[\frac{(mN!\ )}{(mN-N_i)!\ N_i!}\right] \tag{2-6}$$

一定温度下，系统达到平衡时，自由能取最小值，并有

$$\left(\frac{\partial \Delta G}{\partial N_i}\right)_T = 0 \tag{2-7}$$

利用斯特林(Stirling)近似公式可得

$$\frac{N_i^2}{(N-N_i)(mN-N_i)} = \exp\left(-\frac{E_F}{kT}\right) \tag{2-8}$$

在一般晶体中，$N_i \ll N$，则式(2-8)可简化为

$$N_i = m^{\frac{1}{2}} N\exp\left(-\frac{E_F}{2kT}\right) \tag{2-9}$$

在一定温度下，用 N_i/N 表示间隙原子数量在晶体总原子数量中所占的比例，即间隙原子浓度，那么单质晶体的弗兰克尔缺陷浓度可以表示

$$\frac{N_i}{N} = m^{\frac{1}{2}}\exp\left(-\frac{E_F}{kT}\right)$$

2.化合物晶体的弗兰克尔缺陷

假设离子化合物晶体中正离子形成弗兰克尔缺陷，有 N 个正离子，在一定温度下形成 N_i 个正离子空位或间隙正离子，则 N_i/N 表示正离子空位浓度或间隙正离子浓度。

以 AgBr 晶体为例，溴离子的半径较大，不易形成弗兰克尔缺陷，银离子形成弗兰克尔缺陷的反应方程式为

$$Ag_{Ag} \Leftrightarrow Ag_i^{\cdot} + V_{Ag}'$$

根据该方程，间隙银离子浓度 $[Ag_i^{\cdot}]$ 与银离子空位浓度 $[V_{Ag}']$ 相等，即 $[Ag_i^{\cdot}]=[V_{Ag}']$。当反应达到平衡时，平衡常数 K_F 为

$$K_F = \frac{[Ag_i^{\cdot}][V_{Ag}']}{[Ag_{Ag}]}$$

式中：$[Ag_{Ag}]$ 为正常格点上的银离子浓度，其值近似为 1，即 $[Ag_{Ag}]$ 近似为 1。

根据物理化学理论，弗兰克尔缺陷形成能 E_F 与平衡常数 K_F 的关系为

$$K_F = \exp\left(-\frac{E_F}{kT}\right)$$

AgBr 晶体中银离子的弗兰克尔缺陷浓度为

$$\frac{N_i}{N} = [Ag_i^{\cdot}] = [V_{Ag}'] = \exp\left(-\frac{E_F}{2kT}\right)$$

不论是单质晶体还是化合物晶体，点缺陷的浓度随温度的升高而增大，随缺陷形成能的升高而减小。如果缺陷形成能不大而温度较高时，就可能产生相当可观的缺陷浓度。

形成点缺陷会引发周围原子或离子振动状态的改变，产生振动熵变。在计算点缺陷浓度时，多数情况下忽略了这种振动熵变，同时也忽略了形成点缺陷时晶体体积的变化。

在同一晶体中，肖特基缺陷和弗兰克尔缺陷的形成能有很大的差别，导致在特定的晶体中，某一种缺陷占优势。缺陷形成能的大小与晶体结构、离子极化等因素有关。对于具有NaCl结构的碱金属卤化物，弗兰克尔缺陷的形成能是7～8 eV，即使温度高达2 000 ℃，间隙离子的浓度也难以测量。但是在具有萤石结构的CaF_2晶体中氟离子形成弗兰克尔缺陷的形成能为2.8 eV，形成肖特基缺陷的形成能为5.5 eV，所以在CaF_2晶体中，主要形成氟离子的弗兰克尔缺陷。

2.4 电荷缺陷

实际晶体中必然会有一些杂质等点缺陷，特别是在半导体材料中，为了改变晶体的能带结构，控制晶体中电子与空穴的浓度与运动，往往要在晶体中引入微量杂质等点缺陷。点缺陷的存在破坏了晶体结构的周期性，点缺陷周围的电子能级也会发生变化，在晶体的禁带中形成能量不等的各种局域能级，引起周期性势场的畸变，形成电荷缺陷。

2.4.1 单质晶体的电荷缺陷

无杂质、无缺陷的锗晶体是本征半导体，即其半导体性质是电子由价带跃迁至导带形成电子-空穴对而引起的，其禁带宽度E_g为0.71 eV。

1.锗晶体掺杂砷

锗晶体掺杂砷，形成置换杂质缺陷$As_{Ge}^{\times}$，砷原子的最外层电子数是5，而锗的最外层电子数是4，电子不仅填满了价带，而且还多出一些电子。多出电子的数量与杂质缺陷$As_{Ge}^{\times}$的数量相同，即每有一个置换杂质缺陷就会多出一个电子。虽然这个电子被砷原子束缚，但是缺陷处的势场比正常点阵结构中锗原子处的势场弱，这个电子受到的束缚较弱，其能量要高于价带的其他电子。

这个电子与缺陷相联系，其能级位于禁带中导带底以下靠近导带底的位置，与导带底相距仅0.012 7 eV，如图2-6(a)所示。所以这个被缺陷束缚的电子很容易跃迁至导带，成为准自由电子，同时在缺陷处形成一个正电中心$As_{Ge}^{\cdot}$，形成电荷缺陷，该过程可以表示为

$$As_{Ge}^{\times}+E_D \Leftrightarrow As_{Ge}^{\cdot}+e'$$

其中，E_D表示从缺陷$As_{Ge}^{\times}$中电离出一个电子所需要的能量，此处的E_D为－0.012 7 eV。

杂质缺陷$As_{Ge}^{\times}$给出一个电子，称为施主缺陷，其所在的能级称为施主能级，E_D就是施主电离能。E_D比禁带宽度E_g小得多，电子脱离$As_{Ge}^{\times}$的束缚，跃迁至导带需要的能量远小于电子从价带跃迁至导带需要的能量。导带中的电子主要来自杂质，能够参与导电。这种含有施主缺陷、主要靠电子导电的半导体称为N型半导体。

2.锗晶体掺杂硼

锗晶体掺杂硼，形成置换杂质缺陷$B_{Ge}^{\times}$，B原子的最外层电子数是3，而锗的最外层电子

数是 4，价带不仅不能完全充满，而且缺少了一些电子。缺少电子的数量与杂质缺陷 $B_{Ge}^{\times}$ 的数量相同，即每有一个置换杂质缺陷就缺少一个电子，或者说每个置换杂质缺陷附近的价带出现一个空穴。

硼原子比锗原子少一个正电荷，即相当于在杂质缺陷 $B_{Ge}^{\times}$ 处存在一个负电荷中心，空穴受到这个负电荷中心的束缚较弱，其能级位于禁带中价带顶以上靠近价带顶的位置，与价带顶相距仅 0.010 4 eV，如图 2-6(b)所示。束缚空穴的缺陷也可能吸收一定能量而给出一个空穴到价带，该过程相当于一个电子从价带跃迁至价带顶上的缺陷所形成的局域能级，与被束缚的空穴复合，同时在价带产生一个准自由空穴，形成电荷缺陷，该过程可以表示为

$$B_{Ge}^{\times}+E_{A}\Leftrightarrow B_{Ge}^{\prime}+h^{\cdot}$$

其中，E_A 表示把一个束缚在缺陷上的空穴电离到价带形成准自由空穴所需要的能量，也称为空穴电离能，此处的 E_A 为 0.010 4 eV。

杂质缺陷 $B_{Ge}^{\times}$ 能够接受电子，称为受主缺陷，其所在的能级称为受主能级，E_A 就是受主电离能。空穴电离能 E_A 比禁带宽度 E_g 小得多，价带电子很容易跃迁至价带顶上的 $B_{Ge}^{\times}$ 缺陷的空的电子能级，在价带留下能够参与导电的准自由空穴。这种含有受主缺陷、主要靠空穴导电的半导体称为 P 型半导体。

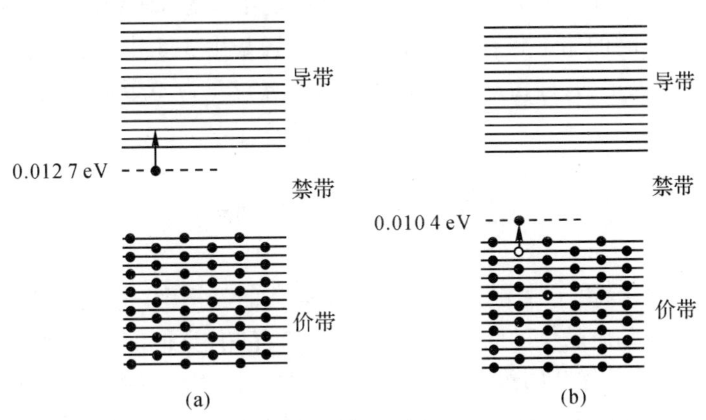

图 2-6　施主能级和受主能级示意图

(a)施主能级；(b)受主能级

3.锗晶体掺杂锂

锗晶体掺杂锂，锂原子进入晶体结构的间隙位置，形成间隙杂质缺陷，这个缺陷是一个正电荷中心，束缚着一个电子，该电子能级远远高于价带中其他电子的能级，位于禁带最上边，靠近导带底的位置，缺陷的电离过程可以表示为

$$Li_{i}^{\times}+E_{D}\Leftrightarrow Li_{i}^{\cdot}+e^{\prime}$$

其中，E_D 表示从缺陷中电离出一个电子所需要的能量，此处的 E_D 为 0.009 3 eV。

2.4.2　离子晶体的电荷缺陷

1.真空中加热 CdS 晶体

在真空中加热 CdS 晶体，少量的中性硫原子从晶体结构中逸出，形成硫空位 $V_S^{\times}$。在这

个过程中，硫离子的正常位置留下了两个被松弛束缚的电子，相当于($V_S^{\cdot\cdot}+2e'$)。这两个电子的能级位于导带底以下接近导带底的位置，很容易被激发至导带，形成电荷缺陷。硫空位$V_S^{\times}$是施主缺陷，这种情况下的 CdS 是 N 型半导体。

2.硫蒸气中加热 CdS 晶体

在硫蒸气中加热 CdS 晶体，少量的中性硫原子进入晶体，硫含量高于化学计量，产生镉空位 $V_{Cd}^{\times}$。在这个过程中，有两个电子被过量的硫原子夺去，在镉空位处留下了两个被松弛束缚的空穴，相当于($V_{Cd}''+2h^{\cdot\cdot}$)。这两个空穴很容易被激发形成电荷缺陷。镉空位 $V_{Cd}^{\times}$是受主缺陷，这种情况下的 CdS 是 P 型半导体。

3.离子晶体的掺杂

离子晶体的正离子被更高电价的正离子置换时，就会有电子被松弛地束缚在杂质原子处。例如 Al^{3+} 置换 ZnS 晶体的 Zn^{2+}，生成缺陷 $Al_{Zn}^{\times}$，相当于($Al_{Zn}^{\cdot}+e'$)，缺陷的电离过程可以表示为

$$Al_{Zn}^{\times}+E_D \Leftrightarrow Al_{Zn}^{\cdot}+e'$$

点缺陷周围的电子能级可以在禁带中形成高低不同的能级，这些能级只局限于点缺陷附近，称为局域能级。局域能级是束缚着电子的缺陷的能量状态，即无论是施主能级还是受主能级，都是指缺陷带电子时的能量状态。局域能级的位置是由一个电子从该能级跃迁至准自由状态时所需要的能量决定的，即由缺陷从带电子的状态转变为不带电子的状态所需要的电子电离能决定。

2.5 固 溶 体

如果外来组分(原子、离子或分子)分布在基质晶体的晶格中，这些组分在基质中的含量可以变化，但是没有破坏基质晶体的结构，仍然保持一个晶相，类似溶液中溶质溶解在溶剂中一样。由外来组分与基质晶体共同组成的均匀的单相的晶态固体，称为固溶体。如果固溶体是由外来组分 A 溶解在基质晶体 B 中形成的，一般将含量较高的 B 称为溶剂，将含量较低的 A 称为溶质。

在固溶体中，不同的组分之间以原子尺度相互混合，不会破坏原有的晶体结构。例如 Cr_2O_3溶入 Al_2O_3中，Cr^{3+}置换了 Al^{3+}，并不会破坏 Al_2O_3的晶格结构，但是少量溶入的 Cr^{3+}(质量百分数为 2%～5%)能够产生受激辐射，使原来没有激光性能的白宝石变为有激光性能的红宝石。

但是在固溶体中，外来组分占据了基质晶体中的一些格点或间隙位置，破坏了原有晶体结构中点阵排列的有序性，引起了晶体内周期性势场的畸变，导致晶体结构不完整，是一种点缺陷范围的晶体结构缺陷。

固溶体、机械混合物和化合物三者之间是有本质区别的。如果 A 与 B 形成固溶体，A 和 B 之间以原子尺度混合成为均匀的单相晶态物质。如果 A、B 和 C 形成固溶体 (A_xB_{1-x})C，A 与 B 可以任意比例混合，$1-x$ 的取值范围是 0～1，固溶体的结构与基质晶体 AC 相同。如果 A 与 B 形成化合物 A_mB_n，A 与 B 有固定的比例关系(即等于 m/n)，化合物的结构与性质完全不同于 A 和 B。如果 A 与 B 形成机械混合物，A 和 B 分别保持自身原有的结构与性质，混合

物不是均匀的单相而是两相或多相。

固溶体在无机非金属材料中所占的比例很大，可以利用固溶原理制备各种新型无机非金属材料。例如，$PbTiO_3$和$PbZrO_3$形成的锆钛酸铅$Pb(Zr_xTi_{1-x})O_3$，是一种固溶体型压电陶瓷，广泛应用于电子技术、无损检测、医疗设备等领域。Si_3N_4与Al_2O_3形成赛隆(Sialon)固溶体，应用于高温结构材料。

固溶体既可以在晶体生长过程中产生，也可以在烧结过程中由原子扩散而形成。根据外来组分在基质晶体中的晶格位置不同，固溶体可以划分为置换型固溶体和间隙型固溶体。置换型固溶体中，外来组分溶入基质晶体，置换格点位置的原子、离子或分子。间隙型固溶体中，外来组分溶入基质晶体，进入晶格的间隙位置。

2.5.1　置换型固溶体

在无机非金属材料的形成过程中，经常会出现一种离子置换另外一种离子并占据其格点位置的情况。例如 MgO 晶体中常含有少量的 FeO，即Fe^{2+}置换Mg^{2+}，并无序地占据Mg^{2+}的格点位置，其组成可写为$Mg_{1-x}Fe_xO(0\leqslant x\leqslant 1)$，如图 2－7(a)所示。这类固溶体，离子之间的置换量是无限的，称为连续固溶体，也可以称为无限固溶体或完全互溶固溶体。Al_2O_3－Cr_2O_3、ThO_2－UO_2、$PbZrO_3$－$PbTiO_3$等二元系统都可以形成连续固溶体。但是在 CaO－MgO、MgO－Al_2O_3等系统中，离子之间的置换量是有一定限度的，这类固溶体称为有限固溶体，也可以称为不连续固溶体或部分互溶固溶体，如图 2－7(b)所示。CaO－BeO 等系统中，离子之间不能相互置换，即不能形成固溶体，如图 2－7(c)所示。

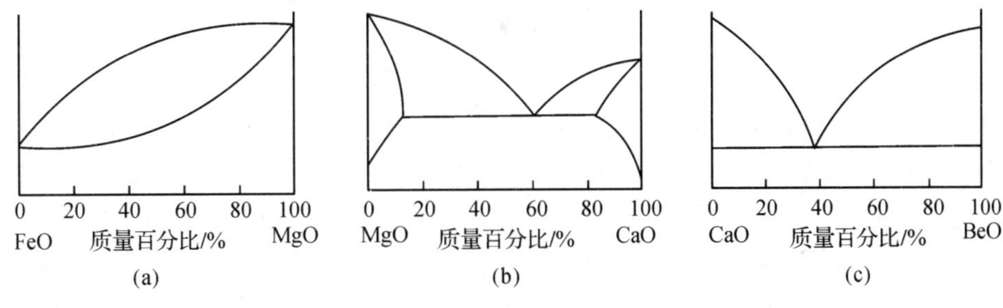

图 2－7　MgO－FeO、CaO－MgO 和 BeO－CaO 二元系统相图

根据热力学参数分析以及自由能与组成的关系，可以判断置换型固溶体是连续的还是有限的。但是由于热力学函数的不准确性，严格的定量计算十分困难。然而，通过实践经验的积累，已经归纳出影响形成置换型固溶体的主要因素：原子或离子半径、晶体的结构类型、离子类型和键性、离子电价和电负性等。

1.原子或离子半径

在置换型固溶体中，原子或离子半径对形成连续固溶体还是有限固溶体有着直接的影响。考虑晶体的稳定性，相互置换的原子或离子的半径差别越小，固溶体就越稳定。如果有两种原子或离子要相互置换，大尺寸原子或离子的半径是r_1，小尺寸原子或离子的半径是r_2，那么相对半径差Δr有以下经验规则：

$$\Delta r=\left|\frac{r_1-r_2}{r_1}\right|\times 100\%$$

如果 Δr 不超过 15%，那么二者有可能形成连续固溶体；如果 Δr 在 15%～30%之间，有可能形成有限固溶体；如果 Δr 大于 30%，很难形成固溶体或不能形成固溶体，容易形成化合物。例如 MgO、NiO 和 CaO 都具有 NaCl 结构，Mg^{2+} 和 Ni^{2+} 的 Δr 是 3.75%，二者能形成连续固溶体；Mg^{2+} 和 Ca^{2+} 的 Δr 是 25.93%，二者不易形成固溶体，仅在高温下有少量互溶。

2.晶体的结构类型

形成连续固溶体还是有限固溶体，还受晶体结构类型的影响。外来组分与基质晶体的结构类型相同是形成连续固溶体的必要条件，但不是充分必要条件。外来组分与基质晶体的结构类型相同并且二者的相对半径差 Δr 不超过 15%，才是形成连续固溶体的充分必要条件。

例如，二元系统 MgO - FeO、Al_2O_3 - Cr_2O_3、ThO_2 - UO_2 能形成连续固溶体，原因之一就是每个系统中两个组分的晶体结构类型相同。在 $PbZrO_3$ - $PbTiO_3$ 系统中，两个组分都具有钙钛矿结构，虽然 Zr^{4+} 与 Ti^{4+} 的 Δr 略大于 15%，但是在高温下晶格常数增大，二者也能够形成连续固溶体。在 Al_2O_3 - Fe_2O_3 系统中，两个组分都是刚玉型结构，但 Al^{3+} 与 Fe^{3+} 的 Δr 是 18.4%，二者只能形成有限固溶体。

此外，晶胞越大，形成连续固溶体的可能性越大。例如，石榴石结构的 $Ca_3Al_2(SiO_4)_3$ 和 $Ca_3Fe_2(SiO_4)_3$，石榴石结构的晶胞比氧化物的晶胞大 8 倍，对离子半径差异的宽容性更高，Al^{3+} 与 Fe^{3+} 能够连续置换。

3.离子类型和键性

离子类型指的是离子外层的电子构型，相互置换的离子类型相同，容易形成置换固溶体。化学键性质相近，即置换前、后离子周围的离子间的键性相近，容易形成置换固溶体。当化学键的性质趋向共价键时，离子之间不易形成置换固溶体。

4.离子电价

在离子相互置换形成固溶体时，固溶体中必须保持电中性。置换前、后的离子电价相同或离子电价总和相等，才能形成连续固溶体。相同电价的单一离子相互置换能够保持电中性，例如 MgO - NiO、Al_2O_3 - Cr_2O_3 都是单一离子电价相同，相互置换形成连续固溶体。

不同电价的离子相互置换，固溶体为了保持电中性，需要两种以上的不同离子复合，通过其他离子补足电价，使置换前后的离子电价总和相等。硅酸盐材料中经常发生这种复合离子的等价置换，例如钙长石 $Ca[Al_2Si_2O_8]$ 中的 Ca^{2+} 与 Al^{3+} 可以复合置换钠长石 $Na[AlSi_3O_8]$ 中的 Na^+ 与 Si^{4+}，即 $Na^+ + Si^{4+} \Leftrightarrow Ca^{2+} + Al^{3+}$，使结构保持电中性，形成连续固溶体。

5.电负性

离子电负性对固溶体和化合物的形成有一定的影响。电负性相近，有利于固溶体的形成；电负性差别大，倾向于形成化合物。

达肯(Darkon)和久亚雷(Gurry)以溶质与溶剂的相对半径差 Δr 为±15%作为椭圆的横轴，以电负性差值为±0.4 作为椭圆的纵轴绘制椭圆，发现在这个椭圆之内的系统，65%具有很大的固溶度，而在椭圆之外，有 85%的系统固溶度小于 5%。因此，电负性差值±0.4 也是衡量固溶度的边界值，即电负性差值大于 0.4，生成固溶体的可能性很小。相较而言，原子与离子半径比电负性的影响更大，在 Δr 大于±15%的系统中，有 90%不能形成固溶体。

6.温度和压力

温度作为外因，对固溶体的形成有明显的影响。一般而言，温度升高有利于形成固溶体。

例如，在高温下钾长石 K[$AlSi_3O_8$]与钠长石 Na[$AlSi_3O_8$]可以形成固溶体，但是随着温度的降低，固溶体的稳定性下降，直至组分脱溶形成两相，生成条纹长石。压力对固溶体的形成也有影响。压力增大，固溶体的稳定性下降，不利于形成固溶体。

在温度和压力等外界条件一定的情况下，氧化物系统形成置换型固溶体，最主要的影响因素是离子半径、晶体的结构类型和离子电价。这些影响因素有时并不是同时起作用，在一定条件下，有的因素起主要作用，有的因素的作用则很小。例如 Si^{4+} 与 Al^{3+} 的 Δr 为 0.039 nm，二者的电价不同，相对半径差远远大于 30%，但 Si—O 键与 Al—O 键的键性相近，键长也接近，仍然能够形成固溶体。在铝硅酸盐材料中，常见 Al^{3+} 置换 Si^{4+} 形成置换固溶体。

在置换型固溶体中，单一离子之间可以等价置换，也可以不等价置换。在不等价置换的固溶体中，为了保持晶体的电中性，必然会在晶体结构中产生“组分缺陷”，即在原来的晶体结构的格点位置产生空位，也可能在原来没有格点的位置嵌入新的离子。“组分缺陷”仅发生在不等价置换固溶体中，其缺陷浓度取决于溶质的掺杂量和溶剂的固溶度。不等价离子化合物之间只能形成有限固溶体。

以焰熔法制备镁铝尖晶石（$MgO \cdot Al_2O_3$）单晶为例，MgO 与 Al_2O_3熔融制备镁铝尖晶石单晶，获得的往往不是纯尖晶石，而是富铝尖晶石，即 MgO 与 Al_2O_3的比大于 1∶1。这是由于 Al_2O_3与尖晶石形成固溶体，相当于 Al^{3+} 置换 Mg^{2+}，为了保持晶体的电中性，必须用 2 个 Al^{3+} 置换 3 个 Mg^{2+}，其中 2 个 Al^{3+} 占据 2 个 Mg^{2+} 的位置，剩余 Mg^{2+} 的位置形成 Mg^{2+} 空位，其缺陷反应方程式为

$$Al_2O_3 \xrightarrow{MgO} 2Al_{Mg}^{\cdot} + V_{Mg}'' + 3O_O^{\times}$$

如果将 Al_2O_3的化学式改写为尖晶石的形式，即 $Al_{2/3}Al_2O_4$，那么富铝尖晶石固溶体的化学式则是 $(Mg_{1-x}Al_{2x/3})Al_2O_4$。当 x 为 0 时就是纯尖晶石 $MgAl_2O_4$，当 x 为 1 时就是 Al_2O_3，当 x 为 0.3 时就是一种富铝尖晶石 $(Mg_{0.7}Al_{0.2})Al_2O_4$，这时结构中每 30 个正离子位置中有 1 个是空位。

不等价置换固溶体中，可能出现 4 种“组分缺陷”，即正离子空位、负离子空位、间隙正离子或间隙负离子。高价离子换低价离子，正离子位置出现空位或者负离子进入间隙位置；低价离子置换高价离子，负离子位置出现空位或者正离子进入间隙位置。

在具体的系统中，究竟出现哪一种“组分缺陷”，目前尚无法用热力学计算来判断。一般而言，除了萤石（CaF_2）结构以外，由于负离子半径较大，极少进入晶格的间隙位置。“组分缺陷”的形式需要通过实验测定来确定。

不等价置换产生“组分缺陷”，出现的空位或间隙离子导致晶格显著畸变，使晶格活化，经常用来降低难熔氧化物的烧结温度。例如烧结 Al_2O_3时加入 1%～2%的 TiO_2，烧结温度可以降低近 300 ℃。ZrO_2中加入少量 CaO，可以减少 ZrO_2晶型转化时的体积效应，提高材料的稳定性。

2.5.2　间隙型固溶体

如果外来组分的原子或离子的半径比较小，就有可能进入基质晶体的晶格间隙位置，这样形成的固溶体称为间隙型固溶体。晶格间隙的大小有限，容纳杂质原子或离子的能力很低；外来原子或离子一般都会使晶格常数增大，增大到一定程度，固溶体就会因不稳定而离解，所以

间隙固溶体都是有限固溶体。

许多金属晶体中添加的 H、C、B 等原子很容易进入金属的晶格间隙位置，形成间隙固溶体或间隙化合物。金属间隙化合物中，金属原子与非金属间隙原子形成部分共价键，增强了原子间的结合力，与纯金属相比，金属间隙化合物的熔点更高而硬度更大。间隙固溶体在无机非金属材料中不多见。

通过实践经验的积累，已经归纳出影响形成间隙型固溶体的主要因素：原子或离子半径与晶体结构，离子电价。

1.原子或离子半径与晶体结构

一般而言，外来原子或离子的半径小，容易形成固溶体，反之亦然。外来原子或离子的半径与基质晶体的结构类型密切相关。一定程度上，结构间隙的大小起决定性作用。基质晶体的间隙越大，结构越疏松，容易形成固溶体。

例如，面心立方结构的 MgO 中只有氧四面体间隙可以利用，在 TiO_2 结构中则有八面体空隙可以利用，在 CaF_2 结构中有配位为 8 的较大空隙存在，在架状硅酸盐片沸石结构中的空隙更大。因此对于同样的外来杂质，可以预测上述材料中形成固溶体的可能性大小依次是片沸石＞CaF_2＞TiO_2＞MgO，实验结果也证明了上述结论。

2.离子电价

外来离子进入基质晶体的晶格间隙，必然引起晶体中的电价不平衡，可以通过形成空位、不等价离子置换或者复合离子置换以及离子价态的变化，保持电价平衡，保证整个晶体的电中性。

例如，CaF_2 中添加少量 YF_3，形成 $Ca_{1-x}Y_xF_{2+x}$ 固溶体，F^- 进入晶格间隙位置，为了保持晶体的电中性，Y^{3+} 置换了 Ca^{2+}，其缺陷反应方程为

$$YF_3 \xrightarrow{CaF_2} Y_{Ca}^{\cdot} + F_i' + 2F_F^{\times}$$

2.6 非化学计量化合物

根据化学的定比定律，化合物中不同的原子或离子按一定的简单整数比结合，数量要保持固定的比例，这种组分比称为化学计量比。例如在Ⅲ-Ⅴ族或Ⅱ-Ⅵ族化合物 MX 中，组分 M 与 X 的原子比为 1∶1。

实验表明，几乎所有的无机化合物或多或少都会偏离其化学计量比。当化学计量比偏离不大时，材料的化学性质与化学计量比化合物差别不大，但是对材料的电学、光学、磁学等物理性质有显著的影响。

在组成上偏离了化学计量比，不再是固定的比例关系的化合物称为非化学计量化合物。非化学计量化合物的产生与点缺陷的存在有关，也可以看作是一种点缺陷。例如，当 NaCl 晶体中存在大量的 Cl 空位，就意味着晶体中 Cl 的总数少于 Na 的总数，偏离了 NaCl 的化学计量比。

非化学计量化合物可以分成两类：一类是由化学定义规定的非化学计量化合物，用化学分析、X 射线衍射以及平衡蒸气压测定等方法能确定其组成偏离化学计量，例如 FeO_{1+x}、FeS_{1+x}

和 PdH_x 等；另一类是用化学分析和 X 射线衍射都测不出的非化学计量化合物，但是可以通过测量其光学、电学或磁学性能确定其组成稍微偏离化学计量，这类化合物中存在的少量缺陷使其组成稍微偏离化学计量。

非化学计量化合物的共性特征包括：①非化学计量化合物都是半导体；②从化学角度而言，非化学计量化合物可以视为是由同一元素的高价化合物与低价化合物形成的固溶体；③非化学计量化合物的产生及其缺陷浓度与环境气氛的性质和压力有关；④根据平衡常数可以发现，缺陷浓度与温度有关。根据特征缺陷，非化学计量化合物可以分为 4 种类型：负离子空位型、正离子空位型、负离子间隙型、正离子间隙型。

2.6.1　负离子空位型

氧化物 ZrO_2、TiO_2 等可以形成典型的负离子空位型氧化物 ZrO_{2-x}、TiO_{2-x}，在还原气氛下，氧从晶格中逸出，出现负离子空位，使正离子相对过剩。以 ZrO_2 为例，ZrO_2 的正离子与负离子的比例是 1∶2。在环境中氧不足的条件下，ZrO_2 晶格中的氧逸出到大气中，形成氧格点空位。氧格点空位失去电子形成带正电的 O^{2-} 空位，部分格点位置的 Zr^{4+} 获得电子而降价为 Zr^{3+}，以保持电中性，其缺陷反应方程式为

$$2\,Zr_{Zr}+4\,O_O \Leftrightarrow 2\,Zr'_{Zr}+V_O^{\cdot\cdot}+3\,O_O+\frac{1}{2}O_2$$

由于 $Zr'_{Zr}=Zr_{Zr}+e'$，则上式等价于

$$O_O \Leftrightarrow 2\,e'+V_O^{\cdot\cdot}+\frac{1}{2}O_2$$

根据质量作用定律，平衡常数为

$$K=\frac{[V_O^{\cdot\cdot}][e']^2 P_{O_2}^{1/2}}{[O_O]}$$

达到平衡时，$[e']=2[V_O^{\cdot\cdot}]$，晶体中氧离子的浓度基本不变，即 $[O_O]\approx 1$，可得 $[V_O^{\cdot\cdot}]\propto P_{O_2}^{-1/6}$，表明氧空位的浓度与氧分压的 1/6 次方成反比；$[e']\propto P_{O_2}^{-1/6}$，则表明电导率随氧分压的增大而降低。

同理，TiO_2 的化学计量对氧分压也是非常敏感的，在还原气氛下会得到 TiO_{2-x}。在富氧条件下烧结含 TiO_2 的金红石电介质陶瓷，获得金黄色的材料；而在缺氧的条件下烧结，氧空位的浓度增大，得到灰黑色的材料。

从化学的角度而言，非化学计量化合物 ZrO_{2-x} 可以视为 Zr_2O_3 在 ZrO_2 中的固溶体，Zr^{3+} 占据了 Zr^{4+} 的位置，即部分格点位置的 Zr^{4+} 降价为 Zr^{3+}，为了保持电中性，形成 O^{2-} 空位。值得注意的是，这种离子变价现象总是与电子的转移相联系的，Zr^{4+} 获得一个电子而变成 Zr^{3+}，这个电子并不是固定在一个特定的锆离子上，而是容易从一个位置迁移到另一个位置。确切地说，为了保持电中性，在 1 个带正电的 O^{2-} 空位周围，束缚了 2 个过剩电子，如图 2-8 所示。这些电子如果与附近的 Zr^{4+} 相联系，Zr^{4+} 就转变为 Zr^{3+}。但是这些电子并不属于某一个具体固定的 Zr^{4+}，在电场作用下，可以从一个 Zr^{4+} 迁移到邻近的另一个 Zr^{4+}，形成电子导电，所以负离子空位型氧化物是 N 型半导体材料。

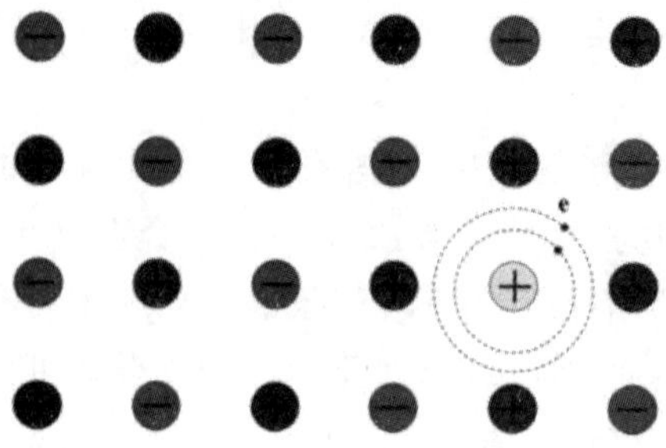

图 2-8　负离子空位型结构缺陷示意图

一个负离子空位俘获自由电子而形成的结构缺陷称为 F-色心。它是因俘获电子能吸收一定波长的光，使晶体着色而得名。例如 TiO_2 在还原气氛下由金黄色变为灰黑色，NaCl 在 Na 蒸气中加热，呈黄棕色。

2.6.2　正离子空位型

氧化物 FeO、CoO 等可以形成典型的正离子空位型氧化物 $Fe_{1-x}O$、$Co_{1-x}O$，在氧化气氛中，氧进入晶格，占据正常格点位置，出现正离子空位，使负离子相对过剩。以 FeO 为例，FeO 的正离子与负离子的比例是 1∶1。在氧化气氛下，氧进入 FeO 晶格，占据正常格点位置，为了保证晶体中正离子与负离子的格点位置比例不变，产生了铁格点空位。铁格点空位获得电子形成带负电的 Fe^{2+} 空位，部分格点位置的 Fe^{2+} 失去电子而升价为 Fe^{3+}，以保持电中性，其缺陷反应方程式为

$$2\,Fe_{Fe}+2\,O_O+\frac{1}{2}O_2 \Leftrightarrow 2\,Fe_{Fe}^{\cdot}+V_{Fe}^{//}+3\,O_O$$

由于 $Fe_{Fe}^{\cdot}=Fe_{Fe}+h^{\cdot}$，则上式等价于

$$\frac{1}{2}O_2 \Leftrightarrow 2\,h^{\cdot}+V_{Fe}^{//}+O_O$$

根据质量作用定律，平衡常数

$$K=\frac{[V_{Fe}^{//}][h^{\cdot}]^2[O_O]}{P_{O_2}^{1/2}}$$

达到平衡时，$[h^{\cdot}]=2[V_{Fe}^{//}]$，$[O_O]\approx 1$，可得 $[V_{Fe}^{//}]\propto P_{O_2}^{1/6}$，表明铁空位的浓度与氧分压的 1/6 次方成正比；$[h^{\cdot}]\propto P_{O_2}^{1/6}$，则表明电导率随氧分压的增大而增大。

从化学的角度而言，非化学计量化合物 $Fe_{1-x}O$ 可以视为 Fe_2O_3 在 FeO 中的固溶体，Fe^{3+} 占据了 Fe^{2+} 的位置，即 Fe^{2+} 升价为 Fe^{3+}。Fe^{2+} 失去 1 个电子，相当于引入了 1 个空穴，这个空穴并不是固定在一个特定的铁离子上，而是容易从一个位置迁移到另一个位置。确切地说，为了保持电中性，在 1 个带负电的 Fe^{2+} 空位周围，束缚了 2 个空穴，形成 V-色心，如图 2-9 所示。这些空穴如果与附近的 Fe^{2+} 相联系，Fe^{2+} 就转变为 Fe^{3+}。但是这类空穴并不属于某一个具体固定的 Fe^{2+}，在电场作用下，它可以从一个 Fe^{2+} 迁移到邻近的另一个 Fe^{2+}，形成空穴导电，所以正离子空位型氧化物是 P 型半导体材料。

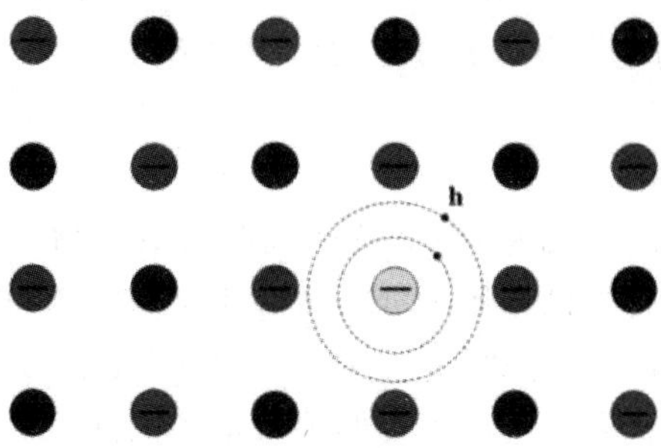

图 2-9　正离子空位型结构缺陷示意图

2.6.3　负离子间隙型

目前只发现氧化物 UO_2 可以形成负离子间隙型氧化物 UO_{2+x}，由于存在间隙负离子而使负离子过剩。过剩的负离子进入晶格的间隙位置，形成带负电的间隙离子，等价的空穴被束缚在其周围，以保持电中性，如图 2-10 所示。这些束缚空穴并不属于某一个具体固定的间隙负离子，在电场作用下可以发生迁移，形成空穴导电，所以负离子间隙型氧化物是 P 型半导体材料。

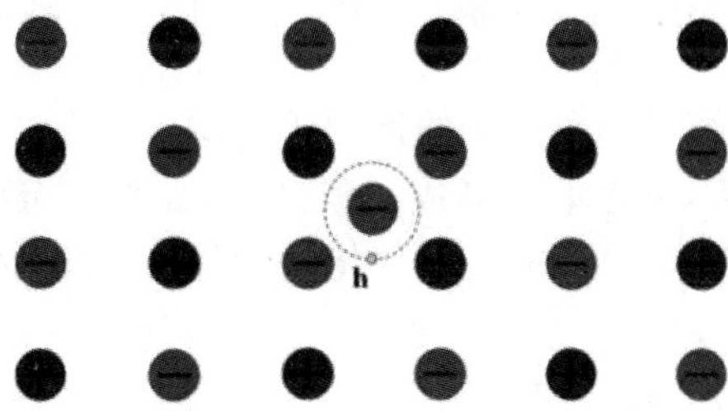

图 2-10　负离子间隙型结构缺陷示意图

以 UO_2 为例，UO_2 的正离子与负离子的比例是 1∶2。在氧化气氛下，氧进入晶格的间隙位置，从 U^{4+} 获得电子形成间隙 O^{2-}，部分格点位置的 U^{4+} 失去电子而升价为 U^{6+}，以保持电中性，其缺陷反应方程式为

$$U_U + 2\,O_O + \frac{1}{2}O_2 \Leftrightarrow U_U^{\cdot\cdot} + O_i'' + 2O_O$$

由于 $U_U^{\cdot\cdot} = U_U + 2\,h^{\cdot}$，则上式等价于：

$$\frac{1}{2}O_2 \Leftrightarrow 2\,h^{\cdot} + O_i''$$

根据质量作用定律，平衡常数

$$K = \frac{[O_i''][h^{\cdot}]^2}{P_{O_2}^{1/2}}$$

达到平衡时，$[h^{\cdot}]=2[O_i^{//}]$，可得$[O_i^{//}]\propto P_{O_2}^{1/6}$，表明铁空位的浓度与氧分压的 1/6 次方成正比；$[h^{\cdot}]\propto P_{O_2}^{1/6}$，则表明电导率随氧分压的增大而增大。

2.6.4 正离子间隙型

氧化物 ZnO、CdO 等可以形成典型的正离子间隙型氧化物 $Zn_{1+x}O$、$Cd_{1+x}O$，由于存在间隙正离子而使正离子过剩。过剩的正离子进入晶格的间隙位置，形成带正电的间隙离子，等价的电子被束缚在其周围，以保持电中性，这也是一种色心，如图 2－11 所示。ZnO 在 Zn 蒸气中加热，颜色会逐渐加深，原因就是形成了束缚等价电子的间隙 Zn 离子。这些被束缚的电子并不属于某一个具体固定的间隙正离子，在电场作用下可以发生迁移，形成电子导电，所以正离子间隙型氧化物也是 N 型半导体材料。

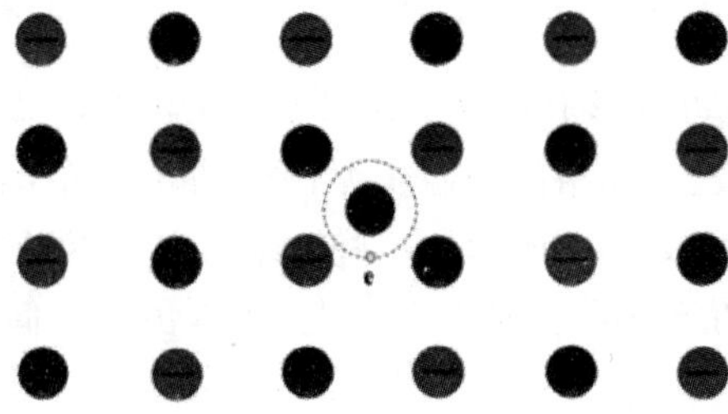

图 2－11　正离子间隙型结构缺陷示意图

以 ZnO 为例，ZnO 的正离子与负离子的比例是 1∶1。在 Zn 蒸气中加热，Zn 进入 ZnO 晶格的间隙位置，如果部分电离，失去电子形成间隙 Zn^{+}；如果完全电离，形成间隙 Zn^{2+}。部分格点位置的 Zn^{2+} 获得电子而降价为 Zn^{+}，以保持电中性。如果环境中的氧分压较低，晶格中的氧也可能逸出。

Zn 部分电离的缺陷反应方程式为

$$Zn_{Zn}+O_O+Zn_{Zn}(g)\Leftrightarrow Zn_{Zn}^{/}+Zn_i^{\cdot}+\frac{1}{2}O_2$$

由于$Zn_{Zn}^{/}=Zn_{Zn}+e^{/}$，则上式等价于：

$$O_O+Zn(g)\Leftrightarrow Zn_i^{\cdot}+e^{/}+\frac{1}{2}O_2$$

根据质量作用定律，平衡常数

$$K=\frac{[Zn_i^{\cdot}][e^{/}]P_{O_2}^{1/2}}{[O_O]P_{Zn}}$$

达到平衡时，$[e^{/}]=[Zn_i^{\cdot}]$，$[O_O]\approx 1$，如果P_{Zn}不变，可得$[Zn_i^{\cdot}]\propto P_{O_2}^{-1/4}$，表明锌间隙离子的浓度与氧分压的 1/4 次方成反比；$[e^{/}]\propto P_{O_2}^{-1/4}$，则表明电导率随氧分压的增大而降低。如果$P_{O_2}$不变，可得$[Zn_i^{\cdot}]\propto P_{Zn}^{1/2}$，表明锌间隙离子的浓度与锌蒸气压的 1/2 次方成正比。

Zn 完全电离的缺陷反应方程式为

$$2\,Zn_{Zn}+2\,O_O+Zn_{Zn}(g)\Leftrightarrow 2Zn_{Zn}^{/}+Zn_i^{\cdot\cdot}+O_O+\frac{1}{2}O_2$$

由于$Zn_{Zn}^{'}=Zn_{Zn}+e^{'}$，则上式等价于：

$$O_O+Zn(g)\Leftrightarrow Zn_i^{\cdot\cdot}+2e^{'}+\frac{1}{2}O_2$$

根据质量作用定律，平衡常数：

$$K=\frac{[Zn_i^{\cdot}][e^{'}]^2P_{O_2}^{1/2}}{[O_O]P_{Zn}}$$

达到平衡时，$[e^{'}]=2[Zn_i^{\cdot}]$，$[O_O]\approx1$，如果P_{Zn}不变，可得$[Zn_i^{\cdot}]\propto P_{O_2}^{-1/6}$，表明锌间隙离子的浓度与氧分压的 1/6 次方成反比；$[e^{'}]\propto P_{O_2}^{-1/6}$，则表明电导率随氧分压的增大而降低。如果$P_{O_2}$不变，可得$[Zn_i^{\cdot}]\propto P_{Zn}^{1/3}$，表明锌间隙离子的浓度与锌蒸气压的 1/3 次方成正比。

实验测量 ZnO 电导率与氧分压的关系表明，Zn 蒸气中的 Zn 是部分电离。

综上所述，在还原气氛下，负离子空位型氧化物、正离子间隙型氧化物的缺陷浓度和电导率与氧分压成反比，都是电子导电，即 N 型半导体材料。在氧化气氛下，正离子空位型氧化物、负离子间隙型氧化物的缺陷浓度和电导率与氧分压成正比，都是空穴导电，即 P 型半导体材料。

非化学计量氧化物的电导率 σ 与氧分压成比例，作 $\ln\sigma-\ln P_{O_2}$ 图，根据斜率可以判断氧化物的导电机制。

如果氧分压不变，非化学计量氧化物的缺陷浓度与化学平衡常数 K 有关。化学平衡常数 K 与温度 T 的关系为

$$K=\exp\left(-\frac{E}{kT}\right)$$

式中：E 是缺陷形成能。因此，在氧分压不变的条件下，非化学计量氧化物的缺陷浓度随温度的升高而增大。

综上所述，非化学计量化合物的产生及其缺陷的浓度与气氛的性质及分压的大小有密切的关系。非化学计量化合物类似于不等价置换固溶体中的“组分缺陷”。只是非化学计量化合物的不等价置换是在同一种离子的高价态与低价态之间相互置换，而一般不等价置换固溶体则是在不同离子之间相互置换。可以这样理解，非化学计量化合物是由于环境气氛的分压变化，变价元素中高价态与低价态之间形成的固溶体。

从化学的角度而言，所有的化合物都是非化学计量的，只是程度不同而已。NaCl、Al_2O_3等都存在很少的非化学计量缺陷，一般情况下，都将其视为稳定的化学计量化合物。各种缺陷赋予非化学计量化合物许多特殊的光、电和压电等性质，使其成为优秀的功能材料。

【本 章 小 结】

在热力学上，固体最稳定的状态是 0 K 时能量最低的理想晶体状态。在温度高于 0 K 的实际晶体中，质点的热运动或者外界因素的影响，使得晶体结构的周期性结构或周期性势场发生畸变，出现各种晶体缺陷。晶体的缺陷不等于晶体的缺点。

点缺陷是无机材料中最常见的一种缺陷，根据其产生原因分为热缺陷、杂质缺陷、非化学计量缺陷和电荷缺陷等。这种分类方法有利于了解点缺陷产生的原因和条件，有利于对缺陷的控制和利用。

点缺陷始终处于产生与复合的动态平衡状态，点缺陷之间可以像化学反应一样相互反应。书写组成缺陷反应方程式时，杂质中的正离子、负离子对应地进入基质中正离子、负离子的位置。离子间价态不同时，如果低价正离子置换高价正离子，该位置带负电荷，为了保持电中性，会产生负离子空位或间隙正离子；如果高价正离子置换低价正离子，该位置带负电荷，为了保持电中性，会产生正离子空位或间隙负离子。

根据外来杂质在基质晶体中的位置与固溶度，固溶体可以划分为置换型固溶体和间隙型固溶体，或者连续型固溶体和有限型固溶体。固溶体形成后，晶体结构变化不大，但是性质变化却非常显著，据此可以对材料进行改性。当基质晶体中有变价离子存在，或者晶体中质点间的键合作用比较弱，可以形成非化学计量化合物，此类化合物属于半导体材料。

点缺陷的浓度表征非常灵活，只要选择合适的比较标准，可以有多种正确的浓度表征结果。点缺陷的存在及其运动规律，与材料的电学、光学、力学等物理性质，化学反应性、非化学计量组成等化学性质，扩散、烧结等高温动力学过程都密切相关。掌握晶体缺陷的知识是掌握无机材料科学的基础。

第 3 章　熔体与玻璃

自然界中，物质通常以气态、液态和固态三种聚集状态存在。这些物质状态在空间的有限部分称为气体、液体和固体，其中固体又有晶体和非晶体两种状态。晶体的结构特点是构成质点在三维空间作有规则的周期性排列，即呈现远程有序的状态。非晶体的结构特点则是近程有序而远程无序。玻璃是典型的无机非晶体，橡胶、沥青等属于有机非晶体。玻璃是脆性材料，而橡胶则有很大的弹性，二者的宏观性质差异很大，但微观结构都呈现近程有序而远程无序的特征。

用能量曲线可以形象地描述晶体和非晶体的结构有序程度。如图 3－1 所示：理想晶体 a 的能量在内部是均匀的，只是在接近表面时才有所增加；玻璃 c、d 的能量高于晶体；无定形物质 e 由于有无数的内表面，所以能量分布不规则。

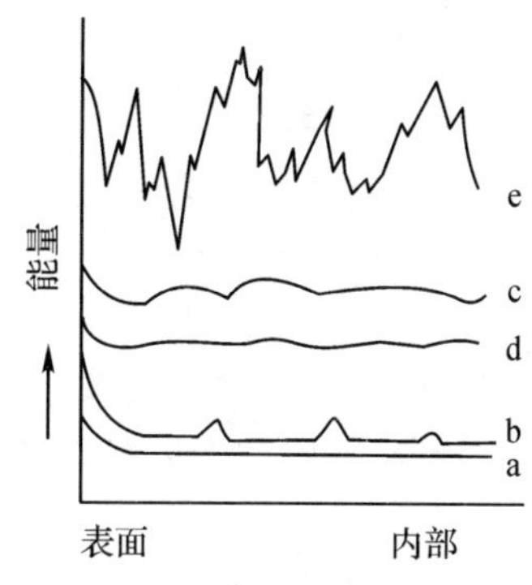

图 3－1　固体的能量曲线

a—理想晶体；b—有缺陷的真实晶体；c—淬冷的玻璃；d—退火玻璃；e—气相冷凝的无定形物质

物质加热到较高温度液化成的相同成分的液体就是熔体。熔体快速冷却转变成玻璃，二者都是非晶态物质。熔体与玻璃是结构、性质相近并且相互联系的两种聚集状态。经由熔体快速冷却而获得的硅酸盐玻璃、硼酸盐玻璃、氟化物玻璃等属于传统玻璃。传统玻璃的整个生产过程就是熔体和玻璃的转化过程。

在陶瓷、耐火材料、水泥等无机材料的生产过程中一般也会出现一定数量的高温熔融相，常温下以玻璃相存在于各个晶相之间，其含量与性质对这些材料的形成与性能有着重要的影响。例如，高温液相的黏度、表面张力等性质可以决定水泥烧成的难易程度和质量。在陶瓷和耐火材料的生产过程中，有时需要较多的熔融相，有时又需要熔融相含量较少，而更重要的是需要控制熔体的黏度、表面张力等性质。所有这些需求，都必须在充分认识熔体结构、性质以及结构与性质之间的关系的基础上才能实现。

本章主要以硅酸盐熔体和硅酸盐玻璃为代表，介绍熔体和玻璃的结构和性质、玻璃的形成理论等内容，为无机非金属材料的设计、生产和应用提供必要的理论基础。

3.1 熔体和玻璃的结构

图 3－2 是晶体、玻璃、熔体和气体的 X 射线衍射强度分布曲线。如图所示，熔体既不像晶体一样有尖锐的衍射峰，也不像气体一样随 θ 角减小而散射强度变得很大。熔体的散射强度分布曲线与玻璃相近，它们都无显著的散射现象，但在对应于石英晶体的衍射峰位置，熔体和玻璃均呈弥散状的散射强度最高值。这说明熔体和玻璃的结构相近，它们的结构中存在近程有序的区域。

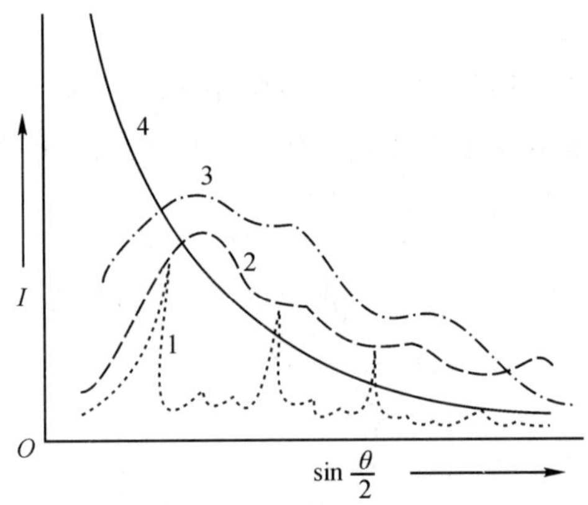

图 3－2　不同介质对 X 射线散射强度分布曲线

1—晶体；2—玻璃；3—熔体；4—气体

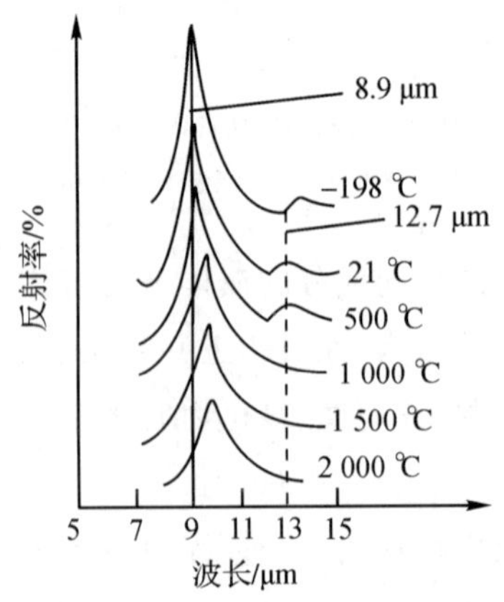

图 3－3　－198～2 000 ℃温度范围内 SiO_2 玻璃与熔体的红外反射光谱

图 3－3 是－198～2 000 ℃温度范围内 SiO_2 玻璃与熔体的红外反射光谱。在 21 ℃时观察到两个反射峰分别在 8.9 μm(1 120 cm^{-1})与 12.7 μm(788 cm^{-1})附近。当温度逐渐升高时，第一反射峰逐渐向较低波数方向移动，到 2 000 ℃时，这种移动可达 66 cm^{-1}，而第二反射峰则随温度升高逐渐消失，这是由于温度升高，质点热运动加剧，原子间距加大，Si-O 键松弛并断裂。

3.1.1　熔体的结构

熔体是介于气态和固态之间的一种物质状态。玻璃通常由玻璃原料加热到熔体然后再冷却而形成，故熔体的性质和结构极大地影响玻璃的制备和性质。在晶体材料中，熔体相常存在于各晶相之间，对材料的形成与性能也有相当大的作用。硅酸盐玻璃是应用最广泛的一类玻璃，故本书中有关熔体的内容以硅酸盐熔体为主。

硅酸盐材料是结构复杂的无机材料。硅酸盐熔体与其他熔体的区别在于硅酸盐熔体倾向于形成聚集程度大、形状不规则、短程有序的离子聚合物。

在硅酸盐熔体中最基本的离子是硅离子(Si^{4+})、氧离子(O^{2-})、碱金属离子(R^{+})和碱土金属离子(R^{2+})。熔体中的化学键主要是硅离子与氧离子的键合(Si-O 键)，碱金属和碱土金属离子与氧离子的键合(R-O 键)。

Si^{4+} 的电荷高、半径小，具有很强的形成硅氧四面体的能力。根据鲍林电负性计算，Si-O 间电负性差值 $\Delta\chi=1.7$，所以 Si-O 键既有离子键又有共价健成分，大约 50％为共价健。Si^{4+} 位于 4 个 sp^3 杂化轨道构成的四面体中心。当硅与氧结合时，可与氧原子形成 sp^3、sp^2、sp 三种杂化轨道，从而形成 σ 键，同时氧原子已充满电子的 p 轨道可以作为施主与硅原子全空着的 d 轨道形成 $d_\pi-p_\pi$ 键，这时 π 键叠加在 σ 键上，使 Si-O 键的键强增强、距离缩短。Si-O 键这样的键合方式，具有高键能、方向性和低配位等特点。

由 Si-O 键的离子键性，根据配位多面体的几何分析，Si^{4+} 与 4 个 O^{2-} 配位，而其共价键性，又使 Si-O 键形成的键角和四面体的夹角相符，大约是 109°，使之带有方向性，故 Si^{4+} 有很强的形成$[SiO_4]$四面体的能力，当氧硅(O/Si)比小时，要形成硅氧四面体，只能通过四面体聚合共用氧才能实现。$[SiO_4]^{4-}$ 单体聚合为“二聚体”$[Si_2O_7]^{6-}$、“三聚体”$[Si_3O_{10}]^{8-}$ 等的聚合反应如下：

$$[SiO_4]^{4-}+[SiO_4]^{4-}=[Si_2O_7]^{6-}+O^{2-}$$

$$[SiO_4]^{4-}+[Si_2O_7]^{6-}=[Si_3O_{10}]^{8-}+O^{2-}$$

$$[SiO_4]^{4-}+[Si_nO_{3n+1}]^{2n+2}=[Si_{n+1}O_{3n+1}]^{(2n+4)-}+O^{2-}$$

如果熔体中的 O/Si 比(氧硅摩尔比)为 4∶1，形成孤立岛状的$[SiO_4]$四面体；如果 O/Si 比小于 4∶1，$[SiO_4]$四面体之间共用氧离子相互连接，形成不同聚合程度的硅氧负离子团；如果 O/Si 比低至 2∶1，$[SiO_4]$四面体连接形成架状结构。其中，与 2 个 Si^{4+} 相连接的氧称为桥氧，与 1 个 Si^{4+} 相连接的氧称为非桥氧，如图 3－4 所示。

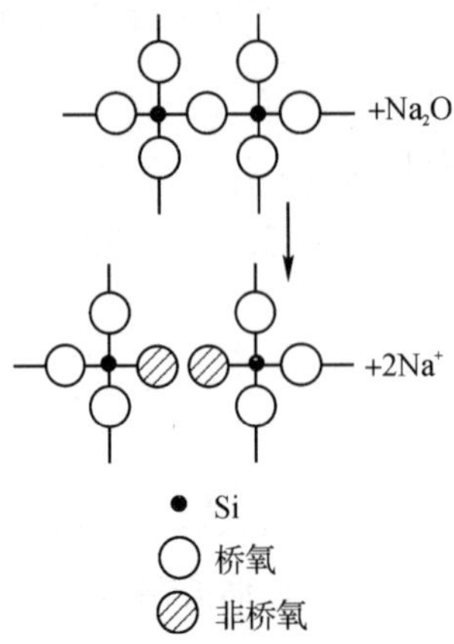

图 3-4　Na_2O 和 Si-O 网络反应示意图(只示出[SiO_4]的二维模型)

核磁共振光谱等实验结果表明,硅酸盐熔体中存在许多聚合程度不等的硅氧负离子团,负离子团的种类、大小和复杂程度随熔体的组成和温度不同而变化。

熔体中 R-O 键的键型以离子键为主,将 R_2O、RO 引入硅酸盐熔体,由于 R-O 键的键强比 Si-O 键弱得多,Si^{4+} 将把 R-O 的氧离子拉在自己的周围,使熔体中与两个 Si^{4+} 相连的桥氧断裂,如图 3-4 所示。使 Si-O 键的键强、键长和键角都发生变化,熔体中负离子团的聚合程度也同时发生变化。

例如在熔融石英(SiO_2)中,O/Si 比为 2∶1,所有氧都是桥氧,[SiO_4]四面体连接成架状。如果在熔融石英中加入 Na_2O 等碱金属氧化物(R_2O)或碱土金属氧化物(RO),O/Si 比升高;随 Na_2O 等加入量增多,O/Si 比由原来的 2∶1 逐渐升高到 4∶1,此时[SiO_4]四面体连接方式由架状、层状、链状、环状逐次变化,最后桥氧全部断裂形成岛状,所有的氧都变成非桥氧。这种[SiO_4]连接的断裂导致熔融石英的分化,如图 3-5 所示。

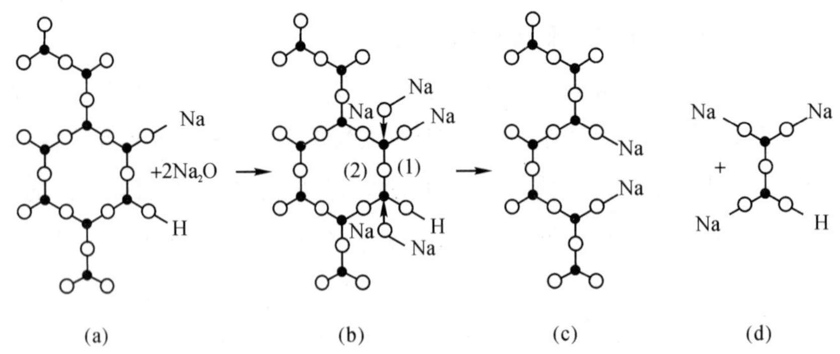

图 3-5　加入 Na_2O 至 SiO_2 熔体后熔体聚合程度的变化

因此,R_2O、RO 的作用就是提供 O^{2-},而剩下的 R^+、R^{2+} 则以一定的方式分布在网络之间。由此产生的聚合物不是一成不变的,它们可相互作用形成级次较高的聚合物,同时释放出部分 Na_2O,如:

$$[SiO_4]Na_4+[Si_2O_7]Na_6=[Si_3O_{10}]Na_8+Na_2O$$

$$2[Si_3O_{10}]Na_8=[SiO_3]_6Na_{12}+2Na_2O$$

由此释放出的 N_2O 又能使硅氧负离子团解体，如此循环。如果温度不变，系统会出现解聚-缩聚平衡。熔体中就有各种不同聚合程度的硅氧负离子团同时并存。熔体温度不变时，聚合物的种类、数量与组成有关。当 O/Si 的比值增加时，O^{2-} 增多，将促使低聚合负离子团增多。

根据氧化物在熔体中的作用不同，可将其分为三类：网络形成体、网络中间体和网络改变体。SiO_2、B_2O_3、P_2O_5、GeO_2 等称为网络形成体，Si^{4+}、B^{3+}、P^{5+}、Ge^{4+} 等称为网络形成离子，它们能单独形成玻璃。碱金属氧化物 R_2O、碱土金属氧化物 RO 称为网络改变体，碱金属离子 R^+、碱土金属离子 R^{2+} 称为网络改变离子，它们不能单独形成网络，但是能够使网络破裂，改变网络性质。

$A1_2O_3$ 称为网络中间体。不同于 SiO_2，$A1_2O_3$ 不能独立形成硅酸盐类型的网络，但是 Al^{3+} 能与 Si^{4+} 置换，置换后的熔体结构中形成[$A1O_4$]四面体，与纯 SiO_2 熔体的结构相近。这种情况下，$A1_2O_3$ 成为网络形成体。其他的情况下，$A1_2O_3$ 可以像 R_2O 和 RO 一样，提供 O^{2-}，使硅氧聚合体解体，即成为网络改变体。Al^{3+} 等离子在玻璃中的作用与整个玻璃的化学成分有关，称为网络改变离子。

硅酸盐熔体是由聚合程度不同的聚合物、游离碱、吸附物组成的混合物。聚合物是指由 $[SiO4]^{4-}$ 构成的硅氧负离子团。聚合物的种类、大小和分布决定熔体结构，分布一定，结构一定。聚合物被游离碱的 R^+ 或 R^{2+} 结合起来，结合力决定熔体性质。

聚合物的结构与组成和温度有关。当熔体的组成不变时，各种聚合物的数量与温度有关。温度不变时，各种聚合物处于不断的物理运动和化学运动中，解聚和缩聚达到平衡状态。温度升高，低聚物浓度增加，以低聚物为主的熔体（如偏硅酸钠）黏度低，析晶能力强；温度降低，高聚物浓度增加，以高聚物为主的熔体（如硅酸二钠）黏度高，析晶能力低。熔体的化学组成、结构与性能的关系十分密切。

图 3-6 是偏硅酸钠熔体的结构模型，该模型表现出了熔体近程有序而远程无序的结构特点，有助于读者理解熔体结构中聚合物的多样性和复杂性。

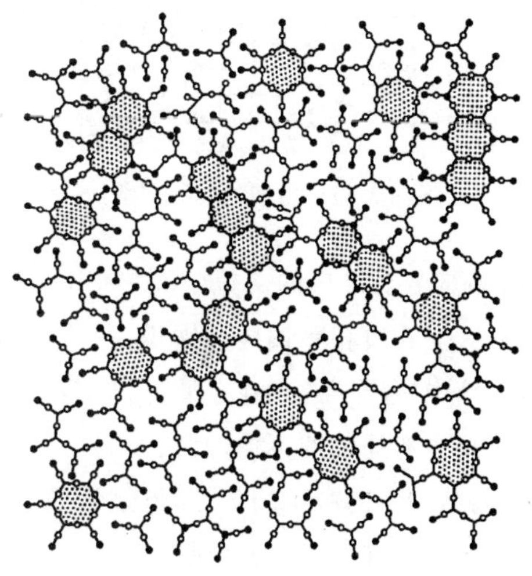

图 3-6　偏硅酸钠熔体的结构模型（只示出[SiO_4]的二维模型）

3.1.2 玻璃的结构

玻璃是非晶态固体中最重要的一员。研究玻璃的结构，有助于探索玻璃的组成、结构、缺陷和性能之间的关系。

玻璃结构是指玻璃中质点在空间的几何配置、有序程度及它们彼此间的结合状态。玻璃结构具有近程有序而远程无序的特点，很多因素能够影响玻璃结构，而且目前还不能直接观察玻璃的微观结构，只能通过特定条件下某种性质的测量间接获得玻璃结构的信息。用一种研究方法，根据一种性质，只能从一个方面得到对玻璃结构的局部认识，而且很难把这些局部认识相互联系起来，所以玻璃结构理论发展缓慢。

到目前为止，人们对玻璃的结构提出了许多假说，如晶子学说、无规则网络学说、高分子学说、凝胶学说、核前群理论、离子配位学说等，但是没有一种学说能将玻璃的结构完整、严密地揭示清楚。

在各种学说中，传统硅酸盐玻璃的晶子学说和无规则网络学说最具代表性，这两种学说都是从早年对氧化物玻璃结构的研究而发展起来的，至今还用于对各种玻璃结构的解释。

1. 晶子学说

列别捷夫在 1921 年提出了氧化物玻璃的晶子学说。晶子学说认为玻璃中存在微晶的堆积，硅酸盐玻璃中存在 SiO_2 微晶和不同的硅酸盐微晶。在复杂成分的玻璃中，微晶、固定化合物，或者是固溶体，应与相应玻璃系统的平衡相有关。这些微晶具有强烈变形的结构，仅仅在一定程度上显示出正常晶格的结构。为了便于将这种微晶和完全规则的晶格相区别，将其称为“晶子”。“晶子”分散在玻璃的非晶态介质中，从“晶子”到非晶态部分的过渡是逐步完成的，两者之间无明显界限，如图 3－7 所示。

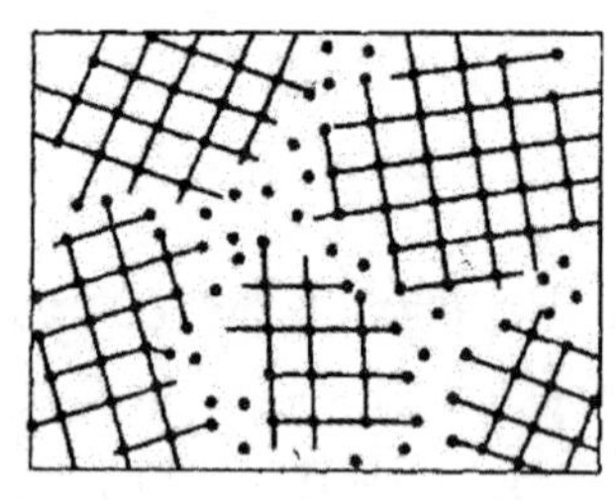

图 3－7　玻璃的“晶子”结构

晶子学说得到了 X 射线结构分析结果的支持，Na_2O-SiO_2 玻璃的散射强度峰随组成变化而出现不同的峰强，它们分别对应石英相和偏硅酸钠相。石英玻璃在加热过程中，折射率在相变温度出现的突变，也支持玻璃中“晶子”的存在。此外，玻璃和微小晶粒晶体的红外反射和吸收光谱有很大的相似，说明玻璃中有局部的不均匀区。

晶子学说着重揭示了玻璃结构中的微不均匀性，但是学说本身尚存在一些重要的缺陷，如玻璃中有序区的大小、晶格变形的程度、晶子的含量、晶子的化学组成等都未能加以确定。但是，长期以来晶子学说对于人们对玻璃结构的认识和玻璃结构理论的发展具有重要的贡献。

2. 无规则网络学说

1932年，查哈里阿森(W. H. Zachariasen)基于玻璃与相同组成的晶体具有相似的机械强度，根据晶体化学理论提出了玻璃的无规则网络学说。无规则网络学说认为，原子在玻璃和晶体中的作用都是形成连续的、三维空间的网络结构，它们的结构单元相同，都是四面体或三角体。例如，每个硅原子周围有四个氧原子组成硅氧四面体[SiO_4]，各四面体之间通过顶角连接成三维空间的网络。但是玻璃的网络不同于晶体的网络，晶体中原子构成的网络结构具有周期重复性，而前者是不规则的、非周期性的，因而内能大于晶体。

查哈里阿森还提出能够形成玻璃的氧化物 A_mO_n 应具有以下条件：

(1)氧离子最多同两个A离子相结合；

(2)围绕A离子的氧离子数目不应过多，一般为3个或4个；

(3)网络中，这些氧多面体以顶角相连，不能以多面体的边和面相连接；

(4)每个多面体中，至少三个氧离子与相邻的多面体相连形成三维空间发展的无规则连续网络。

根据上述条件，B_2O_3、SiO_2、GeO_2、P_2O_5、V_2O_5、As_2O_5、Sb_2O_5等能形成玻璃。由它们组成的多面体称为网络形成体，而碱金属氧化物 R_2O、碱土金属氧化物 RO 不能满足上述条件，只能作为网络改变体，处在网络之外，填充在网络的空隙中，如图3-8所示。

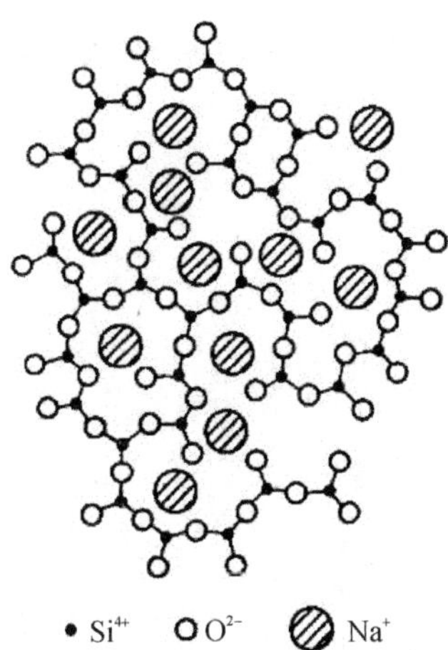

图3-8　钠硅玻璃结构示意图

瓦伦(B. E. Warren)在玻璃的X射线衍射光谱领域取得的研究成果，有力地证明了查哈里阿森的理论。图3-9是石英玻璃、方石英和硅胶的X射线衍射图谱。石英玻璃与方石英的特征谱线重合，被认为石英玻璃可能含有微小尺度的方石英结构单元；硅胶的X衍射曲线具有明显的小角散射，而玻璃不存在这种小角散射。硅胶的小角度散射是由于1～10 nm的不连续微粒间存在空隙，而玻璃缺乏这种小角度散射，说明玻璃内的质点是连续的。

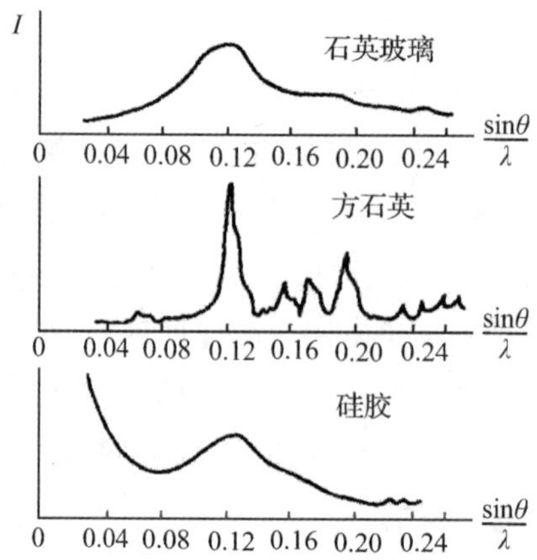

图 3-9　石英玻璃、方石英晶体和硅胶的 X 射线衍射图

瓦伦还将实验获得的玻璃 X 射线衍射强度曲线，在傅里叶积分公式的基础上换算成围绕某一原子的径向分布曲线。利用该物质的晶体结构数据，可以得到近距离内的电子分布。

图 3-10 是石英玻璃径向电子分布曲线。图中第一个极大值表示 Si-O 距离为 0.162 nm，接近于硅酸盐晶体的 0.160 nm。按第一极大值下面的面积计算的配位数为 4.3，接近于硅原子配位数 4。这一结论说明石英玻璃的结构基元为四面体的假设是正确的。利用傅里叶法，瓦伦还研究了其他系统玻璃的结构，发现随着原子径向距离的增加，分布曲线中极大值逐渐模糊，因此推测玻璃结构的有序部分在 1.0～1.2 nm 的尺度。衍射法得到的是原子基团的信息，这些信息主要与原子的能态有关，而原子能态直接受到它直接相邻原子的影响，因此这个方法可以反应玻璃近程有序的情况。

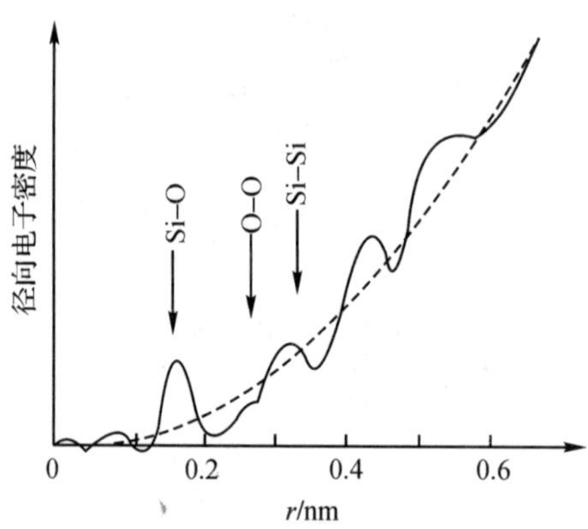

图 3-10　石英玻璃的径向电子分布曲线

无规则网络学说强调玻璃中离子和多面体排列的统计均匀性、连续性和无序性。这一结构特点能够反映和解释玻璃的各向同性、组成改变引起玻璃性质变化的连续性，长期以来是玻璃结构理论的主要学派。

3.两大学说的比较和发展

晶子学说强调了玻璃结构的微不均匀性、不连续性以及有序性等结构特征，发现了微不均匀性是玻璃结构的普遍现象，能够成功地解释玻璃折射率在加热过程中的突变现象。但是在玻璃结构的晶子学说中，"晶子"的大小与数量、"晶子"的化学成分等一系列原则性问题尚待解决。无规则网络学说强调了玻璃中离子与多面体排列的均匀性、连续性及无序性等结构特征，能够解释玻璃的各向同性、内部性质的均匀性、随成分改变时玻璃性质变化的连续性等性质。无规则网络学说能解释一系列玻璃性质的变化，长期以来是玻璃结构的主要学派。

随着对玻璃结构与性质的深入研究，人们发现了越来越多的玻璃内部不均匀的现象。研究表明，玻璃是由许多 0.01～0.1 μm 的各不相同的微观区域构成的。因此，现代玻璃结构理论必须能够反映出玻璃结构的近程有序和化学上微不均匀性。

晶子学说和无规则网络学说都力图克服本身的局限性，彼此在不断的争论中进一步发展。晶子学说认识到，在玻璃结构中存在极度变形的较有规则排列的晶子和无定形介质，晶子的中心部分是最规则的结构，随着有序度的降低，相邻两个晶子将融合在无定形介质中。晶子的边界完全不确定，讨论晶子在玻璃总体积中的份额也就毫无意义，晶子的概念转变为有序度最大的区域。无规则网络学说也认识到，正离子在玻璃结构网络中所处的位置不是任意的，有一定配位关系，多面体的排列也有一定的规律性，在玻璃中也可能不只存在一种网络。它承认了玻璃结构的近程有序和微不均匀性，把玻璃作为无规则网络描述仅是平均统计性的体现。

目前两大学说都比较一致地认为：具有近程有序和远程无序是玻璃态物质的结构特点，玻璃是具有近程有序区域的无定形物质。但双方对于无序与有序区域的大小、比例和结构等仍有分歧。

玻璃结构的远程无序性与近程有序性、连续性与不连续性、均匀性与微不均匀性并不是绝对的，在一定条件下可以相互转化。玻璃态是一种复杂多变的热力学不稳定状态，玻璃的成分、形成条件和热历史过程都会对其结构产生影响，不能以局部的、特定条件下的结构状态代表所有玻璃在任何条件下的结构状态。揭示玻璃结构还需要进行深入的研究。

3.1.3　氧化物在玻璃中的作用

大部分玻璃，即使掺入了少量的硫或卤族元素，实质上都是通过桥氧形成网络结构，都属于氧化物玻璃。硅酸盐玻璃是最具代表性的氧化物玻璃。

硅酸盐玻璃中 SiO_2 是主体氧化物，它的结构状态对硅酸盐玻璃的性质有决定性的影响。纯氧化硅的石英玻璃是以硅氧四面体[SiO_4]中四个氧为顶角相连而成的三维架状网络。石英玻璃中的 Si-O-Si 键角分布在 120°～180°的范围内，平均为 144°，玻璃中的 Si-O 和 O-O 距离与石英晶体几乎一致，如图 3-11 所示。石英玻璃中键角的变化，使硅氧四面体[SiO_4]排列成无规则网络结构，而不像石英晶体中的四面体有确定的对称性。

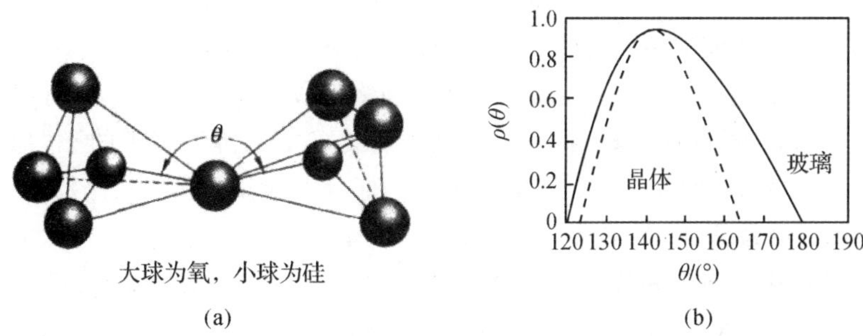

图 3-11　硅氧四面体中 Si—O—Si 键角 θ 及其分布曲线[$\rho(\theta)$为 θ 的出现概率]

当碱金属氧化物 R_2O、碱土金属氧化物 RO 加入到纯 SiO_2 的石英玻璃中，形成二元、三元甚至多元硅酸盐玻璃时，O/Si 比增大，结构中的非桥氧的量上升，石英玻璃的三维架状结构被破坏，玻璃的性质发生很大变化，如熔体的黏度下降、析晶倾向增大、玻璃化学稳定性下降、热膨胀系数增大等。表 3 - 1 列出了 O/Si 比对硅酸盐网络结构的影响。

表 3 - 1　O/Si 比对硅酸盐网络结构的影响

<table>
<tr><th>O/Si 比</th><th>硅氧结构</th><th>四面体[SiO_4]状态</th><th>O/Si 比</th><th>硅氧结构</th><th>四面体[SiO_4]状态</th></tr>
<tr><td>2.0</td><td>网络(SiO_2)</td><td>O
|
O—Si—O
|
O</td><td>3.0</td><td>链或环</td><td>O
|
O—Si—O
|
O 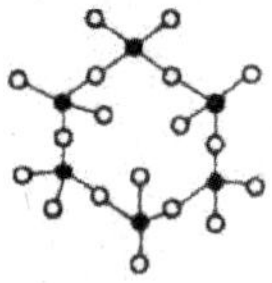</td></tr>
<tr><td>2.0～2.5</td><td>网络</td><td>O　　O
|　　|
O—Si—O—Si—O
|　　|
O　　O</td><td>3.5</td><td>群状硅酸盐离子团</td><td>O　　O
|　　|
O—Si—O—Si—O
|　　|
O　　O</td></tr>
<tr><td>2.5</td><td>网络</td><td>O
|
O—Si—O
|
O</td><td>4.0</td><td>岛状硅酸盐</td><td>O
|
O—Si—O
|
O</td></tr>
<tr><td>2.5～3.0</td><td>网络和链或环</td><td>O　　O
|　　|
O—Si—O—Si—O
|　　|
O　　O</td><td></td><td></td><td></td></tr>
</table>

为了比较硅酸盐玻璃网络的结构特征，在讨论玻璃结构时引入了玻璃的四个基本网络结构参数 X、Y、Z 和 R。

在每个网络形成体构成的多面体中，X 是非桥氧离子的平均数，Y 是桥氧离子的平均数，Z 是氧离子的平均数，R 是氧离子总数与网络形成离子总数之比。

在四个基本网络结构参数之间有

$$X+Y=Z \text{ 和 } X+\frac{Y}{2}=R$$

或

$$X=2R-Z \text{ 和 } Y=2Z-2R$$

每个网络形成体构成的多面体中，氧离子的平均数 Z 一般是已知的，硅酸盐玻璃和磷酸盐玻璃 $Z=4$，硼酸盐玻璃 $Z=3$。氧离子总数与网络形成离子总数之比 R 可以描述玻璃中的网络连接状况，可以通过组成计算得出，这样就很容易确定非桥氧离子的平均数 X 和桥氧离子的平均数 Y。在硅酸盐玻璃中，R 就是通常所说的 O/Si 比（氧硅摩尔比）。

石英玻璃的成分是 SiO_2，其 $Z=4$，$R=2$，可以计算出 $X=0$，而 $Y=4$。某种 $Na_2O-CaO-SiO_2$ 玻璃的化学组成是摩尔分数 10％的 Na_2O、18％的 CaO、72％的 SiO_2，其 $Z=4$，$R=(10+18+72\times2)/72=2.39$，$X=2R-Z=0.78$，$Y=Z-X=3.22$。

并不是所有玻璃都可以简单计算四个参数，有些玻璃中的离子不是典型的网络形成离子或网络改变离子，如 Al^{3+}、Pb^{2+} 等属于中间离子，这时需要通过分析才能确定 R 值。在硅酸盐系统中，如果组成中 $n(RO+R_2O)/n(Al_2O_3)>1$，则 Al^{3+} 被认为占据[AlO^4]四面体的中心位置，Al^{3+} 作为网络形成离子计算；如果 $n(RO+R_2O)/n(Al_2O_3)<1$，Al^{3+} 则被作为网络改变离子计算。由此看出，尽管硅酸盐玻璃中的 $n(O)/n(Si)$ 由 2 增大到 4，相应的结构由三维网络变为孤岛状四面体，但是如果四面体中还包括与 Si^{4+} 半径相近的其他中间体离子，如 Al^{3+}，网络参数 R 仍然不会因为氧化硅的减少而简单增大。

表 3－2 给出了典型氧化物玻璃的网络参数。一般钠钙硅玻璃的 R 值约为 2.4，各种釉和搪瓷的 R 值在 2.25～2.75 之间。

表 3－2　典型氧化物玻璃的网络参数 X、Y 和 R 值

组　成	R	X	Y
SiO_2	2	0	4
$Na_2O \cdot 2SiO_2$	2.5	1	3
$Na_2O \cdot (1/3)Al_2O_3 \cdot 2SiO_2$	2.25	0.5	3.5
$Na_2O \cdot Al_2O_3 \cdot 2SiO_2$	2	0	4
$Na_2O \cdot SiO_2$	3	2	2
P_2O_5	2.5	1	3

网络参数中，Y 又被称为结构参数。玻璃的很多性质都取决于 Y 值的大小。$Y<2$ 的硅酸盐玻璃不能构成三维网络。随 Y 值减小，桥氧数减少，网络的断裂加重，网络的聚合程度降低，网络外的离子运动比较容易。因此 Y 值减小，玻璃热膨胀系数增大，电导率上升，对应的熔体黏度减小，并且容易析晶。表 3－3 中的一些玻璃尽管化学组成完全不同，当它们具有相同 Y 值时，却显示出相近的物理性质。

用网络参数衡量硅酸盐玻璃只能说明部分问题，不能解释玻璃结构和性质中的所有现象。

表 3－3　结构参数 Y 对玻璃性质的影响

组成	Y	熔融温度/ ℃	膨胀系数($\alpha \times 10^7$)
$Na_2O \cdot 2SiO_2$	3	1523	146
P_2O_5	3	1573	140
$Na_2O \cdot SiO_2$	2	1323	220
$Na_2O \cdot P_2O_5$	2	1373	220

对硅酸盐玻璃的结构研究表明，硅酸盐玻璃和硅酸盐晶体的结构有以下基本区别：

(1)在晶体中，Si-O 骨架按一定对称性作周期重复排列，严格有序；在玻璃中，则无序排列。晶体是一种结构贯穿到底，玻璃在一定组成范围内往往是几种结构的混合。

(2)在晶体中，R^+ 或 R^{2+} 正离子占据晶格点阵的位置；在玻璃中，网络外离子 R^+、R^{2+} 统计分布在网络的间隙。根据 Na_2O-SiO_2 系统玻璃的径向分布曲线，可得出 Na^+ 平均被 5～7 个 O 包围，即配位数也是不固定的。

(3)在晶体中，只有半径相近的正离子才能发生互相置换；在玻璃中，只要遵守静电价规则，不论离子半径如何，网络变性离子均能互相置换。这是因为玻璃的网络结构容易变形，可以适应不同大小的离子互换。在玻璃中析出晶体时也有这样复杂的置换。

(4)晶体组成一般是固定的,符合化学计量比;玻璃的组成以非化学计量任意比例混合,可以在较宽泛的范围内变化。

玻璃的化学组成、结构比晶体有更大的可变动性和宽容度,所以玻璃的性能可以作很多调整,使玻璃品种丰富、用途广泛。

3.2 熔体和玻璃的性质

3.2.1 黏度

黏度是液体的一种性质,表示液体一部分对另一部分作相对移动的阻力。黏度的定义为:两层平行液体在流动时,一层液体将受到另一层液体的牵制,即一层对另一层有内摩擦力 F,F 的大小与接触面积 S 及垂直流动方向的速度梯度 dv/dx 成正比,即

$$F = \eta S(dv/dx) \tag{3-1}$$

式中:比例系数 η 是黏度或黏滞系数。因此,黏度的物理意义是指单位接触面积、单位速度梯度下两层液体间的内摩擦力,单位是 Pa·s。黏度的倒数称为流动度 φ,即 $\varphi=1/\eta$。

黏度是玻璃的重要性质之一。玻璃生产的各个阶段,如熔制、澄清、均化、成形、加工、退火等都与黏度密切相关。影响黏度的主要因素是温度和化学组成。硅酸盐熔体在不同温度下的黏度相差很大,可以从 10^{-2} Pa·s 变化至 10^{15} Pa·s。化学组成不同的硅酸盐熔体在相同温度下的黏度也有很大差别。表 3-4 列出了不同化学组成的 Na_2O-SiO_2 玻璃在 1 400 ℃的黏度值。

表 3-4 Na_2O-SiO_2 系统玻璃在 1 400 ℃的黏度

分子式	O/Si 比	[SiO_4]连接程度	黏度/(dPa·s)
SiO_2	2/1	骨架	10^{10}
$Na_2O \cdot 2SiO_2$	5/2	层状	280
$Na_2O \cdot SiO_2$	3/1	链状	1.6
$2Na_2O \cdot 2SiO_2$	4/1	岛状	<1

注:1 dPa·s=10 Pa·s。

玻璃熔体的黏度与熔体结构密切相关。在硅酸盐熔体中存在着大小不同的硅氧负离子团"单体"$[SiO_4]^{4-}$、"二聚体"$[Si_2O_7]^{6-}$或"三聚体"$[Si_3O_{10}]^{8-}$等,这些负离子团可以呈直线链状、树枝状、环状或网状等。熔体中[SiO_4]四面体的聚集程度越高,黏度就越大。随着温度和组成的变化,硅氧负离子团的聚集和解体不断产生变化,熔体的黏度也随之改变。

1.黏度与温度的关系

黏度 η 与温度 T 的关系如下:

$$\ln\eta = A + \frac{B}{T} \tag{3-2}$$

式中:A、B 是参数。$\ln\eta$ 与 $1/T$ 应该是线性关系,但实际的 $\ln\eta$ 与 $1/T$ 的关系曲线并非简单的线性关系,如图 3-12 所示,高温区域 ab 段和低温区域 cd 段都近似直线,而中温区域 bc 段

则不呈线性关系。参数 B 不仅与熔体的组成有关，还与熔体中分子的缔合程度有关。高温时，熔体基本不发生缔和；低温时，缔合已趋向完成，故 B 为常数，ab 和 cd 段都呈线性关系。但是在中间的某一温度范围，对黏度起重要作用的负离子团不断发生缔合，即在中间段温度范围，熔体结构发生变化，黏滞激活能也要改变，故 B 不是常数。

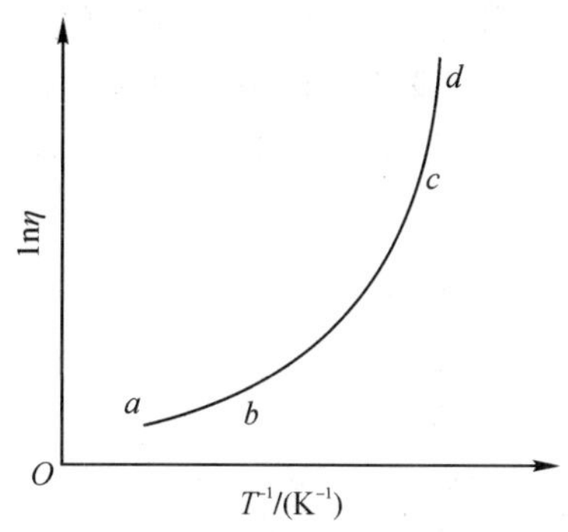

图 3-12　$\ln\eta$ 与 $1/T$ 的关系曲线示意图

温度对玻璃熔体黏度影响很大，在玻璃成形和退火工艺中，温度稍有变化就会造成黏度的较大变化，导致工艺控制上的困难。为此，采用特定黏度所对应的温度来反映玻璃熔体的性质差异。

图 3-13 是硅酸盐玻璃的黏度-温度曲线，在熔体向玻璃转变的过程中，黏度的变化在较宽的温度范围内完成。随着温度的下降，熔体的黏度不断增大，最后形成玻璃。图中的应变点是黏度为 4×10^{13} Pa·s 对应的温度，在该温度下实际上已不存在黏性流动，玻璃在该温度退火时不能除去应力。退火点是黏度为 10^{12} Pa·s 对应的温度，该温度是消除玻璃中应力的上限温度。变形点是黏度为 $10^{10}\sim10^{10.5}$ Pa·s 对应的温度，是变形开始的温度。软化点是黏度为4.5×10^{6} Pa·s对应的温度。软化点是用直径 0.55～0.75 mm，长 23 cm 的玻璃纤维以 5 ℃/min 的速度加热，在自重下达到每分钟伸长 1 mm 时的温度。流动点是黏度为 10^{4} Pa·s 对应的温度，是玻璃成形的温度。

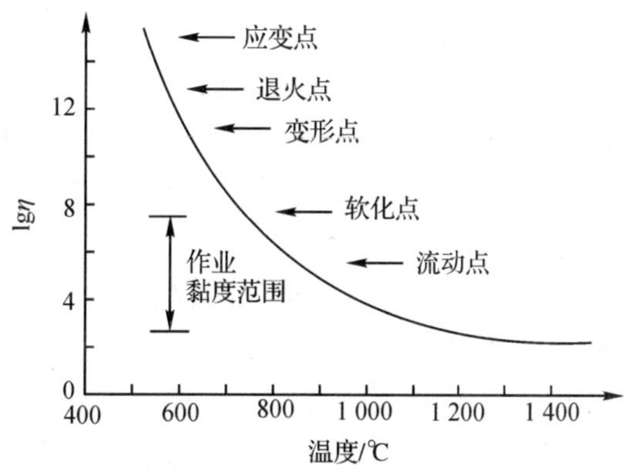

图 3-13　硅酸盐玻璃的黏度-温度曲线

2.黏度与化学组成的关系

化学组成通过改变熔体结构而影响黏度。化学组成不同，质点间作用力不等，黏度有差别。硅酸盐熔体的黏度主要取决于$[SiO_4]$四面体的连接程度，随 O/Si 比的上升而下降。故可从$[SiO_4]$四面体连接程度与组成的关系讨论黏度与组成的关系。

(1)引入网络形成体 SiO_2、ThO_2和 ZrO_2等氧化物时，由于这些正离子电价高、半径小、作用力大，熔体中总是倾向形成巨大而复杂的负离子团，使熔体黏度增大。

(2)碱金属氧化物 R_2O 总的作用是提供“自由氧”，使 O/Si 比增加，熔体中原来的硅氧负离子团解聚为较简单的结构单元，黏度变小。但不同的碱金属氧化物对黏度的影响程度与其本身的含量有关，即与熔体中的 O/Si 比有关。图 3－14 是 1 400 ℃时 R_2O 含量对 R_2O-SiO_2 系统熔体黏度的影响。

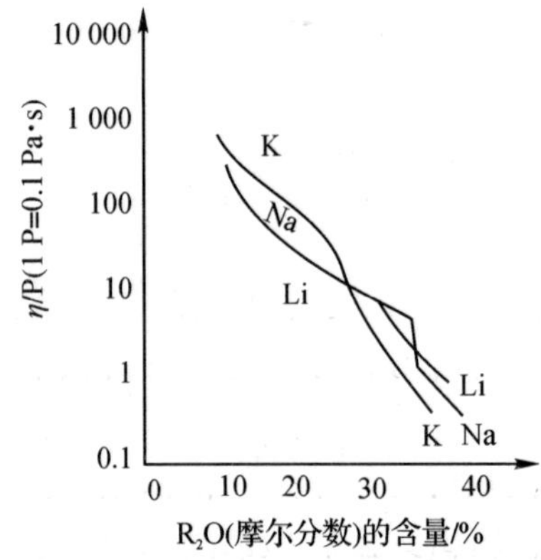

图 3－14　1 400 ℃时 R_2O 含量对 R_2O-SiO_2系统熔体黏度的影响

碱金属氧化物含量少，O/Si 比较低时，熔体中硅氧负离子团较大，对黏度起主要作用的是$[SiO_4]$四面体内 Si-O 间的作用键力。此时，碱金属离子 R^+ 除提供“游离氧”打断硅氧网络外，在网络中还对$[SiO_4]$四面体的 Si-O 键有削弱作用：Si-O…R^+，O…R^+ 间的键能越大，这种削弱作用越强，Si-O 键越易断裂。此时的 R_2O，随 R^+ 半径减小，R-O 键强增加，它在$[SiO_4]$四面体之间对 Si-O 键的削弱能力增加，导致黏度下降。Li^+ 与 O^{2-} 的键强最大，降低黏度的作用最大。在相同温度下，随着 Li_2O、Na_2O、K_2O 中碱金属离子半径的增大，黏度增加。R^+ 降低黏度的作用次序是 $Li^+ > Na^+ > K^+ > Rb^+ > Cs^+$。

碱金属氧化物含量多，O/Si 比较高时，熔体中硅氧负离子团接近岛状结构，$[SiO_4]$四面体之间的连接主要依靠 R^+ 与 O^{2-} 间的作用键力，连接作用越强，黏度越大。半径最小的 Li^+ 离子，静电作用力最大，降低黏度的作用最小，黏度最高。在相同温度下，黏度的变化按 Li_2O、Na_2O、K_2O 依次递减。R^+ 降低黏度的作用次序是 $Cs^+ > Rb^+ > K^+ > Na^+ > Li^+$。

(3)碱土金属氧化物 RO 对硅酸盐熔体的黏度作用较复杂。一方面，它与碱金属一样，使负离子团解聚，减小黏度；另一方面，R^{2+} 的电价高而半径不大，与 O^{2-} 之间的键强较大，能夺取硅氧负离子团中的氧来包围自己，使负离子团“缔合”而增大黏度。R^{2+} 降低黏度的作用与离子半径有关，随着离子半径的减小，其降低黏度的作用减弱。R^{2+} 降低黏度的作用次序是 $Ba^{2+} > Sr^{2+} > Ca^{2+} > Mg^{2+}$。

离子间的相互极化对黏度也有显著影响，正离子的极化力大，使 Si-O 间的氧离子极化，发生离子变形，共价键成分增加，减弱 Si-O 间的作用键力，导致黏度下降。因此 Zn^{2+}、Pb^{2+}、Cd^{2+} 等 18 电子层离子的熔体比 8 电子层的碱土金属离子具有更低的黏度（Ca^{2+} 除外）。一般的二价正离子对黏度降低的次序为 $Pb^{2+}>Ba^{2+}>Cd^{2+}>Zn^{2+}>Ca^{2+}>Mg^{2+}$。图 3-15 是二价正离子对硅酸盐熔体黏度的影响。

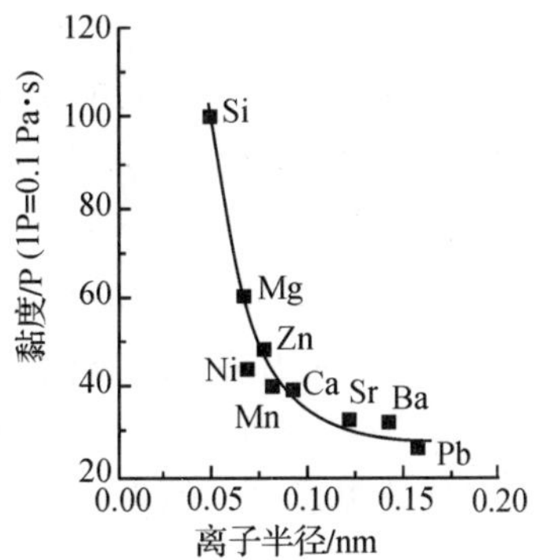

图 3-15　二价正离子对硅酸盐熔体黏度的影响

3.2.2　表面张力

物质内部质点对表面质点的吸引力一般远大于外部环境对表面质点的吸引力，因此表面质点有趋向于内部使表面积尽量减小的趋势，因此可以认为在表面切线方向上有使表面收缩的力，这个力即为表面张力。表面张力的物理意义是作用于表面单位长度上与表面相切的力，单位是 N/m，一般用符号 σ 表示。物质表面质点比内部质点的能量更高，表面质点与内部质点的能量差值称为表面能，单位是 J/m^2。表面张力与表面能的数值相同，但物理意义不同。表面张力是由表面质点受力不均衡引起的，这个力场的不均衡越大，表面张力就越大。如果质点是离子，那么质点之间的相互作用的大小可以用离子电势 π 来衡量，即

$$\pi = Z/r \tag{3-3}$$

式中：Z 为离子所带的电荷；r 为离子的半径。离子电势越大，质点间相互作用也越大。凡是影响质点间相互作用的因素，都将直接影响表面张力的大小。影响表面张力的主要因素是温度和化学组成。

熔体表面的质点受到内部质点的作用而趋向于熔体内部，使表面有收缩的趋势，故熔体表面质点间亦存在表面张力。水的表面张力在 70×10^{-3} N/m 左右，盐类熔体的表面张力在 100×10^{-3} N/m左右。硅酸盐熔体的表面张力的范围一般在$(220\sim380)\times10^{-3}$ N/m，比水的表面张力大 3～5 倍，接近于金属熔体的表面张力。

表面张力在玻璃的熔制、成型以及加工等过程中有着重要的作用。在熔制过程中，表面张力影响熔体中气泡的长大与排除；在成型过程中，需要借助表面张力使熔体达到一定的形状；在玻璃管、玻璃棒、玻璃丝的加工过程中，在表面张力的作用下才能使其形成圆形。

1.表面张力与温度的关系

随着温度的升高，质点运动加剧，质点间距离增大，体积膨胀，相互作用力减弱，使内部质点能量与表面质点能量差值减小，表面张力降低。一般玻璃熔体的表面张力随温度升高而下降，两者几乎成直线关系。一般温度每增加 100 ℃，表面张力减小$(4\sim10)\times10^{-3}$ N/m。但是在高温时，熔体表面张力受温度变化的影响不大。

在 PbO - SiO_2 等系统中，表面张力会出现反常现象，即表面张力随着温度升高而变大，具

有正的表面张力系数，这可能与 Pb^{2+} 具有较大的极化率有关。一般含有表面活性物质的系统均有类似的现象。

2.表面张力与化学组成的关系

随着化学组成的变化，硅酸盐熔体中的负离子团的大小、形状和离子电势 Z/r 的大小都会发生变化。一般 O/Si 比减小，负离子团变大，Z/r 值变小，相互作用力变小。这些负离子团被排挤到熔体表面，使表面张力下降。

碱金属氧化物在硅酸盐熔体中析出自由氧使硅氧负离子团解聚，由于硅氧负离子团的半径减小，Z/r 值变大，相互作用力增大，表面张力增大。因此，一般随着碱金属氧化物含量的增多，表面张力变大。但是随着碱金属离子半径的增大，这种作用依次减弱，其顺序为 $\sigma_{Li^+} > \sigma_{Na^+} > \sigma_{K^+} > \sigma_{Cs^+}$。到 K_2O 时已经起降低表面张力的作用了，如图 3－16 所示。

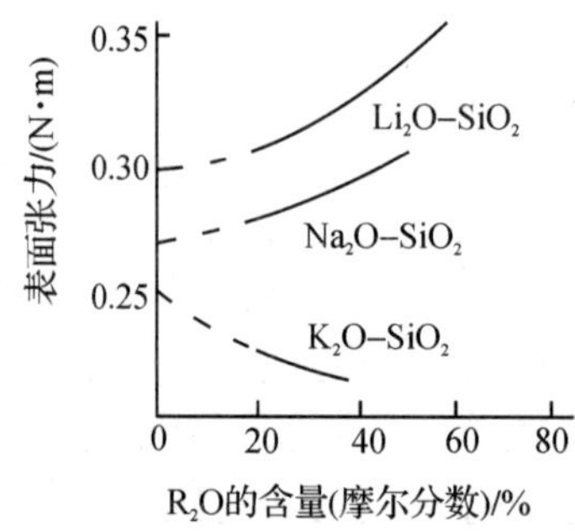

图 3－16　300 ℃时 R_2O-SiO_2 系统表面张力与组成的关系

当用等摩尔分数的碱土金属氧化物按照 Mg^{2+}、Ca^{2+}、Sr^{2+}、Ba^{2+} 以及 Zn^{2+}、Cd^{2+} 的顺序置换时，随着离子半径的增大，表面张力减小。

各种氧化物对玻璃表面张力的影响是不同的。可以根据对表面张力的影响，将氧化物分成三类。第一类氧化物包括 SiO_2、Al_2O_3、CaO、MgO、Na_2O、Li_2O 等，此类氧化物没有表面活性，能够增加表面张力，又被称为表面惰性物质；第二类氧化物包括 K_2O、PbO、B_2O_3、P_2O_5 等，此类氧化物的加入量较大时，能够显著降低表面张力；第三类氧化物包括 Cr_2O_3、V_2O_5、MO_3、WO_3 等，此类氧化物即使加入量较小，也能够大幅降低表面张力，又被称为表面活性物质。表面活性物质趋向于自发地聚集在表面以降低系统表面能。

熔体内原子、离子或分子的化学键性对表面张力也有很大影响。具有金属键的熔体，表面张力最大，共价键次之，离子键再次之，分子键最小。二元硅酸盐熔体表面张力处于离子键和共价键之间，表明熔体中存在这两种类型的化学键。

3.2.3　玻璃的通性

典型的玻璃具有硬度高、脆性大的特点，对不同波长的光具有良好的透过性，开裂时具有贝壳及蜡状断裂面，而且可以加工成不同形状，如拉丝、成球、制成薄板等。这些性质与玻璃的结构有关，所以本质上玻璃应该具有不同于晶体的物理特性，这些特性统称为玻璃的通性。玻璃的通性包括四个方面的内容：各向同性、介稳性、熔融态向玻璃态转化的可逆性和渐变性、熔融态向玻璃态转化过程中物理化学性质随温度变化的连续性。

1.各向同性

在没有内应力的情况下，均质玻璃在各个方向的硬度、折射率、电阻率、热膨胀系数等物理性质表现为各向同性，完全不同于非等轴晶系晶体具有的各向异性的物理性质，却与液体相似。这是因为晶体中原子的排列状态是长程有序，而玻璃结构则是长程无序，只在很小的范围内表现出短程有序。玻璃结构与液体相似，内部质点随机分布而呈现统计均匀结构。玻璃的各向同性也可以看成是硅氧四面体等形成网络的多面体取向不规则导致的。

如果玻璃中存在内应力，就破坏了结构均匀性，显示出各向异性。

2.介稳性

在一定的热力学条件下，系统虽然没有达到能量最低状态，却处于可以较长时间存在的状态，称为介稳态。晶体是热力学的稳定相，处于能量最低状态；而相同成分的非晶态的玻璃可以在较长时间内在低温下保持高温结构而不变化，属于热力学的介稳态，或称其具有介稳性。

图 3－17 所示为物质内能、体积与温度的关系图，熔体在平衡状态下缓慢冷却，系统的内能 U 和体积 V 沿曲线 $ABCD$ 变化，在熔点温度 T_m 转变为晶体，释放的能量等于晶体熔化时的潜热，内能和体积急剧下降。在熔体冷却形成玻璃的过程中，系统的内能 U 和体积 V 沿曲线 $ABKG$ 或 $ABKFE$ 变化，系统可以在较长时间内在低温保留高温的结构，处于介稳态，这意味着系统有过剩的内能，而体积变化不大。

沿曲线 $ABKG$ 和 $ABKFE$ 的冷却速度不同，导致熔体冷却形成的玻璃结构不同，最终形成的玻璃的内能和体积有差异。曲线 $ABKFE$ 的冷却速度比曲线 $ABKG$ 慢，释放的能量更多，形成的结构更紧密。

非晶态的玻璃的内能高于晶体，有向晶体转变的趋势，即有可能发生析晶。但是在常温下，玻璃的黏度非常高，玻璃转化为相同成分的晶体的速度非常小，从动力学的角度而言，玻璃是稳定的。

3.熔融态向玻璃态转化的可逆性和渐变性

熔体冷却形成晶体时，温度降至熔点温度，随着晶体相的出现，伴随着体积、内能的突然下降和黏度的急剧上升，见图 3－17 中 B 到 C 的变化，曲线在 T_m 处出现不连续变化。

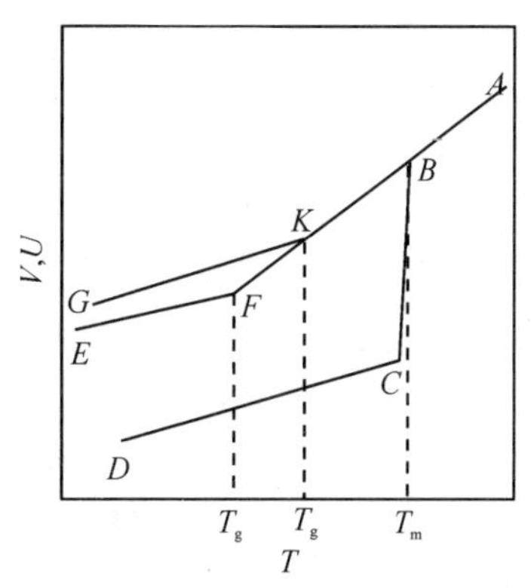

图 3－17　物质内能、体积与温度的关系

而熔体向玻璃的转化过程是渐变的过程，没有明显的结构突变，没有出现固定的熔点温度，系统的内能和体积的变化也相应地表现为逐渐过渡的渐变状态。如图 3－17 所示，沿曲线

$ABKG$ 或 $ABKFE$，熔体冷却至 T_m 时内能和体积没有发生异常变化，沿着 BK 或 BF 形成过冷熔体，以与 T_m 以上大致相同的速度下降至 K 点或 F 点，熔体开始固化；继续冷却，内能和体积的降低程度较熔体小，但整个曲线是连续变化的；随着温度的下降，熔体的黏度越来越大，最后形成固态的玻璃，其间没有新相出现。玻璃加热形成熔体的过程也是渐变的，因此具有可逆性。

沿曲线 $ABKG$ 或 $ABKFE$ 变化，冷却速度不同，K 点或 F 点两侧的曲线的斜率不同，曲线在 K 点或 F 点出现转折，K 点或 F 点对应的温度称为玻璃转变温度 T_g。冷却速度越快，玻璃转变温度 T_g 越大。曲线 $ABKG$ 的冷却速度比 $ABKFE$ 快，K 点的温度高于 F 点的温度。

当温度 $T > T_g$ 时，系统主要遵从熔体变化规律；当温度 $T < T_g$ 时，系统遵从固体变化规律。玻璃转变温度 T_g 可以由高温下和低温下两个曲线的交点确定。当系统的化学组成一定时，冷却速度不同，系统的结构、内能偏离平衡状态的程度不同，T_g 也不同。因此玻璃没有固定的熔点温度，只有熔体-玻璃可逆转变的温度范围。当系统的化学组成不同，即使冷却速度相同，T_g 也不同。玻璃转变温度 T_g 的范围取决于玻璃的化学组成，一般在几十到几百摄氏度的范围内变化，如钠钙硅酸盐玻璃的转变温度为 500 ～ 550 ℃。

在晶体的熔点温度 T_m 和相同成分玻璃的转变温度 T_g 之间，系统处于介稳的液态结构；只有在 T_g 以下的温度，系统才真正处于非晶固态。以这一观点衡量，非晶态硫系半导体、非晶态金属合金都可称为玻璃。

玻璃转变温度 T_g 也是区分传统玻璃和非晶态固体的重要特征参数。传统玻璃存在上述的可逆转变，玻璃转变温度 T_g 低于相同成分晶体的熔点温度 T_m，即 $T_g < T_m$。一些非传统玻璃不存在上述的可逆转变，其转变温度 T_g 高于相同成分晶体的熔点温度 T_m，即 $T_g > T_m$。例如许多用气相沉积等方法制备的 Si、Ge 等非晶态薄膜的 T_m 低于 T_g，即非晶态固体薄膜在加热到 T_g 之前就转变为结晶相，继续加热则晶相熔化。因此，这类非晶态结构与熔融态之间不存在可逆转变。通常将这类非传统玻璃称为非晶态固体。

玻璃之所以没有固定的熔点温度，也可以认为是因为硅氧四面体等形成网络的多面体的取向不同，结构中的键角大小不一。在加热过程，弱键先断裂，然后强键才断裂，结构被连续破坏。宏观上表现为玻璃逐渐软化，表现出渐变性。

4.熔融态向玻璃态转化过程中物理化学性质随温度变化的连续性

熔体冷却凝固成晶体的过程中，许多物理、化学性质在熔点温度会发生突变。但是，熔体向玻璃的转变过程中，物理、化学性质的变化是连续的。

玻璃物理、化学性质随温度的变化所表现的连续性和渐变性一般可分为三种类型，如图 3－18所示。第一类性质如玻璃的电导、比容、黏度等按曲线Ⅰ变化；第二类性质如热容、热膨胀系数、密度、折射率等按曲线Ⅱ变化；第三类性质如热导率和弹性常数等力学性质按曲线Ⅲ变化。

在图 3－18 玻璃性质随温度的连续曲线上有 2 个特征温度，即玻璃转变温度 T_g 和玻璃软化温度 T_f。玻璃转变温度 T_g 是玻璃表现出脆性的最高温度。玻璃转变温度 T_g 又被称为退火上限温度（退火点），在该温度可以消除玻璃种由于不均匀冷却而产生的内应力。玻璃软化温度 T_f 是玻璃在自重的作用下开始出现形变的温度，玻璃加热到该温度即软化，高于该温度则出现液相的典型性质。

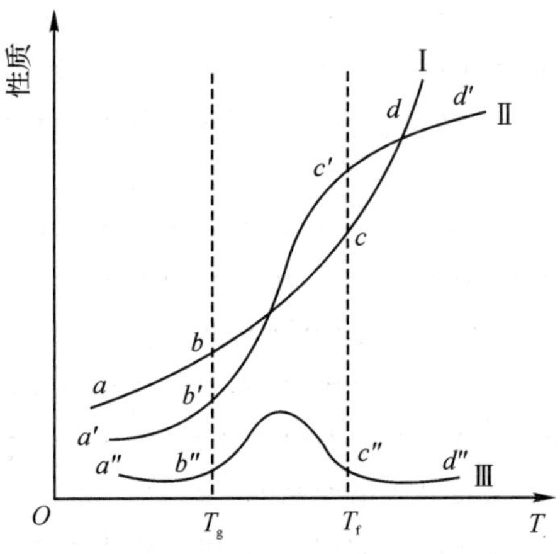

图 3-18　玻璃性质随温度的变化

根据玻璃转变温度 T_g 和玻璃软化温度 T_f，曲线Ⅰ、Ⅱ、Ⅲ都可以划分成三段：低温部分 $T<T_g$，高温部分 $T>T_f$，性质与温度也几乎呈直线关系。这是因为低温部分的玻璃是固体状态，高温部分的玻璃则为熔体状态，它们的结构随温度逐渐变化，物理、化学性质与温度呈近似直线关系。中温部分 $T_g<T<T_f$ 是熔体向玻璃转变的区域，结构随温度急剧变化，性质变化虽然有连续性，但变化显著，并不呈直线关系，性质与温度之间或出现加速变化（Ⅰ、Ⅱ）或出现极值。T_g～T_f 范围对于控制玻璃的物理、化学性质有重要意义。

3.3　玻璃的形成

玻璃是典型的非晶态固态。玻璃的特殊结构取决于形成玻璃的物质、形成玻璃的方法以及形成玻璃的条件和影响因素。传统的硅酸盐玻璃采用熔融法制造，这是迄今为止玻璃大规模生产的主要工艺，但是只有某些组成系统的玻璃适合于这一方法。现代玻璃研究发展了大量新的玻璃形成方法，与此同时能够参与形成玻璃的物质几乎囊括了所有元素，从而发展了很多新的玻璃系统，以致于能够制备金属玻璃和半导体玻璃。

现代玻璃包括传统玻璃和新型玻璃。传统玻璃经由熔体过冷获得。新型玻璃利用气相沉积、真空蒸发和溅射、离子注入、凝胶热处理、激光处理等非熔融法获得。这类用特殊方法获得的玻璃具有较高的内能，容易析晶，所以习惯将这类玻璃称为无定形物质，以区别于传统玻璃。

经由熔体过冷而获得的硅酸盐玻璃、硼酸盐玻璃、磷酸盐玻璃、氟化物玻璃等属于传统玻璃。在各种无机非金属材料中一般都含有一定数量的玻璃相。玻璃的结构和性能影响着材料的性能。

3.3.1　玻璃的形成方法

只要冷却速度足够快，几乎所有物质都能够形成玻璃。目前形成玻璃的方法有很多，可以分为熔融法和非熔融法。

1.氧化物玻璃的形成

传统的氧化物玻璃中，实现大规模工业化生产的主要是硅酸盐玻璃，形成方法是熔融法。

以应用最广泛的 $Na_2O-CaO-SiO_2$ 系统玻璃为例，石英砂（SiO_2）、纯碱（Na_2CO_3）和石灰石（CaO）等原料在高温下逐渐分解并熔融，SiO_2 原本是硅氧四面体构成的三维架状结构，在高温下与 Na_2O 和 CaO 反应而发生结构变化。当所有晶态固体原料熔化，熔体达到平衡态时，熔体中形成了[SiO_4]四面体聚合程度不等的各种硅氧聚合物共存状态。熔体的平均聚合程度由 O/Si 比决定，即由 Na_2O 和 CaO 的数量决定。Na^+ 和 Ca^{2+} 处于硅氧聚合体的间隙，与非桥氧之间有较弱的作用力。碱金属氧化物 Na_2O 和碱土金属氧化物 CaO 的加入可以显著降低熔融温度，使熔体的聚合程度下降，黏度亦有所下降。

与一般液体相比，硅酸盐熔体的黏度仍然较大。硅酸盐熔体降温冷却，由于黏度的不断增大，质点难以重新排列成硅酸盐晶体，而更倾向于保持熔体的结构，最终凝固成玻璃。在熔点温度以下不发生析晶仍保持高温的熔体结构，这一过程也被称为过冷，因此以熔融法定义的玻璃也称为过冷体。如果熔体的冷却速度足够缓慢，即使熔体黏度很大，质点仍有可能重新排列成有序的晶体结构，所以即便是氧化物玻璃中最易形成玻璃的硅酸盐熔体，也必须将冷却速度控制在一定的范围内才可能获得玻璃。

除了传统的熔融法以外，形成氧化物玻璃的方法还有化学气相沉积、液相反应等非熔融法。制造光通信用石英玻璃纤维时，可以用气相沉积法形成玻璃态的 $SiO_2 \cdot GeO_2$。用液相法形成玻璃需要的温度较低，可以用无机化合物水解得到凝胶物质，如将硅酸钠溶解于水，加入硫酸即可析出二氧化硅组分，除去硫酸钠，得到二氧化硅凝胶；或者用有机金属醇盐，如正硅酸乙酯的水解聚合得到二氧化硅凝胶。在较低温度下对二氧化硅凝胶进行热处理可以获得玻璃态物质。

2.金属玻璃的形成

金属玻璃主要是贵金属、过渡金属和半金属的单质或合金形成的非晶态固体。就一般金属而言，合金比纯金属更容易形成玻璃。用超速急冷可以形成片、丝或粉末状态的纯金属玻璃和合金玻璃，如用轧辊-冷却带法可以轧制金属玻璃带。一般合金熔体的冷却速度在 1×10^6 ℃/s左右就可形成玻璃，而纯金属熔体则需要冷却速度高达 1×10^{10} ℃/s 才能形成玻璃。用真空蒸镀法也可以制备金属玻璃，在高真空下用电阻、高频感应或电子束等方法加热基体金属，使蒸发的金属原子附着到基材上形成非晶态金属薄膜；用溅射、化学气相沉积和电镀等方法也可以形成非晶态金属薄膜。

3.半导体玻璃的形成

半导体玻璃主要包括两大类：一类是以共价键结合的半导体玻璃，如用作太阳能电池的非晶硅和用于光电复印机硒鼓的非晶硒；另一类是硫系化合物半导体玻璃，如 As-S 系、Ge-S 系非晶态硫族化合物，硫系半导体玻璃是重要的红外光学材料。

应用最多的以共价键结合的半导体玻璃通常是非晶态薄膜，采用气相沉积形成。如用真空蒸发沉积或等真空溅射等方法形成的非晶态硅膜和非晶态硒膜。硫族化合物半导体玻璃除了可以用气相沉积形成外，还可以在真空或保护气氛下用熔融法形成。

3.3.2 玻璃的转变

在熔融态与玻璃态的可逆转变过程中，玻璃的转变性质与液态或晶态的相变性质完全不同。熔体从熔点温度 T_m 冷却至玻璃转变温度 T_g 时，熔体凝固，非晶态结构才趋于稳定。为了防止在冷却过程中出现析晶现象，一般希望 T_m 和 T_g 温度比较接近。以 T_g/T_m 参数表征，T_g/T_m 参数越大，系统越容易形成玻璃。

研究表明，不同物质的熔点温度 T_m 和玻璃转变温度 T_g 时之间呈简单线性关系，如图3－19所示。很多无机化合物都较好地符合此线性关系，即

$$T_g/T_m \approx 2/3 \tag{3-3}$$

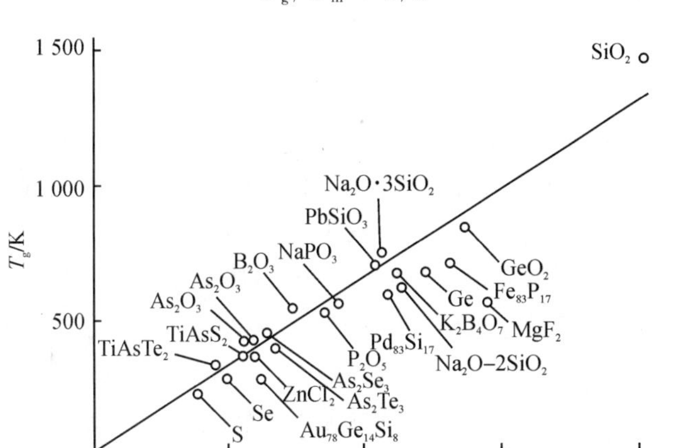

图3－19　一些化合物的熔点温度 T_m 和转变温度 T_g 的关系

T_g 和 T_m 的性质不同，T_g 是一个动力学参数。这是因为熔体内的质点（原子或离子）在冷却到某一温度时，结构相应进行调整或重排，以达到该温度时的平衡结构，同时放出热量，称为结构松弛，反映在宏观上就是比容的缩小。结构调整能否达到该温度的平衡结构取决于结构的调整速度，即由结构松弛所需的时间决定。这里结构松弛的快慢又和熔体的黏度有关。黏度越小，松弛所需时间越短，结构调整速度就越快，反之亦然。因此，熔体在冷却过程中，如果结构调整速度大于冷却速度，熔体冷却时能达到平衡结构；反之熔体结构来不及调整，就偏离了平衡结构而呈玻璃态。根据冷却速度和结构调整速度的相对大小可以判断熔体何时失去平衡，即决定了 T_g 值。因此在物质的熔点以下，冷却速度对玻璃转变的影响很大。许多熔体在接近熔点的温度区域冷却时析晶很快，除非快速冷却或淬火，使它很快偏离熔体的平衡结构，否则就得不到玻璃。熔点和黏度是形成玻璃的重要标志，冷却速度是形成玻璃的重要条件。

在熔点时具有很大黏度的熔体，黏度随着温度的降低而剧烈增大，会阻碍析晶，容易形成玻璃；而在熔点时的黏度很小的熔体，则容易析晶而不易形成玻璃，只有在快速冷却条件下才能形成玻璃。图3－19中的直线是 $T_g/T_m=2/3$，易于形成玻璃的化合物位于直线的上方，而较难形成玻璃的化合物位于直线的下方。

3.3.3　玻璃形成的热力学条件

熔体是物质在熔点温度以上的一种高能量状态，随着温度的下降，根据熔体释放能量的大小不同，可以有三种冷却过程：

（1）结晶化。熔体中的质点进行有序排列，释放出结晶潜热，系统在凝固过程中始终处于

热力学平衡的能量最低状态。

(2)玻璃化。质点的重新排列不能达到有序化程度,固态结构仍具有熔体远程无序的结构特点,系统在凝固过程中,始终处于热力学介稳状态。

(3)分相。熔体在冷却过程中,不再保持结构的统计均匀性,质点的迁移使系统发生组分偏聚,从而形成互不混溶并且组成不同的两个玻璃相,分相使系统的能量有所下降,但仍处于热力学介稳态。

熔体在冷却过程中,根据系统的特点和热力学条件的变化,可以经历其中的一个过程,也可能是其中两三个过程(不同程度地同时发生)。

从热力学观点分析,玻璃总是有降低内能的趋势,在一定条件下,通过结晶或分相释放能量,使系统处于低能量、更加稳定的状态。一般认为,一个系统的玻璃和晶体的内能差值不大时,析晶驱动力较小,能量上属于介稳的玻璃就能在低温长时间稳定存在。表 3-5 比较了几种硅酸盐晶体和相应组成玻璃的生成热,表中所列玻璃和晶体的内能差值都很小,但是它们的结晶能力却存在较大差别,因此仅凭热力学数据,难以判断形成玻璃的倾向。

表 3-5　几种硅酸盐晶体与玻璃的生成热

化学式	状态	$-\Delta H/(kJ\cdot mol^{-1})$	化学式	状态	$-\Delta H/(kJ\cdot mol^{-1})$
Pb_2SiO_4	晶态 玻璃态	1 309 1 294	SiO_2	β-石英 β-鳞石英 β-方石英 玻璃态	860 854 858 848
Na_2SiO_3	晶态 玻璃态	1 528 1 507			

3.3.4　玻璃形成的动力学条件

高温熔体在降温过程中,可能在低于熔点的某一温度发生结晶,也可能过冷形成玻璃。可以认为,玻璃的形成过程本质上是一个防止结晶发生的过程,而这在很大程度上取决于冷却速度。

不同的物质从高温熔化状态降温冷却形成非晶态的过程差别非常大。金属和一些无机盐类的熔体很容易形成晶体,必须快速冷却才能获得非晶态;石英和各种硅酸盐的熔体在降温过程中黏度逐渐增大,最后固化形成玻璃,不易析出晶体。研究表明,如果冷却速度足够快,几乎所有物质都有可能形成非晶态。因此,需要从动力学角度研究不同化学组成的熔体,究竟以多快的速度冷却,才能避免析晶而最终形成玻璃。

1.塔曼的研究

塔曼(Tamman)首先系统地研究了熔体冷却结晶的行为,提出结晶分为成核和长大两个过程。熔体冷却是结晶还是形成玻璃,由两个速度决定,晶核形成速度 I_V 和晶体生长速度 u。晶核形成速度是单位时间、单位体积内形成的晶核数目;晶体生长速度是单位时间内晶体的线增长速度。晶核形成速度和晶体生长速度都与冷却过程的过冷度 ΔT 有关($\Delta T = T_m - T$,T_m 为熔点)。如果成核速度和生长速度的极大值所在的温度范围很靠近,如图 3-20 (a)所示,熔体容易结晶,而不易形成玻璃;反之,熔体不易结晶,而容易形成玻璃,如图 3-20 (b)所示。

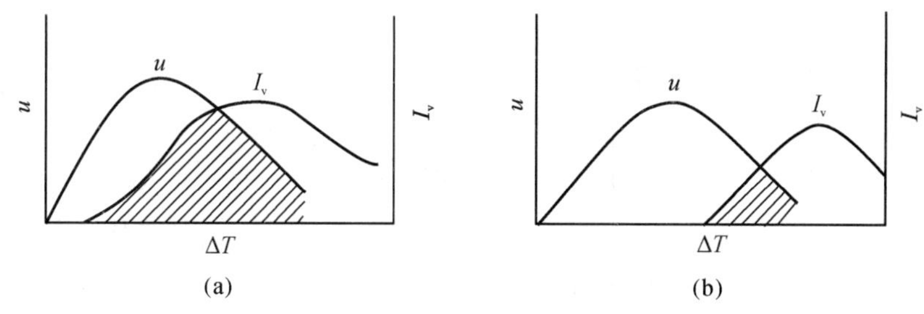

图 3 - 20　成核速度和生长速度与过冷度的关系

在图 3 - 20 阴影部分以外的温度区域，系统或者只有晶核形成速度，或者只有晶体生长速度，因此不可能大量结晶。在图 3 - 20 的阴影部分以内的温度区域，系统具有一定的晶核形成速度和晶体生长速度，容易结晶，是结晶最危险温度区域。阴影部分的温度范围越大，说明在较宽的温度范围内，系统都倾向于结晶，在这一温度范围必须有较快的冷却速度才有可能形成玻璃。

系统的最大结晶倾向之所以会出现在某一温度范围内，是因为在温度下降过程中，熔体的结晶过程本质上存在两个相互竞争的因素：一方面，温度低于熔点温度时，晶体与熔体之间的自由能差值随温度的下降而增大，结晶趋势随温度的下降而增加；另一方面，熔体的黏度随温度下降而不断增大，质点重排的难度增大，从而降低了结晶趋势。这两种因素的综合影响体现在图 3 - 20 阴影部分的结晶最危险温度区域。因此，熔体是结晶还是形成玻璃，与过冷度、熔体黏度、晶核形成速度、晶体生长速度均有关。

2.乌尔曼的研究

乌尔曼(Uhlmann)将冶金工业使用的 3T(Transformation - Temperature - Time)，即转变-温度-时间曲线图方法应用于玻璃转变并取得了巨大的成功，目前已经成为玻璃形成的动力学理论的重要方法。

乌尔曼认为，判断一种物质能否形成玻璃，就是确定熔体必须以多快的速度冷却，才能使其中的结晶量控制在某一可以检测的晶体最小体积以下。实验证明，当微小晶粒在玻璃中混乱分布，晶体的体积分数(体积分数 V^{β}/V＝晶体体积/玻璃总体积)为 1×10^{-6}，是仪器可以检测到的最低晶体浓度。如果在实际冷却速度下，刚好能够避免在玻璃中形成 1×10^{-6} 体积分数的晶体，即可获得检测上合格的玻璃。对应的冷却速度应视为玻璃形成的最低冷却速度或临界冷却速度。

根据相变动力学理论，通过下式可以估计防止一定体积分数晶体析出所必须的冷却速度：

$$\frac{V^{\beta}}{V}=\frac{\pi}{3}I_{v}u^{3}t^{4} \tag{3-4}$$

式中：V^{β} 为析出晶体体积；V 为玻璃总体积；I_v 为晶核形成速度；u 为晶体生长速度；t 为时间。

如果只考虑没有任何外加影响因素的均匀成核状态，在晶体的体积分数趋近 1×10^{-6} 时所必须达到的冷却速度，可以根据式(3 - 4)计算绘制的 3T 曲线图估算。在计算绘制 3T 曲线图之前，首先设定玻璃中允许的晶体的体积分数，例如 1×10^{-6}；然后计算在一系列温度下晶核形成速度 I_v 和晶体生长速度 u；把计算得到的 I_v 和 u 代入式(3 - 4)，求出晶体体积分数为 1×10^{-6} 时对应的时间 t；以温度或过冷度为纵坐标、冷却时间 t 为横坐标作 3T 曲线图，如图 3 - 21所示。图中曲线的每一点代表在该温度下 SiO_2 系统析出晶体的体积分数为 1×10^{-6} 所

需的时间 t。

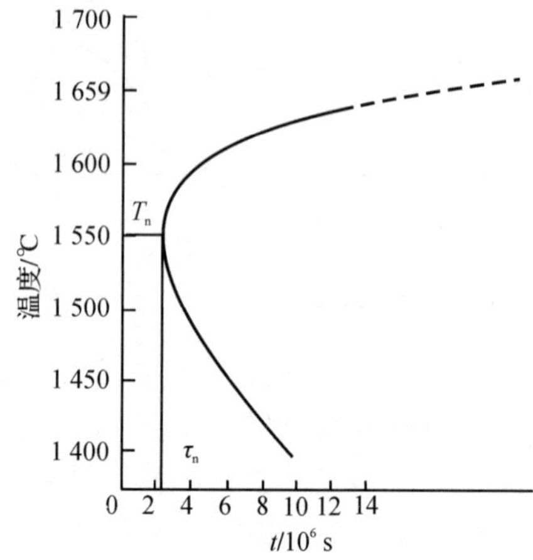

图 3-21　SiO_2 系统析出晶体的体积分数为 10^{-6} 时的 3T 曲线

随着温度降低(过冷度增加),结晶驱动力加大,晶核形成速度增大,而同时原子的迁移速度降低,晶体生长速度下降。在两个因素的共同作用下,出现了一个最快结晶速度,温度升高或降低都会导致结晶速度减小,导致图 3-21 的 3T 曲线弯曲而出现了极值温度 T_n。在曲线凸面以内的区域,SiO_2 在一定温度下形成晶体;在曲线凸面以外区域,SiO_2 在一定温度下形成玻璃。极值温度 T_n 对应析出晶体的体积分数为 1×10^{-6} 时的最短时间 τ_n。

为了避免形成给定体积分数的晶体,所需要的临界冷却速度可以粗略估计为

$$\left(\frac{\mathrm{d}T}{\mathrm{d}t}\right)_m \approx \frac{\Delta T_n}{\tau_n} \tag{3-5}$$

式中:过冷度 $\Delta T_n = T_m - T_n$;T_n 和 τ_n 分别为 3T 曲线极值点对应的温度和时间。当实际冷却速度大于临界冷却速度时,析出晶体的体积分数低于 1×10^{-6},形成检测合格的玻璃。

对于不同化学成分的系统,达到同样的晶体体积分数,曲线的位置不同,临界冷却速度也不同。因此,可以用 3T 曲线的临界冷却速度比较不同物质形成玻璃的能力,临界冷却速度越大,则形成玻璃越困难,熔体倾向于容易析晶。图 3-22 中三个系统 A、B 和 C,系统 C 达到 10^{-6} 晶体体积分数所需时间最长,对应的临界冷却速度最小,相对容易形成玻璃。

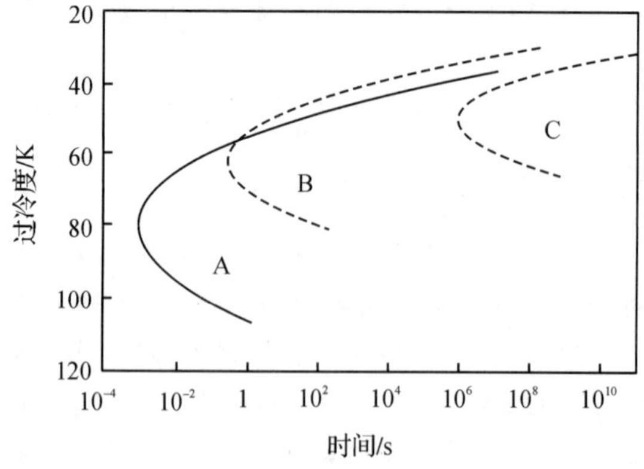

图 3-22　析晶体积分数为 1×10^{-6} 时不同熔点物质的 3T 曲线

A—T_m=356.6 K;B—T_m=316.6 K;C—T_m=276.6 K

3.3.5　玻璃形成的结晶化学条件

一定物质的熔体在冷却过程中能否形成玻璃，要根据熔体的冷却速度而定。现代玻璃科学的发展，极大地拓展了形成玻璃的物质范围，几乎涵盖了元素周期表的大部分元素。熔体冷却能否形成玻璃，可以根据能否增大熔体的黏度来衡量。如果能够大幅增加黏度，则易于形成玻璃。

熔点和黏度是形成玻璃的重要标志，冷却速度是形成玻璃的重要条件。但是，这些都是反映物质内部结构的外部属性。要从根本上解释玻璃的形成，需要了解物质内部的化学键特性。

1.键强

在 SiO_2、B_2O_3 等氧化物熔体中，负离子团能够存在而不是离解成为离子，与 Si—O 键、B—O 键的键强有关。有些理论把氧化物的键强作为决定其能否形成玻璃的重要条件，其中主要是孙光汉提出的单键强度理论。

单键强度理论认为，根据元素与氧结合的单键强度的大小可以判断氧化物是否能够形成玻璃。如果定义氧化物 MO_x 离解成气态离子时所需要的能量是该氧化物的离解能，那么 MO_x 的离解能除以该氧化物正离子 M 的氧离子配位数，可以得出 M—O 的单键强度，其单位是 kJ/mol。表 3-6 列出了部分氧化物的单键强度数值。

单键强度理论还认为，在熔体结晶过程中，必须破坏熔体原有的化学键，使原子或离子重新排列，组合形成新的化学键。从不规则的熔体结构变成周期性排列的有序晶格是结晶的重要过程。如果熔体原有的化学键较强，不易被破坏，原子或离子难以重新排列，则结晶困难，容易形成玻璃；反之，如果原有的化学键较弱，容易断裂，原子或离子易于重排，则容易结晶，难以形成玻璃。

表 3-6　部分氧化物的单键强度数值

元素 M	原子价	MO_x 离解能/($kJ\cdot mol^{-1}$)	配位数	M—O 单键强度/($kJ\cdot mol^{-1}$)	在结构中的作用
B	3	1 490	3	498	网络形成体
	3		4	373	
Si	4	1 775	4	444	
Ge	4	1 805	4	452	
P	5	1 850	4	465～369	
V	5	1 880	4	469～377	
AS	5	1 461	4	364～293	
Sb	5	1 420	4	356～360	
Zr	4	2 030	6	339	
Zn	2	603	2	302	网络中间体
Pb	2	607	2	306	
Al	3	1 505	6	250	
Be	2	1 047	4	264	
Zr	4	2 031	8	255	
Cd	2	498	2	251	

续表

元素 M	原子价	MO_x 离解能/($kJ \cdot mol^{-1}$)	配位数	M—O 单键强度/($kJ \cdot mol^{-1}$)	在结构中的作用
Na	1	502	6	84	网络改变体
K	1	482	9	54	
Ca	2	1 076	8	134	
Mg	2	930	6	155	
Ba	2	1 089	8	136	
Zn	2	603	4	151	
Pb	2	607	4	151	
Li	1	603	4	151	
Sc	3	1 516	6	253	
La	3	1 696	7	242	
Y	3	1 670	8	209	
Sn	4	1 164	6	193	
Ga	3	1 122	6	188	
Rb	1	482	10	48	
Cs	1	477	12	40	

根据单键强度的大小，可以将氧化物分成三类：

(1)单键强度大于 335 kJ/mol 的氧化物能单独形成玻璃，称为玻璃网络形成体，其中的正离子称为网络形成离子；

(2)单键强度小于 250 kJ/mol 的氧化物不能单独形成玻璃，但能调整玻璃性质，称为网络改变体，其中的正离子称为网络改变离子；

(3)单键强度介于 250～335 kJ/mol 的氧化物，其作用也介于网络形成体和网络改变体之间，称为网络中间体，其中的正离子称为网络中间离子。

从表 3－6 可以看出，网络形成体的单键强度比网络改变体大得多。在一定的温度和化学组成条件下，键强越高，熔体中的负离子团也结合得越牢固，破坏化学键也就越困难，成核势垒也越大，结晶困难，容易形成玻璃。

应用单键强度判断氧化物能否形成玻璃基本符合常见氧化物的实验结果，但还是有一些例外不能解释。此外，Zn、Cd 和 Pb 等的氧离子配位数不一定符合实际的配位状态。因此利用单键强度衡量玻璃形成的能力，有时与实际情况不符合。

2.键型

化学键的性质是决定物质结构的重要因素，对玻璃的形成也有重要的作用。

离子键的基本特点是正离子、负离子之间以静电引力结合，这种结合力无方向性，而且作用范围大，离子间距和相对几何位置容易改变。离子化合物的正离子、负离子的配位数较高，一般是 6 或 8。NaCl、CaF_2 等离子化合物形成熔体，以正离子、负离子形式单独存在，熔体在熔点附近的黏度很低。在冷却过程中，熔体中的离子相遇形成晶格的概率较高，容易结晶，难以形成玻璃。

金属键物质以电子连接金属正离子形成金属键,金属键无方向性和无饱和性。金属晶体的最高配位数可以达到 12。金属形成熔体,失去连接较弱的电子,以正离子的形式存在,熔体在熔点附近的黏度很低。在冷却过程中,熔体中的金属原子相遇形成晶格的概率最大,容易结晶,难以形成玻璃。

共价键有方向性和饱和性,键长和键角不易改变,但是作用范围较小。纯粹的共价化合物和单质多数是分子结构。在分子内部,原子之间以共价键连接,原子的配位数较低。但是分子之间以分子间作用力相连,分子间作用力没有方向性,形成晶格的概率大,容易结晶,难以形成玻璃。

纯粹的离子键、金属键和共价键物质,都不容易形成玻璃。一般而言,具有极性共价键和金属共价键的物质才能形成玻璃。

离子键向共价键过渡的杂化键称为极性共价键,通过离子之间强烈的极化作用,sp 电子形成杂化轨道,并构成 σ 键和 π 键。极性共价键既具有离子键的无方向性、容易改变键角的特点,可以形成无对称变形的趋势;又具有共价键的方向性和饱和性、不易改变键长和键角的倾向,有利于形成配位数为 3 或 4 的低配位数结构。极性共价键中的离子键特征有利于形成玻璃的远程无序结构,共价键特征有利于形成玻璃的近程有序结构,是易于形成玻璃的理想键型。

金属键向共价键过渡的杂化键称为金属共价键。在金属中加入 Si^{4+}、P^{5+}、B^{3+} 等半径小、电价高的半金属离子,或加入场强大的过渡金属离子,它们对金属原子产生强烈的极化作用,形成 spd 或 spdf 杂化轨道,半金属元素或过渡金属元素与构成金属元素形成类似于[SiO_4]四面体的原子团。这种原子团可以形成金属玻璃的近程有序结构,而金属键的无方向性和无饱和性,在原子团之间连接形成无对称变形的趋势,有利于形成远程无序结构。

在负离子为 S、Se、Te 等的硫系化合物半导体玻璃中,As^{3+}、Sb^{3+}、Si^{4+}、Ge^{4+} 等极化力很强,形成金属共价键,离子之间能以 +S—S—S+_n、+Se—Se—Se+_n、+S—As—S+_n 的状态存在,它们互相连接成链状、层状和架状,其熔体的黏度很大,冷却时容易形成无规则网络结构。如果其共价键的金属化程度过于强烈,原子团排列非常容易,则难以形成玻璃。

综上所述,形成玻璃物质必须具有极性共价键或金属共价键。一般而言,正离子、负离子的电负性差值 $\Delta\chi$ 在 1.5～2.5 之间,正离子的极化力较强,单键强度大于 335 kJ/mol。这样的键型在能量上有利于形成低配位数的原子团结构,形成玻璃的倾向很大。

3.4　熔体和玻璃中的分相

长期以来,玻璃被认为是均匀的单相物质。但是,随着结构分析技术的发展,分相现象等表明:玻璃内部存在微不均匀性的现象。

分相最早出现在冶金学领域,吉布斯就详细讨论了分相的热力学理论。在 20 世纪 20 年代初,在硅酸盐领域引入了分相理论,研究液相线以上的分相。这种用肉眼或光学显微镜就可以观察的液液分相使玻璃分层或乳浊。$MgO-SiO_2$、$CaO-SiO_2$、$SrO-SiO_2$、$ZnO-SiO_2$、$NiO-SiO_2$ 系统熔融时都会出现这种分相。特纳(Turner)等在 1926 年首先发现硼硅酸盐玻璃中存在分相现象。质量分数为75%的SiO_2、20%的B_2O_3、5%的Na_2O熔融并形成硼硅酸盐玻璃。在500～600 ℃范围内进行热处理，这种玻璃分解形成了两个组成截然不同的相，一个相大约含95%的SiO_2，另一相富含Na_2O和B_2O_3。用酸处理这种玻璃，除去Na_2O和B_2O_3，得到的多孔SiO_2玻璃具有截面直径为4～15 nm的连通微孔。

鲍拉依-库西茨(Poray - Koshits)在1952年用X射线小角度散射技术测量了玻璃中的分相尺寸，电子显微镜的应用使玻璃分相研究得到迅速发展。近年来大量研究表明，许多硅酸盐、硼酸盐、硫系化合物及氟化物等玻璃中都存在分相现象，揭示了玻璃结构和化学组成的微不均匀性特征。

目前已发现，在几十纳米范围内存在微不均匀性的亚微观结构是很多玻璃系统的特征。因此，分相是玻璃形成过程中的普遍现象，对玻璃结构和性质有重要影响。

3.4.1 分相的热力学解释

均匀的玻璃相在一定的温度和组成范围内，分解形成两个互不溶解或者部分溶解的玻璃相并相互共存的现象称为玻璃的分相。如果是液相在一定的温度和组成范围内分解形成两个互不溶解或者部分溶解的液相并相互共存，这种现象就被称为液相不混溶现象。在硅酸盐系统或硼酸盐系统中，在相图的液相线以上或者以下存在两种类型的分相。

一类分相出现在相图的液相线以上，这种类型的分相在热力学上是稳定的，又被称为稳定分相。如图3-23所示，在$MgO-SiO_2$系统富SiO_2部分，液相线以上出现分相区。在T_1温度时，任何组成的熔体都是单一均匀的熔融相。在T_2温度时，熔体分解形成两个熔融相，其组成分别为c_α和c_β。

另一类分相出现在相图的液相线以下，如Na_2O-SiO_2、Li_2O-SiO_2、K_2O-SiO_2系统。这种类型的分相在热力学上是不稳定的，又被称为不稳定分相。如图3-24所示，在Na_2O-SiO_2系统中，液相线以下出现分相区。在大约850 ℃的T_K温度以上，任何组成都是单一均匀的玻璃相，在T_K温度以下该区域分为两部分。

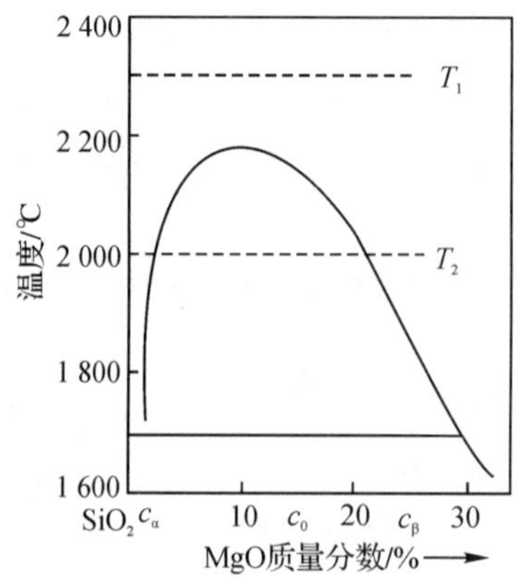

图3-23 $MgO-SiO_2$系统富SiO_2部分的分相区

图 3－24 中有剖面线的(1)区是亚稳分相区，又被称为成核-生长区。如果系统的组成点落在该区域的 c_1 点，在 T_1 温度时通过成核一生长方式从富 Na 母相中析出富 Si 第二相。颗粒状的富 Si 第二相在母相中是不连续的，颗粒尺寸为 3～15 nm，其亚微观结构如图 3－25 的左侧部分所示。如果系统的组成点落在该区 c_3 点，在 T_1 温度时同样通过成核-生长方式从富 Si 母相中析出富 Na 第二相，其亚微观结构如图 3－25 的右侧部分所示。

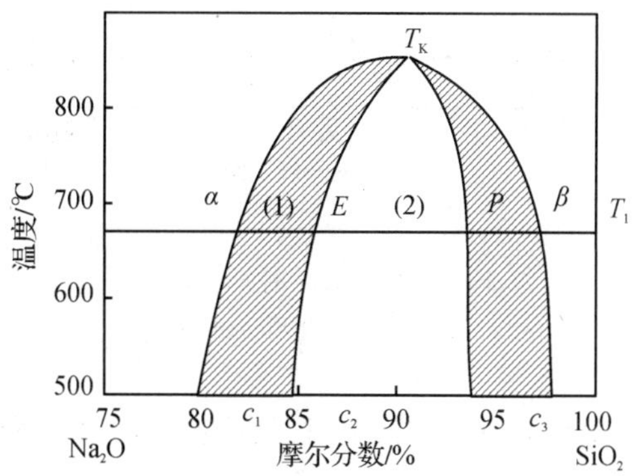

图 3－24　Na_2O-SiO_2 系统的分相区

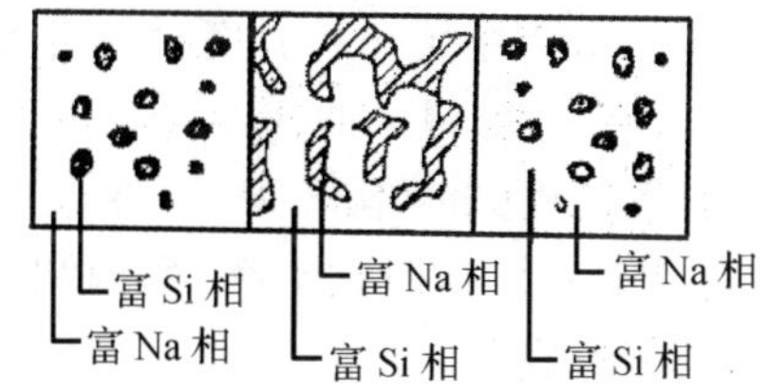

图 3－25　Na_2O-SiO_2 系统各分相区的亚微观结构

图 3－24 中剖面线以内的(2)区是不稳分相区，又被称为 Spinodale 分解区。如果系统的组成点落在(2)区的 c_2 点，在 T_1 温度迅速分解形成两个相。相的分离不是通过成核-生长方式，而是通过浓度起伏方式。两个相的界面在分解开始时是弥散的，逐渐出现明显的界面轮廓。在这段时间内，两个相的成分不断变化，直至达到平衡为止。析出的第二相在母相中互相贯通，并与母相交织，形成富 Si、富 Na 两种不同成分的玻璃，如图 3－25 的中间部分所示。

图 3－26(a)是亚稳分相区内第二相成核-生长的浓度变化。分相时母相的平均浓度是 c_0，第二相的浓度为 c_a'。在成核-生长时，出现的浓度为 c_a' 的"第二相晶胚"，使局部区域由平均浓度 c_0 降至 c_a，此后的质点迁移就是由高浓度 c_0 向低浓度 c_a 的正扩散，这种扩散导致"第二相晶胚"粗化直到最后第二相的长大。这种分相的特点是开始时新相与母相的浓度差异大，但涉及的空间范围小，第二相成分自始至终不发生变化。分相析出的第二相始终有显著的界面，但它是玻璃而不是晶体。

图 3－26(b)是不稳分相区内 Spinodale 分解的浓度变化。分相时在平均浓度为 c_0 的母相中通过瞬间的浓度起伏形成第二相。第二相的浓度高于母相，质点迁移是从低浓度 c_0 向高浓度 c_a' 方向的负扩散，第二相浓度持续变化直至达平衡成分。这种分相的特点是开始时新相与母相的浓度差异很小，但空间范围很大。

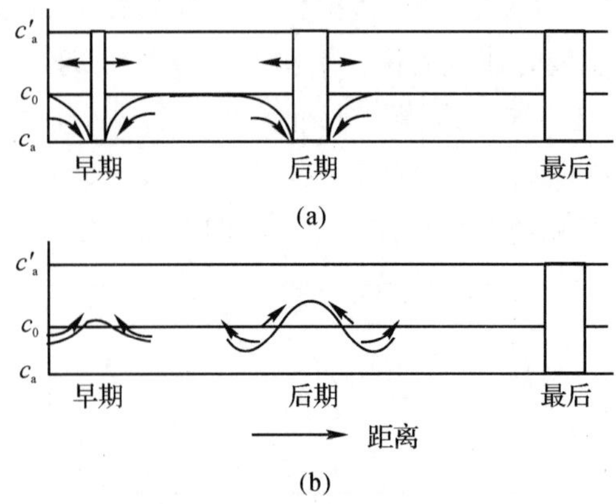

图 3-26　浓度剖面示意图

(a)成核-生长;(b) Spinodale 分解

从相平衡角度而言,平衡态下析出的固体都是晶体,而分相区析出的富 Na 或富 Si 的非晶体,并不处于平衡态,不应该用相图表示。为了表示液相线以下的分相区,一般在相图中用虚线画出。

可以利用一系列热力学活度数据,根据自由能-组成的关系计算液相线以下的不稳定分相区的确切位置。图 3-27 是 Na_2O-SiO_2系统在某温度时的自由能-组成曲线,曲线由两条正曲率曲线和一条负曲率曲线组成。自由能-组成曲线存在公切线 $\alpha\beta$。

根据自由能-组成曲线建立相图的两条基本原理:① 在温度、压力和组成不变的条件下,具有最小自由能的状态是最稳定状态;② 当两相平衡时,两相的自由能-组成曲线具有公切线,切线上的切点分别表示两平衡相的成分。

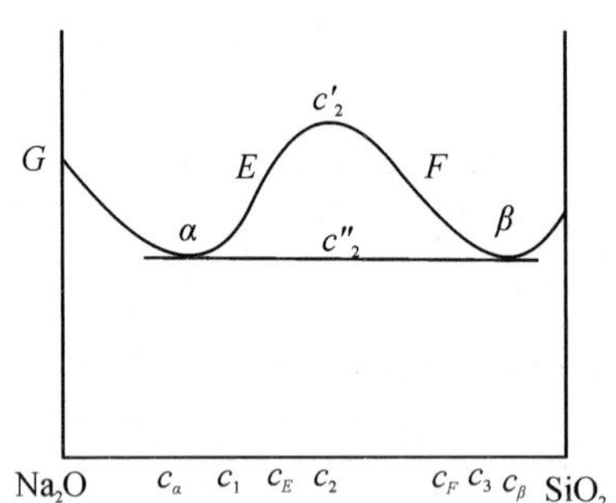

图 3-27　Na_2O-SiO_2系统的自由能-组成曲线

当系统的组成点落在 Na_2O 与 c_α 之间,因为$(\partial^2G/\partial c^2)_{T,p}>0$,存在的富 Na 均匀单相是稳定的,在热力学上具有最小自由能。同理,当系统的组成点落在 c_β 与 SiO_2之间,存在的富 Si 均匀单相是稳定的。

当系统的组成点落在 c_α 与 c_E之间,虽然$(\partial^2G/\partial c^2)_{T,p}>0$,但是有 $\alpha\beta$ 公切线存在。这时分解形成 c_α 与 c_β 两个相,两个相的自由能都比均匀单相更低,分相比单相更稳定。如果系统的组成点落在 c_1点,则富 Si 相从富 Na 的母相中析出,两个相的组成分别是 c_α 与 c_β。根据杠杆规则和由 c_1在公切线 $\alpha\beta$ 上的位置,可以计算两个相的相对量。当系统的组成点落在 c_F与

c_β 之间的 c_3 点，则富 Na 相从富 Si 的母相中析出，两个相的组成分别也是 c_α 与 c_β。

自由能-组成曲线上的 E 点和 F 点是负曲率曲线与两条正曲率曲线相交的点，称为拐点，这两个转折点也是亚稳区和不稳区的交界点。当系统的组成点落在 E 点或 F 点，$(\partial^2 G/\partial c^2)_{T,p}=0$；当系统的组成点落在 c_E 与 c_F 之间，$(\partial^2 G/\partial c^2)_{T,p}<0$，处于热力学不稳定区。当系统的组成落在 c_2 点，自由能 $G'_{c2} \gg G''_{c2}$，能量差异很大，化学组成的微小变化就能引起系统自由能的降低，分相的动力学障碍小，很容易发生。

综上所述，在化学组成出现微小起伏时，判定均匀单相处于亚稳态的必要条件之一就是相应的化学位随化学组分的变化应该是正值，至少为零。$(\partial^2 G/\partial c^2)_{T,p}$ 是否大于 0 可以作为判据来判定由于过冷形成的单相对分相是亚稳的还是不稳的。当 $(\partial^2 G/\partial c^2)_{T,p}>0$ 时，系统对化学组成的微小起伏是亚稳的，分相以成核-生长方式进行，需要克服一定的成核势垒才能形成稳定的晶核，新相再得到长大。如果系统不能克服成核势垒，则系统不分相。当 $(\partial^2 G/\partial c^2)_{T,p}<0$ 时，系统对化学组成的微小起伏是不稳的，组成起伏由微小状态逐渐增大，不需要克服成核势垒，分相必然发生。

在图 3－24 中 T_K 温度以下，如果将每个温度的自由能-组成曲线的各个切点的轨迹相连，可以得到亚稳分相区的范围。如果将每个温度的自由能-组成曲线的各个拐点的轨迹相连，即得不稳分相区的范围。表 3－7 比较了亚稳分相区和不稳分相区的特点。

表 3－7　亚稳分相区和不稳分相区的特点比较

项目	亚稳分相区	不稳分相区
热力学	$(\partial^2 G/\partial c^2)_{T,p}>0$	$(\partial^2 G/\partial c^2)_{T,p}<0$
成分	第二相的化学组成不随时间变化	第二相的化学组成随时间而连续变化，直至达到平衡组成
形貌	第二相分离成孤立的球形颗粒	第二相分离成有高度连续性的非球形颗粒
有序	第二相分布在母相中是无序的	第二相分布在尺寸上和间距上都有规则
界面	在分相开始界面有突变	在分相开始界面是弥散的，然后逐渐明显
能量	分相需要克服势垒	分相不存在势垒
扩散	正扩散	负扩散
时间	分相所需时间长，动力学障碍大	分相所需时间极短，动力学障碍小

玻璃的分相及其形貌对玻璃的所有性质都会有或大或小的影响。例如，凡是与迁移性能有关的性质，如黏度、电导、化学稳定性等，与玻璃的分相及其亚微观结构有很大关系。在 Na_2O-SiO_2 系统玻璃中，富 Si 相的黏度高、电阻大、化学稳定性好，当其以相互分离的液滴状存在时，整个玻璃的黏度比较低、电阻率比较小、化学稳定性不好。当富 Si 相连续存在时，黏度和电阻都会提高几个数量级，其电阻接近 SiO_2 玻璃。研究表明，玻璃的分相总是发生在成核和结晶之前，分相产生的界面为晶相的成核提供了有利的成核位置。

3.4.2　分相的结晶化学观点

根据结晶化学的理论，对玻璃的分相可以从静电键和离子电势的角度进行比较合理的解释。在玻璃熔体中，离子之间的相互作用程度与静电键强度 E 有关：

$$E=\frac{Z_1 Z_2 e^2}{r_{1,2}} \tag{3-6}$$

式中：Z_1、Z_2是离子1和离子2的电价；e是电子电荷；$r_{1,2}$是两个离子之间的距离。静电键的强度越大，离子之间的相互作用程度越强。

硅酸盐玻璃熔体中Si—O的键能较强，Na—O的键能相对较弱。如果除Si—O键以外，还有另一个正离子R与氧的键能也相当高时，就容易导致分相。这表明分相取决于Si—O与R—O键之间的竞争。具体而言，如果外加正离子在熔体中与氧形成强键，使氧很难被硅夺去，在熔体中表现为相对独立的离子聚集体，就出现了两种化学组分不同的液相同时共存，一种是含少量Si的富R—O相，另一种是含少量R的富Si—O相，造成熔体的分相。

对于硅酸盐系统，可以用离子电势Z/r判断系统中出现分相的可能性，其中Z是离子的电荷，r是离子的半径。其他正离子的离子电势与Si^{4+}的离子电势的差别越小，系统越趋向于分相。

例如Mg^{2+}、Ca^{2+}、Sr^{2+}的Z/r值较大（$Z/r>1.40$），液相区中存在圆顶形的稳定分相区。K^+、Rb^+、Cs^+的Z/r值较小（$Z/r<1.00$），系统不发生分相。Li^+、Na^+、Ba^{2+}的Z/r值在1.00～1.40之间（$1.00<Z/r<1.40$），液相线呈S形，系统中存在不稳定分相区；Li^+半径小而Z/r值较大，含锂的硅酸盐熔体分相，出现乳光现象。

随着实验技术的发展，许多重要的二元系统的分相区域已经被大致确定了。如图3-28所示，TiO_2-SiO_2系统的分相区很宽，如果在其中加入碱金属氧化物还可以扩大系统的分相范围，这就是TiO_2能有效地用作许多釉、搪瓷和玻璃-陶瓷的成核剂的原因。

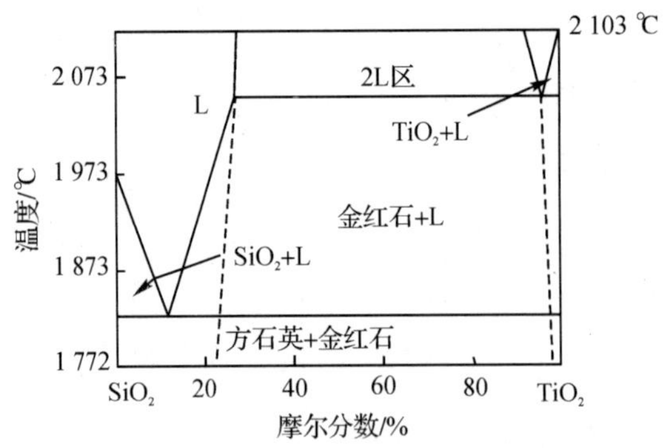

图3-28　TiO_2-SiO_2系统的分相区

3.4.3　分相对玻璃性质的影响

分相对玻璃性质有重要的影响。黏度、电阻、化学稳定性、玻璃转化温度等具有迁移特性的性质对分相较为敏感，这些性质都与氧化物玻璃的相分离以及分相形貌有很大关系。当分相形貌为分散的液滴相时，则整个玻璃呈现较低黏度、低电阻或化学不稳定；而当分散的液滴相逐渐过渡到连通相时，玻璃的性质就逐渐转变为高黏度、高电阻或化学稳定。密度、折射率、热膨胀系数、弹性模量、强度等具有加和特性的性质对分相不敏感，也不像前者那样有简单的规律。

分相对玻璃析晶的影响较大。玻璃分相增加了相之间的界面，而析晶过程中总是优先在相界面上形核，所以分相为形核提供了界面。与分相前的均匀相相比，分相导致两相之中的某一相具有更高的原子迁移率，这种高迁移率能够促进析晶。分相使加入的形核剂组分富集在两相中的一相，发挥晶核作用。

应用分相可以制成多孔高硅氧玻璃。微分相有异相成核和富集析晶组成的作用，利用这个特性可以制成微晶玻璃、感光玻璃等。但是分相区通常存在于高硼高硅区，正处于玻璃形成区，故而分相将引起玻璃失透，影响光学玻璃和其他含硼硅量较高的玻璃的质量。

此外，分相对玻璃着色也有重要的影响。含有 Fe、Co、Ni、Cu 等过渡金属元素的玻璃在分相过程中，过渡金属元素几乎都富集在分相产生的微液滴相中，而不是在基体玻璃中。过渡金属元素这种有选择的富集特性，对颜色玻璃、激光玻璃、光敏玻璃等的制备有重要意义。陶瓷铁红釉大红花就是利用铁在玻璃分相过程中有选择的富集形成的。

【本章小结】

熔体介于固体与液体之间，在结构上更类似固体。熔体的结构与性质既相互联系又相互制约，对选择无机材料的制备方法及工艺参数具有重要意义。熔体的黏度与表面张力对无机材料的工艺过程非常敏感，组成与温度是影响黏度和表面张力的主要因素。

玻璃形成的条件包括热力学条件、动力学条件以及结晶化学条件。热力学条件是形成玻璃可能性的判据，并非是玻璃形成的必然条件。动力学条件给出了形成玻璃所必须的冷却速度。只要冷却速度足够大，常规下不能形成玻璃的物质也有可能形成玻璃。结晶化学条件则是从内在结构方面阐述形成玻璃所需的基本条件，对选择玻璃组分具有指导意义。

描述玻璃结构的理论主要是晶子学说和无规则网络学说，二者分别从不同的角度描述玻璃的微观结构。玻璃的长程无序结构偏离了晶体的长程有序结构，而且这种偏离与玻璃形成过程中经历的动力学条件密切相关，因而玻璃结构具有复杂性，目前还没有全面的、普适的描述玻璃微观结构的理论。

分相对玻璃性质有重要的影响。黏度、电阻、化学稳定性、玻璃转化温度等具有迁移特性的性质对分相较为敏感，这些性质都与氧化物玻璃的相分离以及分相形貌有很大关系。

第 4 章　相平衡与相图

相平衡主要涉及多相系统中各相的平衡问题，即影响因素发生变化时，多相系统的平衡状态如何改变的规律。平衡状态主要涉及系统中相的个数、每个相的组成、每个相的相对含量等。影响平衡的因素主要是温度、压力和组分浓度等。相平衡是动态平衡，在一定条件下，如果多相系统中每一相的生成速度与消失速度相等，宏观上没有任何物质在相间传递，系统中每一相的数量都不随时间而变化，系统达到相平衡。

根据多相平衡的实验结果所绘制的几何图形称为相图或平衡状态图，是在平衡状态下系统的组分、物相和外界条件相互关系的几何描述。根据相图可以知道某个系统在一定的条件下达到平衡时，系统中存在的相数和每个相的组成及其相对数量。相平衡考察的是系统中各组分间以及所发生的各种物理的、化学的或者物理化学的变化，不考虑系统中单独的相或化学物质的特性。

相图是相平衡的直接表现，属于热力学范畴，而热力学的重要作用之一就是判断过程进行的方向和限度。因此，相图能有效解决无机材料科研生产过程中的核心热力学问题：几种物质混合后的反应方向，即反应能生成什么物质；混合后的反应限度，即预计有多少最终生成物质等。

本章主要介绍相平衡的基本概念、单元相图和多元相图的基本原理、典型的无机材料专业相图等理论与实践知识，为相图在无机非金属材料的组成设计、成分控制和性能预测等方面的应用奠定科学基础。

4.1　相与相平衡

4.1.1　基本概念

1.系统

被选择的研究对象称为系统。系统以外的一切物质都称为环境。例如，在硅碳棒炉中制备压电陶瓷 PZT(Pb、Zr、Ti)，选择 PZT 为研究对象，即 PZT 为系统，炉壁、热板和炉内气氛都是环境。如果研究 PZT 和气氛的关系，则 PZT 和气氛就统称为系统，其他为环境。

系统是人们根据实际需要而确定的，通常忽略气相影响，而只考虑液相和固相的系统，称之为凝聚系统。大多数的硅酸盐物质，由于其挥发性很小，压力这一平衡因素对系统的影响较小，可以忽略不计，硅酸盐系统是最典型的凝聚系统。

2.相

在系统内部物理和化学性质相同而且完全均匀的部分称为相。相与相之间必然有分界面存在，而且在相的界面处物质的性能要发生突变，如果界面的性质不发生突变则是同一种相，例如同种晶体中的晶界。

相数与物质的量无关，也与物质是否连续无关。如水中分散着的冰，所有冰块的总和为一固相。相可以是单质，也可以是由几种物质组成的熔体(溶液)或化合物。

气体物质一般只能形成一个相，因为在平衡条件下，不同的气体可以任何比例均匀地混合在一起，所以无论是一种气体还是混合气体，它们都是一个单一的均匀相。

液体物质则要视其互溶程度而定。通常均匀液态或熔体可以视为一个相，如未饱和的糖水或熔融状态的玻璃只是一个液相。但是当两种液相不能以任何比例相互溶解或在高温下熔体发生液相分层时，便可能形成两相或两相以上的液相，如果溶液发生过饱和现象，从液相中析出晶体时还会出现固态物质，它们的性质各不相同，彼此有相界面存在。

对于固态物质的混合物，通常有几种固态物质就有几个相。例如铁粉和炭粉混合在一起，尽管各自的颗粒可以极细且混合均匀，但还是两个相，可是如果不同的固态以任何比例互相溶解形成一个均匀的固溶体，或应用分子自组装技术合成的纳米复合材料，则只能视为一相。

相同的物质可以有几个相，例如水可以有固相、气相和液相，碳可以有金刚石和石墨这两个不同的固相。

3.组分与独立组分

组分(或称组元)是指构成材料的最简单、最基本、在系统中可以独立存在的化学物质。组分的数目叫组分数。按照组分数目的不同，可将系统分为一元系统、二元系统、三元系统等，三个以上组分构成的系统称为多元系统。在金属材料中组分一般是元素，而在无机材料中组分通常是元素的氧化物、碳化物、氮化物、硼化物等，例如 SiO_2、Al_2O_3、CaO、SiC、Si_3N_4、B_4C 等。

独立的组分是指决定相平衡系统中多相组成所需要的最少数目的化学纯物质，其数目称为独立组分数，常以字母 C 表示。

需要指出的是，组分和独立组分只有在特定的条件下才具有相同的定义，例如系统中不发生任何化学反应。系统中如果存在化学反应，或在同一相内存在一定浓度关系，则两者不相同。

例如 $CaCO_3$ 的热分解，存在反应

$$CaCO_3 = CaO + CO_2\uparrow$$

三种物质在一定的温度、压力下建立平衡关系，有一个独立的化学反应平衡常数，所以其中只有两个物质的组成可以任意变化，而第三个物质的组成由化学反应式来决定，不能任意改变，它们的独立组分数只能为 2。可以在这三种物质中任选两种为独立组元，构成二元系统。

又如，NH_4Cl 分解为 NH_3 与 HCl，当系统达到平衡时，由于 NH_3 与 HCI 在同一相中存在浓度关系 $n(HCl)=n(NH_3)$，所以独立组分数为 2。必须注意，只有在同一相中才存在这种浓度关系。

4.自由度与相律

自由度是指在相平衡系统中可以独立变化的因素，如温度、压力、电场和磁场强度等。说其独立可变，是因为这些因素在一定的范围内任意改变都不会引起旧相的消失或新相的产生，

即不改变原系统中共存相的数目和种类。

自由度数是指在平衡系统中那些独立可变因素的最大数目，以符号 f 表示。按照自由度数目可以对系统进行分类。$f=0$ 的系统称为无变量系统；$f=1$ 的系统称为单变量系统；$f=2$ 的系统称为双变量系统，以此类推。

相律是由吉布斯（W. Gibbs）以热力学定律为基础于 1876 年提出的多相系统的普遍规律，其数学表达式为

$$f=C-P+n \tag{4-1}$$

式中：P 为相数；n 为能够影响平衡状态的外界因素的数目（如温度、压力、电场等）。一般情况下只考虑温度和压力对系统平衡状态的影响，式（4-1）可以改写为

$$f=C-P+2 \tag{4-2}$$

如前所述，没有气相存在的系统称为凝聚系统，有时虽然有气相存在，但是可以忽略而只考虑液相和固相参与平衡的系统也称为凝聚系统。例如金属材料和无机非金属材料等，由于在通常范围内压力对系统相平衡的影响是很小的，可以忽略不计，所以它们都可以视为凝聚系统，其相律表达式为

$$f=C-P+1 \tag{4-3}$$

由相律可知，系统中的独立组分数 C 越大，自由度数 f 就越大；相数 P 越大，自由度数 f 就越小；自由度数为零时，相数最大，所以应用相律可以很方便地确定平衡系统中自由度数、独立组分数与相数三者之间的关系，而且相律是一种基本的自然规律，不论系统的化学性质如何，也不论研究的是什么系统，相律都是适用的，它对分析和研究相图有十分重要的作用。

4.1.2 相平衡

相平衡是指各相的化学热力学平衡，简称热力学平衡或相平衡。相平衡是有条件的。对于不含气相的材料系统，相的热力学平衡可由它的吉布斯自由能 G 来决定。由 $G=H-TS$ 可知，当 $dG=0$ 时，整个系统将处于热力学平衡状态，如果 $dG<0$，则系统将自发地过渡到 $dG=0$，使系统达到平衡状态。

对于多元系统（组元 1 的物质的量为 n_1，组元 2 的物质的量为 n_2……）来说，不仅温度和压力的变化要引起 G 的变化，而且组元含量的变动也会引起系统性质的变化，因此多元系统的吉布斯自由能 G 是温度 T、压力 p 以及各组元物质的量（n_1、n_2…）的函数，即 $G=f(T,\ p,\ n_1,\ n_2,\cdots)$，对其进行微分，可得

$$dG=-SdT+Vdp+\sum\mu_i dn_i \tag{4-4}$$

式中：S 和 V 分别是系统的总熵和总体积；$\sum\mu_i dn_i$ 是因组元含量的改变而引起的系统自由能的变化；μ_i 是组元 i 的偏摩尔自由能，也是它的化学势，代表系统内物质传递的驱动力。如果每一个组元在所有各相中的化学势都相等，那么在系统内就没有物质的迁移，整个系统处于平衡状态。因此，系统中相平衡的条件就是一个组元在所有各相中的化学势相等。如果系统只有 α 和 β 两相，那么使少量的 dn_2 的组元 2 从 α 相转移到 β 相中，引起系统自由能的变化为 $dG=dG_\alpha+dG_\beta$。

由于组元 2 在 α 相中的化学势 $\mu_2{}^\alpha$ 是 1 mol 组元 2 在 α 相中的自由能，因此 α 相自由能的变化是 $dG_\alpha=\mu_2{}^\alpha dn_2{}^\alpha$，同理 $dG_\beta=\mu_2{}^\beta dn_2{}^\beta$，而 $-dn_2{}^\alpha=dn_2{}^\beta$，所以 $dG=(\mu_2{}^\beta-\mu_2{}^\alpha)\ dn_2{}^\beta$。

可见，组元 2 从 α 相自动转入 β 相的条件是 $\mu_2{}^{\beta}-\mu_2{}^{\alpha}<0$，当 $\mu_2{}^{\beta}=\mu_2{}^{\alpha}$ 时，两相达到热力学平衡，显然这是相平衡的必要条件。通过进一步推导可以知道，每一个组元在各相中的化学势相等是多相系统处于热力学平衡、相平衡的必要条件。

4.2　单元系统相图

4.2.1　单元系统相图的特征

1.有晶型转变的单元系统相图

在单元系统中仅含有一种物质，即其独立组分数 $C=1$。根据相律 $f=C-P+2$，单元系统中平衡共存的最多相数 $P=3$，三相平衡共存时，系统为无变量状态。由于系统的相数不可能少于一个，所以也可以知道单元系统的最大自由度是 2。因为在单元系统中只有一种纯物质，组成是不变的，通常就将温度和压力视为单元系统相图中的两个独立变量。如果确定了这两个独立变量，那么系统的状态也就随之被确定。因此，只要用温度和压力的二维平面图就可以具体描绘单元系统的相平衡与温度、压力的关系。

图 4－1 是具有多晶转变的某种纯物质的压力-温度相图，图中通常用实线表示稳定的相平衡，而虚线则表示介稳的相平衡。

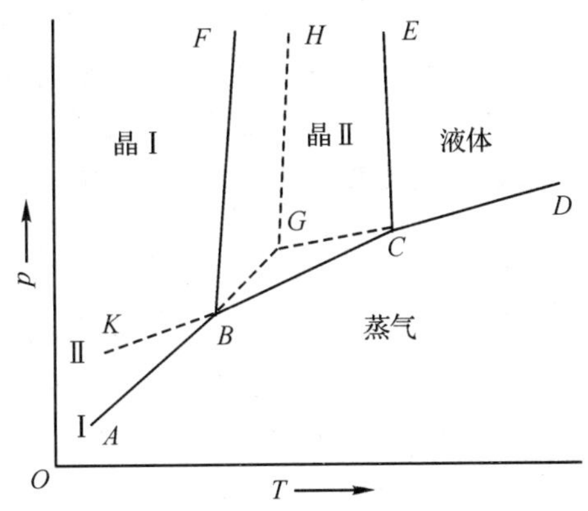

图 4－1　单元系统的压力-温度相图

整个相图共有四个稳定相区：低温稳定的晶型Ⅰ和高温稳定的晶型Ⅱ以及液相和气相。各相区内，$P=1$，$f=2$，表明温度与压力都能独立改变而不致造成新相或旧相的消失。相图中还有若干条单变量的平衡曲线：CD 是液体的蒸发曲线，AB 和 BC 分别是晶型Ⅰ和晶型Ⅱ的升华曲线；CE 是晶型Ⅱ的熔融曲线；BF 是晶型Ⅰ和晶型Ⅱ之间的晶型转变曲线。在这些线上，$P=2$，$f=1$，系统内只有一个自由度，确定压力或温度变量，则另一个可变量温度或压力就不能随意改变了。

图中还有两个三相平衡点：B 点是晶型Ⅰ、晶型Ⅱ和气相的三相共存点；C 点是晶型Ⅱ和液相、气相三相平衡共存点。三相平衡点的 $P=3$，$f=0$，所以单元系统中的三相点是无变量点，即要保持三相的共存，必须严格保持温度、压力的不变，否则就会有相消失。

图中的 $ECGH$ 是过冷液体的介稳状态区；BCG 是过冷蒸气的介稳状态区；$FBGH$ 是过热晶型Ⅰ的介稳状态区；KBF 是过冷晶型Ⅱ的介稳状态区。这些介稳区域是由相应的一些介稳单变量平衡曲线构成的：KB 是过冷的晶型Ⅱ的升华曲线；BG 和 GH 分别是过热的晶型Ⅰ的升华曲线和熔融曲线；CG 是过冷液体和蒸气之间的介稳平衡曲线；G 点由 BG、GH 和 CG 三条曲线相交而成，表示过热晶型Ⅰ和过冷液体和蒸气之间的介稳无变量平衡。

需要指出的是，前述只是定性地描述了升华曲线、熔融曲线、蒸发曲线和晶型转变曲线的特性。关于两相平衡时的曲线形状和斜率，可以用克劳修斯-克莱普朗(Clausius - Clapeyron)方程确定。

2.晶型转变类型

在单元系统的相图中，通常将多晶转变分成可逆(双向)转变和不可逆(单向)转变两种类型。

图 4-2 是具有可逆多晶转变物质的单元系统相图。图中点Ⅰ对应的温度是晶型Ⅰ与晶型Ⅱ转变温度点，点 2 是过热晶型Ⅰ的蒸气压曲线与过冷液体的蒸发曲线的交点。因此，点 2 对应的温度 T_2 就是不稳定晶型Ⅰ的熔点。点 3 对应的温度为晶型Ⅱ的熔点，如果忽视压力对熔点和转变点的影响，将晶型Ⅰ加热到 T_1 时，即可转变成晶型Ⅱ；同样，从高温平衡冷却到 T_1 温度时，晶型Ⅱ将转变到晶型Ⅰ，二者间具有可逆转变的特性。如果晶型Ⅰ转变为晶型Ⅱ后，再继续升温到 T_3 以上，则所有晶相都将消失而成为熔体。相互关系可表示为

$$\text{晶型Ⅰ} \leftrightarrow \text{晶型Ⅱ} \leftrightarrow \text{熔体}$$

如果从低温快速加热晶型Ⅰ到 T_1 温度，则有可能使晶型来不及转变而继续随温度的上升而处于介稳状态，直到 T_3 温度以上才熔化为液相。此外，熔体快速冷却也会导致过冷液体的存在。物质处于介稳状态时，由于具有较高的自由能，会自发地转变为低温的稳定状态。在 T_1 温度以下，晶型Ⅱ是介稳态，必然会转变为稳定的晶型Ⅰ。

这种类型的相图特点是多晶转变的温度低于两种晶型的熔点。

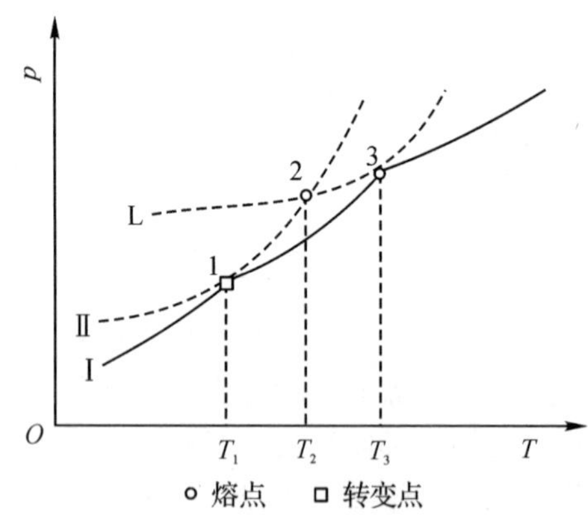

图 4-2 具有可逆的多晶转变物质的单元系统相图

图 4-3 是具有不可逆多晶转变物质的单元系统相图。图中点 1、点 2 和点 3 对应的温度分别是晶型Ⅰ、晶型Ⅱ的熔点以及二者间的晶型转变温度。晶体不可能过热而超过其熔点，因此事实上点 3 是得不到的。

晶型Ⅱ无论在高温或低温阶段都处于介稳状态，随时都有转变为晶型Ⅰ的倾向，要获得晶型Ⅱ，就必须将晶型Ⅰ熔融，然后再使它过冷才可得到，而直接加热晶型Ⅰ是得不到的。相互关系可表示为

晶型 Ⅰ↔熔体↔晶型 Ⅱ

这种类型的相图特点是多晶转变温度高于两种晶型的熔点。

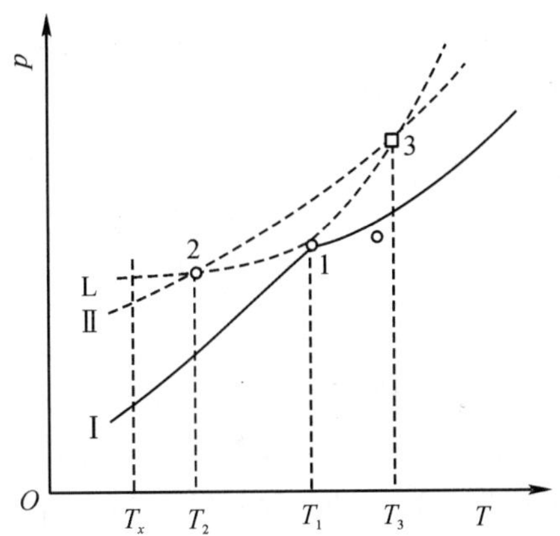

图 4-3　具有不可逆多晶转变物质的单元系统相图

4.2.2　SiO_2 相图

SiO_2 是自然界中分布极为广泛的物质，存在的形态也很多。各种形态的 SiO_2 在工业上的应用极为广泛，如：透明的水晶可以制造紫外光谱仪棱镜、补色器等；玛瑙是耐磨材料，也是贵重的装饰品；石英砂是玻璃、陶瓷、耐火材料工业的基本原料，在玻璃和硅质耐火材料的生产中用量很大。SiO_2 系统的相平衡，是最基本的无机非金属材料相图之一。

SiO_2 具有复杂的多晶形态。实验表明，在常压和有矿化剂存在的条件下，SiO_2 能以七种晶相、一种液相和一种气相的形态存在。在高压实验中还发现有新的 SiO_2 变体。图 4-4 是芬奈（Fenner）在长时间加热细粉碎石英并且加有矿化剂的条件下得到的 SiO_2 相图。由于 SiO_2 各晶型的饱和蒸气压都极小，所以图中的纵坐标不代表实际数值。

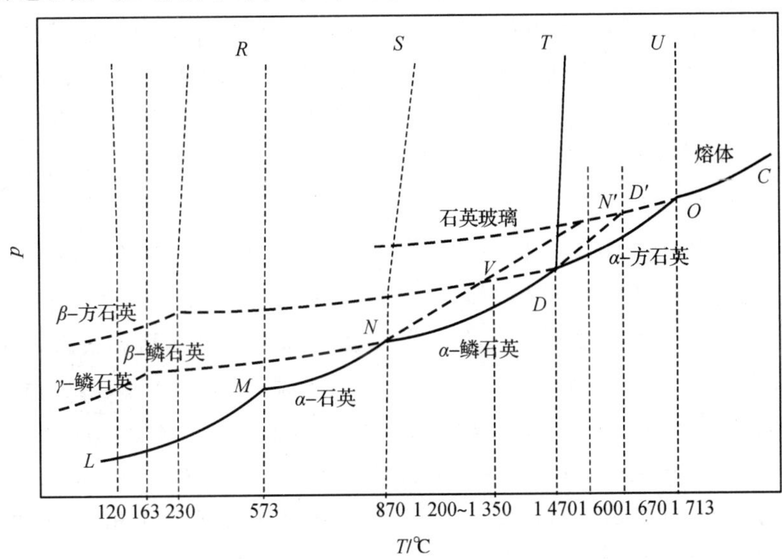

图 4-4　SiO_2 系统相图

相图中的实线部分将相图分成 6 个单相区，分别表示 β-石英、α-石英、α-鳞石英、α-方石英、SiO_2高温熔体以及 SiO_2蒸气 6 个热力学稳定态存在的相区。每两个相区之间的界线代表了系统中的二相平衡状态。*LM* 代表了 β-石英与 SiO_2蒸气间的二相平衡，实际上是 β-石英的饱和蒸气压曲线。*OC* 代表了 SiO_2熔体与 SiO_2蒸气间的二相平衡，实际上是 SiO_2高温熔体的饱和蒸气压曲线。*MR*、*NS*、*DT* 是晶型转变线，反映了相应的两种变体之间的平衡共存。*MR* 表示 β-石英与 α-石英间互相转变的温度随压力的变化。*OU* 是 α-方石英的熔点曲线，表示 α-方石英与 SiO_2熔体间的二相平衡。三个相区的会聚点是三相点。图中有 4 个三相点。*M* 点代表 β-石英、α-石英与 SiO_2蒸气三相平衡共存的三相点，*O* 点则是 α-方石英、SiO_2熔体与 SiO_2蒸气的三相点。

对于加热或冷却不是非常缓慢的平衡加热或冷却，就有可能产生介稳状态，在相图中以虚线表示。如 α-石英加热到 870 ℃时应转变为 α-鳞石英，但如果加热速度不是足够慢，则可能成为 α-石英的过热晶体，这种处于介稳态的 α-石英可能一直保持到 1 600 ℃(N'点)直接熔融为过冷的 SiO_2熔体。因此 NN'实际是过热 α-石英的饱和蒸气压曲线，反映了过热 α-石英与 SiO_2蒸气二相间的介稳平衡状态。DD'是过热 α-鳞石英的饱和蒸气压曲线，这种过热的 α-鳞石英可以保持到 1 670 ℃(D'点)直接熔融为 SiO_2过冷熔体。在不平衡冷却中，高温 SiO_2熔体可能不在 1 713 ℃结晶出 α-方石英，而成为过冷熔体。虚线 ON'在 *CO* 的延长线上，是过冷 SiO_2熔体的饱和蒸气压曲线，反映了过冷 SiO_2熔体与 SiO_2蒸气二相间的介稳平衡。α-方石英冷却到 1 470 ℃时应转变为 α-鳞石英，实际上却往往过冷到 230 ℃转变成与 α-方石英结构相近的 β-方石英。α-鳞石英往往不在 870 ℃转变成 α-石英，而是过冷到 163 ℃转变成β-鳞石英，β-鳞石英在 120 ℃下又转变成 γ-鳞石英。β-方石英，β-鳞石英与 γ-鳞石英虽然都是低温下的热力学不稳定态，但由于它们转变为热力学稳定态的速度极慢，实际上可以长期保持自己的形态。α-石英与 β-石英在 573 ℃下相互转变，由于彼此间结构相近，转变速度很快，一般不会出现过热、过冷现象。

在 SiO_2的各种变体之间通常还可根据转变时的速度和晶体结构发生变化的不同进行分类。如石英、鳞石英和方石英之间的相互转变，由于它们之间的结构差别较大，转变时必须打开键合，因而是重建性的、变化速度较慢的转变，容易产生过冷或过热现象，这样的转变称为一级变体间的转变，也叫重建性转变。而在同系列中的 α、β 和 γ 各变体之间，由于它们的结构差别不大，转变时不必打开结合键，只需原子的位置和 Si—O—Si 的键角稍有变化即可，转变速度迅速，而且是可逆的，人们称这样的转变为二级变体之间的转变，也叫位移性转变。

物质在发生多晶转变时，由于其内部结构发生了变化，所以必然会伴随着体积的变化。对于 SiO_2晶型转变过程，这种体积效应尤为显著，这在硅酸盐材料制造和使用过程中需要特别注意。表 4-1 列出了 SiO_2多晶转变时体积变化的理论值，正值表示膨胀，负值表示收缩。由表 4-1 可知，一级变体间的转变所产生的体积效应要明显大于二级变体之间的转变所产生的体积效应，由于前者的转变速度较慢，在一定的程度上可以缓解体积变化带来的应力作用；而后者的转变速度较快，其影响反而较大。在实际应用中必须根据 SiO_2相图，采取一定的措施，防止因体积效应所导致的开裂问题。

表 4-1　SiO_2 多晶转变时体积变化的理论值

转变		理论计算温度/℃	转变时体积效应/%
一级变体间的转变	α-石英 ⇒α-鳞石英	1 000	+16.0
	α-石英 ⇒α-方石英	1 000	+15.4
	α-石英 ⇒石英玻璃	1 000	+15.5
	石英玻璃 ⇒α-方石英	1 000	−0.90
二级变体间的转变	β-石英 ⇒α-石英	573	+0.82
	γ-鳞石英⇒β-鳞石英	117	+0.20
	β-鳞石英 ⇒α-鳞石英	163	+0.20
	β-方石英 ⇒α-方石英	150	+2.80

4.3　二元系统相图

二元系统有两个组元，由于所讨论的系统至少应有一个相，所以根据相律 $f=4-P$，系统的最大自由度 $f=3$，其独立变量分别为温度(T)、压力(p)和浓度(c)，两个组元中只能有一个组元的浓度作为独立变量，因为当一个组元的浓度确定后，另一个组元的浓度也就随之被固定。

对于 3 个变量的系统，只有用三维空间的立体图形才能表示出它们之间的关系。通常情况下可以保持一个变量不变，使用平面图形来表示二元系统的相平衡关系。例如，对凝聚系统，压力影响通常可以忽略，所以可以用温度和任一组分的浓度为坐标的温度-组成图来表示。对于二元凝聚系统，$f=2-P+1=3-P$。

可见，二元凝聚系统平衡共存的相数最多为 3 相，最大的自由度为 2。这两个自由度是指温度和浓度(组成)两个因素。在 $T-c$ 图中通常以纵坐标表示温度，横坐标表示二组元的相对含量，组成含量通常用质量分数表示。如果改用摩尔分数表示时，其图形会有明显的差异，应予以注意。

4.3.1　二元系统相图的基本类型

1.具有一个低共熔点的二元系统相图

图 4-5 是具有一个低共熔点的二元系统相图，也是最简单的二元系统相图之一。这类相图的特点是：两个组分在液态时能以任何比例互溶，形成单相溶液，但是在固态则完全不互溶，两个组分可以从液相中分别结晶，组分间无化学作用，不生成新的化合物。

如图 4-5 所示，a 点和 b 点分别相当于组分 A 和 B 的熔点或凝固点。相图上的 aE 线和 bE 线为熔点曲线，是表示液相与固相之间平衡的曲线，通常称之为液相线。在液相线上，只存在熔融的液相。纯物质 A 的熔点 a 最高，随着引入物质 B 含量的增加，混合物的熔点沿着 aE 线下降。纯物质 B 的熔点低于纯物质 A 的熔点，随着引入物质 A 含量的增加，混合物的熔点

沿着 bE 线下降。两条液相线相交于 E 点，形成整个系统中的最低熔点，称为低共熔点。显然，E 点是二元无变量点，在该点，A、B 固相与液相三相平衡共存，自由度为 0，具有固定不变的温度和组成。具有 E 点组成的混合物称为低共熔物质，它们是具有某种特殊结构的混合物，而非化合物。通过 E 点的水平线称为低共熔线，也称固相线，在固相线以下只有固相物质存在。

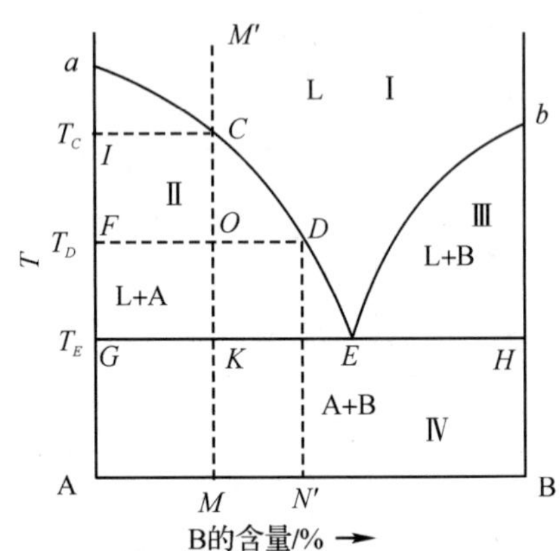

图 4－5　具有一个低共熔点的二元系统相图

液相线与固相线将整个相图分成 4 个相区。其中第Ⅰ区位于液相线以上，为液相单相区；第Ⅱ、Ⅲ区分别为固相 A、固相 B 与液相平衡共存的两相区；第Ⅳ区是固相 A 和固相 B 平衡共存的两相区。根据相律，Ⅰ区内的自由度为 2，表明如果在该相区内随意改变温度和组成都不会破坏相平衡，而在其余的各相区内自由度为Ⅰ，如果选定某一温度，则液相或固相的组成也就确定了。

现以组成为 M 的配料为例，将其加热到高温完全熔融后平衡冷却，分析其析晶过程（冷却过程）。

在图 4－5 上过 M 点作垂直线 MM'，称之为等组成线。由于系统的组成已定，所以混合物 M 的冷却进程只能沿着等组成线自上而下地逐步移动，等组成线上的 M'、C、O、K、M 点落在哪个相区内，那么系统就具有该相区的平衡各相。M' 处于液相区域，表明系统中只有单相的高温熔体（液相）存在。当此高温熔体冷却到 T_C 温度时，A 组分开始在液相中发生饱和现象，随即从液相中首先析出 A 晶相。系统也从单相平衡转变为二相平衡状态，且由于 A 的析出，液相的组成也将发生变化，根据相律 $f=l$，为了保证二相平衡状态，在温度和液相组成二者之间只有一个是独立变量。即随着温度的下降，液相组成必定沿着 aE 线由 C 点向 E 点变化，向着液相中组分 B 含量增加的方向变化，而不能任意改变；物质的状态是从 M' 点移向 C、K 等点。当温度冷却到 T_E 时，液相组成到达 E 点，此时液相中晶相 A 和晶相 B 同时饱和，于是将从液相中按 E 点组成中 A 和 B 的比例同时析出 A 和 B 晶相，此时 $P=3$，$f=0$，系统为无变量系统，系统的温度维持在 T_E 不变，液相组成始终在 E 点不变。随着低共熔过程的不断进行，液相量在逐步减少；固相中则除了 A 晶相以外，还增加了 B 晶相，而且此时系统的温度不能变化，但是固相点位置必须离开表示纯 A 的 G 点，沿等温线 GK 向 K 点移动。当最后一滴液体消失时，固相组成到达 K 点，固相中有 A 和 B 两个晶相，系统再次变为单变量，温度继续降低，当固相组成到达 M 点，即初始组成，析晶过程结束。整个析晶过程的相变化可以用冷却曲线表示，如图 4 - 6 所示。

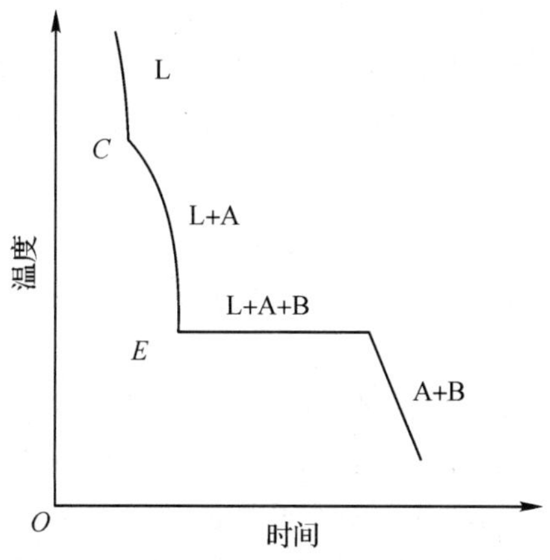

图 4 - 6　M 点配料的冷却曲线

上述结晶过程中固、液相点的变化(即结晶路程)可以描述为

液相点　　$M' \xrightarrow[f=2]{L} C \xrightarrow[f=1]{L \to A} E(f=0\ L_e \longrightarrow A+B)$

固相点　　$I \xrightarrow{A} G \xrightarrow{A+B} K$

如果是加热过程,则和上述过程相反。当系统温度升高到 T_E 时才出现液相,组成为 E。因 $P=3, f=0$,系统无变量,所以系统的温度维持在 T_E 不变,A 和 B 两晶相的量不断减少,组成为 E 的液相量不断增加。当 B 晶相全部消失后,系统成为单变量,温度才能继续上升,此时 A 晶相的量继续减少,液相组成沿着 aE 线向 a 点变化。当温度到达 T_C 时,A 晶相消失,全部变为熔体。

对于给定组成的系统,通过分析熔体的结晶过程,从相图上可以确定系统析晶开始和结束的温度,也可以确定系统开始出现液相和完全熔融的温度。此外,利用相图,在指定的状态下,可以确定系统达到平衡时含有哪些相,以及各相的组成。而各相的相对数量则可由杠杆规则计算。例如在 T_D时,系统中混合物分为固相 A 和液相 L_D两个相,根据杠杆规则,有

$$\frac{\text{液相量}}{\text{固相量(A)}} = \frac{FO}{OD}$$

或

$$\text{液相量} = \frac{FO}{OD+FO} \times \text{固相量} \times 100\% = \frac{OD}{OD+FO} \times 100\%$$

杠杆规则不只适用于一相分为两相的情况,同样也适用于两相合为一相的情况,甚至在任何多相系统中,都可以利用杠杆原则,根据已知条件计算平衡共存的多相的相对数量及百分含量。

需要指出的是,运用杠杆规则时,应该分清系统组成点、液相点和固相点的概念,系统的组成点(简称“系统点”)取决于系统的总组成,由初始配料组成决定。在加热或冷却过程中,尽管系统的 A 组分和 B 组分在固相与液相之间是不断转变的,但仍处在系统内,系统的总组成不会改变,对于 M 配料点而言,系统组成点一定在 MM'线上变化,所以在杠杆规则中视系统组成点为杠杆的支点,而系统中的液相组成点和固相组成点分别被视为杠杆的两端。尽管它们

的位置是随着温度不断变化的，但因为固液二相处于平衡状态，温度必定相同，所以任何时刻系统组成点、液相点和固相点三点一定在同一条等温的水平线上。此外，由于固液二相均是从高温单相熔体分解而成的，固液二相的位置在任何时刻又必定都分布在系统组成点的两侧。因此，运用杠杆规则就可以计算出任一温度下处于平衡状态的固液二相的数量。

2.具有一个化合物的二元系统相图

1)具有一个一致熔融化合物的二元系统相图

一致熔融化合物是稳定的化合物，具有固定的熔点，熔化时产生的液相与化合物组成相同，具有一致熔融的特点。

图 4－7 是组分 A 和 B 生成一致熔融化合物 A_mB_n 的二元系统相图。M 点是该化合物的熔点，因此加热到 $T(A_mB_n)$时，即融化为同组分的液态。化合物的熔点 M 还是液相线上的温度最高点，因此，A_mB_n-M 线将相图分成两个简单的分二元系统相图，E_1 是 A－A_mB_n 分二元系统的低共熔点，E_2 是 A_mB_n－B 分二元系统的低共熔点。任何配料的结晶路程和结晶产物都与初始配料点所在的那个分二元系统有关。

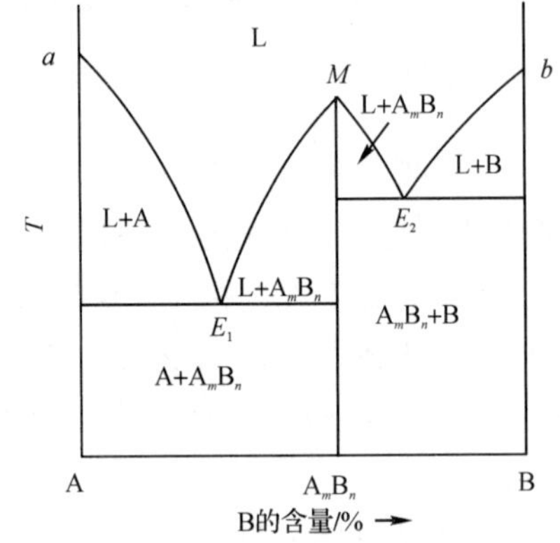

图 4－7　生成一个一致熔融化合物的二元系统相图

2)具有一个不一致熔融化合物的二元系统相图

如图 4－8 所示，系统中 A 和 B 形成不稳定的化合物，加热该化合物时，不到熔点就会分解成为液相和一种晶相，且两者的组成与原化合物的组成皆不同，故称为不一致熔融，即 $A_mB_n(s) \longrightarrow B(s) + L$。

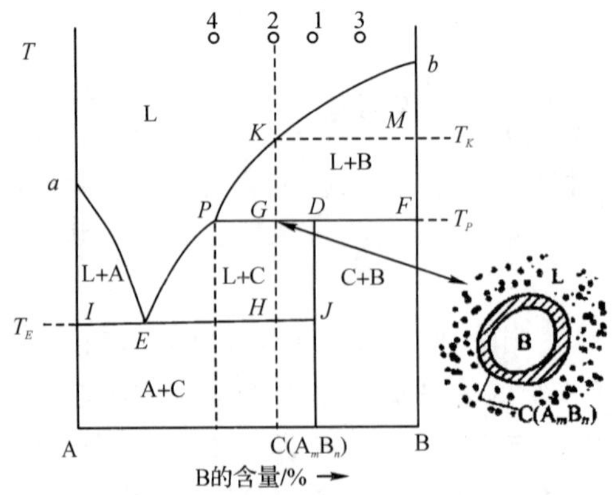

图 4－8　生成一个不一致熔融化合物的二元系统相图

加热化合物 C(A_mB_n)到分解温度 T_P 时生成 P 点组成的液相和晶相 B；在分解过程中，系统处于三相平衡的无变量状态，$f=0$，P 点是二元无变量点，称为转熔点或回吸点。

根据杆杠规则，冷却时，低共熔点 E 从液相中同时析出晶相 A 和 C，即发生 $L_E \longrightarrow A+C$ 的相变；而在 P 点则发生 $L_P+B \longrightarrow C$，即原先析出的晶相被转熔，同时又析出新的晶相 C。这种过程称为转熔过程，此时的温度叫作转熔温度，它也是化合物的分解温度，PE 线称为转熔线。如果用冷却曲线表示该过程，那么 T_P 处将出现水平线。

转熔点 P 和低共熔点 E 的性质是不同的，转熔点 P 位于与 P 点液相平衡的两个晶相 C 和 B 的组成点 D、F 的同侧，而低共熔点 E 的位置却在两个析出晶相 A 和 C 的中间；低共熔点 E 一定是结晶结束点，而转熔点 P 能否成为结晶结束点，要视系统的组成而定；不一致熔融化合物 C 的组成位置线不能将整个相图划分为两个分二元系统。

以熔体 2 为例分析结晶过程。当熔体温度下降到 T_K 时，开始从液相中析出晶相 B，随后液相组成点沿着液相线 KP 向 P 点变化，继续从液相中不断析出晶相 B，固相点则从 M 点向 F 点变化。当系统温度降到转熔温度 T_P 时，发生 $L_P+B \longrightarrow C$ 的转熔过程，即原先析出的晶相 B 被重溶为液相 L_P，生成化合物 C。转熔过程中三相共存，$f=0$，系统温度维持在 T_P 不变，液相组成点在 P 点也不动，晶相 C 的量不断增加，晶相 B 的量不断减少，固相组成点由 F 点向 D 点变化。当固相点到达 D 点时，意味着晶相 B 已耗尽，转熔过程结束。此时的系统中包含液相 L_P 和化合物 C，固相量与液相量的比等于 $\overline{PG}:\overline{GD}$，系统恢复为二相平衡状态。温度继续下降，液相点将离开 P 点沿着 PE 向 E 点变化，从液相中不断析出化合物 C，固相则从 D 点向 J 点变化。当温度下降到低共熔温度 T_E 时，液相组成也到达了 E 点，固相组成点到达了 J 点，固相量与液相量的比等于 $\overline{EH}:\overline{HJ}$。从 E 点液相中将同时析出晶相 A 和 C。当液相消失时，固相点必然从 J 点到达 H 点，与系统点重合。析晶过程在 E 点结束，产物是晶相 A 与 C，固相量与固相量的比等于 $\overline{IH}:\overline{HJ}$。

熔体 2 的结晶过程可以描述为

液相点　$2 \xrightarrow[f=2]{L} K \xrightarrow[f=1]{L\to B} P(L_P+B \longrightarrow C) \xrightarrow[f=1]{L\to C} E(f=0, L_E \longrightarrow A+C)$

固相点　$M \longrightarrow I \xrightarrow{A} G \xrightarrow{A+B} K(L_E \longrightarrow A+C)$

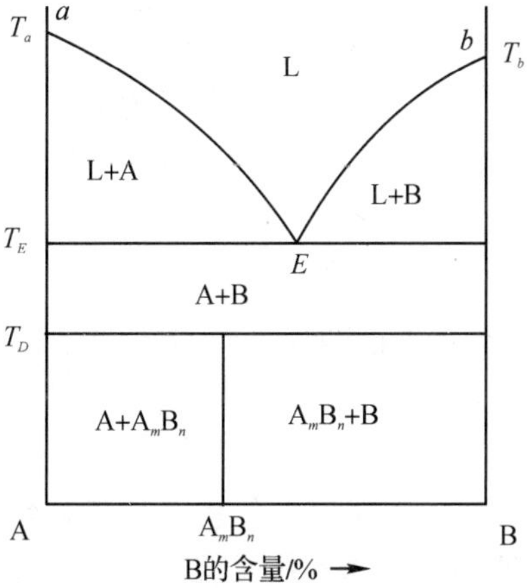

图 4-9　在低共熔温度以下有化合物生成的二元系统相图

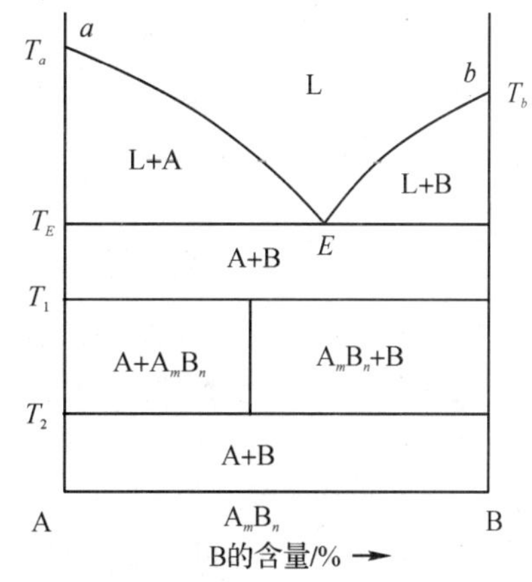

图 4-10　在低共熔温度以下有化合物生成或分解的二元系统相图

3)在低共熔温度以下有化合物生成或分解的二元系统相图

如图 4-9 所示,相图上没有与化合物 A_mB_n 平衡的液相线存在,A_mB_n 不可能直接从液相中析出,只能通过晶相 A 和 B 之间的固相反应才能生成。

如图 4-10 所示,化合物 A_mB_n 只能存在于温度范围 $T_1 \sim T_2$ 内,超出这个范围,就要分解为晶相 A 和 B。

3.具有多晶转变的二元系统相图

二元系统中组分或化合物发生多晶转变时,在相图上就会出现一些补充线,将同一物质的各个晶型的稳定范围区分开来。

根据晶型转变温度(T_P)相对于低共熔温度(T_E)的大小,可分为两种类型。

(1)$T_P < T_E$。多晶转变发生在低共熔温度以下,即多晶转变在固相中发生,如图 4-11 所示。图中 P 点为组分 A 的多晶转变点,过转变点 P 的水平线,称为多晶转变等温线。在 $A_\alpha + B$ 相区,晶相 A 以 α 相形态存在,而在 $A_\beta + B$ 相区则以 β 相形态存在。

(2)$T_P > T_E$。多晶转变发生在低共熔温度以上,如图 4-12 所示。这表明晶体 A 的 α、β 相之间的晶型转变是在有 P 点组成液相的条件下发生的。

上述两种类型中,P 点都是多晶转变点,系统在 P 点三相平衡共存,$f=0$,所以多晶转变点也是无变量点。

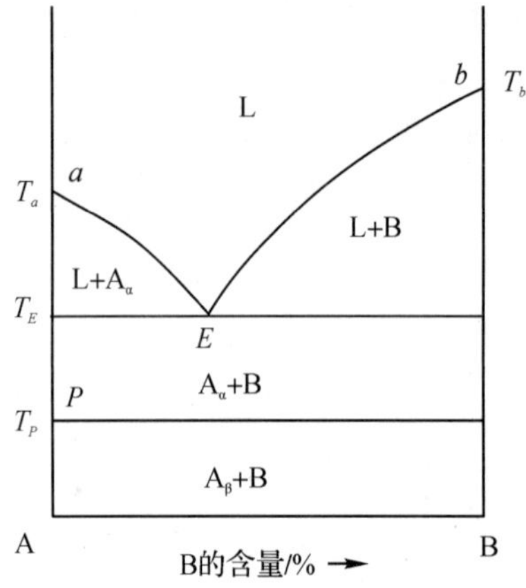

图 4-11 在低共熔温度以下有多晶转变的二元系统相图

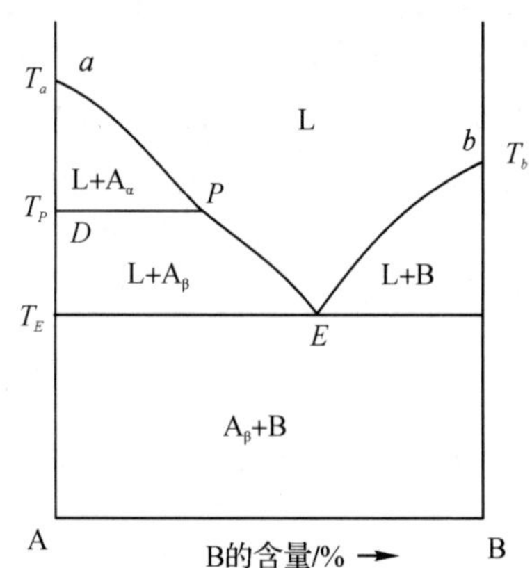

图 4-12 在低共熔温度以上有多晶转变的二元系统相图

4.形成固溶体的二元系统相图

可以形成固溶体的二元系统相图有两种不同的形式:连续固溶体(完全互溶或无限互溶固溶体)和不连续固溶体(部分互溶或有限互溶固溶体)。

1)形成连续固溶体的二元系统相图

图 4-13 是形成连续固溶体的二元系统相图。液相线 aL_2b 以上的相区是高温熔体的单相区,固相线 aS_2b 以下的相区是固溶体单相区,处于液相线与固相线之间的相区是液相与固相平衡的固液二相区。固液二相区内的结线 L_1S_1、L_2S_2、L_3S_3 分别表示不同温度下互相平衡的固液二相区的组成。该相图的特点是没有二元无变量点,系统内只存在液相和固相二个相,不可能出现三相平衡状态。

M'高温熔体冷却到 T_1温度时开始析出组成为 S_1的固溶体，随后液相组成沿液相线向 L_3变化，固相组成则沿固相线向 S_3变化。冷却到 T_2温度，液相点到达 L_2，固相点到达 S_2，系统点则在 O 点；根据杠杆规则，液相量与固相量的比等于$\overline{OS_2}:\overline{OL_2}$。冷却到 T_3温度，固相点 S_3与系统点重合，液相在 L_3消失，结晶过程结束。初始配料中的 A、B 组分从高温熔体全部转入低温的单相固溶体。

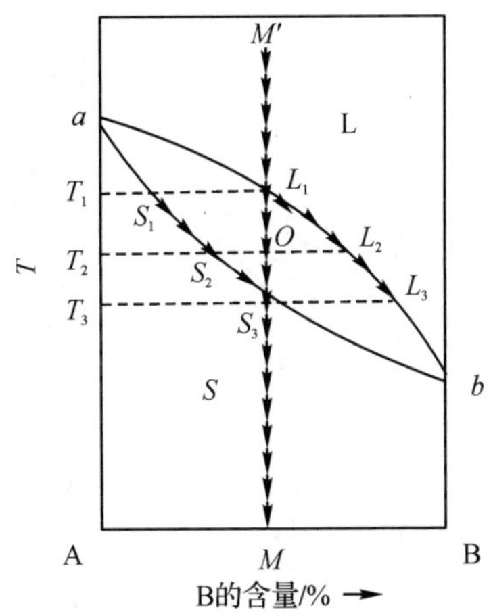

图 4－13　形成连续固溶体的二元系统相图

2)形成不连续固溶体的二元系统相图

组分 A、B 可以形成固溶体，但相互之间的溶解度有限，不能以任意比例互溶，只能形成不连续固溶体。不连续固溶体的二元系统相图有两种类型。

其一是图 4－14 所示的形成低共熔型不连续固溶体的二元相图。该相图中有两种固溶体，以 $S_{A(B)}$和 $S_{B(A)}$表示。$S_{A(B)}$是组分 B 在组分 A 中的固溶体，$S_{B(A)}$是组分 A 在组分 B 中的固溶体。aE 是与 $S_{A(B)}$固溶体平衡的液相线，bE 是与 $S_{B(A)}$固溶体平衡的液相线。从液相线上的液相中析出的固溶体组成可以通过等温结线在相应的固相线 aC 和 bD 上得到，如结线 L_1S_1表示从 L_1液相中析出的 $S_{B(A)}$固溶体组成是 S_1。E 点是低共熔点，从 E 点液相中将同时析出组成为 C 的 $S_{A(B)}$和组成为 D 的 $S_{B(A)}$固溶体。C 点表示组分 B 在组分 A 中的最大固溶度，D 点则表示组分 A 在组分 B 中的最大固溶度。CF 是固溶体 $S_{A(B)}$的溶解度曲线，DG 则是固溶体 $S_{B(A)}$的溶解度曲线。组分 A 和组分 B 在固态互溶的溶解度是随温度的下降而下降的，相图上六个相区的平衡各相已在图上标注。

M' 高温熔体冷却到T_1 温度，从L_1 液相中析出组成为S_1 的 $S_{B(A)}$ 固溶体，随后液相点沿液相线向 E 点变化，固相点从 S_1 沿固相线向 D 点变化。到达低共熔温度 T_E，从 E 点液相中同时析出组成为C 的 $S_{A(B)}$ 和组成为 D 的 $S_{B(A)}$，系统进入三相平衡状态，$f=0$，系统温度保持不变，平衡各相组成也保持不变，但液相量不断减少，$S_{A(B)}$ 和 $S_{B(A)}$ 的量不断增加，固相总组成点从 D 点向H 点移动，当固相点与系统点 H 重合，液相也在E 点消失。结晶产物为 $S_{A(B)}$ 和 $S_{B(A)}$ 两种固溶体。温度继续下降时，$S_{A(B)}$ 的组成沿 CF 线变化，而 $S_{B(A)}$ 的组成则沿 DG 线变化。到达 T_3 温度，具有 Q 组成的 $S_{A(B)}$ 与具有 N 组成的 $S_{B(A)}$ 二相平衡共存。M' 熔体的结晶过程可以描述为

液相点 $M' \xrightarrow[f=2]{L} L_1 \xrightarrow[f=1]{L \to S_{B(A)}} E(L_E \longrightarrow S_{A(B)} + S_{B(A)})$

固相点 $S_1 \xrightarrow{A_{B(A)}} D \xrightarrow{S_{B(A)} + S_{A(B)}} H$

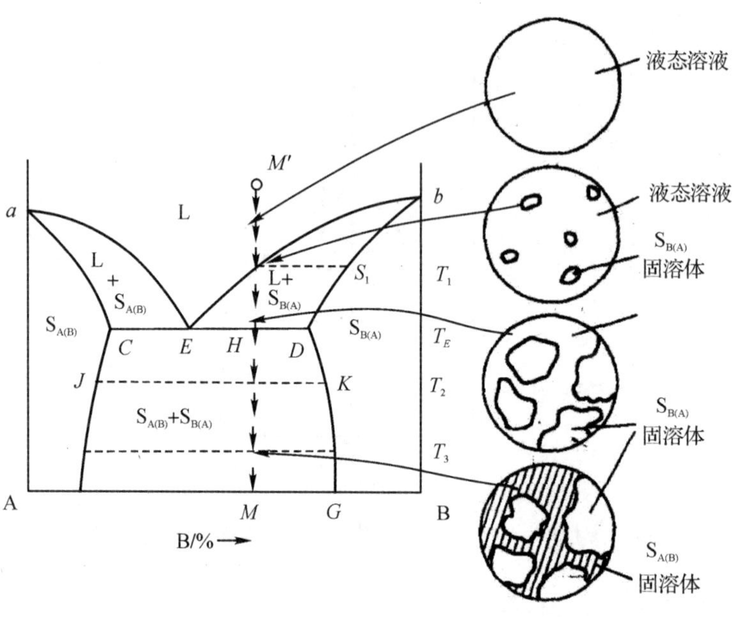

图 4－14　形成低共熔型不连续固溶体的二元系统相图

其二是图 4－15 所示的形成转熔型不连续固溶体的二元系统相图。在 $S_{A(B)}$ 和 $S_{B(A)}$ 之间没有低共熔点，却有转熔点 P。当温度降低到 T_P 时，液相组成变化到 P 点，发生转熔过程 $L_P + D(S_{B(A)}) \longrightarrow C(S_{A(B)})$。组成在 $P \sim D$ 范围内的熔体，冷却到 T_P 时都将发生转熔过程。转熔结束后的结晶过程与图 4－14 的情况相同。

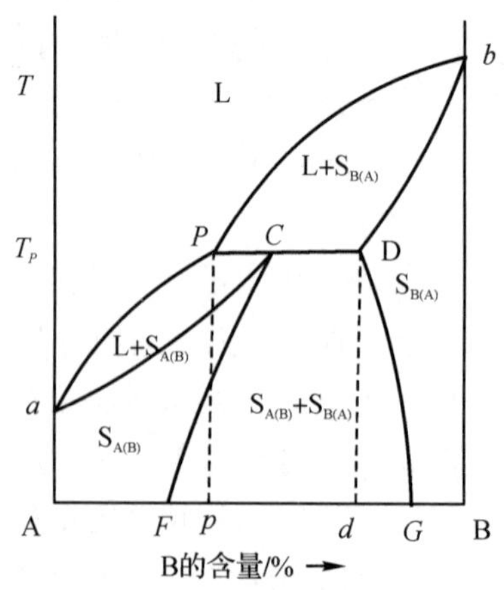

图 4－15　具有转熔型不连续固溶体的二元系统相图

5.具有液相分层的二元相图

在某些实际系统中，二个组分在液态并不完全互溶，而是有限互溶，液相分为两层，一层可视为组分 B 在组分 A 中的饱和溶液 L_1，另一层可视为组分 A 在组分 B 中的饱和溶液 L_2。

图 4－16 中的 CKD 帽形区就是液相分层区。等温线 $L'_1L'_2$、$L''_1L''_2$、$L'''_1L'''_2$ 表示不同温度下互相平衡的两个液相的组成。温度升高，二层液相的溶解度都增大，因而其组成越来越接近，到达帽形区最高点 K，二层液相的组成已完全一致，分层现象消失，故 K 点是临界点，K 点处的温度叫临界温度。在 CKD 帽形区以外的其他液相区域是单相区，不发生分液现象。曲线 aC、DE 都是与晶相 A 平衡的液相线，bE 是与晶相 B 平衡的液相线。除低共熔点 E 外，系统还有另一个无变量点 D，D 点的相变为 $L_C \longrightarrow L_D + A$，即冷却时从 C 组成液相中析出晶体 A，而 L_C 液相转变为 A 含量较低的 L_D 液相，此时三相共存，$f = 0$，系统温度保持不变。

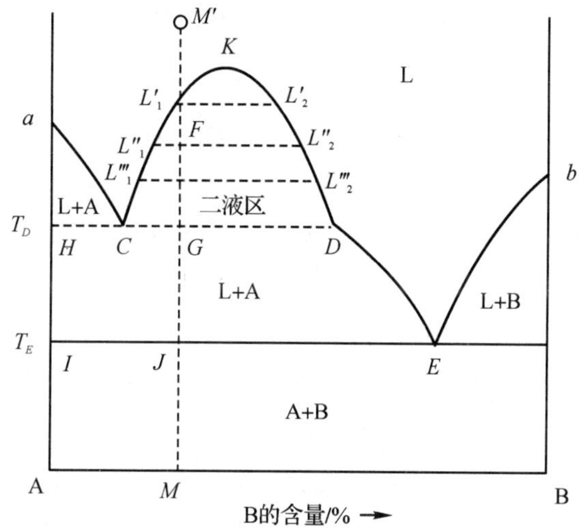

图 4－16　具有液相分层的二元系统相图

M'高温熔体冷却到 T_D温度，析出晶相 A 后，液相总组成点从 G 点移动到 D 点，L_C 消失，系统成为单变量，温度又开始继续下降，同时 A 晶体也不断地析出，液相组成沿 DE 线向 E 点变化。当温度降到 T_E时，同时析出晶相 A 和 B，直到结晶结束。

4.3.2　二元系统专业相图分析

1.Al_2O_3－SiO_2 系统相图

图 4－17 是 Al_2O_3－SiO_2系统的相图。相图中只有一个一致熔融化合物 $3Al_2O_3 \cdot 2SiO_2$（莫来石 A_3S_2），其质量组成大约为 72％Al_2O_3、28％SiO_2，在 A_3S_2 晶格中还可以溶入一些 Al_2O_3形成 A_3S_2 固溶体，但溶入的 Al_2O_3 有一定限度，其固溶体组成的摩尔分数在 60％～63％之间。莫来石是普通陶瓷及黏土质耐火材料的重要矿物。

利用相图可以解释各种铝硅质材料在煅烧、熔化和结晶时产生的一系列物理化学过程，使读者了解玻璃溶液与铝质耐火材料之间的相互作用。由于铝硅质材料全部液相线温度都较高，相图对于许多耐火材料、陶瓷材料的制造也具有重要的指导意义。

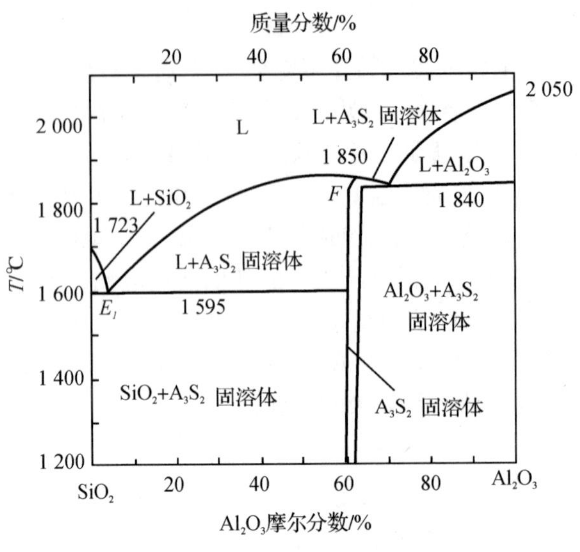

图 4-17　Al_2O_3-SiO_2系统的相图

通常，根据 Al_2O_3 含量的不同，铝硅质耐火材料可以分为：刚玉砖，含 89%～97%的 Al_2O_3；莫来石砖，含 70%～72%的 Al_2O_3；高铝砖，含 40%～70%的 Al_2O_3；黏土砖，含 30%～40%的 Al_2O_3；硅砖，含 15%～20%的 Al_2O_3。

生产硅砖时要严格防止原料中混入 Al_2O_3，否则会使硅砖的耐火度大大下降。如图 6-20 所示，SiO_2熔点为 1 723 ℃，低共熔温度是 1 595 ℃，低共熔点 E_1的位置按质量比含有 5.5% Al_2O_3。在低共熔点 E_1靠近 SiO_2一侧的液相线很陡。在 SiO_2加中加入 Al_2O_3，SiO_2的熔点将急剧下降。例如，在 SiO_2中按质量比加入 1%的 Al_2O_3时，根据杠杆规则计算，可知在低共熔温度会产生大约 18.2%的液相，因此会使硅砖的耐火度大大降低。对于硅砖生产而言，其他的氧化物杂质都没有 Al_2O_3的危害严重。

由图 4-17 可知，黏土砖的矿物质成分主要是石英和莫来石，如果在生产黏土砖时增大原料中 Al_2O_3的含量，即配料点向右移动，就可以提高黏土砖的质量，因为 Al_2O_3的加入可以提高软化温度，同时使莫来石含量增加。但是材料的耐火度与高温下的液相量有关，而液相量随温度的变化取决于液相线的形状。莫来石的液相线 E_1F 在 1 595～1 700 ℃的温度范围内比较陡峭，而在 1 700～1 850 ℃的温度范围内比较平坦。根据杠杆规则说明，处于 E_1F 组成范围内的配料加热到 1 700 ℃前系统中的液相量随温度升高增加并不多，但在 1 700 ℃以后，液相量将随温度升高而迅速增加。这就使黏土砖软化而不能安全使用。

高铝砖的质量优于黏土砖，也是因为莫来石的作用。莫来石在 1 810 ℃才熔融分解，具有耐高温、耐侵蚀、高强度等良好性能。刚玉砖、莫来石砖中，液相的凝固结束于 1 840 ℃的 E_2 点，刚玉和莫来石为稳定相而且数量较多，具有很高的耐火度。

2.CaO-SiO_2系统相图

图 4-18 为 CaO-SiO_2系统的相图。相图中的有些化合物是硅酸盐水泥的重要矿物，在

石灰质耐火材料中以及氧化钙含量相对高的玻璃、搪瓷中也有系统的某些化合物。在系统中有四个化合物，其中 C_3S_2（3CaO·2SiO$_2$ 硅钙石）和 C_3S（3CaO·SiO$_2$ 硅酸三钙）是不一致熔融化合物，CS（CaO·SiO$_2$ 硅灰石）和 C_2S（2CaO·SiO$_2$ 硅酸二钙）是一致熔融化合物。CaO－SiO_2 系统的相图可以划分为 SiO_2－CS、CS－C_2S 和 CS－CaO 三个分二元系统。

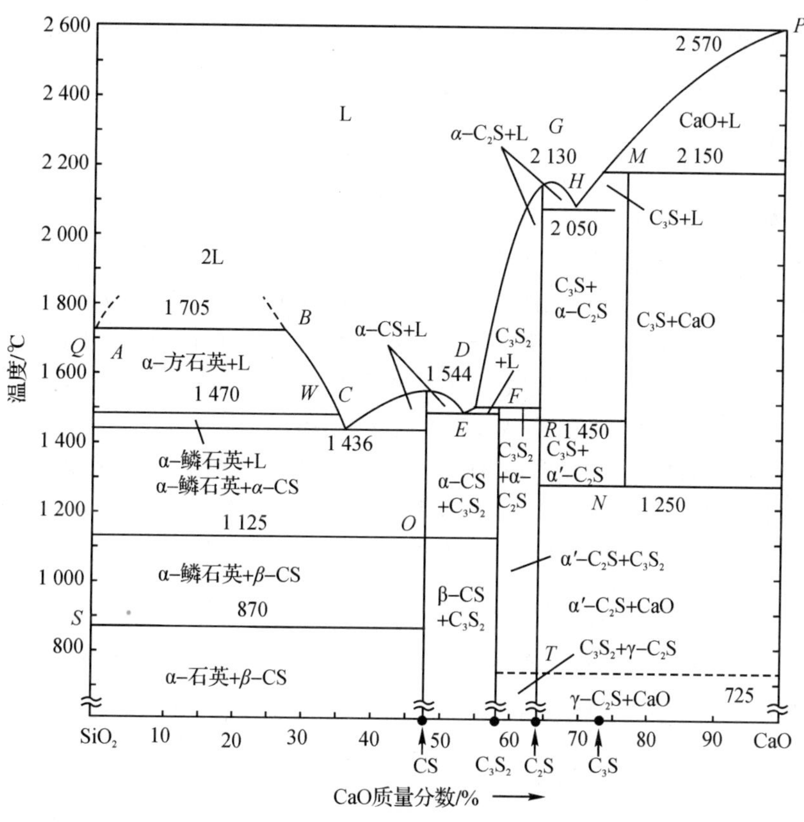

图 4－18　CaO－SiO_2 系统的相图

在分二元系统 C_2S－CaO 中存在的化合物 C_2S 和 C_3S 是硅酸盐水泥中最重要的成分。C_2S 和 C_3S 在 2 050 ℃形成低共熔物，低共熔点为 H。熔点为 2 130 ℃的 C_2S 是一致熔融化合物，具有复杂的晶型转化，但由于相图是在平衡状态下作出的，一般只表示稳定晶态的转变情况，因此在相图中没有表示介稳态的 β－C_2S，只表示了 α－C_2S、α′－C_2S 和 γ－C_2S 的区域。

仅存在于 1 250～2 150 ℃之间的 C_3S 是不一致熔融化合物，在 2 150 ℃分解为 CaO 和液相，在 1 250 ℃分解为 α′－C_2S 和 CaO，这时的分解只有在靠近 1 250 ℃温度才可以很快地进行。C_3S 在较低的温度的分解几乎可以忽略不计，所以能在很长的时间内以介稳态存在于常温下，这种介稳态的 C_3S 具有较高的内能，活性大，有很强的反应能力。硅酸盐水泥中 C_3S 是最重要的保证水泥有高度水硬性的组成部分，因此急冷水泥熟料可以缩短 C_3S 在 1250 ℃附近的停留时间，尽量使 C_3S 免于分解，以保证水泥的质量。

4.4 三元系统相图

三元凝聚系统的相律表达式为 $f=C-P+1=4-P$。当 $f=0$ 时，$P=4$，说明三元凝聚系统最多为四相平衡共存；当 $P=1$ 时，$f=3$，说明三元凝聚系统最大自由度为 3，这三个自由度指温度和三个组分中的任意二个组分。三元凝聚系统的相图应该由 3 个独立变量构成的立体图来描述。但是立体图的使用相当不方便，在实际中使用其平面投影图。

4.4.1 基本原理

1.三元系统组成表示法

三元系统的组成可以用一个每条边被均分成一百等分的等边三角形表示，该三角形称为组成三角形，也称为浓度三角形，如图 4-19 所示。组成的百分含量可以用质量分数，也可用摩尔分数来表示。三角形的顶点分别表示三个纯组分 A、B 和 C 的组成，三条边分别表示三个二元系统 A-B、B-C 和 C-A 的组成，三角形内部任意一点都表示一个含有 A、B、C 三个组分的三元系统，不同点所包含的组分 A、B、C 的比例不相同。

如图 4-19 所示，过等边三角形内 M 点，作直线平行于三角形各边，在每条边上所截的线段分别为 a、b 和 c，线段 a、b 和 c 分别表示 M 的组分 A、B 和 C 的百分含量，分别为 50%、30%、20%。过 M 点作平行于三角形任意两条边的直线，根据它们在第三条边上所截取的线段也可以表示 M 点的组成，如图 4-20 所示。

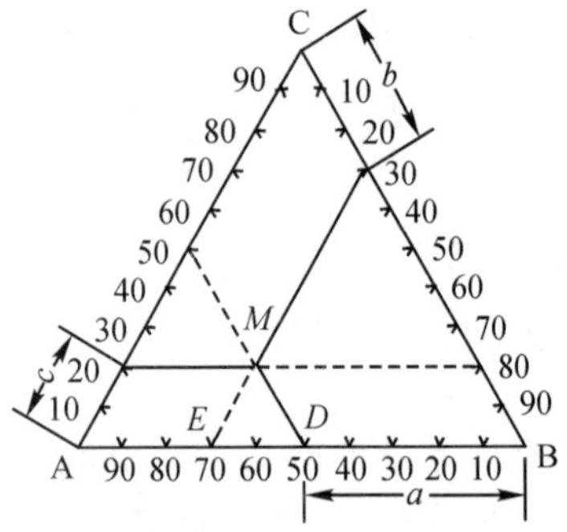

图 4-19 三元系统组成表示法

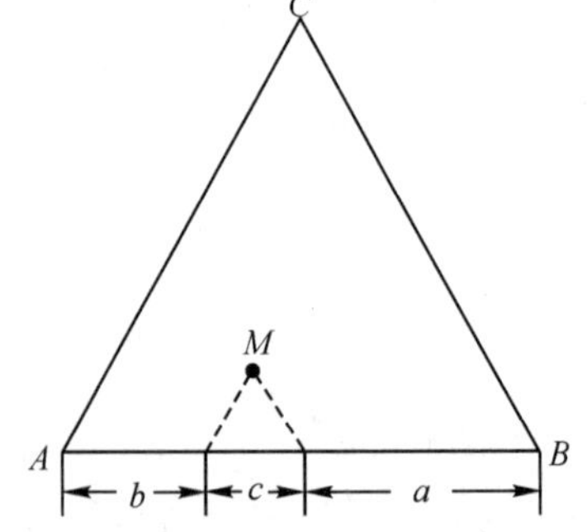

图 4-20 三元系统组成确定示意图

如果要确定给定组成的系统(例如 50%的 A、30%的 B 和 20%的 C)在三角形内的位置，则可以在三角形的任意一边(例如 AB 边)分别找出 A、B 的含量点 D、E(由 B 点起截取线段 BD，D 点 A 的含量为 50%，由 A 点起截取 AE，E 点 B 的含量为 30%)，然后过 D、E 两点作平行于其他两边(BC 和 AC)的直线，其交点 M 即为所求的组成点。

三元组成点愈靠近某一角顶，该角顶所代表的组分含量就必定愈高。

2.浓度三角形的性质

1)等含量规则

平行于浓度三角形某一边的直线上的各点，其第三组分的含量不变。即如果 $MN /\!/ AB$，则在 MN 线上任意一点的 C 含量相等，变化的只是 A、B 的含量，如图 4-21 所示。

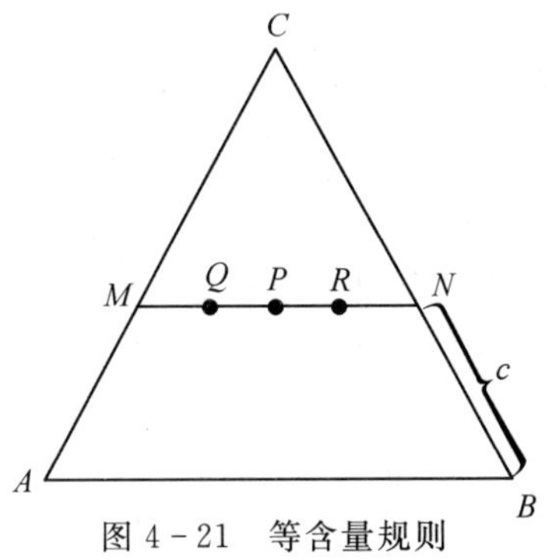

图 4 - 21　等含量规则

2)定比例规则

浓度三角形任意顶点与其对边任意点的连线,线上各点中另外两个组分含量的比例不变。如图 4 - 22 所示,D 是 AB 边上的任意一点,连接 CD,可证明 CD 线上所有点的 A、B 含量之比值相等。图中 O 点是 CD 线上任意点,过 O 点作 $MN \parallel AB$、$OE \parallel AC$、$OF \parallel BC$。如果 a 表示 A 含量,b 表示 B 含量,则 $BF=a$,$AE=b$,$a/b=BF/AE$;而 $BF=ON$,$AE=MO$,故 $a/b=ON/MO$;由于 $\overline{CO}/\overline{CD}=\overline{ON}/\overline{BD}=\overline{MO}/\overline{AD}$,$\overline{ON}/\overline{MO}=\overline{BD}/\overline{AD}$,所以 $a/b=\overline{ON}/\overline{MO}=\overline{BD}/\overline{AD}=$ 定值。

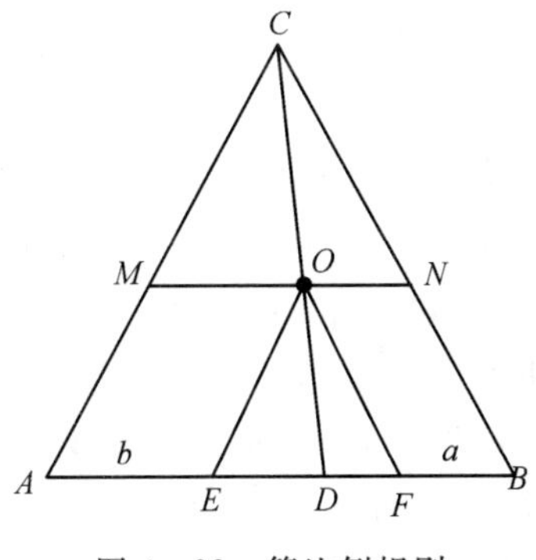

图 4 - 22　等比例规则

3)背向规则(定比例规则推论)

如图 4 - 23 所示,从三个组分的混合物 M 中不断取走组分 C,M 的组成点将沿 CM 延长线朝着远离 C 的方向移动。取走的 C 越多,移动距离越远。

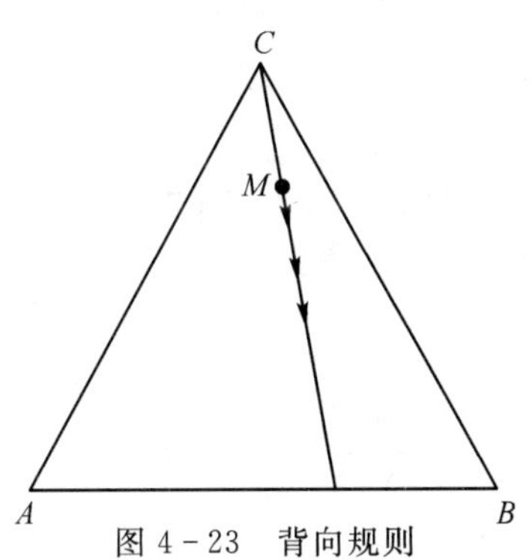

图 4 - 23　背向规则

4)杠杆规则

三元系统的杠杆规则包括两层含义:①三元系统内,两个相(或混合物)合成一个新相时(或新混合物),新相的组成点必在原来二相组成点的连线上;②新相组成点与原来二相组成点的距离和二相的量成反比。

如图 4-24 所示,质量为 m 的 M 组成的相与质量为 n 的 N 组成的相合成一个质量为 $(m+n)$ 的新相,根据杠杆规则,新相的组成点必在 MN 连线上,并且 $\overline{MP}/\overline{PN}=n/m$。

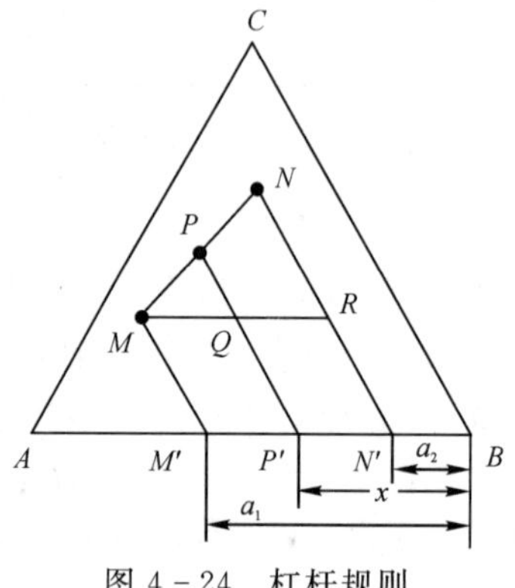

图 4-24　杠杆规则

5)重心规则

三元系统的最大平衡相数是 4,如图 4-25 所示,平衡的四相组成分别为 M、N、P、Q,其相对位置可能存在三种情况。

(1)如图 4-25(a)所示,P 点位于$\triangle MNQ$ 内部。根据杠杆规则,M 与 N 可以合成 S 相,而 S 相与 Q 相可以合成 P 相,即 $M+N=S$,$S+Q=P$,因而 $M+N+Q=P$,表明 P 相可以通过 M、N、Q 三相合成,或者 P 相可以分解为 M、N、Q 三相。P 点位于三个组成点构成的$\triangle MNQ$ 的内部,在该三角形的重心位置上,称为重心位置。

(2)如图 4-25(b)所示,P 点位于$\triangle MNQ$ 的 MN 边外侧,而且在 QM 边和 QN 边的延长线范围内。根据杠杆规则,$P+Q=t$,$M+N=t$,因而 $P+Q=M+N$,即 P 和 Q 二相可以合成 M 相和 N 相。或者,如果要想得到混合物 P,需要从混合物 $M+N$ 中取出一定量的混合物 Q。P 点的位置称为交叉位置。

(3)如图 4-25(c)所示,P 点位于$\triangle MNQ$ 的顶点 M 的外侧,而且在 QM 边和 MN 边的延长线范围内。运用二次杠杆规则可得 $P+Q+N=M$,即 P、Q、N 三相以一定的比例可以合成 M 相;或者,如果要想得到混合物 P,需要从混合物 M 中取出一定量的混合物 Q+N。P 点的位置称为共轭位置。

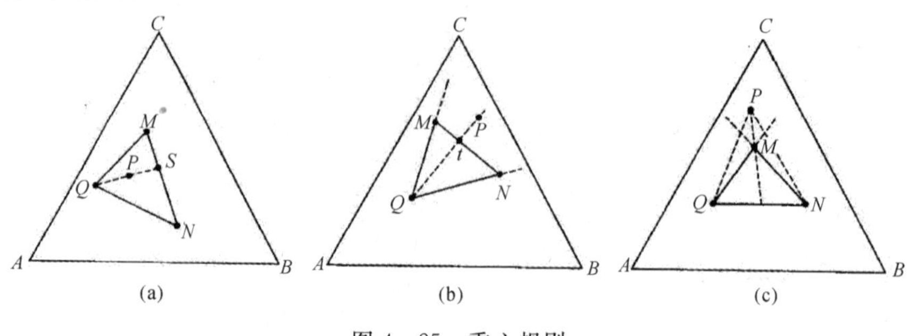

图 4-25　重心规则

4.4.2　三元系统相图的特征

浓度三角形表示三元系统中各组成的关系，垂直于浓度三角形平面设置表示温度的纵轴，构成以浓度三角形为底的三面棱柱体，称为三元系统相图的立体状态图。图 4－26 (a)是具有一个三元低共熔点的三元系统相图的立体状态图。

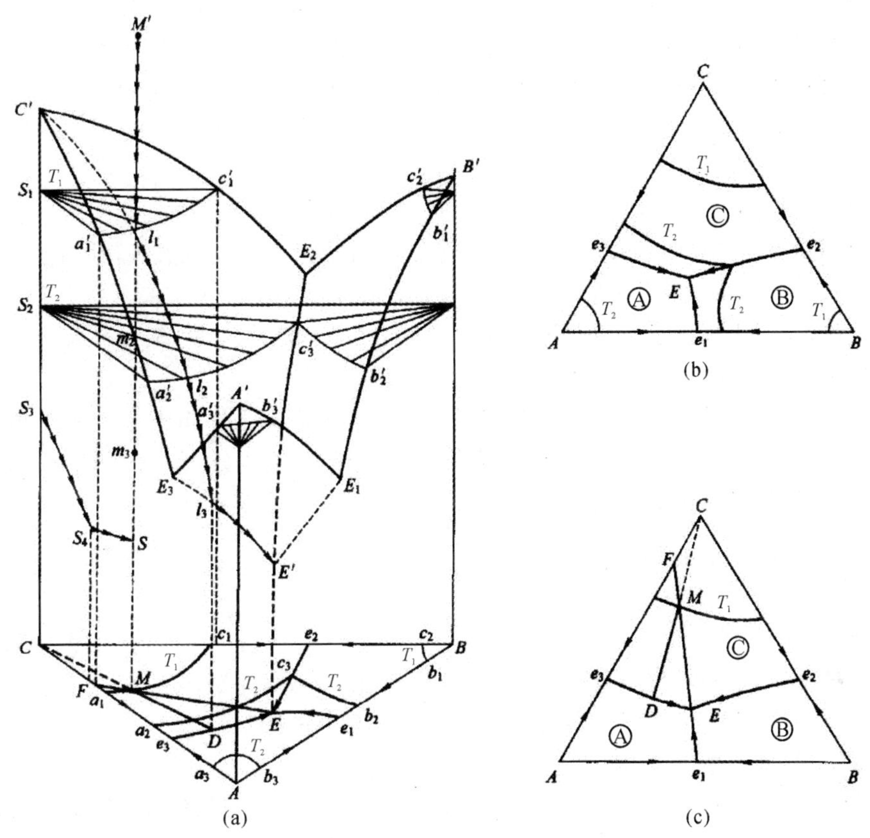

图 4－26　具有一个低共熔点的简单三元系统相图

(a)立体状态图；(b)平面投影图；(c)结晶路线

立体状态图中的三条棱边 AA'、BB'、CC' 表示三个纯组分 A、B、C 的状态，最高点 A'、B'、C'分别是其熔点，三个侧面表示最简单的二元系统 A－B、B－C、C－A，E_1、E_2、E_3是相应的低共熔点。

连接不同组成的三元混合物恰好完全熔融的温度，可以得到三个向下弯曲如花瓣状的曲面，分别是 $A'E_1E'E_3$、$B'E_1E'E_2$ 和 $C'E_2E'E_3$，称为液相面或结晶面。液相面之上全部为熔融的液相，液相面之下有结晶的固相存在。在液相面上，固相与液相两相平衡共存，自由度为 2。熔体冷却时，按照熔体成分所在的区域，在液相面上首先析出纯组分 A(或 B、C)的晶相。

三个液相面中任意两个液相面的交界线 E_1E'、E_2E'、E_3E'，称为界线或共熔线，在界线上两种晶相与液相三相平衡共存，自由度为 1。冷却时两种晶相同时析出。

三条界线的交汇点 E'，也是三个液相面的交点，该点是具有三元低共熔组成的液体，同时对三个组分饱和；冷却到该点温度时，同时析出 A、B、C 三种晶相。在 E'点，三种晶相与液相四相平衡共存，自由度为0，因而E'点是三元无变量点，也是系统存在液相的最低温度。通过三元低共熔点作平行于底面的三角形，就是结晶结束面，也称为固相面，固相面以下全部为固相。

应用立体状态图可以方便地看出三元系统相图的空间关系，但绘制和使用时却相当麻烦，所以实际应用的是以平面投影图来表示的三元系统相图。

平面投影图就是把立体状态图上的所有点、线、面垂直投影在浓度三角形底面上。温度和组成的变化可以在同一平面浓度三角形中表示出来。图4-26(b)就是立体状态图的平面投影图。在平面投影图上，立体状态图上的空间曲面(液相面)投影为初晶区Ⓐ、Ⓑ、Ⓒ，空间界线投影为平面界线e_1E、e_2E、e_3E，e_1、e_2、e_3分别是三个二元低共熔点E_1、E_2、E_3的平面投影，E是三元低共熔点E'的投影。

平面投影图上温度的表示方法一般有三种：

(1)一些特定点，如纯物质或化合物的组成点、二元或三元无变量点等，其温度可以直接标在图上，也可以列表附在相图旁；

(2)在界线上画上箭头表示温度下降的方向。浓度三角形边上的箭头表示二元系统中液相线上温度下降的方向；

(3)三角形内部以等温线表示。所谓等温线是指等温面和立体相图中液相面相截的截线在浓度三角形上的投影。一般每隔100 ℃有一条等温线，等温线分布疏密不同，表示液相面坡度不同，所以等温线越密则说明液相面越陡。

4.4.3 三元系统相图的基本类型

1.具有一个低共熔点的三元系统相图

这个系统的特点是各组分在液态时完全互溶，而在固态时完全不互溶，不形成固溶体，也不形成化合物，只具有一个三元低共熔点，如图4-26(b)(c)所示。

现以M点组成的熔体为例，讨论其结晶过程。

M点位于组分C的初晶区，温度很高时，物质M全部为熔融的液相，系统状态点与液相组成点是一致的。随着温度的降低，系统状态点将沿着等组成线MM'自上而下地移动，当冷却使系统状态点移到组分C的液相面$C'E_2E'E_3C'$上的L_1点，对应温度为T_1，液相开始对C饱和，析出C晶相；因为只有C析出，在液相中A和B量的比例固定不变，所以在平面投影图上液相组成将沿着CM射线，向着远离C的方向由M点移动到D点，同时不断析出C晶相，相应地液相面上的液相状态点从L_1移动到L_3，尽管根据相律此时系统中的$P=2$，$f=2$，但是受液相中A和B量的比例不变限制，系统表现为单变量的性质。由于只有C晶相析出，相应的固相状态点随着温度的降低由CC'棱上的S_1变化到S_3，在平面投影图上固相组成点在C点。虽然固相组成点还在C点，但系统中的固相量还是随温度的下降而不断增加的。当冷却过程中系统状态点到达m_3时，液相点到达E_3E'上的L_3点，即平面投影图中界线e_3E上的D点，液相对A也开始饱和，A晶相开始随着C晶相一起析出，此时三相共存。根据相律，系统中的$P=3$，$f=1$，所以系统温度可继续下降，液相状态点沿着E_3E'向E'点变化，在平面投影图上液相组成沿着DE向E点变化。相应的固相状态点从S_3向S_4变化，由于固相中只有C和A晶相，在平面投影图上固相组成点只能在其对应的C-A二元系统，即浓度三角形的CA边，由C向F移动，当液相组成点刚变化到E点时，对应的固相点则变化到F点。

当温度下降到 T_E时，结晶过程到达三元低共熔点 E，液相对晶体 C、A 和 B 都发生饱和，发生相变 $L_E \longrightarrow A+B+C$，系统中开始出现固相 C。根据相律，$P=4$，$f=0$，系统为无变量平衡，温度保持不变，在此析晶过程中，液相组成在平面投影图中的 E 点不变，但随着相变的进行，液相量逐渐减少，直到全部消失，结晶结束；由于三种晶相同时析出，固相组成点肯定要从三角形的边上移到三角形内部，所以随着固相 A、B、C 的量不断增加，固相组成从 F 点向 M 点变化，到达初始组成点 M 后，结晶结束，结晶产物为晶相 A、B 和 C。结晶结束后，$P=3$，$f=1$，系统的温度可以继续下降直到室温为止。

M 点组成熔体的结晶过程冷却曲线如图 4-27 所示，图中的 M、D、E 与平面投影图中的相应点对应。此外，在分析结晶过程时，为避免冗繁的文字叙述，通常是采用在平面投影图上标注适当的固、液相点的位置变化来予以说明。M 点组成熔体的结晶过程可以表示为

液相点　$M \xrightarrow[f=2]{L\to C} D \xrightarrow[f=1]{L\to C+A} E(L_E \longrightarrow C+A+B)$

固相点　$C \xrightarrow{C+A} F \xrightarrow{C+A+B} M$

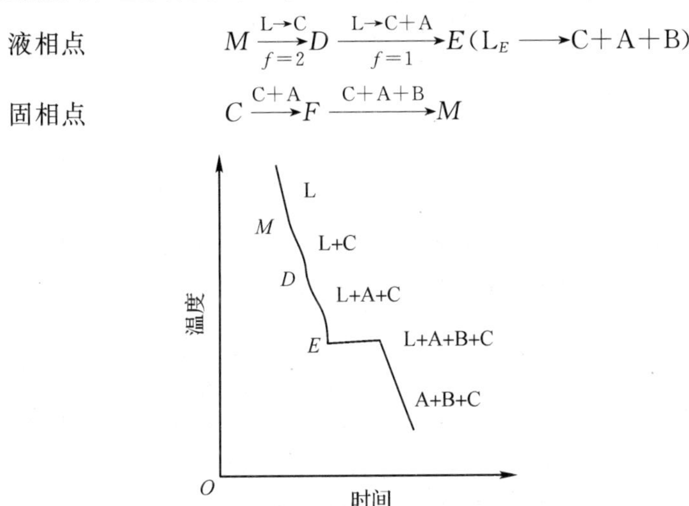

图 4-27　M 点组成熔体的冷却曲线

根据上述结晶过程，可以得出以下结论：

(1)从初始组成点所在的位置可以判断最初析晶产物。根据三角形的性质，可以决定在初晶区内析晶后液相组成变化的方向。

(2)结晶过程中，总组成点即初始组成点在平面投影图上的位置是不动的。根据杠杆规则，整个结晶过程中液相组成点、初始组成点和固相组成点三点必定在一条直线上，此杠杆随着液相组成的变化，以初始组成点为支点而旋转。如果固相中只有一种晶相，则相应的固相组成点在三角形顶点上；有两种晶相，则在三角形边上；有三种晶相时，则在三角形内。

(3)根据重心规则，在这种系统里，不论初始组成点落在$\triangle ABC$ 内的哪个位置，其最终产物必定都是三个组分 A、B 和 C 的晶相，但量的比例不同。结晶结束点必定在三个组分初晶区相交的无变量点上。

根据杠杆规则，在三元系统的平面投影图上，可以确定结晶过程中每一阶段各物质之间的相对含量。例如，当液相组成点刚到 D 点时，系统的组成为液相 D 和晶相 C，根据杠杆规则，二者的相对含量为

$$\frac{\text{液相量}}{\text{固相(C)量}}=\frac{\overline{CM}}{\overline{MD}}$$

即

$$液相量=\frac{\overline{CM}}{\overline{CD}}\times 固相(C)量\times 100\%=\frac{\overline{MD}}{\overline{CD}}\times 100\%$$

当液相组成刚到 E 点时,系统组成为液相 E 和晶相 C、A,

$$\frac{液相量}{固相(A+C)量}=\frac{\overline{FM}}{\overline{ME}}$$

即

$$液相量=\frac{\overline{FM}}{\overline{FE}}\times 固相(A+C)量\times 100\%=\frac{\overline{ME}}{\overline{FE}}\times 100\%$$

因为

$$\frac{固相(A)量}{固相(C)量}=\frac{\overline{CF}}{\overline{AF}}$$

所以

$$固相(A)量=\frac{\overline{ME}}{\overline{FE}}\times\frac{\overline{CF}}{\overline{AC}}\times 固相(C)量\times 100\%=\frac{\overline{ME}}{\overline{FE}}\times\frac{\overline{AF}}{\overline{AC}}\times 100\%$$

液相完全消失时的固相 A、B、C 的相对含量,可以通过初始组成点 M 作$\triangle ABC$ 任意两边的平行线,在第三条边上即可求得它们的相对含量。

2.具有一个一致熔融二元化合物的三元系统相图

在三元系统中,两个组分生成的二元化合物,其组成点必定位于浓度三角形的边上,如果组成点同时位于其自身的初晶区内,则生成的就是一致熔融化合物。如图 4-28 所示,S 是 A、B 二组分生成的一致熔融化合物。图下方的虚线是与 A、B 对应的具有一个一致熔融二元化合物 S 的二元系统相图,其熔点为 S',e_1、e_2 分别是 A-A_mB_n、A_mB_n-B 的二元低共熔点。组成点 S 相当于化合物的液相曲线温度的最高点,所以 AB 边上温度下降的方向如箭头所示。

一致熔融化合物有它自己的初晶区,因此具有一致熔融二元化合物的三元系统相图中有四个初晶区、五条界线和两个三元无变量点,以及一条穿越三角形内部的 CS 连线。

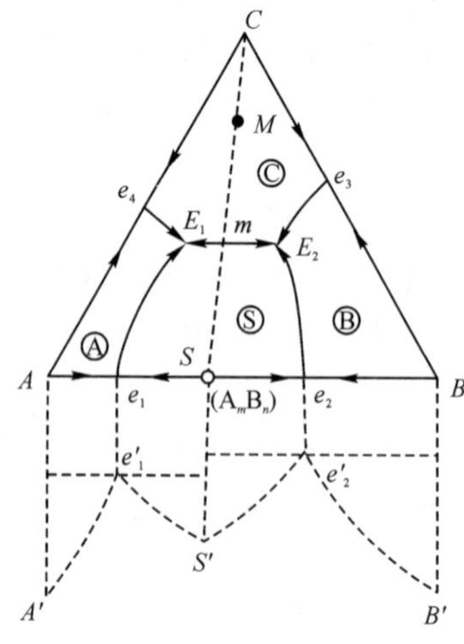

图 4-28　具有一致熔融二元化合物的三元系统相图

对于较复杂的三元系统相图，通常使用副三角形化的方法简化相图。副三角形化的原则是划分出具有可操作性的副三角形，即划出的副三角形应有与其相对应的三元无变量点；将与无变量点周围三个初晶区相对应的晶相组成点连接起来，即可获得与该无变量点对应的副三角形。需要指出的是，与副三角形相对应的无变量点可以在该三角形内，也可以在该三角形外，后者出现在有不一致熔融化合物的系统中。三元系统相图副三角形化后，就可以利用三角形规则确定结晶产物和结晶终点的位置。

三角形规则指出：初始熔体组成点所在三角形的三个顶点表示的物质即为其结晶产物，与这三个物质相对应的初晶区所包围的三元无变量点是其结晶终点。

将图 4－28 副三角形化，该相图实际上是由独立的三元系统 A－A_mB_n－C 和 B－A_mB_n－C 合并而成，二者以 CS 连线分隔，两个独立的三元系统与图 4－26(b)的类型相同。

连线 CS 与界线 E_1E_2 交于 m 点，m 点可视为 C－S 二元系统的低共熔点，是 CS 连线的温度最低点。如图 4－28 所示，CS 连线上组成为 M 的熔体，开始析出组分 C 的晶相，液相组成点由 M 向 m 移动；到 m 点时，液相对化合物 S 也开始饱和，C 和 S 的二元低共熔物结晶析出，结晶过程进行到液相完全消失为止。凡是组成点落在 CS 连线上的熔体的结晶路程都只在 CS 线上，而且结晶终点都在 m 点。

如果在组成为 m 的熔体中加入组分 A 或 B，在结晶过程中，温度由 m 向 E_1 或 E_2 方向降低，所以 m 点又是界线 E_1E_2 的温度最高点。通常，连线与相应界线的交点是连线上的温度最低点，界线上的温度最高点，该交点被称为鞍形点或范雷恩点。

图 4－29 是三元系统相图中常见的连线与相应界线相交的情况。C 和 S 表示两个相的组成点，CS 为组成点的连线，©和Ⓢ是 C 和 S 的初晶区，1－2 表示相区界线，箭头表示温度下降的方向。如果连线与界线相交或连线的延长线与界线相交，如图 4－29(a)(b)所示，界线上的交点为温度最高点，界线上的温度，由此交点向两侧下降。如果界线的延长线与连线相交，如图 4－29(c)所示，温度由 1 向 2 下降。一致熔融化合物相图中会出现图 4－29(a)的情况，不一致熔融化合物相图中会出现图 4－29(b)或(c)的情况。

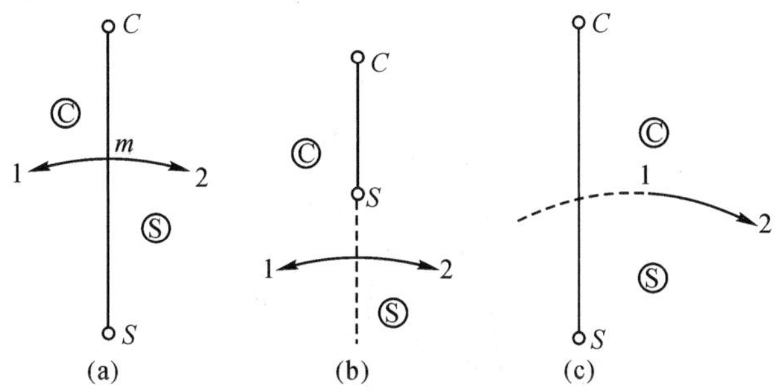

图 4－29　三元系统相图中常见的连线与相应界线相交的情况

综上所述，可以得出判断界线上温度变化方向的规则——连线规则：三元系统两个晶相的初晶区相交的界线或其延长线，如果和这两个晶相的组成点的连线或其延长线相交，则界线上的温度随着离开上述交点而下降。

必须注意，应用连线规则时，两组成点的连线必须与对应的相区界线一起讨论。

3.具有一个一致熔融三元化合物的三元系统相图

图 4-30 是具有一个一致熔融三元化合物 S($A_mB_nC_q$)的三元系统相图,三元化合物的组成点落在自己的初晶区Ⓢ内,S 点是三元化合物 $A_mB_nC_q$ 的液相面最高点。从 S 点向顶点 A、B、C 引出的连线 AS、BS、CS,将相图划分为三个副三角形,对应的无变量点分别是 E_1、E_2 和 E_3,对应的鞍形点分别是 m_1、m_2 和 m_3。每个副三角形都相当于一个最简单的三元系统。根据连线规则,可以标明各界线上温度的变化方向。

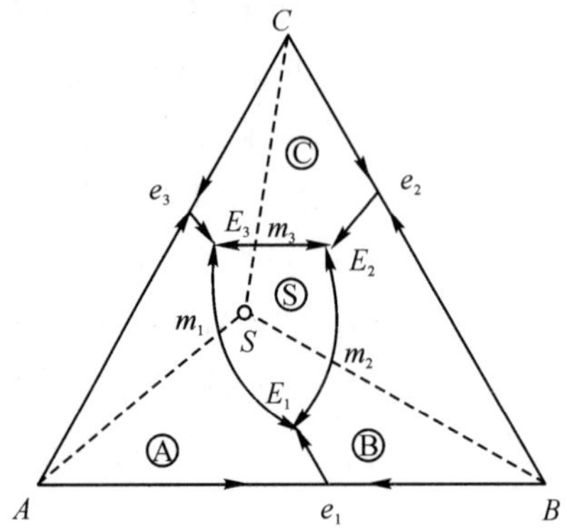

图 4-30 具有一致熔融三元化合物的三元系统相图

4.具有一个不一致熔融二元化合物的三元系统相图

图 4-31 是具有一个不一致熔融二元化合物 S(A_mB_n)的三元系统相图,二元化合物的组成点 S 落在其初晶区外。

CS 连线不与对应的相区界线 PE 相交,而是与界线 e_2P 相交,因此 CS 与 e_2P 的交点不是鞍形点,鞍形点是 EP 的延长线与 CS 的交点,所以温度由 P 向 E 下降。CS 连线也不是真正意义上的二元系统。由于Ⓐ、Ⓢ、Ⓒ三相区的交点 E 位于△ASC 内,而Ⓑ、Ⓢ、Ⓒ三个相区的交点 P 位于△BSC 外,因此 P 点与 E 点的性质不同。通常 E 点称为低共熔点,P 点则称为转熔点。与转熔点相关的界线 Pp 的性质也不同于低共熔线,称为转熔线。

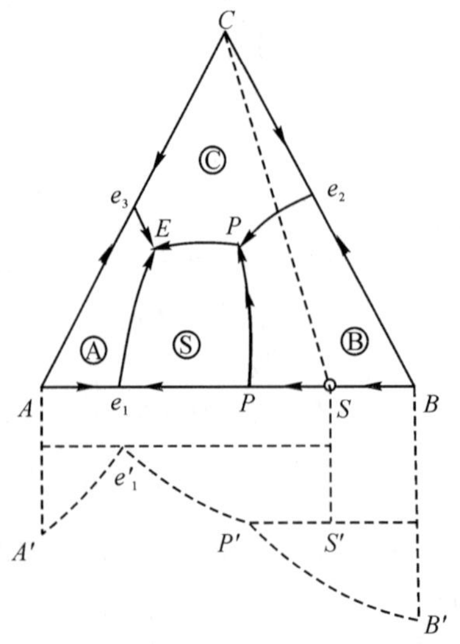

图 4-31 具有不一致熔融二元化合物的三元系统相图

利用切线规则和重心规则可以判明界线和无变量点的性质。

1)切线规则

切线规则可以判断三元系统相图的界线性质。通过两种固相的界线上任意点作一切线，如果切线与两种固相的连线的交点在连线中间，则液相组成在此切点同时析出这两种固相，进行的是低共熔过程，该界线为一致熔融界线，以单箭头示意；如果切线是与两种固相的连线的延长线相交，则液相组成在此切点进行的是转熔过程，即已析出的一个固相将被转熔成液相而重新析出另一新固相，并且远离交点的那个固相被转熔，该界线是不一致熔融界线，称为转熔线，用双箭头示意。

根据切线规则，作图 4 - 31 中 e_1E 界线上任意点的切线，都在 AS 连线之间相交，所以 e_1E 界线是共熔线，进行的是低共熔过程 L $\longrightarrow$ A+S。作 pP 界线上任意点的切线，都与 BS 连线的延长线相交，所以 pP 界线是转熔线，进行的是转熔过程 L+B $\longrightarrow$ A+S。

特别注意，实际三元相图中，相区界线的性质可以发生变化，例如一段为低共熔曲线，另一段则为转熔曲线。

2)重心规则

重心规则可以判断三元系统相图的无变量点性质。处于相应三角形内的无变量点是低共熔点，而处于相应三角形外的无变量点是转熔点。无变量点处在相应三角形的交叉位置时，该无变量点为单转熔点，而处在相应三角形的共轭位置时，则为双转熔点。

图 4 - 31 中，E 点处于相应三角形△ASC 之内，是三元低共熔点，进行的是低共熔过程 L $\longrightarrow$ A+S+C；P 点处于相应三角形△BSC 之外，且处于交叉位置，在 P 点平衡的四相间进行的过程是 L+B $\longrightarrow$ C+S，即冷却时 C 和 S 结晶析出，原先析出的 B 被重新熔于液相中(回吸)。P 点是三元转熔点，由于是一种晶相被转熔，所以也称为单转熔点。

交汇于 E 点或 P 点的三条界线上温度变化的方向也是不同的。在 E 点，三条界线的箭头都指向 E 点；而在 P 点，两条界线的箭头指向 P 点，一条界线的箭头离开 P。这说明在加热时，系统的液相组成点离开 P 点而沿着界线变化时，有两种可能的途径(因为有两条界线的温度是上升的)，所以 P 点也叫双升点。

将图 4 - 31 中富 B 部分放大，如图 4 - 32 所示，在图上选择四个配料点 1、2、3、4，分别讨论其冷却析晶或加热融化过程中的固液相组成以及产物的变化。

配料 1 的高温熔体冷却到通过 1 点的等温线所表示的温度时，开始析出 B 晶相，液相组成沿 $B1$ 连线的延长线方向变化，从液相中不断析出 B 晶相。当系统冷却到 a 点温度，液相点到达共熔界线 e_2P 的 a 点，从液相中开始同时析出 B 和 C 晶相。液相点沿着 e_2P 界线向温度下降的方向 P 点变化，从液相中不断析出 B 和 C 晶相。固相组成则相应离开 B 顶点沿 BC 边向 C 点方向运动，当系统温度刚冷却到 T_P，转熔过程尚未开始时，固相点到达 $P1$ 延长线与 BC 的交点 b。随后，系统中将立即开始转熔过程 L_P+B $\longrightarrow$ C+S，系统从三相平衡进入四相平衡的无变量状态，$f=0$，系统温度不变，液相组成也不变，但是液相量和 B 晶相不断减少，C 和 S 晶相不断增加。在转熔过程中，液相点在 P 点不动，而固相中又增加了 S 晶相，固相组成必离开 BC 二元边沿着 $b1$ 线向△SBC 内的 1 点运动，而当固相组成到达 1 点，回到了初始配料组成，根据杠杆规则，液相必定在 P 点消失，转熔过程结束，结晶产物为 S、B、C 晶相。配料 1 位于△SBC 内，结晶产物与结晶终点符合三角形规则。

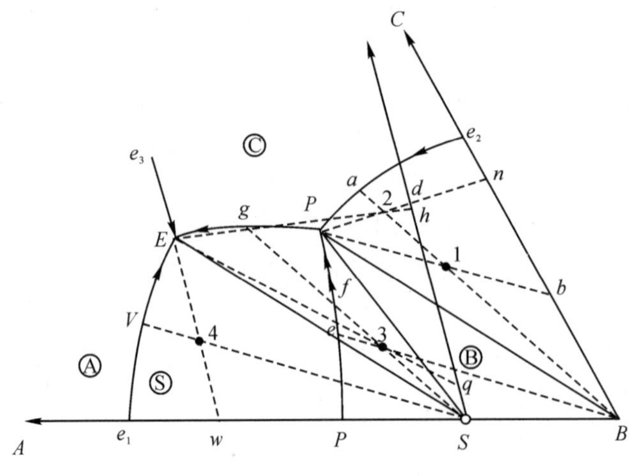

图 4-32　图 4-31 的富 B 部分放大图

配料 1 高温熔体的析晶路程可以表示为

液相点　$1 \xrightarrow[f=2]{L \to B} D \xrightarrow[f=1]{L \to B+C} P(L_P + B \longrightarrow S+C)$

固相点　$B \xrightarrow{B+C} b \xrightarrow{B+C+S} l$

配料 2 的组成也处在初晶区Ⓑ，但是位于$\triangle ASC$ 内，按照三角形规则，该配料高温熔体的结晶产物为 A、S、C 晶相，结晶终点为 E 点。配料 2 的高温熔体冷却到 2 点温度，开始析出 B 晶相，液相点随温度下降沿 $B2$ 延长线变化到 a 点，开始同时析出 B 和 C 晶相。当液相点沿 e_2P 界线刚到 P 点时，固相点到达 $P2$ 延长线与 BC 边的交点 n。其后在 T_P 温度下发生 L_P + B ⟶ C+S 的转熔过程，液相点在 P 点不动，固相点则从 n 点沿 nP 线向三角形内部推进。当固相点到达$\triangle SBC$ 的 SC 边的 d 点，根据组成的表示方法可以判断，B 晶相已经全部耗尽，而 P 点液相尚有剩余，液相量与固相量的比等于$\overline{d2}/\overline{P2}$，结晶过程尚未结束。由于系统中消失了一个晶相，从四相无变量平衡状态回复到三相单变量平衡状态，$f=1$，系统温度不能保持在 T_P 不变，液相点将离开 P 点，沿着与 C 晶相和 S 晶相平衡的界线 PE 向温度降低方向的 E 点运动。PE 是低共熔界线，从液相中不断析出 C 和 S 晶相。当系统温度冷却到 T_E，液相点刚到达低共熔点 E 瞬间，固相组成沿 CS 线从 d 点变化到 h 点，固相中只有 C、S 晶相，随后在 E 点发生 L_E ⟶ A+S+C 的低共熔过程，系统进入四相平衡状态，温度保持在 T_E 不变，液相组成保持在 E 点不变，由于固相中增加了 A 晶相，固相点离开 CS 边的 h 点，沿 $h2$ 线向$\triangle ASC$ 内部推进。当 E 点液相析晶完毕，固相组成必定回到初始配料组成点 2。获得的结晶产物是 A、S、C 晶相。结晶产物与结晶终点符合三角形规则。

配料 2 高温熔体的析晶路程可以表示为

液相点　$2 \xrightarrow[f=2]{L \to B} a \xrightarrow[f=1]{L \to B+C} P(L_P + B \longrightarrow S+C) \quad f=0$

$\xrightarrow[f=1]{L \to C+S} E(L_E \longrightarrow C+S+A) \quad f=0$

固相点　　$B \xrightarrow{B+C} n \xrightarrow{B+C+S} d \xrightarrow{C+S} h \xrightarrow{C+S+a} 2$

配料 3 的组成点虽然也在△ASC 内，但其高温熔体的析晶路程与配料 2 不同。系统冷却到 3 点温度，从液相中首先析出 B 晶相，液相点沿 $B3$ 延长线变化到界线 pP 的 e 点，pP 界线是转熔界线，液相转熔已析出的 B 晶相，生成 S 化合物，在转熔过程中，固相点将离开 B 点沿 BS 线向 S 点移动。当液相点从 e 点沿 pP 界线向降温方向变化到 f 点，固相点到达 S 点，固相中的 B 晶相耗尽，固相中只有 S 晶相。按照相平衡的观点，此时液相将不能继续沿与 B、S 二晶相平衡的 pP 界线变化，而只能沿与 S 晶相平衡的液相面向温度降低的方向变化，在平面图上即沿 Sf 延长线方向穿过 S 的初晶区。在冷却过程中不断析出 S 晶相，系统处于二相平衡状态。当液相点到达界线 EP 上的 g 点，从液相中开始同时析出 S 和 C 晶相，随后液相点沿 EP 界线向 E 点变化，固相组成则离开 S 点沿 SC 线向 C 点方向运动，当液相组成刚到 E 点瞬间，固相组成到达 q 点。在 T_E 温度下，从 E 点液相中不断析出 S、C、A 晶相。固相组成则离开 q 点沿 $q3$ 线向 3 点不断推进。当固相点与系统点 3 重合，意味着液相在 E 点消失，结晶过程结束。

配料 3 高温熔体的析晶路程可以表示为

液相点　　$3 \xrightarrow[f=2]{L \to B} e \xrightarrow[f=1]{L+B \to S} f \xrightarrow[f=2]{L \longrightarrow S} g$

$$\xrightarrow[f=1]{L \to C+S} E(L_E \longrightarrow S+C+A)$$

固相点　　$B \xrightarrow{B+S} S \xrightarrow{S+C} q \xrightarrow{S+C+A} 3$

根据配料 1 和配料 2 析晶路程可以看出，转熔点 P 是否是结晶终点取决于 P 点液相和 B 晶相哪一相先耗尽。如果 L_P 先耗尽，P 点为结晶终点，配料点落在△SBC 内的高温熔体都属于这种情况；如果 B 先耗尽，结晶过程继续进行，P 点只是中间点，配料点落在△ASC 内的高温熔体到达 P 点时都属于这种情况；如果配料组成点位于 CS 线，则 L_P 和 B 同时耗尽，P 点是结晶终点，最终的结晶产物只有 C 和 S 两相。

上述讨论的都是平衡析晶过程，即冷却速度缓慢，在任一温度下系统都达到了充分的热力学平衡状态的析晶过程。平衡加热过程应是上述平衡析晶过程的逆过程。从高温平衡冷却和从低温平衡加热到同一温度，系统所处的状态是完全一样的。以配料 4 为例说明平衡加热过程。

配料 4 的初始配料用的是 A、B、C 三组分，但按热力学平衡状态的要求，在低温下 A、B 已通过固相反应生成化合物 S，由于固相反应的速度缓慢，实际过程中 B 组分不可能完全耗尽，而这里讨论的前提是平衡加热过程，因此认为 B 已耗尽。

配料 4 处于△ASC 内，其高温熔体平衡析晶终点是 E，因而配料中开始出现液相的温度应该是 T_E，此时，$A+S+C \longrightarrow L_E$，即在 T_E 温度下，A、S、C 晶相不断低共熔生成 E 组成的熔体。由于四相平衡，液相点保持在 E 点不变，固相点则沿 $E4$ 连线的延长线方向变化，当固相点到达 AB 边的 w 点，固相中 C 晶相已熔完，系统温度继续上升。由于系统中此时残留的晶相是 A 和 S，所以液相点不可能沿其他界线变化，只能沿与 A、S 晶相平衡的 e_1E 界线向升温

方向的 e_1 点运动。e_1E 是共熔界线，升温时发生共熔过程 A+S ⟶ L，A 和 S 晶相继续熔入熔体。当液相点到达 V 点，固相组成点从 w 点沿 AS 线变化到 S 点，固相中的 A 晶相已全部熔完，系统进入液相与 S 晶相的二相平衡状态。液相点随后将随温度升高沿 S 的液相面，从 V 点向 4 点接近。温度升高到液相面的 4 点温度，液相点与系统点（初始配料点）重合，S 晶相熔完，系统进入高温熔体的单相平衡状态。

5.具有一个不一致熔融三元化合物的三元系统相图

图 4－33 和图 4－34 是具有一个不一致熔融三元化合物的三元系统相图，不一致熔融三元化合物的组成点 S 位于其初晶区Ⓢ之外。从 S 点引出的连线将相图划分成三个副三角形，即△ABS、△ACS、△BCS。根据其中的无变量点的性质，这类相图可分为有双升点的相图和有双降点的相图两种类型。

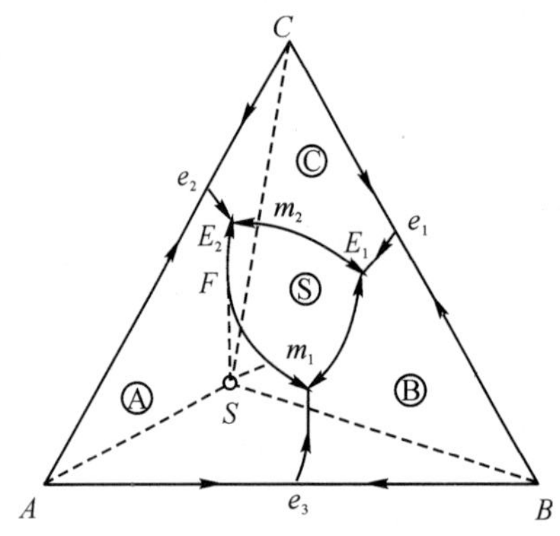

图 4－33　具有双升点的不一致熔融三元化合物的三元系统相图

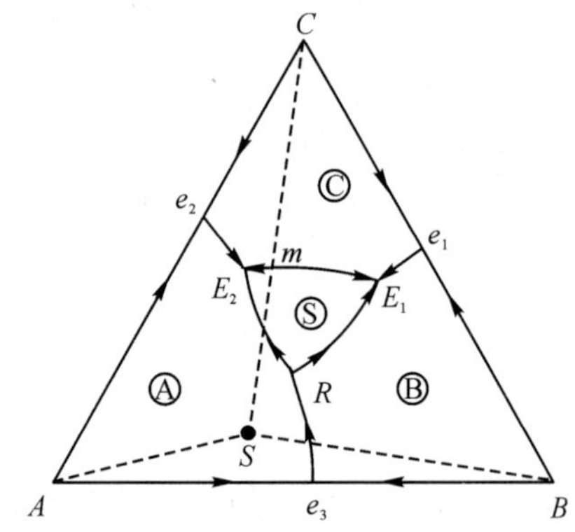

图 4－34　具有双降点的不一致熔融三元化合物的三元系统相图

图 4－33 是具有双升点类型的相图。相区界线的温度变化如图中箭头所示。m_1 是界线 E_2P 的温度最高点，温度由 m_1 向 E_2 和 P 方向下降。根据切线规则，m_1P 部分为转熔线，而在 m_1E_2 部分，m_1F 段为转熔性质，FE_2 段为低共熔性质，F 点是 m_1E 部分的性质转变点。由 m_1 到 E_2 变化的过程中，先进行 L+A ⟶ S 的转熔过程，过 F 点后进行 L ⟶ A+S 的低共熔过程。

图 4－34 是具有双降点类型的相图。界线 RE_2 及 RE_1 的温度都是从 R 点下降的，而界线 e_3R 的温度从 R 点上升的，R 称为双降点。R 点和对应△ABS 处于共轭位置，在 R 点进行四相无变量过程 L+A+B ⟶ S，该过程中 A 与 B 晶相同时被转熔，所以又称双降点为双转熔点。

6.形成一个高温分解低温稳定存在的二元化合物的三元系统相图

如图 4－35 所示，A 和 B 生成二元化合物 S(A_mB_n)，S 处于其初晶区外，只有在较低温度时才有可能存在，高温时即分解而消失，分解温度为 T_R，低于二元低共熔点 e_3 的温度。相图下方是 A－B 二元系统的相图。可见 A－B 二元系统的液相线并未受到该化合物的影响。即从二元熔液中得不到这种二元化合物，但可以通过二元系统的固相反应获得，或者在含有第三组分 C 的液相中，降低温度到 T_R，也可以使化合物 S 直接从液相中析出。

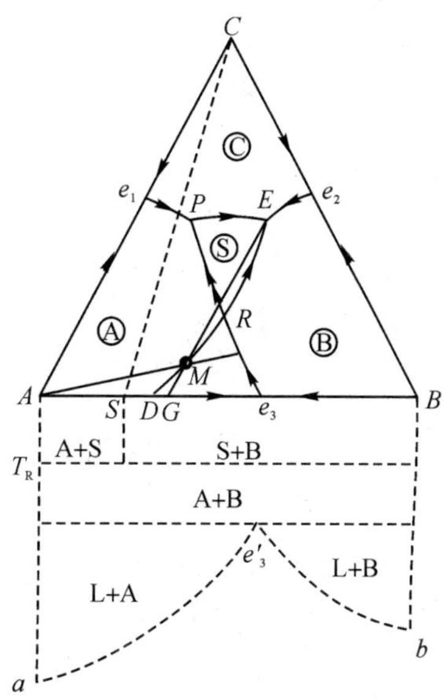

图 4－35　形成一个高温分解低温稳定存在的二元化合物的三元系统相图

相图中有三个无变量点，但只能划分出与双升点 P 和低共熔点 E 对应的两个副△ASC 和△BSC。与 R 点对应的△ASB 成直线，说明无变量点 R 和一般的三元无变量点的性质不同。在 R 点进行的四相无变量过程，实际进行的是化合物 S 的形成或分解过程，液相只起介质作用，液相量不发生变化，所以称 R 点为过渡点。根据与 R 点相交的三条界线的温度变化方向可知，R 点是具有双降点形式的过渡点。

在 R 点的平衡关系式可表示为

$$A_{(固)} + B_{(固)} \xrightarrow{L} S_{(固)}$$

4.4.4　CaO－Al_2O_3－SiO_2 系统相图分析

1.相图的一般介绍

图 4－36 是 CaO－Al_2O_3－SiO_2 系统相图，这个系统共有 15 个化合物，其中有 3 个纯组分，分别是 CaO(2 570 ℃)、Al_2O_3(2 045 ℃)和 SiO_2(1 723 ℃)；有 10 个二元化合物，其中有 4 个一致熔融化合物，分别是 CS(1 544 ℃)、C_2S(2 130 ℃)、$C_{12}A_7$(1 392 ℃)和 A_3S_2(1 850 ℃)；有 6 个不一致熔融化合物，分别是 C_3S_2(1 464 ℃)、C_3A(1 539 ℃)、CA(1 600 ℃)、CA_2(1 762 ℃)、CA_6(1 830 ℃)和 C_3S(2 150 ℃)；有 2 个一致熔融三元化合物，分别是钙长石 CAS_2(1 553 ℃)和铝方柱石 C_2AS(1 584 ℃)。

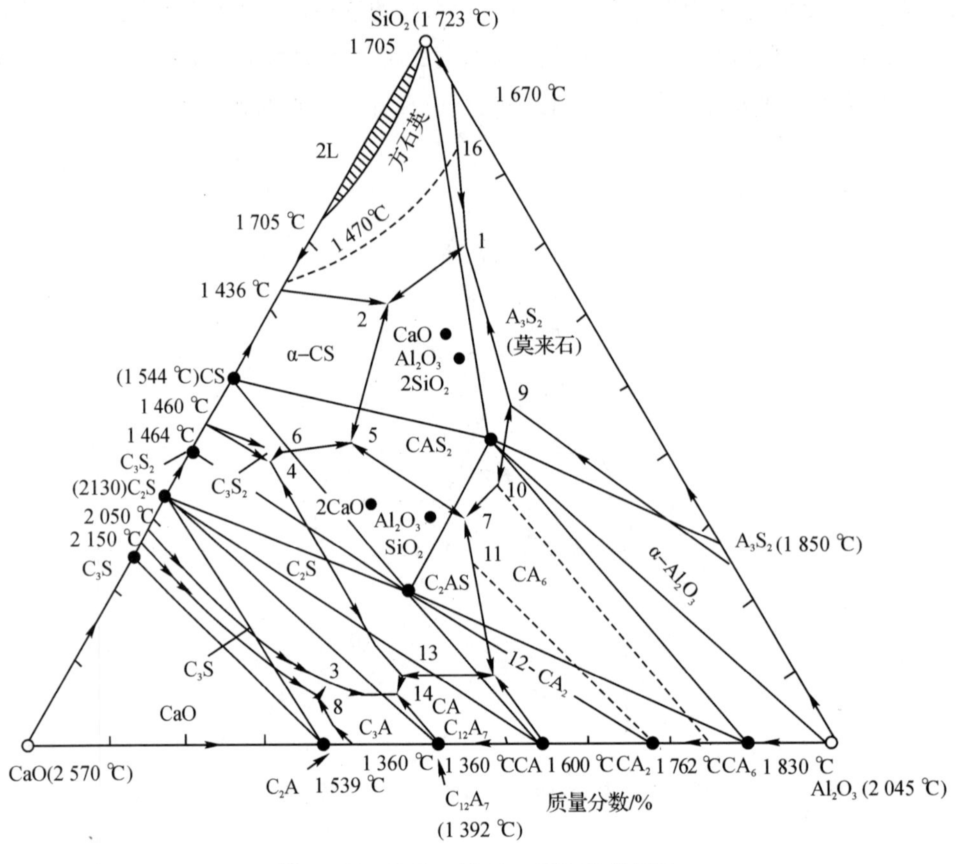

图 4－36　CaO－Al$_2$O$_3$－SiO$_2$系统相图

这 15 个化合物都有对应的初晶区。靠近 SiO$_2$处还有一个二液分层区，SiO$_2$标有多晶转变，其初晶区又分为方石英区和鳞石英区，二者由 1 470 ℃等温线分隔。

将相图中所有可以共同析出的化合物的有关组成点连接起来，可以得到 15 个副三角形和 15 个对应的无变量点，见表 4－2。

2.图中的高钙区：CaO－C$_2$S－C$_{12}$A$_7$系统

CaO－Al$_2$O$_3$－SiO$_2$系统中的高钙区，对硅酸盐水泥的生产有重要的意义。在这个区域内，可按共同析出化合物的组成点连成三个副三角形，即 CaO－C$_3$S－C$_3$A、C$_3$S－C$_3$A－C$_2$S 和 C$_2$S－C$_3$A－C$_{12}$A$_7$，如图 4－37 所示，对应的无变量点为 h(1 470 ℃)、k(1 455 ℃)和 F(1 335 ℃)，h、k 是双升点，F 是低共熔点。

一般认为硅酸盐水泥熟料的配料，应该控制在三角形 C$_3$S－C$_2$S－C$_3$A 中的小圆圈范围内，因为硅酸盐水泥熟料在 1 450 ℃左右烧成，应该有 30%左右的液相，以利于 C$_3$S 的生成，同时各主要熟料矿物含量一般为 40%～60%的 C$_3$S、15%～30%的 C$_2$S、6%～12%的 C$_3$A 和 10%～16%的 C$_4$AF。熟料的化学成分一般为 60%～67%的 CaO、20%～24%的 SiO$_2$、5%～7%的 Al$_2$O$_3$和 4%～6%的 Fe$_2$O$_3$。CaO－Al$_2$O$_3$－SiO$_2$系统中，Fe$_2$O$_3$可以并入 Al$_2$O$_3$一起考虑(可达 10%)。

图 4－37 中硅酸盐水泥熟料组成范围内一些点的析晶情况如下：

P 点位于 CaO 初晶区内，冷却时先析出 CaO 晶相，液相组成沿 CaO—P 连线方向前进，

表 4-2 CaO-Al_2O_3-SiO_2 系统中的无变量点及性质

图上点号	相间平衡	平衡性质	平衡温度/℃	组成/%		
				CaO	Al_2O_3	SiO_2
1	液→鳞石英+CAS_2+A_3S_2	低共熔点	1 345	9.8	19.8	70.4
2	液→鳞石英+CAS_2+α-CS	低共熔点	1 170	23.3	14.7	62.0
3	C_3S+液→C_3A+α-C_2S	双升点	1 455	58.3	33.0	8.7
4	α′-C_2S+液→C_3S_2+C_2AS	双升点	1 315	48.2	11.9	39.9
5	液→CAS_2+C_2AS+α-CS	低共熔点	1 265	38.0	20.0	42.0
6	液→C_2AS+C_3S_2+α-CS	低共熔点	1 310	47.2	11.8	41.0
7	液→CAS_2+C_2AS+CA_6	低共熔点	1 380	29.2	39.0	31.8
8	CaO+液→C_3S+C_3A	双升点	1 470	59.7	32.8	7.5
9	Al_2O_3+液→CAS_2+A_3S_2	双升点	1 512	15.6	36.5	47.9
10	Al_2O_3+液→CA_6+CAS_2	双升点	1 495	23.0	41.0	36.0
11	CA_2+液→C_2AS+CA_6	双升点	1 475	31.2	44.5	24.3
12	液→C_2AS+CA+CA_2	低共熔点	1 500	37.5	53.2	9.3
13	C_2AS+液→α′-C_2S+CA	双升点	1 380	48.3	42.0	9.7
14	液→α′-C_2S+CA+$C_{12}A_7$	低共熔点	1 335	49.5	43.7	6.8
15	液→α′-C_2S+C_3A+$C_{12}A_7$	低共熔点	1 335	52.0	41.2	6.8

到达 CaO—C_3S 界线发生转熔过程 L+CaO ⟶ C_3S，转熔 CaO 而析出 C_3S，到达 C_3S—P 延长线与 CaO—C_3S 界线交点 S 时，CaO 转熔完全，液相与 C_3S 两相共存，自由度 $f=2$，液相组成点开始越区进入 C_3S 初晶区内，沿 D—P—S 延长线方向移动，与 C_3S—C_3A 界线 hk 相交于 T 点，此时发生低共熔过程 L ⟶ C_3S+C_3A，液相组成点继续沿 Tk 线移动，当到达双升点 k 时发生 C_3S 转熔过程 L+C_3S ⟶ C_3A+C_2S，直至液相消失，剩下 C_3S、C_3A 和 C_2S 三个晶相，析晶于 k 点结束。当液相消失后，固相组成点与初始组成点 P 重合，但是 P 点初始组成为氧化物，而固相组成点(产物)为熟料矿物，63.9%的 C_3S、14.6%的 C_2S 和 21.5%的 C_3A。

点 3 是大多数硅酸盐水泥熟料的组成点，此点在 C_2S 初晶区，先析出 C_2S，液相组成点沿 C_2S—3 连线方向移动，到达 C_2S—C_3S 界线发生低共熔过程 L ⟶ C_2S+C_3S，液相组成点沿界线向 k 点移动，到达 Y 点后，界线从一致熔融转变为不一致熔融，发生转熔过程 L+C_2S ⟶ C_3S，液相组成点到达 k 点时，进行无变量过程 L+C_3S ⟶ C_3A+C_2S，直至液相消失，析晶过程结束，产物为 C_3S、C_3A 和 C_2S，固相组成点与初始组成点 3 重合。

点 2 位于 C_2S—C_3A—$C_{12}A_7$ 三角形内，析晶产物为 C_2S、C_3A 和 $C_{12}A_7$，析晶终点为该三角形对应的无变量点 F。

点 1 位于 C_3S—CaO—C_3A 三角形内，析晶产物为 C_3S、CaO 和 C_3A，析晶终点为该三角形对应的无变量点 h。

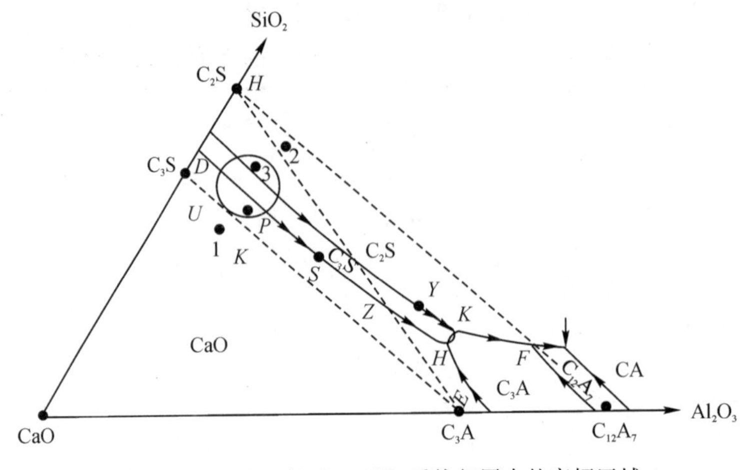

图 4-37　$CaO-Al_2O_3-SiO_2$系统相图中的高钙区域

从上面的讨论可以看出,相图在水泥生料配料成分的选择和产品性能的估计方面均有一定的指导意义。如果配料的组成点在 C_3S—CaO—C_3A 三角形内,如点 1,因为析晶产物为 C_3S、CaO 和 C_3A,所以尽管在煅烧和冷却过程中努力控制,最后烧得的熟料还难免含有过多的游离态 CaO,使水泥的安定性变差;如果配料的组成点在 C_2S—C_3A—$C_{12}A_7$ 三角形内,如点 2,则析晶产物没有 C_3S,熟料强度极低,且会有较多水硬性很小的 $C_{12}A_7$ 晶相存在,这是我们不希望硅酸盐水泥中含有的成分。从产品性能而言,上述两种配料都不能满足要求。

【本章小结】

相平衡主要研究多相系统的状态与温度、压力、组分浓度等变量的关系。相平衡的优势在于不需要单独研究系统中的各个组分,而是综合考虑系统中各个组分之间以及相之间发生的各种物理的、化学的或是物理化学的变化,更接近真实情况,因而具有重要的普遍意义和实用价值。

相图是处于平衡状态下系统的组分、相、环境之间相互关系的几何描述。通过相图可以了解一定组成的系统,在指定条件下达到平衡时,系统中存在的相的数目、各相的形态、组成及其相对含量。掌握相平衡的基本原理,熟练地判断相图,有助于正确选择配料方案及工艺制度,合理分析生产过程中质量问题产生的原因。

分析单元系统相图时,应该注意不同晶型之间的平衡关系及转变规律,以指导实际生产过程中出现的各种问题。二元以上的相图属于多元相图,多元系统相图之间的几何要素有着必然的内在联系。三元系统相图是多元系统相图理论的基础,分析实际三元系统相图时涉及以下主要问题:判断化合物的性质、划分副三角形、判断界线温度变化方向及界线性质、确定三元无变量点的性质、分析冷却析晶过程或加热熔融过程。

相平衡虽然描述的是热力学平衡条件下的变化规律,但对非平衡状态下的实际生产过程有着非常重要的参考价值和指导意义。

第5章　固体中的扩散

扩散是物质中质点运动的基本方式。当温度高于绝对温度 0 K 时，任何物质的质点都会发生热运动；如果物质内存在化学位梯度，或者浓度梯度，或者应力梯度等，热运动就会导致质点的定向迁移，即出现扩散。扩散的本质是质点的无规则运动。晶体中缺陷的产生与复合就是一种宏观上没有质点定向迁移的无规则运动。扩散是物质传递的过程，宏观上表现为物质的定向迁移。不同于气体和液体，扩散是固体中唯一的物质传递方式。

固体中的扩散是物质输运的基础，材料的制备和应用中的很多物理化学过程都与扩散有关。半导体的掺杂、固溶体的形成、玻璃材料的封接、耐火材料的侵蚀等都受到扩散过程的控制。相变、固相反应、烧结等高温动力学过程的速度与进程都取决于扩散的速度。因此，研究扩散现象和扩散动力学规律，不仅有助于深入了解固体的微观结构和状态，还可以有效分析无机材料形成过程中的许多动力学过程。

本章主要介绍固体中扩散的宏观规律及其动力学、扩散的微观机构与扩散系数，通过宏观—微观—宏观的渐进循环，认识扩散现象和本质以及影响扩散的微观和宏观因素，为有效控制和利用扩散奠定科学基础。

5.1　扩散动力学与推动力

5.1.1　固体扩散的特点

在气体、液体等流体中，物质的质点间的相互作用比较弱，而且没有一定的结构，质点完全随机地朝三维空间的任意方向迁移。在与其他质点发生碰撞前，质点迁移的自由行程取决于该方向上最邻近质点的距离。质点的密度越小，质点迁移的自由程就越大。所以，流体中质点的扩散通常具有各向同性和扩散率高的特点。

在固体中，物质的质点束缚在三维周期性势阱中，质点与质点间的相互作用强。质点的每一步迁移必须从热涨落中获取足够的能量以克服势阱的能量。固体中明显的质点扩散一般在较高的温度才出现，但实际上又往往低于固体的熔点。在固体中，特别是在晶体中，质点以一定的对称性和周期性按照一定方式堆积，这种结构限制着质点每一步迁移的方向和自由行程。

如图 5－1 所示，处于平面点阵内间隙位置的原子，只有四个等效的迁移方向，每一个方向的迁移都需要获得高于能量势垒 ΔG 的能量，迁移的自由程相当于晶格常数。因此，固体中质点的扩散往往具有各向异性和扩散率低的特点。

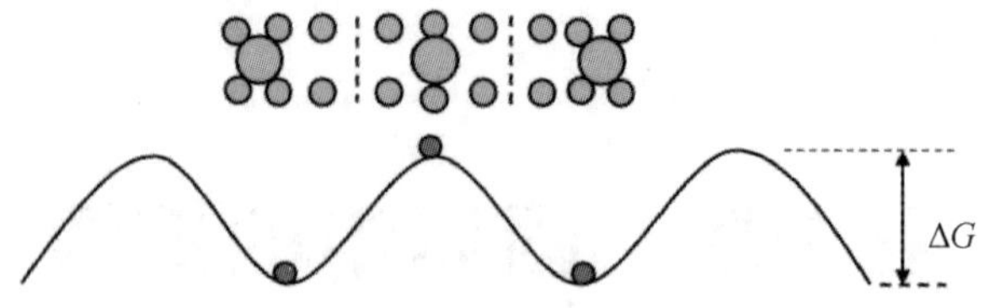

图 5-1　间隙原子扩散势场示意图

5.1.2　扩散动力学方程

固体与流体的结构不同，导致彼此的质点扩散行为存在较大的差异。但是从宏观统计的角度而言，介质中质点的扩散行为都遵循相同的统计规律。德国物理学家菲克(Fick)在研究大量扩散现象的基础上，定量描述了浓度场下质点的扩散过程，得出了物质的扩散动力学方程——菲克定律。

如果考虑在恒温恒压下的单相组成的单向扩散，那么物质的输运是沿着浓度梯度(化学位梯度)减少的方向进行的。

菲克第一定律指出：扩散过程中，单位时间内通过垂直于扩散方向的单位面积上扩散的物质数量和浓度梯度成正比，即

$$J=-D\frac{\partial c}{\partial x} \tag{5-1}$$

式中：c 是单位体积内扩散物质的浓度；x 是扩散方向；J 是流量，即单位时间内流过单位面积的扩散量；比例系数 D 称为扩散系数，其单位通常是 $cm^2 \cdot s^{-1}$，负号表示扩散流的方向是浓度降低的方向。

菲克第二定律指出：扩散过程中，扩散物质浓度随时间的变化率，与沿扩散方向上扩散物质浓度梯度随扩散距离的变化率成正比，即

$$\frac{\partial c}{\partial t}=\frac{\partial}{\partial x}\left(D\frac{\partial c}{\partial x}\right) \tag{5-2}$$

如果 D 与浓度无关，可以视为常数，式(5-2)简化为

$$\frac{\partial c}{\partial t}=D\frac{\partial^2 c}{\partial x^2} \tag{5-3}$$

菲克第一定律和菲克第二定律所针对和解决的扩散问题不同。对于浓度梯度固定不变的所谓稳定态扩散问题，可以应用菲克第一定律确定流量，如气体通过玻璃或陶瓷隔板的扩散。而对于浓度梯度随时间的变化的所谓非稳定态扩散问题，求解菲克第二定律，得出扩散介质中扩散物质的浓度 $c(x,t)$，该解是位置和时间的函数。

5.1.3　扩散的一般推动力

在菲克第一定律和菲克第二定律中，扩散的推动力都是用浓度梯度表示的。爱因斯坦最早提出的观点是在一个扩散着的原子上作用着一个虚力，这个虚力是化学势或偏摩尔自由能的负梯度($-\mathrm{d}\mu_i/\mathrm{d}x$)。在化学势梯度的作用下，该原子的平均迁移速度 V_i 为

$$V_i = -B_i \frac{\mathrm{d}\mu_i}{\mathrm{d}x} \tag{5-4}$$

式中：比例系数 B_i 称为淌度。

该组分的扩散通量 J_i 为

$$J_i = c_i V_i = -c_i B_i \frac{\mathrm{d}\mu_i}{\mathrm{d}x} \tag{5-5}$$

式中：c_i 为该组分浓度。式(5-5)就是用化学势梯度概念描述的扩散的一般方程式。

如果化学势不受外场作用，仅是系统温度与组成活度的函数，则有

$$J_i = -c_i B_i \frac{\partial \mu_i}{\partial c_i} \cdot \frac{\partial c_i}{\partial x} \tag{5-6}$$

因此，扩散系数 D_i 为

$$D_i = c_i B_i \frac{\partial \mu_i}{\partial c_i} \tag{5-7}$$

因为 $c_i/\partial c_i = 1/(\partial \ln c_i)$ ，$c_i/c = N_i$ ，$\mathrm{d}\ln c_i = \mathrm{d}\ln N_i$ ，则有

$$D_i = B_i \frac{\partial \mu_i}{\partial \ln N_i} \tag{5-8}$$

由于

$$\mu_i = \mu^0(T, p) + RT\ln\alpha_i = \mu^0(T, p) + RT(\ln N_i + \ln\gamma_i)$$

$$\frac{\partial \mu_i}{\partial \ln N_i} = RT\left(1 + \frac{\partial \ln\gamma_i}{\partial \ln N_i}\right)$$

所以

$$D_i = RTB_i\left(1 + \frac{\partial \ln\gamma_i}{\partial \ln N_i}\right) \tag{5-9}$$

式(5-9)就是扩散系数的一般热力学关系式，式中括号项称为热力学因子。对于理想混合系统，活度系数 $\gamma_i = 1$，此时 $D_i = RTB_i$。对于非理想混合系统，有两种情况：一是热力学因子大于 0，$D_i > 0$，称为正扩散或正常扩散，扩散流的方向与浓度梯度方向一致，即由高浓度处流向低浓度处，扩散的结果是趋于均匀化；二是热力学因子小于 0，$D_i < 0$，称为逆扩散或爬坡扩散，扩散的结果是使溶质偏析或分相。

如果化学势梯度作为扩散的一般推动力，化学势梯度和浓度可以是一致的，也可以是不一致的。一切影响扩散的外场，如浓度场、电场、磁场、温度场、应力场等都可以统一于化学势梯度中，且仅当化学势梯度为零时，系统扩散方可达到平衡。

5.2　固体中的扩散机构

与气体、液体一样，固体中的质点也因热运动而不断地发生混合。不同的是，由于固体中质点间有很大的相互束缚力，质点迁移时必须克服一定势垒，所以混合的速度十分缓慢。但是由于存在热起伏，所以质点的能量状态服从玻耳兹曼分布，在 0 K 以上，总有一些质点能够获得从一个晶格平衡位置跳跃过势垒 ΔH 迁移到另一个平衡位置的能力，使扩散得以进行。ΔH 称为扩散激活能，能跃过势垒的质点数目随温度升高而迅速增加，扩散激活能 ΔH 的大小与晶体结构、质点迁移方式等因素有关。

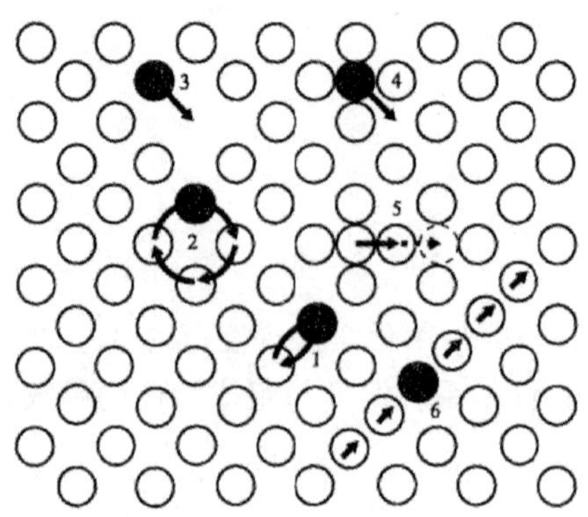

图 5-2　质点在晶体中的扩散机构

质点在晶体中扩散可能有以下几种迁移的方式，即扩散机构。

(1)直接交换。如图 5-2 中 1 所示，这种机构因为两个原子相互挤过对方进行换位，需要很高的应变能，特别在离子型晶体中是很难实现的。

(2)环形易位。如图 5-2 中 2 所示，这种机构在能量上虽然可行，但是需要多个原子同时协调进行，所以实际上很难发生。

(3)空位扩散。晶体中存在着空位，在一定温度下有一定的平衡空位浓度，温度越高则平衡空位浓度越大。这些空位的存在使原子迁移更容易，故大多数情况下，原子扩散是借助空位机制的，如图 5-2 中 3 所示。空位扩散的速度取决于原子从正常点阵位置移动到空位的难易程度，同时也取决于空位的浓度。由于在能量上比较有利，所以空位扩散机构被认为是引起原子迁移的最普遍的过程。原子通过空位迁移相当于空位向相反的方向移动。

(4)间隙(直接间隙)扩散。如图 5-2 中 4 所示，如果晶体结构的间隙较大或原子的半径较小，原子以间隙机制实现扩散。原子从一个晶格的间隙位置迁移到另一个间隙位置。氢、碳、氮等这类小的间隙型溶质原子容易以这种方式在晶体中扩散。

(5)填隙(间接间隙)扩散。一个半径较大的原子进入晶格的间隙位置，由于晶格畸变较大，这个原子难以通过间隙机制从一个间隙位置迁移到邻近间隙位置。在这种情况下，原子以填隙机制实现扩散。填隙机制有两种实现方式：一种是填隙原子将其近邻的、在晶格结点上的原子“推”到附近的间隙中，而自己则“填”到被推离的原子的原来位置，即“推填”方式，如图 5-2中 5 所示；另一种是“挤列”方式，即间隙原子挤入体心立方晶体密排的对角线上，使若干个原子偏离其平衡位置，形成一个集体，则该集体称为“挤列”，如图 5-2 中 6 所示。填隙扩散在 UO_2等少数晶体中有可能发生。

上述扩散机构表明，即使不存在外场，晶体中的质点也会因热起伏而引起无规则的非定向的迁移。如果存在浓度场等外场作用，质点的迁移就会形成定向的扩散流，即形成定向扩散流需要有定向推动力。一般情况下，宏观扩散的推动力是扩散物质的浓度梯度，但是在更普遍的情况下，宏观扩散的推动力是系统中存在的化学位梯度。

5.3　固体中的扩散系数

扩散系数与扩散机构、扩散介质以及外部条件(如温度等)因素有关,可以认为扩散系数是物质的物性指标,了解扩散系数就是了解晶体中扩散的本质。

5.3.1　无序扩散过程及无序扩散系数

对于一维无规行走过程,假设晶体沿 x 轴具有组成梯度,如图 5-3 所示,原子沿晶体 x 轴方向向左或向右移动时每次跳跃的距离为 r。两个相邻的点阵面分别记为 1 和 2,这两个面相距为 r。在平面 l 的单位面积上扩散溶质原子数为 n_1,在平面 2 的单位面积上扩散溶质原子数为 n_2。跃迁频率 f 是单位时间内一个原子离开该平面的跳跃次数的平均值。

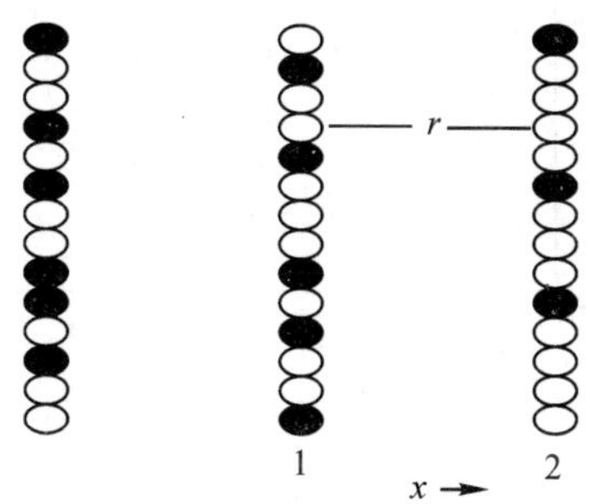

图 5-3　一维扩散

因此,单位时间内有 $n_1 f$ 个原子跃出平面 1,其中有 $(n_1 f)/2$ 个原子跃迁到右边的平面 2,$(n_1 f)/2$ 个原子跃迁到左边的平面。同样,单位时间内有 $(n_2 f)/2$ 个原子从平面 2 跃迁到平面 1。因此单位时间内从平面 1 到平面 2 的流量

$$J=\frac{1}{2}(n_1-n_2)f=\frac{原子数}{面积\times时间} \tag{5-10}$$

由于 $\dfrac{n_1}{r}=c_1$,$\dfrac{n_2}{r}=c_2$,$\dfrac{c_1-c_2}{r}=-\dfrac{\partial c}{\partial x}$,故 $n_1-n_2=-r^2\dfrac{\partial c}{\partial x}$,所以有

$$J=-\frac{1}{2}r^2 f\frac{\partial c}{\partial x} \tag{5-11}$$

即一维无规行走过程给出的扩散系数

$$D=\frac{1}{2}r^2 f \tag{5-12a}$$

如果原子跳跃发生在三个方向,则三维无规行走过程给出的扩散系数为

$$D=\frac{1}{6}r^2 f \tag{5-12b}$$

上述结果对于无规行走过程是精确的,全过程没有会导致择优方向扩散的因素或驱动力,跃迁完全没有规律。因此,求得的扩散系数即为无规行走扩散系数,记作 D_r。

5.3.2　原子自扩散系数

对于晶体中实际原子的扩散,必须结合晶体结构以及空位或间隙等扩散机构进行分析。

对于特定的扩散机制(空位、间隙)和晶体结构,可以在式(5-12b)中引入几何因素 γ:

$$D=\gamma\cdot r^2 f \tag{5-12c}$$

式中:γ 与最邻近的跃迁位置数和原子跳回到原来位置的概率有关。

在空位机构中,r 是空位与邻近结点原子的距离,亦即邻近晶格结点之间的距离,结点原子跃迁到空位的频率 f 与原子的振动频率 ν_0 成正比。实际上,只有当原子在振动中获得的能量大于 ΔG_m 时才能发生跃迁,ΔG_m 值等于原子从一个结点跳到下一个结点需要克服的能量势垒的高度,如图 5-4 所示。

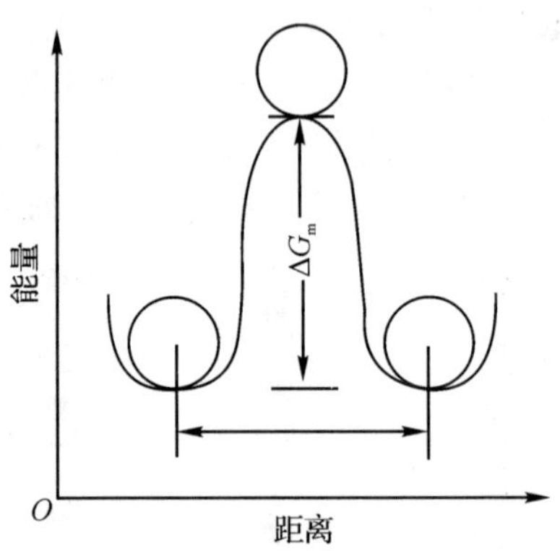

图 5-4　扩散中原子的能量变化

然而,即使原子能够获得 ΔG_m 的能量,如果邻近的结点上无空位,也不能发生跃迁,即跃迁概率不仅与能量的玻耳兹曼分布成正比,而且与邻近的空位概率,即与系统内的空位浓度 N_v 成正比。因而

$$f=N_v\nu=N_v\nu_0\exp\left(-\frac{\Delta G_m}{RT}\right) \tag{5-13}$$

将式(5-13)代入式(5-12c),就得到了原子通过空位机构进行扩散时的扩散系数:

$$D=\gamma\cdot r^2 N_v\nu_0\exp\left(-\frac{\Delta G_m}{RT}\right) \tag{5-14}$$

对于空位扩散机构,空位浓度

$$N_v=\exp\left(-\frac{\Delta G_f}{2RT}\right) \tag{5-15}$$

式中:ΔG_f 是空位形成能。将式(5-15)代入式(5-14),得

$$D=\gamma\cdot r^2\nu_0\exp\left(-\frac{\Delta G_f}{2RT}\right)\exp\left(-\frac{\Delta G_m}{RT}\right)$$

根据热力学原理 $\Delta G=\Delta H-T\Delta S$,则有

$$D=\gamma\cdot r^2\nu_0\exp\left(-\frac{\Delta H_m+\Delta H_f/2}{RT}\right)\exp\left(\frac{\Delta S_m+\Delta S_f/2}{R}\right) \tag{5-16}$$

令 $D_0=\gamma\cdot r^2\nu_0\exp\left(\frac{\Delta S_m+\Delta S_f/2}{R}\right)$,$Q=\Delta H_m+\frac{\Delta H_f}{2}$,则有

$$D=D_0\exp\left(-\frac{Q}{RT}\right) \tag{5-17}$$

式中:D_0 称为原子自扩散频率因子;Q 称为扩散激活能。在这里,扩散激活能由两项组成,一

项是空位形成所需要的能量,另一项是原子迁移所需要的能量。

根据同样的推导方法,原子通过间隙机构进行扩散时的扩散系数为

$$D=\gamma \cdot r^2 N_i \nu_0 \exp\left(-\frac{\Delta G_m}{RT}\right) \tag{5-18}$$

式中:N_i是系统内间隙原子存在的概率,即浓度。

晶体中间隙原子浓度常很小,实际上间隙原子所有邻近的间隙位都可视为空位,跃迁时位置概率可视为 1,即 $N_i=1$。因此有

$$D=\gamma \cdot r^2 \nu_0 \exp\left(-\frac{\Delta H_m}{RT}\right)\exp\left(\frac{\Delta S_m}{R}\right) \tag{5-19}$$

令 $D_0=\gamma \cdot r^2 \nu_0 \exp\left(\frac{\Delta S_m}{R}\right)$,$Q=\Delta H_m$,则有

$$D=D_0 \exp\left(-\frac{Q}{RT}\right) \tag{5-20}$$

式中:D_0称为原子自扩散频率因子;Q 称为扩散激活能。在这里,扩散激活能就是原子迁移所需要的能量。不同的扩散机构,或者不同的扩散物质,扩散激活能 Q 的含义不同。

5.4　各类固体中的扩散

5.4.1　金属晶体中的扩散

在金属晶体中,金属原子从一个平衡位置转移到另一个平衡位置实现扩散,即通过原子在整体材料中的移动而发生质量迁移。在自扩散时,没有质量迁移,原子是以一种无规则状态在整个晶体中移动;在互扩散中,发生质量迁移,从而减少成分上的差异。

从能量角度而言,在金属晶体中空位扩散是最有利的,实验表明这种机制在大多数金属中都占优势。如果固溶体合金中的溶质原子比溶剂原子小到一定程度,溶质原子占据了间隙的位置。由于与间隙原子相邻且未被占据的间隙数目通常很多,所以扩散的激活能仅仅与原子的移动有关,间隙溶质原子在金属晶体中的扩散比置换溶质原子要快得多。

实验表明,金属和合金自扩散的激活能随熔点升高而增加,这说明金属键的大小强烈地影响扩散速度。

5.4.2　共价晶体中的扩散

共价键的方向性和饱和性导致共价晶体具有比较开放的晶体结构,其晶格间隙比金属晶体和离子晶体更大。例如,金刚石结构的空间利用率仅为 34%。但是间隙扩散不利于具有方向性和饱和性的共价键的形成,不利于能量的降低。共价晶体的自扩散和互扩散仍然以空位机制为主。例如,在金刚石结构中,间隙的体积与碳原子的体积大致相等,但是碳原子的自扩散主要依赖空位进行。

正是共价键的方向性、饱和性和高键能,使共价晶体的自扩散激活能通常高于熔点相近金属的激活能。例如,虽然 Ag 和 Ge 的熔点仅相差几度,但 Ge 的自扩散激活能为 289 kJ/mol,而 Ag 的激活能只有 184 kJ/mol。共价键的方向性和饱和性限制了空位的迁移。

5.4.3 离子晶体中的扩散

在离子晶体中，影响扩散的缺陷有本征点缺陷和掺杂点缺陷。热缺陷等本征点缺陷的数量取决于温度，热缺陷控制的扩散称为本征扩散。掺杂点缺陷来源于价数与溶剂离子不同的杂质离子，掺杂点缺陷控制的扩散称为非本征扩散。在离子晶体的扩散系数与温度的关系曲线上，由于这两种缺陷的扩散激活能的差异，使曲线出现断裂或弯折，这种断裂或弯折相当于非本征扩散与本征扩散之间的转变。

以 KCl 晶体为例，KCl 晶格中 Cl^- 所形成的面心立方格子中所有的八面体空隙都被 K^+ 占据，只有四面体空隙未被占据，因其较小的体积不易产生间隙 K^+。因此，在 KCl 中 K^+ 的扩散是通过 K^+ 和 K^+ 空位的交换而发生的。KCl 晶体中的空位浓度可以根据由肖特基缺陷生成能计算，即

$$KCl \rightarrow V_K' + V_{Cl}^{\cdot}$$

$$[V_K'] = \exp\left(-\frac{\Delta G_S}{2RT}\right) \tag{5-21}$$

将式(5-21)代入式(5-14)，可得到 K^+ 的自扩散系数为

$$D_K = \gamma \cdot r^2 \nu_0 \exp\left(-\frac{\Delta H_m + \Delta H_s/2}{RT}\right) \exp\left(\frac{\Delta S_m + \Delta S_s/2}{R}\right) \tag{5-22}$$

在大多数晶体中，由于杂质含量等因素的影响，扩散变得复杂。在图 5-4 中，高温区域代表纯 KCl 的本征特性，在这个区域内 $\ln D$ -$(1/T)$ 曲线的斜率为 $\frac{\Delta H_m}{R} + \frac{\Delta H_s}{2R}$。

在低温区域，晶体内的杂质使空位浓度保持不变，这是非本征区域。扩散系数

$$D_K = \gamma \cdot r^2 \nu_0 [F_K^{\cdot}] \exp\left(-\frac{\Delta H_m}{RT}\right) \exp\left(-\frac{\Delta S_m}{R}\right) \tag{5-23}$$

式中：$[F_K^{\cdot}]$是 Ca^{2+} 等二价正离子杂质的浓度。在这个区域内 $\ln D$ -$(1/T)$ 曲线的斜率为 $\frac{\Delta H_m}{R}$。

图 5-5 中曲线的转折部分发生在本征缺陷浓度和由杂质引起的非本征缺陷浓度相近的区域内。当肖特基形成焓在 630 kJ/mol(6 eV)左右，如 BeO、MgO、CaO、Al_2O_3 等化合物，在 2 000 ℃时，晶体中的异价杂质浓度必须小于 10^{-5} 才有可能观察到本征扩散。因此，在这些氧化物中不大容易观察到本征扩散，因为只要存在百万分之几的异价杂质，就足以使空位浓度基本上不随温度而变化。

如果有空位与溶质的缔合或者有溶质的淀析物存在时，观察到的扩散激活能可能有不同的数值。以掺 $CaCl_2$ 的 KCl 为例，如果 $Ca_K^{\cdot}$ 和 V_K' 之间发生缔合，形成缔合缺陷$(Ca_K^{\cdot}\ V_K')$，则总的钾空位浓度$[V_K']_{总}$应包括和杂质缔合的空位在内，即

$$[V_K']_{=} [V_K'] + (Ca_K^{\cdot}\ V_K') \tag{5-24}$$

式中：$[V_K']$是平衡空位浓度。$[V_K']_{总}$的增大导致了扩散系数的增大。温度降低时，如果达到溶质的饱和度而使溶质淀析，则会由于非本征空位浓度降低而导致扩散能力下降。

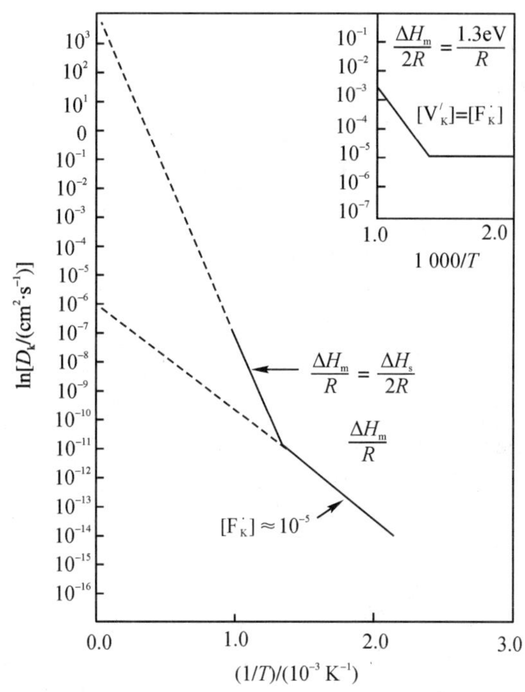

图 5－5　二价正离子杂质为 10^{-5}原子分数的 KCl 的扩散-温度关系图

（插入图表示$[V_K']$随温度的变化）

5.4.4　氧化物中的扩散

氧化物的扩散特征可以按照化学计量与非化学计量、本征扩散控制与杂质扩散控制的特征进行分类讨论。

图 5－6 是一些常见氧化物中扩散系数，根据曲线斜率和插入法估计激活能 Q。有很多化学计量氧化物的数据明显地与受组分控制的扩散系数相符。在这些氧化物中有一组具有萤石结构，如 UO_2、ThO_2、ZrO_2，当加入二价或三价的正离子氧化物（如 La_2O_3和 CaO）就形成固溶体。由 X 射线和电导率的研究得知，所形成的结构中氧离子空位浓度是组成确定的，且与温度无关。

例如，在 $Zr_{0.85}Ca_{0.15}O_{1.85}$中氧离子空位浓度高，且与温度无关。因此，氧离子扩散系数和温度的关系完全由氧离子迁移所需的激活能（120 kJ/mol）来确定。同样，在化学计量和非化学计量的两种 UO_2中发现，氧离子低温扩散是由填隙机制引起的，填隙离子运动到正常的晶格位置上，而将晶格离子撞到邻近的间隙位，激活能是 112 kJ/mol。在 ZrO_2－CaO 系统中，氧离子扩散系数随着氧离子空位浓度的增大（氧对金属之比减少）而增大。反之，在 UO_2填隙机制中，氧离子扩散系数随着填隙氧离子浓度的增大（氧对金属之比增大）而增大，至少对于低浓度的间隙氧离子是这样的。

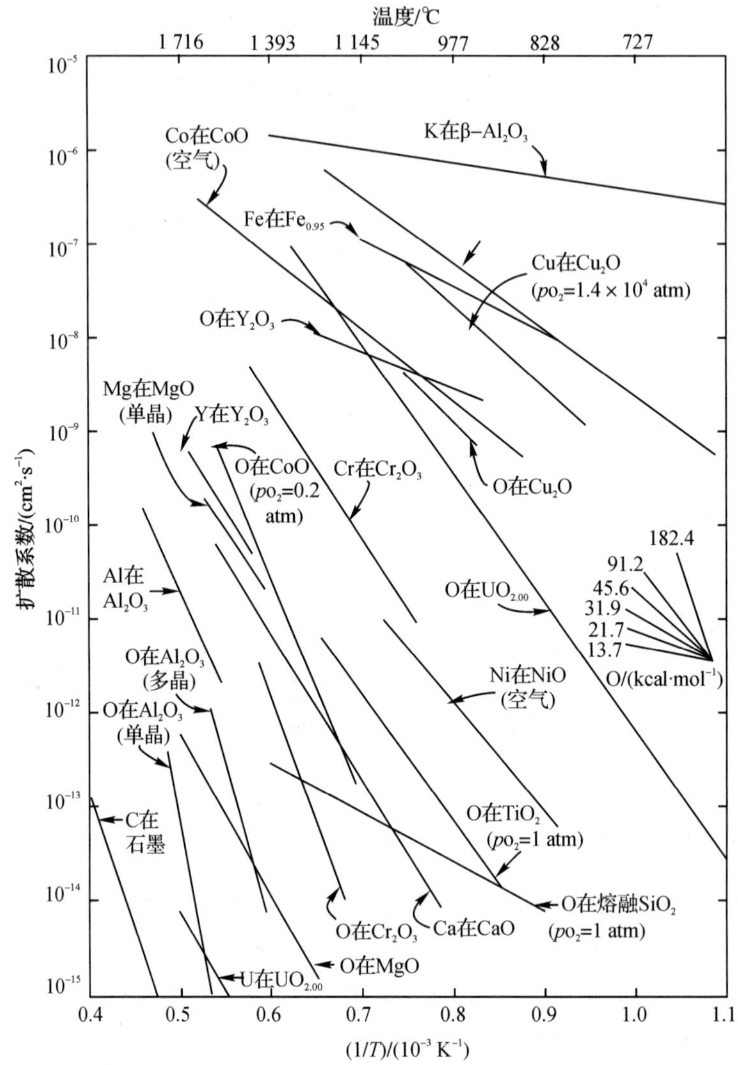

图 5-6　一些常见氧化物中的扩散系数

(1 atm=101.325 Pa,1 kcal·mol^{-1}=4.186 8 kJ/mol)

许多氧化物作为本征非化学计量半导体与氧化或还原气氛处于平衡状态,特别是 FeO、NiO、CoO、MnO 等过渡金属氧化物。这些氧化物晶体中,金属离子的价态常因环境中的气氛变化而变化,从而引起结构中出现正离子空位或负离子空位,并导致扩散系数明显地依赖于周围的气氛。

1.负离子空位型氧化物

TiO_{2-x} 等是典型的负离子空位型氧化物,也称缺氧氧化物,以空位扩散为主,其缺陷反应为

$$O_O \Leftrightarrow V_O^{\cdot\cdot} + 2e' + \frac{1}{2}O_2(g)$$

氧空位的平衡浓度为

$$[V_O^{\cdot\cdot}] = \left(\frac{1}{4}\right)^{1/3} p_{O_2}^{-1/6} \exp\left(-\frac{\Delta G_0}{3RT}\right) \tag{5-25}$$

因此，氧的扩散系数为

$$D_O = \gamma \cdot r^2 \nu_0 [V_O^{\cdot\cdot}] \exp\left(-\frac{\Delta G_m}{RT}\right) = \left(\frac{1}{4}\right)^{1/3} \gamma \cdot r^2 \nu_0 p_{O_2}^{-1/6} \exp\left(-\frac{\Delta G_0}{3RT}\right) \exp\left(-\frac{\Delta G_m}{RT}\right) \tag{5-26}$$

负离子空位型氧化物中温度和氧分压对 D_0的影响如图 5-7 所示。图 5-7(b)中出现了三种可能的温度范围：①低温区，氧空位浓度由杂质控制；②中温区，氧的溶解度随温度而变化(非化学计量)，氧空位浓度发生变化；③高温区，热缺陷空位占支配地位。

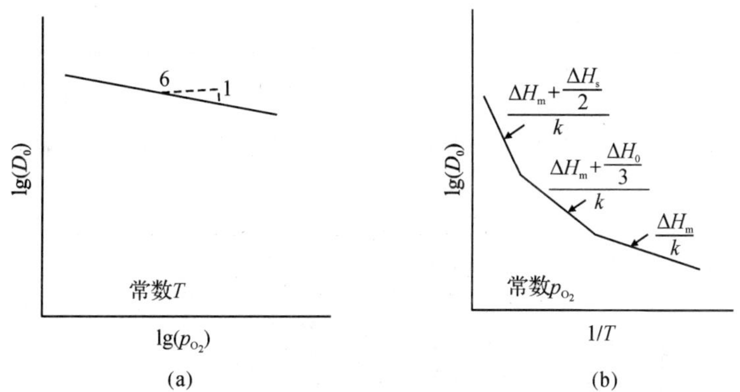

图 5-7　负离子空位型氧化物中氧分压和温度对扩散系数 D_0的影响

(a) 氧分压；(b) 温度

2.正离子空位型氧化物

$Fe_{1-x}O$、$Ni_{1-x}O$、$Co_{1-x}O$、$Mn_{1-x}O$ 等是典型的正离子空位型氧化物，也称缺金属氧化物。许多非化学计量化合物，特别是过渡金属氧化物，因为有变价正离子，所以正离子空位浓度是大的，例如 $Fe_{1-x}O$ 含有 5%～15%的铁空位。正离子空位型氧化物以空位扩散为主，其缺陷反应为

$$2O_O + 2M_M + \frac{1}{2}O_2(g) \Leftrightarrow V_M'' + 2M_M^{\cdot} + 3O_O \quad 或 \quad \frac{1}{2}O_2(g) \Leftrightarrow V_M'' + 2h^{\cdot} + O_O$$

式中：$M_M^{\cdot}$表示占据正离子位置的空穴 $h^{\cdot}$，如 Co^{3+}，Fe^{3+}，Mn^{3+}。上式是氧溶解在金属氧化物 MO 中的溶解反应，平衡浓度由溶解自由能 ΔG_0决定

$$\frac{4[V_M'']^3}{p_{O_2}^{1/2}} = K_0 = \exp\left(-\frac{\Delta G_0}{RT}\right) \tag{5-27}$$

在由上述溶解反应控制缺陷浓度的温度范围内，正离子的扩散系数为

$$D_M=\gamma \cdot r^2\nu_0[V_M^{\prime\prime}]\exp\left(-\frac{\Delta G_m}{RT}\right)=\left(\frac{1}{4}\right)^{1/3}\gamma \cdot r^2\nu_0 p_{O_2}^{1/6}\exp\left(-\frac{\Delta G_0}{3RT}\right)\exp\left(-\frac{\Delta G_m}{RT}\right) \tag{5-28}$$

正离子空位型氧化物中温度和氧分压对 D_M的影响如图 5－8 所示。图 5－8(b)中出现了三种可能的温度范围:①低温区,氧空位浓度由杂质控制;②中温区,氧的溶解度随温度而变化(非化学计量),氧空位浓度发生变化;③高温区,热缺陷空位占支配地位。不同温度时,所测得的钴的示踪扩散系数与氧分压的关系如图 5－9 所示。

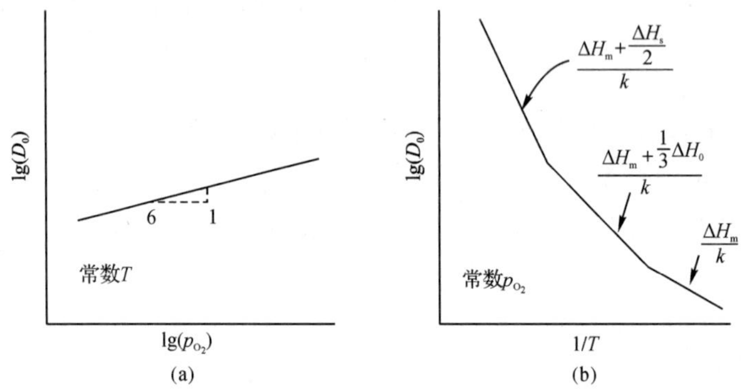

图 5－8　正离子空位型氧化物中氧分压和温度对扩散系数 D_M的影响

(a) 氧分压;(b) 温度

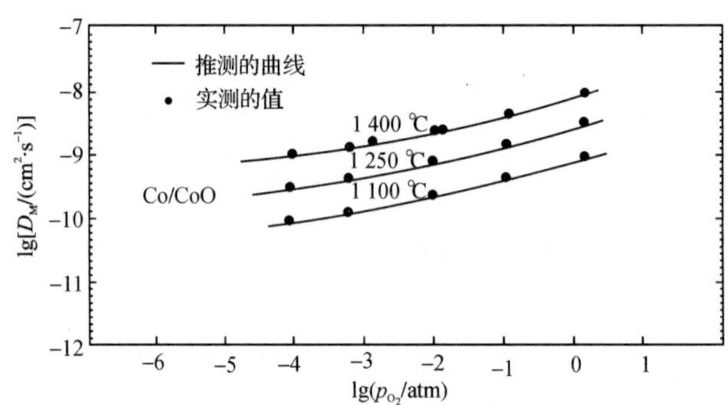

图 5－9　氧分压对 CoO 中钴示踪物扩散系数的影响

3.正离子间隙型氧化物

$Zn_{1+x}O$ 等是典型的正离子间隙型氧化物,也称金属离子过剩氧化物。在高温下,锌蒸气与氧化锌中填隙锌离子及过剩电子保持平衡关系,即

$$Zn(g)\Leftrightarrow Zn_i^{\cdot}+e^{\prime}$$

填隙锌离子浓度和锌蒸气压有关,即

$$[Zn_i^{\cdot}]\approx p_{Zn}^{1/2} \tag{5-29}$$

锌离子扩散通过间隙机构而发生,因此根据式(5－18),可得:

$$D_M=\gamma \cdot r^2\nu_0[Zn_i^{\cdot}]\exp\left(-\frac{\Delta G_m}{RT}\right)=\gamma \cdot r^2\nu_0 p_{Zn}^{1/2}\exp\left(-\frac{\Delta G_m}{RT}\right) \tag{5-30}$$

扩散系数随 p_{Zn}增大而增加,如图 5－10 所示。非化学计量 UO_{2+x}中进行的氧的间隙扩散情况与此相似。

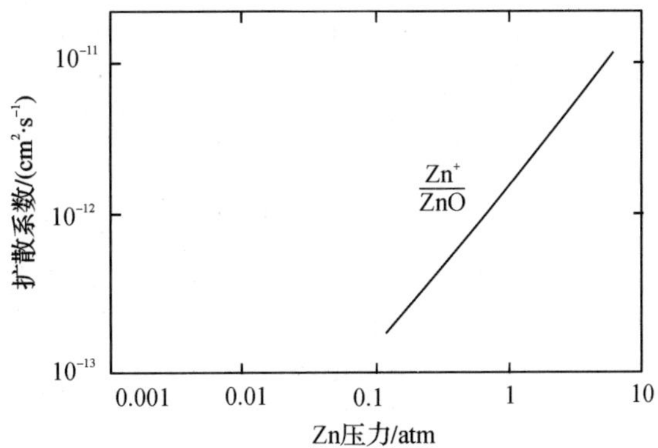

图 5-10　气氛对 ZnO 中锌离子扩散系数的影响

(1 atm=101.325 Pa)

5.5　影响扩散的因素

扩散是基本的动力学过程，对材料的性能、微观结构、形成过程以及使用过程中的失效和性能衰减等有着决定性的影响。理解影响扩散的因素有助于应用扩散理论解决实际问题。扩散系数是决定扩散速度的重要参数。扩散系数通常写作

$$D=D_0\exp\left(-\frac{Q}{RT}\right)$$

扩散系数主要取决于温度 T 和激活能 Q，其他一些影响因素则隐含于频率因子 D_0。这些影响因素可以分为外在因素和内在因素：外在因素包括温度、杂质、气氛等；内在因素包括表面、晶界、位错等缺陷，以及扩散介质结构与黏度等。

5.5.1　温度的影响

固体中的原子或离子的迁移实质是热激活过程。因此，温度是影响扩散的最重要的外在因素。温度越高，会激活更多的原子或离子进行扩散，热缺陷浓度也会相应增大，质点扩散的机会增多。

温度的变化会影响缺陷的种类和扩散机制。以离子晶体为例，在低温条件下，离子晶体中热缺陷浓度低，杂质缺陷占主导，表现为非本征扩散，扩散激活能为杂质缺陷迁移的能量，缺陷浓度依赖于杂质含量，温度影响小。在高温环境中，热缺陷占主导，表现为本征扩散，扩散激活能为热缺陷产生和迁移的能量。

在其他条件一定的情况下，扩散系数 D 与温度 T 的关系服从指数规律：

$$D=D_0\exp\left(-\frac{Q}{RT}\right)$$

即 $\ln D$ 与 $1/T$ 呈线性关系，直线与纵坐标的截距为 $\ln D_0$，直线的斜率为 $-Q/R$。

扩散系数对温度的变化非常敏感。在固相线附近，置换型固溶体的扩散系数在 10^{-9}～10^{-8} cm²/s 范围内，间隙型固溶体的扩散系数在 10^{-6}～10^{-5} cm²/s 范围内；而在室温条件下，二者的范围分别是 10^{-50}～10^{-20} cm²/s 和 10^{-30}～10^{-10} cm²/s。因此，实际的扩散过程，特别是置换型固溶体的扩散过程，在室温下是很难进行的，只能在高温下进行。

扩散激活能越大，温度变化对扩散系数的影响越明显。扩散物质与扩散介质的性质、杂质和温度等都会影响扩散激活能。大多数晶体材料或多或少都含有一定量的杂质，或者在不同温度下的结构有所差别，导致激活能随温度的变化而改变，其 $\ln D$ 与 I/T 的关系图就可能出现曲线或者在不同温度区间出现不同斜率的直线段。

冷却速度会改变物质的结构，进而影响扩散。例如，在硅酸盐玻璃中，Na^+、K^+、Ca^{2+} 等在急冷玻璃中的扩散系数一般要高于在相同组成退火玻璃中的扩散系数，两者可以相差一个数量级或更多，这可能与玻璃中网络结构疏密程度有关。晶体从高温快速冷却，高温时的高浓度肖特基空位可以在低温下保留，在较低温度范围内表现出本征扩散。

5.5.2 杂质的影响

杂质是影响扩散的外在因素之一。利用杂质对扩散的影响是改善扩散的主要途径。在离子晶体中，高价杂质负离子置换低价负离子，或者低价杂质正离子置换高价正离子，晶格中出现负离子空位并产生晶格畸变，扩散激活能降低，有利于负离子扩散。高价杂质正离子置换低价正离子，或者低价杂质负离子置换高价负离子，晶格中出现正离子空位并产生晶格畸变，扩散激活能降低，有利于正离子扩散。

杂质的加入导致在扩散介质中形成点缺陷，有利于扩散。随着杂质含量的增加，非本征扩散与本征扩散的转折点温度向高温方向移动，表明在较高温度时杂质扩散的影响超过本征扩散。但是，如果杂质与扩散介质形成化合物，或者发生淀析，将使扩散质点产生附加键力，扩散激活能升高，增加扩散阻力，不利于扩散。

当杂质与晶体结构中部分空位发生缔合，也会影响扩散。因此，杂质对扩散的影响必须考虑缺陷缔合、晶格畸变等多方面的因素，情况较为复杂。

5.5.3 缺陷的影响

固体中的原子或离子通过晶格的扩散称为晶格扩散，也称为晶内扩散或体扩散。与位于正常晶格处的原子或离子相比，位于晶体表面、晶界或位错处的原子或离子的能量更高，扩散激活能较低，相应的扩散系数较大。因此，晶体表面、晶界和位错往往会成为原子或离子扩散的快速通道，影响扩散速度。

晶体表面的原子或离子受到的束缚最弱，扩散容易进行。在高温条件下，表面扩散系数比晶格扩散系数更大，但是与其他扩散途径相比，通过表面的扩散通量很小，可以忽略。只有当晶粒尺寸小于 10 μm 时，表面扩散才与晶格扩散具有相同程度的重要性。表面扩散对催化、腐蚀与氧化、粉末烧结、气相沉积、晶体生长、核燃料中的气泡迁移等方面的影响显著。

晶界的扩散更为复杂。多晶材料由不同取向的晶粒相互结合而成，在晶粒之间存在着原子排列紊乱、结构开放的晶界区域。实验表明，在金属晶体或离子晶体中，原子或离子在晶界上的扩散比在晶格内部的扩散快得多，晶界有加强扩散的作用。

某些氧化物材料的晶界对离子的扩散有选择性的增强作用。例如，Fe_2O_3、CoO、$SrTiO_3$ 的晶界或位错有增强氧离子扩散的作用，而 UO_2、$(Zr,Ca)O_2$ 则有增强正离子扩散的作用。这种晶界扩散中仅有一种离子优先扩散的现象与该组成晶粒的晶界电荷分布密切相关，即与晶界电荷符号相同的离子能够优先扩散。

位错也是原子或离子进行扩散的快速通道，位错密度越高，对扩散的贡献就越大。在高温条件下，沿位错的扩散通量很小，可以忽略。在常温环境中，位错所占的面积与晶体截面积的比值一般低于 1×10^{-10}，在总扩散通量中所占比例不大。只有当温度较低、位错密度足够大时，位错扩散的贡献才能与晶格扩散相比拟而显得重要。

实验测量结果表明，金属银中 Ag 原子在表面、晶界和晶格内部的扩散激活能分别是 43 kJ/mol、85 kJ/mol 和 184 kJ/mol，激活能的差异与表面、晶界和晶格内部的差别相对应。在离子晶体中，表面、晶界和晶格内部的扩散激活能之比一般为 0.5：0.65：1，三者的扩散系数之比 $D_s:D_g:D_v$ 近似为 $10^{-7}:10^{-10}:10^{-14}$，相差 3～4 个数量级，如图 5－11 所示。

晶体的表面扩散、晶界扩散和位错扩散统称为短路扩散。温度较低时，短路扩散起主要作用；温度较高时，晶格扩散起主要作用。温度较低且不变时，晶粒越细，扩散系数越大，这是短路扩散在起作用。

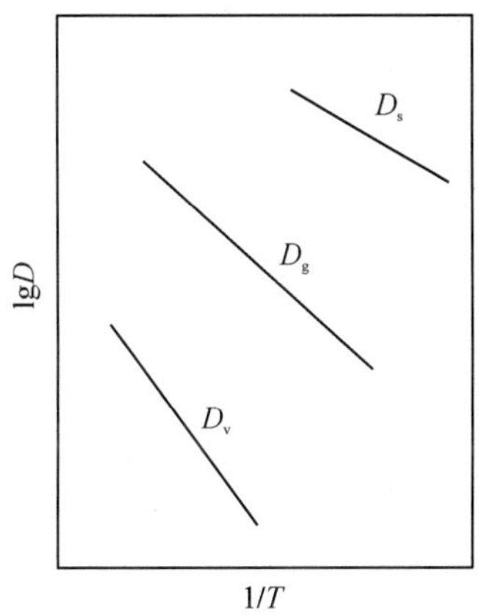

图 5－11　离子晶体的表面扩散系数 D_s、晶界扩散系数 D_g 和晶格扩散系数 D_v 与温度的关系

5.5.4　扩散介质结构的影响

一般而言，扩散介质原子附近的应力场发生畸变时，容易形成空位并降低扩散激活能，有利于扩散。因此，扩散原子与扩散介质原子之间的性质差异越大，引起的应力场畸变也越严重，扩散系数也就越大。

扩散介质的化学键不同，扩散系数也不同，相应的扩散激活能存在差异。在金属键、离子键或共价键晶体中，空位扩散机构始终都是晶粒内部质点迁移的主导方式。因为空位扩散激活能是由空位形成能和质点迁移能构成，通常随着质点之间结合能的增大，扩散激活相应增加。从微观角度而言，质点要迁移到新的位置，必须挤开迁移路径上的质点，部分破坏质点之间的结合键，引起局部的点阵畸变。质点之间的结合键越强，扩散激活能越高。

材料的熔点、熔化潜热、升华潜热和膨胀系数等反映质点之间结合能的宏观参量与扩散激活能成正比。研究表明，如果熔点相似，通常金属晶体的扩散系数大于离子晶体，而离子晶体又大于共价晶体，相应的呈现显著扩散的温度分别为 $(0.3\sim0.4)T_m$、$(0.5\sim0.6)T_m$ 和 $(0.8\sim0.9)T_m$，即泰曼温度的差别很大。

如果间隙质点比晶格质点小得多，或者晶格结构比较开放，间隙扩散机构处于优势地位。例如，多数金属材料中的氢、碳、氮、氧等原子进行间隙扩散，CaF_2 晶体中 F^- 和 UO_2 晶体中的

O^{2-} 也是间隙扩散。间隙扩散机构中，质点的扩散激活能与材料的熔点等宏观参量没有明显关系。

如果扩散介质是固溶体，其结构类型对扩散有着显著的影响。与间隙型固溶体相比，置换型固溶体中的溶质原子通过空位机构扩散时，需要首先形成空位，因而置换型扩散机构的扩散激活能高于间隙型扩散机构，间隙型固溶体比置换型固溶体容易扩散。氢、碳、氮在 α - Fe 中形成间隙型固溶体，三者的扩散激活能分别为 8.2 kJ/mol、85.4 kJ/mol、76.2 kJ/mol，而置换型固溶体的扩散激活能在 180～340 kJ/mol 范围内。在置换型固溶体中，溶质与溶剂的原子尺寸差别越小，电负性相差越大，亲和力越强，则扩散越困难。

5.5.5 扩散介质黏度的影响

在扩散介质是非晶体的情况下，介质黏度对扩散的影响很显著。在一定的条件下，可以将固相扩散介质视为黏度系数为 η 的均匀介质，半径为 r 的质点或者微粒在该介质中进行扩散时，扩散系数可以用 Stokes - Einstein 方程表达：

$$D = \frac{kT}{6\pi\eta r}$$

式中：k 为玻尔兹曼常数。

扩散系数与扩散介质的黏度 η 有关，即具有一定扩散系数的扩散过程，可以视为扩散物质在具有一定黏度的均匀介质中进行扩散。扩散介质的黏度越大，则扩散系数越小，扩散速度也就越小。Stokes - Einstein 方程适用于玻璃、非晶态物质、晶界等扩散介质中的扩散过程。对于氧化物等各向异性较为显著的晶体结构中的扩散过程，其应用则有限制，物理意义也较为模糊。

5.5.6 气氛的影响

在气氛影响的条件下，扩散仍然是通过缺陷进行的。气氛不仅影响扩散系数，更影响扩散机制。在非化学计量氧化物中，氧分压对扩散的影响就是气氛影响的典型实例。

在非化学计量氧化物中，氧化气氛可能产生正离子空位或间隙氧离子，扩散主要以正离子空位机制进行；还原气氛可能产生氧离子空位或间隙正离子，扩散大多数以氧离子空位机制进行。如果气氛导致间隙离子产生，间隙扩散必定优先。

【本 章 小 结】

固体中的扩散是基本的动力学过程，对固体材料中其他动力学过程的进行及控制具有决定性作用，对材料加工过程中微观组织的形成及材料使用过程中的性能变化具有重要影响。

根据扩散机构，如果材料内部存在化学位梯度，其质点就会在固体材料中运动，特别是在高温下更为显著。晶格中原子或离子的扩散是晶体中发生物质输运的基础。无机材料的相变、固相反应、烧结等动力学过程都包含扩散。材料的结构以及性能的稳定性也取决于扩散，这一点在高温下要特别注意。此外，用于控制材料的组织、结构以及性能的许多处理工艺及强化机制，都受扩散过程的控制。通过人为控制扩散，可以形成非平衡相，从而制备出许多性能优异的材料。

第 6 章 固相反应

固相反应是高温条件下在无机材料形成过程中普遍存在的物理化学现象，是无机材料生产过程中的基础反应，大部分无机材料以及许多金属间化合物都是通过固相反应直接合成的。

与气体和液体相比，固体的反应能力低很多，这导致在很长一段时间内人们对固相反应的机理和过程认知甚少，直到 20 世纪 30 年代才开始对固相反应进行系统的研究。泰曼（Tammann）等在合金材料固相反应领域的深入工作，海德华（Hedvall）、扬德（Jander）和瓦格纳（Wagner）等在无机材料固相反应领域的系统研究夯实了固相反应理论的基础。

固相反应的研究对象包括其所涉及的化学反应热力学、反应动力学、传质机理与途径、反应进行条件与影响控制因素等。与一般的气相反应和液相反应不同，固相反应有其特殊性。

固相反应动力学主要研究固相反应机理，揭示反应速度本质；确定固相反应的速度以及影响反应速度的外界因素；探求固体结构与反应能力之间的关系和规律。通过对固相反应动力学的研究，可以知道如何控制反应条件，提高主反应的速度，增加产品产量，抑制副反应的速度，减少原料消耗，减少副产物，提高产品质量。

不同于热力学主要研究达到平衡时反应进行的程度或转化率，固相反应动力学以非平衡的动态系统为研究对象，从动态的角度观察固相反应，研究反应转变所需要的时间，及其涉及的微观过程。

固相反应的设备容易获得，成本相对较低，工艺成熟，生产率高，在很多领域已形成了工业化生产，广泛用于稀土材料、超导材料等的合成，以及水泥、陶瓷、耐火材料等的生产。随着研究的深入，以及对反应条件的改进，固相反应将得到更广泛的应用。

本章主要介绍固相反应的机理、反应动力学关系及其适用的范围，以及各种内部和外部因素对固相反应的影响，为在无机非金属材料生产过程中控制和利用固相反应提供必要的科学基础。

6.1 固相反应概述

狭义而言，固相反应仅指固体与固体之间发生化学反应并生成固体产物的过程。广义而言，凡是有固体参与的化学反应都是固相反应。例如固体的热分解、氧化反应，以及固体与固体、固体与液体之间的化学反应都属于固相反应。

早期对固相反应的研究侧重于单纯固相系统。在研究了固态物质反应的基础上，泰曼认为：①固态物质之间直接进行反应，气相、液相没有或基本不起重要作用。②固相反应开始温度远低于反应物的熔点或系统的低共熔温度，通常相当于一种反应物开始呈现显著扩散的温度，也称为泰曼温度。不同物质的泰曼温度与其熔点 T_m之间存在一定的关系。例如，金属的泰曼温度是(0.3～0.4)T_m，盐类是 0.57T_m，硅酸盐是(0.8～0.9)T_m。③当反应物之一存在多晶转变时，转变温度一般也是反应开始显著进行的温度，这一规律称为海德华定律。

金斯特林格等人揭示了不同的反应规律，通过研究多元、复杂系统发现：在进行固相反应的高温条件下，部分固相物质与液相或气相物质之间存在相平衡，导致某一固相反应物可转为气相或液相；然后通过颗粒外部扩散到另一固相的非接触表面上，完成固相反应。因此，液相或气相也可作为固相反应的一部分参与反应过程，并对固相反应过程起重要作用。金斯特林格等人的研究工作拓展了固相反应的理论。

6.1.1 固相反应的特征

目前比较普遍的观点认为：固相反应是固相物质作为反应物直接参与化学反应的动力学过程，同时在固相物质的内部或外部存在使反应得以持续进行的传质过程，在固相物质的内部或外部至少有一个过程控制反应速度。

从反应系统特征分析，通常的液相反应、气相反应属于均相反应，质点扩散很快，反应组分在同一个相中混合并进行反应，反应速度快，室温下即可进行。固相反应属于非均相反应，固相质点间的相互作用力很大，扩散受到限制，反应组分局限在固相中，在界面上进行反应，反应速度慢，在高温下才能显著进行。固相反应中，反应物浓度不是很重要，均相动力学不适用。

考虑固相反应在反应条件、反应机理、反应过程、反应速度和反应产物等方面的特点，从以下几个方面对固相反应的特征进行概括。

(1)非均相反应系统。固相反应是固相与固相、固相与液相、固相与气相之间进行的反应，属于非均相反应。固相系统大都是由粉末状的固体颗粒组成的，固相颗粒之间，或者固相颗粒与液相之间，或者固相颗粒与气相之间存在明显的界面。

参与固相反应的固相颗粒必须与固相颗粒、液相、气相等相互接触，这是固相反应的反应物之间发生化学反应作用和进行物质输运的先决条件。此外，当反应物之一存在多晶转变时，转变温度一般也是固相反应开始显著进行的温度。

(2)反应开始温度高。固相反应的反应开始温度与主要固相物质的物理化学性质有关。固相质点间的相互作用力很大，固相物质的反应活性较低，反应速度较慢。在较低温度下，固相质点也会进行扩散，但扩散速度很小，无法观测反应过程；随着反应温度的升高，扩散速度呈指数增大，在高温条件下出现了明显的反应现象。

反应开始温度与反应物内部开始出现显著扩散的温度相一致，也称为泰曼温度。反应开始温度远低于反应物的熔点或系统的低共熔温度。不同物质的反应开始温度与其熔点 T_m之间存在一定的关系。例如，金属的反应开始温度是(0.3～0.4)T_m，盐类的反应开始温度是 0.57T_m，硅酸盐的反应开始温度是(0.8～0.9)T_m。

(3)反应速度的受限性。与一般的化学反应相同，反应温度是影响固相反应速度的最重要因素。由于反应发生在非均相系统内，传质过程与传热过程也是影响固相反应速度的重要因素。在固相反应进行时，反应物和产物的物理化学性质会发生变化，导致反应系统的温度、反应物的浓度分布发生变化。因此，固相反应的热力学参数和动力学速度会随着反应进行的程度不同，不断地发生变化。由于固相质点的迁移非常迟缓，所以固相反应速度一般较低。

(4)反应过程的复杂性。作为非均相反应，固相反应在两相界面上进行。固相反应过程至少包括界面上的化学反应和物质的扩散迁移两个过程。首先,在两相界面上发生化学反应,形成一定的产物层;其次,反应物通过产物层进行扩散迁移,使固相反应继续进行,直到系统达到平衡状态。因此,固相反应往往涉及多个物相系统,其中的化学反应过程和扩散过程同时进行,反应过程的控制因素较为复杂,不同阶段的控制因素也千变万化。可以认为,固相反应是一种多相、多过程、多因素控制的复杂反应过程。

(5)反应产物的阶段性。固相反应的显著特点就是反应产物的阶段性。反应开始生成的最初产物,随着反应的进行会不断地发生演变,最后形成的最终产物有可能与最初产物不一致。即固相反应的产物不是一次生成的,而是经过最初产物、中间产物、最终产物等几个阶段,这几个阶段又是相互交叉和连续进行的。

6.1.2 固相反应的分类

固相反应的反应物系统涉及两个或两个以上的物相种类,其反应类型包括化学合成、分解、融化、升华、结晶等,反应过程又包括化学反应、扩散传质等过程。根据不同的分类依据,固相反应可以分为不同的类型,有些分类之间有相互交叉的现象。

根据初始反应物的物相状态,可以将固相反应分为纯固相反应、有气相参与的固相反应、有液相参与的固相反应等类型。

根据化学反应的性质,可以将固相反应分为加成反应、分解反应、置换反应、氧化反应、还原反应等类型。

根据物质输运的距离,可以将固相反应分为短距离输运固相反应、长距离输运固相反应、介于上述二者之间的固相反应等类型。

根据反应的机理,可以将固相反应分为化学反应控制的固相反应、扩散控制的固相反应、过渡范围控制的固相反应等类型。

根据反应产物的空间分布尺度,可以将固相反应分为成层反应、非成层反应。成层反应亦称界面反应,物质输运通过产物层,产物形态是层状;非成层反应亦称体相反应,物质输运除了通过产物层以外,还有其他途径,产物形态不只是层状。

分类研究方法强调了问题的某一个方面,以寻找其内部规律性;实际上不同性质反应的反应机理可以相同,也可以不相同,即使是同一系统,外部条件的变化也可能导致反应机理的改变。因此,要真正了解固相反应所遵循的规律,在分类研究的基础上还必须对过程作进一步的综合分析。

6.2 固相反应的机理

固相反应种类繁多,其反应机理也有较大差异。不同类型的固相反应既表现出一些共性规律,也存在差异和特性。固相反应过程一般包括扩散、生成新的化合物、化合物晶体长大和晶体结构缺陷校正等阶段,这些阶段是连续进行的,并且相互交叉。在这些阶段进行的同时,还伴随着系统物理化学性质的变化。可以通过观察并测量这些变化,对固相反应过程进行详细的研究。

固相反应是非平衡状态向平衡状态靠近的过程。对于固相反应系统的平衡关系,可以利用相图进行研究。相图通常是表示完全的平衡关系,对应于反应系统平均组成与温度的关系,或者反应局部系统平均组成与温度的关系。根据相图能够了解哪些相之间有平衡关系，哪些反应能够进行。

6.2.1 固相反应的一般过程

图 6-1 是固相 A 与 B 进行化学反应生成 AB，然后 A 与 B 逆向通过 AB 扩散到 B-AB 界面和 A-AB 界面，继续进行反应的示意图。一般而言，固相反应至少是由相界面上的化学反应和固相内的物质输运两个过程构成的。化学反应的推动力是反应温度、压力条件下反应物与产物的自由能差。在反应过程中，反应物质点的化学势梯度是反应系统中位置的函数，决定着质量的流动方向，即物质的输运。

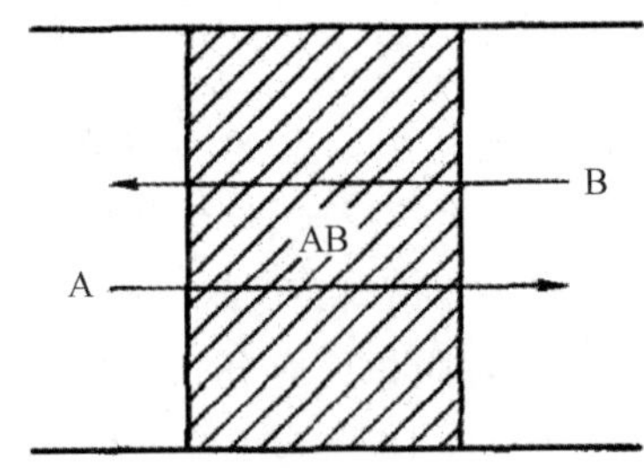

图 6-1 固相 A 与 B 进行化学反应的示意图

1.相界面上的化学反应

固相反应的充分必要条件是反应物必须相互接触，即化学反应是在反应物之间的界面上进行。如果反应物是颗粒状，那么颗粒越细，其比表面积越大，颗粒之间的接触面积也就越大，更有利于固相反应的进行。

对于不同的反应系统，相界面上的化学反应各有差别，但不同反应系统都涉及的共性反应过程包括：①反应物之间的混合接触并产生表面效应；②在表面发生化学反应，形成细薄且含大量结构缺陷的新相；③新相的长大和结构缺陷的校正。

影响化学反应速度的因素包括：①反应物的表面积和反应物之间的接触面积；②化学反应的速度；③新相的长大速度；④结构缺陷的校正速度。

2.固相内的物质输运

当反应物之间形成的产物层达到一定厚度，进一步的固相反应依赖于一种或几种反应物通过产物层的扩散时，反应才能继续进行。这种物质的输运过程可以通过晶体的晶格内部、表面、晶界、位错或由于反应物和产物体积不同引起的晶体裂纹进行。

由于固相反应中质点迁移速度远比气相与液相中慢，所以固相反应完成所需的时间往往很长，并且在许多系统中，反应很难达到完全的热力学平衡程度。

固相反应的历程是复杂的，由许多不同的过程组成。除了化学反应过程和反应物的扩散过程以外，还常常伴随一些物理变化过程。一般至少在固相内部或外部有一个或两个过程（环节）起着控制整个固相反应速度的作用，它既可能是化学反应或扩散，也可能是新相长大或系统内的能量输运，还有可能是某一物理变化过程等。

不同的固相反应系统有其自身的特性，但是以上物理化学过程是具有共性的。如果气相或液相参与固相反应，反应将不局限于反应物直接接触的界面，有可能扩展至整个反应物的自由表面同时进行；反应所需的传质过程也可能通过气相或液相进行；固相与液相以及气相之间的吸附、浸润作用可能影响反应，此时气相与液相对固相反应具有重要作用。

3.固相反应实例

傅惕格(Hlutting)研究了 ZnO 与 Fe_2O_3 反应生成 $ZnFe_2O_4$ 尖晶石的固相反应过程。图 6-2是反应过程中系统的性质变化，这些变化反映出系统在加热过程中发生的物理、化学变化。

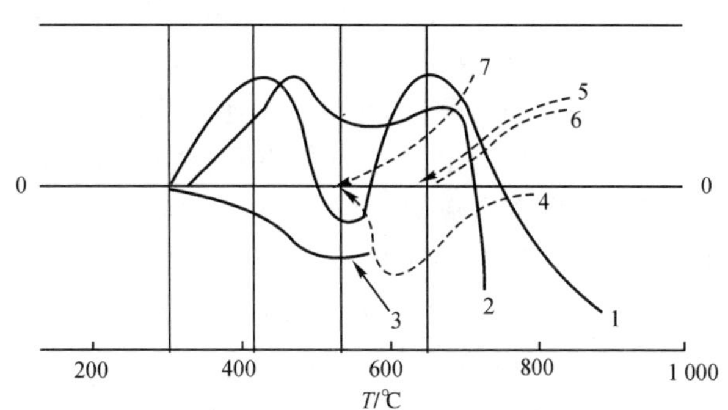

图 6-2　$ZnO+Fe_2O_3 \rightarrow ZnFe_2O_4$ 反应过程中系统的性质变化

1—对 $2CO+O_2 \rightarrow 2CO_2$ 反应的催化活性；2—对 $2N_2O \rightarrow 2N_2+O_2$ 反应的催化活性；
3—对色剂的吸附性能；4—密度；5—$ZnFe_2O_4$ 的 X 射线强度；6—荧光性；7—磁化率

综合各种性质随反应温度的变化规律，可以把整个反应过程划分为 6 个阶段。

(1)隐蔽阶段。在低于 300 ℃的隐蔽阶段，熔点较低的反应物"遮蔽"另一种反应物。此阶段内系统对色剂的吸附性能降低，说明反应物混合时已经相互接触，随着温度升高，接触更紧密，在界面上质点之间形成了某些弱键。

(2)一次活化阶段。在 300～400 ℃之间的一次活化阶段，对 $2CO+O_2 \rightarrow 2CO_2$ 反应的催化活性增强，X 射线谱上没有新相的谱线出现，密度无变化。这说明初始的活化只是表面效应，即使生成产物也是局部的分子表面膜，并具有严重缺陷，故呈现很大的活性。

(3)一次脱活阶段。在 400～500 ℃之间的一次脱活阶段，系统催化活性和吸附能力下降。这说明先期形成的分子表面膜得到发展和加强，并在一定程度上阻碍质点在表面范围内的扩散。

(4)二次活化阶段。在 500～620 ℃之间的二次活化阶段，系统催化活性再次增强，密度减小，磁化率增大，X 射线谱上没有新相的谱线出现，但谱线呈现弥散现象。这说明 Fe_2O_3 渗入 ZnO 晶格，反应在整个颗粒内部进行，常伴随着颗粒表层的疏松和活化。此时反应物的分散度非常高，不可能出现新晶格，但可以认为已经形成晶核。

(5)二次脱活阶段或晶体形成阶段。在 620～750 ℃之间的二次脱活阶段，系统催化活性再次降低，密度逐渐增大，X 射线谱上出现 $ZnFe_2O_4$ 谱线，强度逐渐增大。这说明晶核逐渐长大，但结构仍不完整。

(6)反应产物晶格校正阶段。在高于 750 ℃的反应产物晶格校正阶段，系统密度稍许增大，X 射线谱上出现 $ZnFe_2O_4$ 谱线，强度增强并接近正常晶格的谱线。这说明产物的结构缺陷得到校正、调整而趋于热力学稳定状态。

反应阶段的划分主要取决于温度，在不同温度下，反应物质点所处的能量状态不同，扩散能力和反应活性也不同。对于不同的系统，划分各阶段的温度也不同。新相的形成温度都明显地高于反应开始温度，二者的差值因反应系统而异，称为反应潜伏温差。$ZnO - Fe_2O_3$系统的反应潜伏温差大约为 300 ℃，$NiO - Al_2O_3$系统大约为 250 ℃。

6.2.2 连续反应与中间产物

在实际的固相反应中，当反应物之间可能存在两个以上反应物时，反应有时不是一步完成的。最初产物可能与初始反应物继续反应，生成中间产物，中间产物也可能与最初产物进行反应，或者是不同阶段的中间产物之间继续发生一系列反应，最后才形成平衡状态的最终产物。这种经由一个或几个介稳的中间产物的反应，通常称为连续反应，即奥斯特华德(Ostwald)定律。连续反应在各种反应类型中都可能出现，对于掌握和控制反应的进程是很重要的。

例如，CaO 与 SiO_2进行固相反应生成 $CaSiO_3$，CaO 与 SiO_2之间可以形成 CS、C_2S、C_3S_2和 C_3S 四种化合物(C 代表 CaO，S 代表 SiO_2)。实验发现，该系统进行固相反应时，尽管配料组成 $n(CaO):n(SiO_2)=1:1$，但是反应首先形成最初产物 C_2S，进而有中间产物 C_3S_2和C_3S生成，最后才转变为最终产物 CS，其反应顺序和量的变化如图 6－3 所示。在反应过程中，中间产物的组成与配料组成无关，最终产物的组成与配料组成趋于一致。生成 $CaSiO_3$的过程中，最初产物、中间产物、最终产物出现的顺序与图 6－4 中在 1 000～1 400 ℃范围内形成各种钙硅酸盐时自由能变化的顺序相一致。

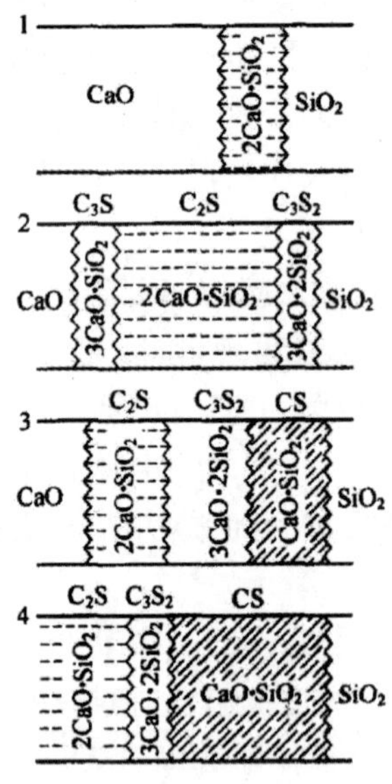

图 6－3 $CaO - SiO_2$系统反应生成 $CaSiO_3$过程的示意图

在固相反应过程中，产物出现的规律是：最初的产物往往是熔点最高(即在高温下最稳定)的化合物，最终产物通常可依据配料组成由相图确定。例如，$MgO - SiO_2$系统的固相反应，即使配料组成 $n(MgO):n(SiO_2)=1:1$，与原顽辉石 $MgSiO_3$完全一致，但最初产物往往是熔点较高的镁橄榄石 Mg_2SiO_4。这主要是因为固相反应是非均相反应，其反应主要在界面上进行，所以在反应的初始与中间阶段，局部的反应一定程度上都会独立地按照自由能下降的方向进行。这也是固相反应需要很长时间,否则往往得不到预想结果的重要原因之一。

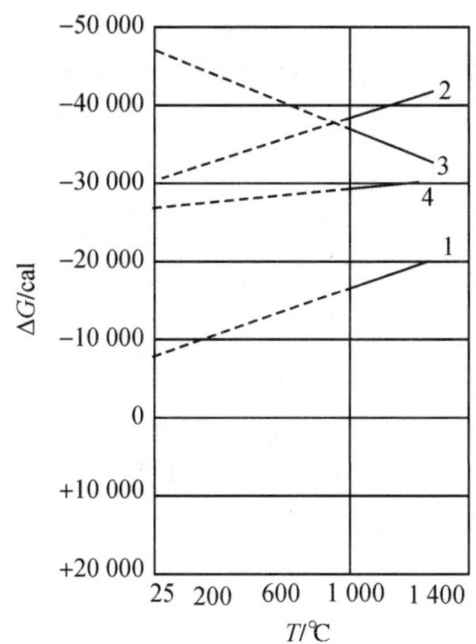

图6-4 生成 $CaSiO_3$ 的过程中部分反应的自由能变化

1—$CaO+SiO_2 \rightarrow CaO\cdot SiO_2$;2—$2CaO+SiO_2 \rightarrow 2CaO\cdot SiO_2$;

3—$3CaO+2SiO_2 \rightarrow 3CaO\cdot 2SiO_2$;4—$3CaO+SiO_2 \rightarrow 3CaO\cdot SiO_2$

连续反应与中间产物的研究在实际生产中是很有意义的。例如,在电子陶瓷的生产中,希望得到某种主晶相以满足电学性质的要求,但是同一配方在不同烧成温度和保温时间下得到的物相组成相差很大,导致电学性能波动也很大,这是中间产物和多晶转变的存在造成的。因此,可以通过X射线物相分析以及差热分析等测试手段,获得需要的主晶相在什么温度下出现、需要保温多长时间等数据,为确定材料烧成制度的提供依据。

6.2.3 相界面上的反应与离子扩散

尖晶石是重要的工业用无机非金属材料。尖晶石型铁氧体材料大量用于电子工业的控制和电路元件,尖晶石型铬铁矿耐火砖广泛用于钢铁工业。尖晶石的生成反应是已经被充分研究的固相反应。以镁铝尖晶石的生成反应为例讨论相界面上的反应与离子扩散,其反应式为

$$MgO+Al_2O_3 \rightarrow MgAl_2O_4$$

在反应过程中,反应物通过固相产物层扩散。经过长期研究,瓦格纳认为:尖晶石形成是由两种正离子逆向经过两种氧化物界面的扩散所决定的,氧离子不参与扩散迁移过程。在形成最初的 $MgAl_2O_4$ 产物后,Al^{3+} 通过 $MgO/MgAl_2O_4$ 界面向 MgO 扩散,必有如下反应:

$$2Al^{3+}+4MgO \rightarrow MgAl_2O_4+3Mg^{2+}$$

Mg^{2+} 通过 $Al_2O_3/MgAl_2O_4$ 界面向 Al_2O_3 扩散,必有如下反应:

$$3Mg^{2+}+4Al_2O_3 \rightarrow 3MgAl_2O_4+2Al^{2+}$$

为了保持电中性,Mg^{2+} 向 Al_2O_3 扩散的正电荷数目应该等于 Al^{3+} 向 MgO 扩散的正电荷数目,即每向 Al_2O_3 扩散3个 Mg^{2+},必有2个 Al^{3+} 向 MgO 扩散,同时必伴随1个空位从 Al_2O_3 晶粒扩散至 MgO 晶粒。显然,反应物离子的扩散要穿过相界面以及产物层。产物层形成后,反应物离子在其中的扩散控制着这类尖晶石型反应的速度。随着 $MgAl_2O_4$ 产物层厚度的增加,它对离子扩散的阻力增大,离子扩散速度降低。当离子扩散速度与界面上的化学反应速

度相当时，相界面上就达到了局域的热力学平衡。

6.3 固相反应动力学

固相反应动力学旨在通过研究反应机理了解反应系统中反应随时间变化的规律，即反应速度规律和影响反应速度的因素。反应速度可用单位时间、单位体积中反应物的减少或产物的增多表示。不同的固相反应或者同一反应的不同阶段，反应机理不同，动力关系也往往不同。

根据固相反应动力学，可以研究未知固相反应。通过实验测定不同温度、不同时间下固相反应的速度，再与已知的动力学方程进行对比，发现反应的规律与机理，寻求控制反应的因素。对于已知的固相反应，可以测定其反应温度和对应的反应时间，代入相应的动力学方程，定量了解反应进行程度、反应完成时间等重要数据。

6.3.1 固相反应一般动力学关系

固相反应通常由几个简单的物理化学过程构成，除了界面上的化学反应、反应物通过产物层的扩散等过程外，还可能有结晶、熔融、蒸发、升华等过程。只有每个过程都完成，固相反应才结束。整体反应速度受到所涉及的各个动力学过程速度的影响，速度最慢的过程对整体反应速度有决定性的控制作用。

以金属氧化过程为例，建立反应系统的整体反应速度与各阶段反应速度间的定量关系。金属 M 表面的氧化反应模型如图 6-5 所示，反应方程式为

$$M(s)+\frac{1}{2}O_2(g)\rightarrow MO(s)$$

经过 t 时间后，金属 M 表面已形成厚度为 δ 的产物层 MO。进一步的反应将由氧通过产物层 MO 扩散到 M-MO 界面以及氧与金属反应两个过程组成。

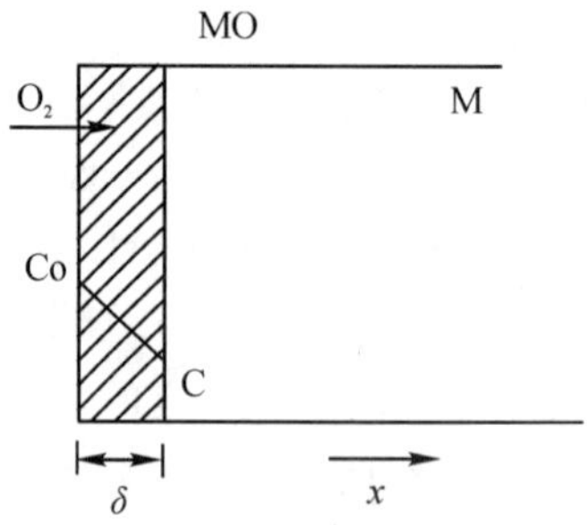

图 6-5 金属 M 表面的氧化反应模型

根据化学反应动力学一般原理和扩散第一定律，单位面积界面上金属的氧化速度

$$V_R=Kc \tag{6-1}$$

氧的扩散速度为

$$V_D=D\frac{dc}{dx}=D\frac{c_0-c}{\delta} \tag{6-2}$$

式中：K 为化学反应速度常数；c_0 和 c 分别为金属 M 表面和 M-O_2 界面处氧的浓度；D 为氧

在产物层中的扩散系数。显然，当整个反应过程达到稳定时系统的整体反应速度为

$$V = V_R = V_D \tag{6-3}$$

将式(6－1)和式(6－2)代入式(6－3)，得

$$\frac{1}{V} = \frac{1}{Kc_0} + \frac{1}{Dc_0/\delta} \tag{6-4}$$

由此可见，由扩散和化学反应两个过程构成的固相反应的整体反应速度的倒数为扩散最大速度的倒数和化学反应最大速度的倒数之和。如果将反应速度的倒数理解成反应的阻力，则反应的总阻力等于各环节分阻力之和。如果固相反应不仅包括化学反应和物质扩散，还包括结晶、熔融、升华等物理化学过程，那么固相反应总速度的倒数将是上述各环节的最大可能速度的倒数之和。

为了确定过程总的动力学速度，对整个过程中各个基本步骤的具体动力学关系加以确定是必须予以解决的问题。例如，当固相反应各环节中物质扩散的速度较其他各环节都慢得多时，则可以认为反应阻力主要来源于扩散，如果其他各项阻力与扩散项阻力相比可以忽略，则扩散速度完全控制反应速度。其他情况也可据此类推。

6.3.2　化学反应动力学范围

化学反应是固相反应过程的基本环节。对于均相的二元反应系统，如果化学反应为 $m\mathrm{A}+n\mathrm{B}\rightarrow p\mathrm{C}$，则化学反应速度的一般表达式为

$$V_R = \frac{\mathrm{d}c_C}{\mathrm{d}t} = Kc_A^m c_B^n \tag{6-5}$$

式中：c_A、c_B、c_C分别代表反应物A、B和产物C的浓度；K为反应速度常数。

K与温度之间存在阿累尼乌斯关系：

$$K = K_0 \exp\left(-\frac{\Delta G_R}{RT}\right) \tag{6-6}$$

式中：K_0为常数；ΔG_R为反应激活能。

然而，对于非均相的固相反应，式(6－6)不能直接用于描述化学反应的动力学关系。对于大多数固相反应，浓度的概念对反应整体已失去了意义。多数固相反应以固相反应物间的直接接触为基本条件。因此，在固相反应中将引入转化率G的概念，取代式(6－5)中的浓度，同时还考虑了反应过程中反应物间的接触面积F。

转化率是指参与反应的一种反应物在反应过程中被反应的体积分数，该种反应物的量按照化学配比在理论上能完全被反应。设反应物为半径为R的球状颗粒，经过t时间反应后，反应物颗粒外层厚度x已被反应，定义转化率G：

$$G = \frac{R^3 - (R-x)^3}{R^3} = 1 - \left(1 - \frac{x}{R}\right)^3 \tag{6-7}$$

因此，固相反应的化学反应动力学的一般方程式为

$$\frac{\mathrm{d}G}{\mathrm{d}t} = KF\,(1-G)^n \tag{6-8}$$

式中：n为反应级数；K为反应速度常数；F为反应截面积。在式(6－5)中，浓度c既反映了反应物的数量，又反映了反应物中接触或碰撞的概率；而在式(6－8)中，反应截面积F和剩余转化率$(1-G)$充分反映了这两个因素。

如果反应物颗粒为球形，反应截面积为

$$F=4\pi\ (R-x)^2=4\pi R^2\ (1-G)^{\frac{2}{3}}$$

对于零级反应，式(6-8)简化为

$$\frac{dG}{dt}=KF=4\pi KR^2\ (1-G)^{\frac{2}{3}}=K_0\ (1-G)^{\frac{2}{3}} \tag{6-9}$$

对式(6-9)积分，考虑初始条件 $t=0,G=0$，得

$$F_0(G)=1-(1-G)^{\frac{1}{3}}=K_0 t \tag{6-10}$$

对于一级反应，式(6-8)简化为

$$\frac{dG}{dt}=KF(1-G)=4\pi KR^2\ (1-G)^{\frac{5}{3}}=K_1\ (1-G)^{\frac{5}{3}} \tag{6-11}$$

对式(6-11)积分，考虑初始条件 $t=0,G=0$，得

$$F_1(G)=(1-G)^{-\frac{2}{3}}-1=K_1 t \tag{6-12}$$

式(6-12)就是反应截面按照球状模型变化时，一般固相反应的转化率或反应速度与时间的函数关系。

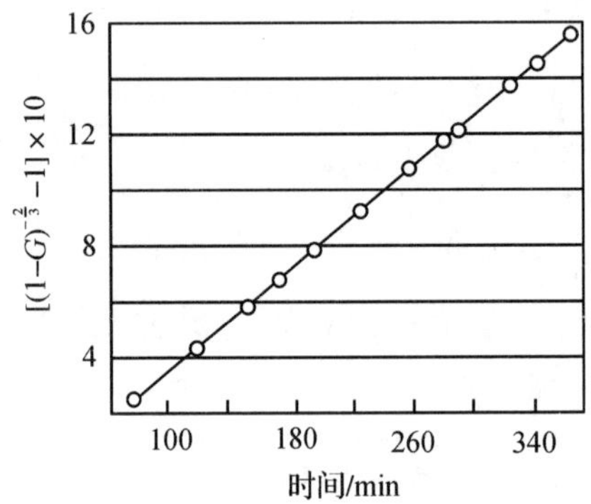

图 6-6　NaCl 参与的 $Na_2CO_3+SiO_2 \rightarrow Na_2O \cdot SiO_2+CO_2(g)$ 的反应动力学曲线(740 ℃)

碳酸钠和二氧化硅粉体在 740 ℃进行固相反应 $Na_2CO_3+SiO_2 \rightarrow Na_2O \cdot SiO_2+CO_2(g)$，如果颗粒 $R=0.036$ mm，并加入少许 NaCl 作为溶剂，整个反应的动力学过程完全符合式(6-12)，如图 6-6 所示，转化率 G 与 t 间的关系很好地符合式(6-11)，说明该反应系统在该反应条件下，反应总速度为化学反应动力学过程所控制，而扩散的阻力相对较小，可忽略不计，且反应属于一级化学反应。

6.3.3　扩散动力学范围

固相反应一般都伴随有物质的迁移。由于在固相中的扩散速度通常较为缓慢，所以在多数情况下，扩散速度控制整个反应的速度。根据反应截面的形状和变化情况，扩散控制的反应动力学方程也将不同。在众多的反应动力学方程式中，基于平板模型和球体模型推导的杨德尔方程和金斯特林格方程具有一定的代表性。

1.抛物线型速度方程

如图 6-7(a)所示，假设反应物 A 和 B 以平板模型相互接触反应和扩散，形成厚度为 x 的产物 AB 层，随后 A 质点通过 AB 层扩散到 AB-B 界面继续反应。如果界面化学反应速度远

大于扩散速度，则固相反应过程由扩散控制。经过 dt 时间，通过 AB 层单位截面的 A 物质量为 dm。在反应过程中的任一时刻，反应界面 AB－B 处 A 物质的浓度为零，而界面 AB－A 处 A 物质的浓度为 c_0。根据扩散第一定律

$$\frac{dm}{dt}=D\left(\frac{dc}{dx}\right)_{\xi=x} \tag{6-13}$$

该反应产物 AB 密度为 ρ，相对分子质量为 μ，则 $dm=\frac{\rho dx}{\mu}$。

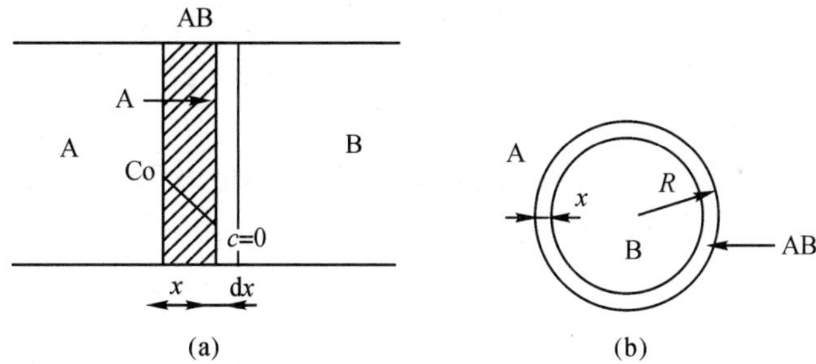

图 6－7 固相反应的平板模型和杨德尔模型

考虑该扩散属于稳定扩散，有

$$\left(\frac{dc}{dx}\right)_{\xi=x}=\frac{c_0}{x}$$

因此

$$\frac{dx}{dt}=\frac{\mu Dc_0}{\rho x} \tag{6-14}$$

对式(56－14)积分，考虑边界条件 $t=0,x=0$，得

$$x^2=\frac{2\mu Dc_0}{\rho}t=Kt \tag{6-15}$$

式(6－15)说明，反应物以平板模型接触时，反应产物层厚度与时间的二次方根成正比，称之为抛物线速度方程式。

抛物线速度方程式可以描述各种物理或化学的控制过程并有一定的精确度。但是由于采用了平板模型，假设平板间的接触面积是常数，忽略了反应物间接触面积随时间的变化，使方程的准确性和适用性受到了限制。

2.杨德尔方程

在实际情况中，固相反应的原料通常是粉状物料，因此杨德尔假设：①反应物 B 是半径为 R 的等径球状颗粒；②反应物 A 是扩散相，A 向 B 的扩散速度远大于 B 向 A 的扩散速度，A 成分总是包裹着 B 颗粒，即在系统中只有 A 作单向扩散，反应自 B 颗粒的球面向中心进行，如图 6－7(b)所示。根据式(6－7)，产物层厚度为

$$x=R\left[1-(1-G)^{\frac{1}{3}}\right]$$

将上式代入式(6－15)，即得到杨德尔方程的积分式为

$$x^2=R^2\left[1-(1-G)^{\frac{1}{3}}\right]^2=Kt \tag{6—16a}$$

或

$$F_J(G)=[1-(1-G)^{\frac{1}{3}}]^2=\frac{K}{R^2}t=K_Jt \tag{6-16b}$$

对式(6－16)微分，得到杨德尔方程的微分式为

$$\frac{dG}{dt}=K_J\frac{(1-G)^{\frac{2}{3}}}{1-(1-G)^{\frac{1}{3}}} \tag{6-17}$$

杨德尔方程在较长时间内是比较经典的描述扩散控制颗粒系统的固相反应动力学方程。但由于该方程是将球状模型的转化率代入平板模型的抛物线速度方程得到的，没有考虑反应截面 F 的变化，因此杨德尔方程只适用于反应初期，即反应转化率较小(或 x/R 较小)的情况。

杨德尔方程在反应初期的适用性在不少固相反应实例中得到证实。图 6－8 和图 6－9 分别是反应 $BaCO_3+SiO_2 \rightarrow BaSiO_3+CO_2$ 和 $ZnO+Fe_2O_3 \rightarrow ZnFe_2O_4$ 在不同温度下 $F_J(G)$ 与时间 t 的关系。温度的变化所引起直线斜率的变化完全由反应速度常数 K_J 变化所致，由此变化可求得反应的激活能

$$\Delta G_R=\frac{RT_1T_2}{T_2-T_1}\ln\frac{K_J(T_2)}{K_J(T_1)} \tag{6-18}$$

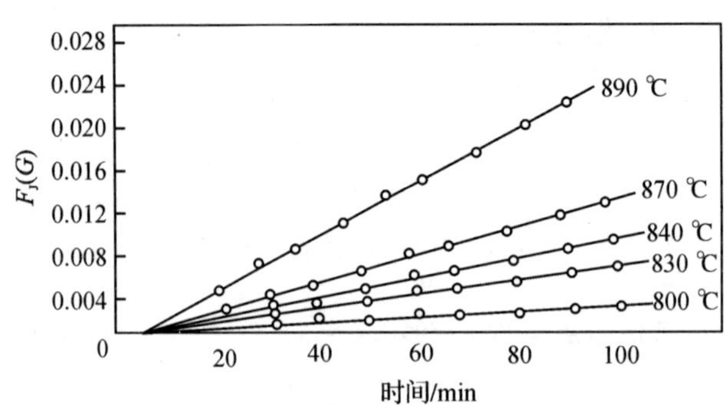

图 6－8　$BaCO_3+SiO_2 \rightarrow BaSiO_3+CO_2$ 在不同温度下 $F_J(G)$ 与时间的关系

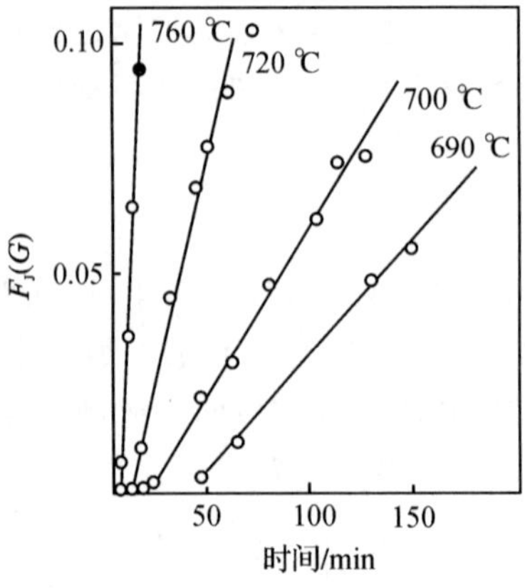

图 6－9　$ZnO+Fe_2O_3 \rightarrow ZnFe_2O_4$ 在不同温度下 $F_J(G)$ 与时间的关系

3.金斯特林格方程

针对杨德尔方程只适用于转化率较小的情况，金斯特林格考虑了在反应过程中反应截面随反应进程变化的事实，认为实际反应开始以后产物层是一个球壳，而不是一个平面。

金斯特林格提出了图 6－10 所示的反应扩散模型。当反应物 A 和 B 混合均匀后，如果 A 的熔点低于 B，A 可以通过表面扩散或通过气相扩散而布满整个 B 的表面。在产物层 AB 生成之后，反应物 A 在产物层中的扩散速度将远大于 B，并且在整个反应过程中，球壳形产物层的外壁（A－AB 界面），扩散相 A 浓度为 C_0，而产物层内壁（B－AB 界面），由于化学反应速度远大于扩散速度，扩散到 B 界面的反应物 A 立即与 B 反应生成 AB，A 的浓度为零，故整个反应的速度完全由 A 在产物层 AB 中的扩散速度所决定。

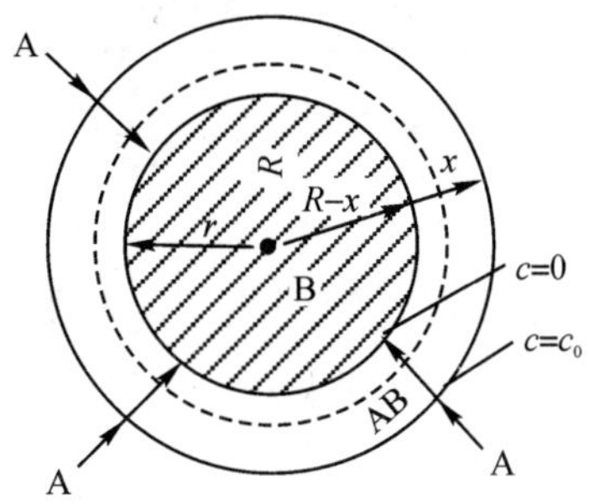

图 6－10　固相反应的金斯特林格模型

假设单位时间内通过 $4\pi r^2$ 球面积扩散入产物层 AB 中 A 的量为 $\mathrm{d}m_A/\mathrm{d}t$，根据扩散第一定律，有

$$\frac{\mathrm{d}m_A}{\mathrm{d}t}=D4\pi r^2\left(\frac{\partial c}{\partial r}\right)_{r=R-x}=M(x) \tag{6-19}$$

假定 A 在产物层 AB 中的扩散是稳定扩散过程，故同时将有相同数量的 A 扩散通过任一指定的球面（半径为 r），但扩散量随产物层厚度 x 增大而变化，亦即随时间 t 而变化，其量为 $M(x)$。如果反应产物 AB 的密度为 ρ，相对分子质量为 μ；AB 中 A 的分子数为 n，令 $\rho n/\mu=\varepsilon$，这时产物层 $4\pi r^2\mathrm{d}x$ 体积中积聚的 A 的量为

$$4\pi r^2\varepsilon\,\mathrm{d}x=D4\pi r^2\left(\frac{\partial c}{\partial r}\right)_{r=R-x}$$

故

$$\frac{\mathrm{d}x}{\mathrm{d}t}=\frac{D}{\varepsilon}\left(\frac{\partial c}{\partial r}\right)_{r=R-x} \tag{6-20}$$

由式(6－19)移项并积分，得

$$\left(\frac{\partial c}{\partial r}\right)_{r=R-x}=\frac{c_0R(R-x)}{r^2x} \tag{6-21}$$

将式(6－21)代入式(6－20)，令 $K_0=D/(\varepsilon c_0)$，积分得

$$x^2\left(1-\frac{2x}{3R}\right)=2K_0t \tag{6-22}$$

将球形颗粒转化率关系式代入式(6－22)，整理后即可得出以转化率 G 表示的金斯特林格方程的积分式：

$$F_K(G)=1-\frac{2}{3}G-(1-G)^{\frac{2}{3}}=\frac{2D\mu c_0}{R^2\rho n}t=K_K t \tag{6-23}$$

和微分式

$$\frac{dG}{dt}=K_K'\frac{(1-G)^{\frac{1}{3}}}{1-(1-G)^{\frac{1}{3}}} \tag{6-24}$$

式中：$K_K'=K_K/3$。

许多实验研究表明，与金斯特林格方程相比，杨德尔方程能适用于更大的反应程度。例如，碳酸钠与二氧化硅在 820 ℃的固相反应，测定不同反应时间的二氧化硅转化率 G，得到表 6－1所示的实验数据。

表 6－1 $S_iO_3-NaCO_3$ **反应动力学数据**($R_{SiO2}=0.036$ mm，$T=820$ ℃)

时间/min	SiO_2转化率 G	$K_K\times10^4$	$K_J\times10^4$
41.5	0.245 8	1.83	1.81
99.5	0.368 6	1.83	2.02
168.0	0.454 0	1.83	2.10
222.0	0.519 6	1.83	2.14
296.0	0.587 6	1.83	2.20
332.0	0.615 6	1.83	2.25

将实验结果代入金斯特林格方程，当转化率在 0.246～0.616 区间内，$F_K(G)$与时间 t 的线性关系相当好，其速度常数 K_K等于 1.83。如果以杨德尔方程处理实验数据，$F_J(G)$与时间 t 线性关系很差，K_J值从 1.81 偏离到 2.25。因此，如果说金斯格林方程能够描述转化率很大情况下的固相反应，那么杨德尔方程只能描述转化率较小情况下的固相反应。

虽然金斯特林格方程并非十分完善，例如，没有考虑产物与产物之间的体积变化，反应物并非都可以简化成等径的球体状，在推导方程的过程中以单向稳定扩散为前提等，但是该方程能较好地适合许多由扩散控制的固相反应全过程，所以是比较成功的。

4.卡特方程

金斯特林格方程中没有考虑反应物和产物的密度不同带来的体积效应，卡特对金斯特林格方程进行了修正，得到卡特动力学方程。卡特方程考虑了反应面积的变化以及反应物与产物因密度不同而带来的体积效应。以转化率 G 表示的卡特方程的积分式为

$$F_C(G)=[1+(Z-1)G]^{\frac{2}{3}}+(Z-1)(1-G)^{\frac{2}{3}}-Z=K_C t \tag{6-25}$$

式中：K_C是速度常数；Z 是消耗单位体积反应物所生成的产物的体积。卡特用该方程处理镍球氧化过程的动力学数据，发现直至反应进行到 100 %，方程仍然与实验结果符合得很好。

6.3.4 过渡范围

如果固相反应中各种过程的速度都彼此相当而不能忽略，情况就比较复杂，很难用一个简单的方程描述整个反应过程，只能根据不同情况，用一些近似关系表达式进行描述。

当固相反应中界面上的化学反应速度与反应物通过产物层扩散的速度相当，而不能忽略其中的一个时，即为过渡范围。过渡范围可以用泰曼的经验关系表达式进行估算：

$$\frac{dx}{dt}=K_G'\frac{1}{t}$$

积分后得

$$x=K_G\ln t$$

式中：K_G'、K_G 是与温度、扩散系数和颗粒接触条件等有关的速度常数。

在许多情况下，随着反应条件的改变，某个固相反应可能从一个速度控制范围转变到另一个速度控制范围。如果用速度或速度常数对固相反应温度的倒数 $1/T$ 作图，所得的直线若在某处出现转折，则此转折就意味着控制速度的机制发生改变。相应地，某段直线对应区间属于一种特定的动力学速度控制范围。

6.4 影响固相反应的因素

固相反应过程主要涉及相界面上的化学反应以及相内部或外部的物质输运。凡是能够影响化学反应的因素，包括温度、压力、反应时间，以及反应物化学组成、结构状态等，都会影响固相反应的进行方向与程度。凡是能够活化晶格、促进物质内部或外部扩散的因素，都会影响固相反应的进行程度与速度。常见的多晶转变、脱水、分解、固溶体形成等反应类型，通常伴随着产物的晶格活化，对固相反应有一定的促进作用。

6.4.1 反应物化学组成

反应物化学组成是影响固相反应的内因，是决定反应方向和反应速度的重要因素。从热力学角度来看，在一定温度、压力条件下，反应可能沿着自由能减少，即 $\Delta G<0$ 的方向进行，而且 ΔG 的负值越大，反应的推动力越大，沿该方向进行的概率也越大。反应物的合适的化学组成可以使反应向自由能降低的方向进行。反应物质点间的化学键越大，反应可动性与反应能力越小，反之亦然。

在同一反应系统中，固相反应速度还与各个反应物之间的比例有关。如果 A 与 B 反应生成产物 AB，改变 A 与 B 的比例会影响反应物表面积和反应截面积的大小，从而改变产物层的厚度，影响反应速度。例如，增加反应混合物中“遮盖”物的含量，则反应物接触机会和反应截面就会增大，同样量的产物层被摊薄，相应的反应速度就会增大。

6.4.2 反应物活性

从结构观点来看，反应物的结构状态、质点间的化学键性质以及各种缺陷的数量都会影响固相反应速度。事实表明，组成相同的物质处于不同的结构状态时，其反应活性差别很大。通常，晶格能高、结构完整且稳定的物质，其质点可动性小，反应活性低；反之亦然。因此，难熔氧化物之间的反应或者烧结一般都比较困难，通常需要采用高活性固体物质作原料。

例如，氧化铝与氧化钴生成钴铝尖晶石的反应 $Al_2O_3+CoO \rightarrow CoAl_2O_4$ 中，如果分别采用低温轻烧 Al_2O_3 和高温死烧 Al_2O_3 作原料，二者的反应速度相差近 10 倍。主要原因是轻烧 Al_2O_3 在反应中存在 $\gamma-Al_2O_3 \rightarrow \alpha-Al_2O_3$ 的多晶转变，大大提高了 Al_2O_3 的反应活性。

物质在多晶转变温度附近，质点可动性显著增大，结构内部缺陷增多，晶格松懈并活化。发生多晶转变时，晶体由一种结构类型转变为另一种结构类型，原来稳定的结构被破坏，晶格中质点的位置重排，大大削弱了质点间的结合力，处于晶格活化状态，故而反应和扩散能力增强。因此，在工艺上可以利用多晶转变活化效应，提高物质的活性，促进固相反应进行。

采用热分解反应和脱水反应，形成具有较大比表面积和晶格缺陷的初生态或无定形物质，也可以提高物质的活性，促进固相反应进行。

例如，选用不同的原料合成铬镁尖晶石 $MgCr_2O_4$，反应速度不同。选用 $MgCO_3$ 作原料，分解形成高活性的新生态 MgO，与铬铁矿 $FeCr_2O_4$ 的反应非常活跃，$MgCr_2O_4$ 产量较高。选用烧结 MgO 作原料，结晶良好，MgO 活性低，相应的 $MgCr_2O_4$ 产量大大减少。

因此在生产实践中，可以利用多晶转变、热分解和脱水反应等过程的活化效应处理反应原料，设计反应工艺条件，以提高生产效率。

6.4.3 矿化剂

矿化剂是在固相反应系统中加入的少量不参与反应的物质，在反应过程中不与反应物或产物发生化学反应，以不同的方式和程度影响反应的某些环节，控制反应速度或反应方向。

例如，在 Na_2CO_3 和 Fe_2O_3 反应系统中加入 NaCl，可以使反应转化率大约提高 0.5～0.6 倍。而且颗粒尺寸越大，这种矿化效果越明显。在硅砖中加入 1%～3%（Fe_2O_3＋CaO）作为矿化剂，能使大部分 α-石英不断溶解，同时不断析出 α-鳞石英，从而促使了 α-石英向 α-鳞石英的转化。Al_2O_3-SiO_2 系统中唯一的化合物莫来石（$3Al_2O_3 \cdot 2SiO_2$），如果无液相参与，仅通过纯固相反应是难以合成的。

矿化剂的作用原理是复杂且多样的，因反应系统的不同而不同，但可以认为矿化剂总是以某种方式参与到反应过程中去的。一般认为，矿化剂的作用机理有以下几种可能性：

（1）与反应物形成固熔体，使晶格活化。

（2）与反应物形成低共熔物，使反应系统在较低温度下出现液相，加速扩散以及对固相的溶解作用。

（3）与反应物形成某种活性中间体，而处于活化状态。

（4）通过矿化离子对反应物离子的极化作用，促使晶格畸变而活化晶格。

（5）影响形核速度、结晶速度和晶体结构。

6.4.4 反应物颗粒尺寸及其均匀性

反应物的颗料尺寸及其均匀性对固相反应有较大的影响。在扩散速度控制的固相反应过程中，颗粒尺寸的影响直接反映在各个动力学方程的速度常数上。在杨德尔方程中，反应速度常数与颗粒半径的二次方成反比。如果其他条件不变，则反应速度受颗粒尺寸的影响极大。

颗粒尺寸对反应速度产生影响是通过改变反应界面或扩散截面的大小，以及改变颗粒表面结构等来实现的。颗粒尺寸减小，反应系统的比表面积增大，反应界面和扩散截面相应增加，产物层厚度减小，反应速度增大。根据威尔表面学说，颗粒尺寸减小，键强分布曲线变平，弱键比例增加，反应和扩散能力增强，反应和扩散速度增大。

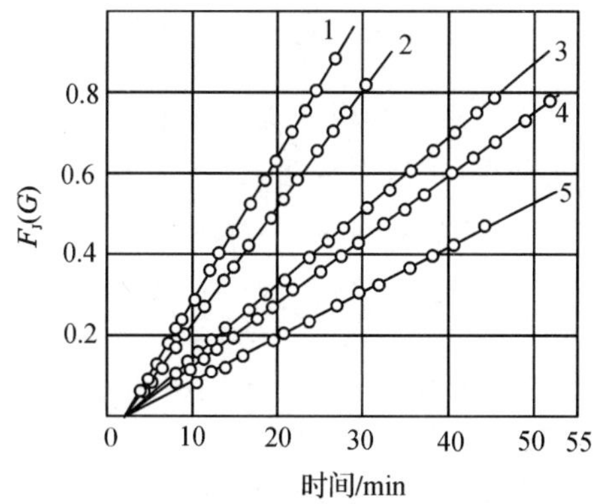

图 6-11　620 ℃时受 MoO_3 升华控制的 $CaCO_3[r(CaCO_3)<0.03\ mm]$ 与 $MoO_3([CaCO_3]:[MoO_3]=15:1)$ 反应动力学情况

$r(MoO_3)$：1—0.052 mm；2—0.064 mm；3—0.119 mm；4—0.130 mm；5—0.13 mm

在同一反应系统中，如果反应物颗粒尺寸不同，反应机理也可能会发生变化而归属不同动力学控制范围。例如，$CaCO_3$ 和 MoO_3 反应生成 $CaMoO_4$，即 $CaCO_3+MoO_3 \rightarrow CaMoO_4+CO_2(g)$。等摩尔比的反应物在 620 ℃反应的过程中，如果 $CaCO_3$ 颗粒半径大于 MoO_3，则反应由扩散过程控制，反应速度随 $CaCO_3$ 的颗粒半径减小而加速；如果 $CaCO_3$ 颗粒半径小于 MoO_3，且系统中存在过量的 $CaCO_3$，由于产物层变薄，扩散阻力减少，反应由 MoO_3 的升华过程控制，随着 MoO_3 颗粒半径减小而加速。图 6-11 是 $CaCO_3$ 与 MoO_3 反应受 MoO_3 升华控制的动力学情况，其动力学规律符合由布特尼柯夫和金斯特林格推导的升华控制动力学方程：

$$F(G)=1-(1-G)^{\frac{2}{3}}=Kt \tag{6-26}$$

在实际生产中，控制反应物颗粒尺寸，获得尺寸均等的反应物是不可能的，这时反应物颗粒尺寸的分布对反应速度的影响同样重要。研究表明，由于反应物颗粒尺寸以二次方关系影响着反应速度，颗粒尺寸的分布越集中对反应速度越有利，少数大颗粒反应物的存在使反应难以进行彻底。因此在实际生产中，需要缩小颗粒尺寸的分布范围，以避免少量较大尺寸颗粒的存在而显著延缓反应进程。

6.4.5　温度

温度是影响固相反应的重要外部条件。通常随着温度的升高，固体结构中质点热运动的动能增大，反应能力和扩散能力都得到增强，有利于固相反应进行。

如果固相反应过程由化学反应速度控制，根据阿累尼乌斯方程，反应速度常数与温度之间有如下关系：

$$K=A\exp\left(-\frac{\Delta G_R}{RT}\right)$$

式中：碰撞系数 A 是概率因子 P 和反应物质点碰撞数目 Z_0 的乘积，即 $A=PZ_0$；ΔG_R 是化学反应激活能。可见，随着温度升高，质点动能增加，K 值相应增大。

由扩散范围的动力学方程可知，反应速度常数与扩散系数成正比。扩散系数与温度之间有如下关系：

$$D = D_0 \exp\left(-\frac{Q}{RT}\right)$$

式中:Q 为扩散激活能;D_0取决于质点在晶格位置上的本征振动频率 ν 和质点间平均距离 a_0,即 $D_0 = \alpha\nu a_0^{\ 2}$。因此,随着温度升高,扩散系数增大。

因此,固相反应速度常数与温度的关系可统一表达为

$$K = C\exp\left(-\frac{E}{RT}\right)$$

式中:常数 C 与 E 根据反应的控制过程不同而有不同的物理意义及数值。

如果固相反应过程由化学反应速度控制,$\ln K$ 与 $1/T$ 应该是直线关系。如果固相反应过程由扩散速度控制,$\ln D$ 与 $1/T$ 也应该是直线关系。根据上述各直线的斜率可以计算相应的化学反应激活能与扩散激活能。

无论是化学反应控制还是扩散控制的固相反应,温度的升高将提高反应速度常数或扩散系数。一般激活能越大,温度对反应速度的影响也越大。通常情况下,化学反应激活能比扩散激活能要大,所以温度对化学反应的加速作用比对扩散的加速作用更大。在化学反应速度控制的反应阶段,温度对反应速度的影响较大;而在扩散速度控制的反应阶段,温度对反应速度的影响较小。

6.4.6 压力和气氛

压力是影响固相反应的外部因素。对于不同的反应类型,压力的影响是不一样的。

在没有液相或气相参与的纯固相反应过程中,压力的提高可显著地改善颗粒之间的接触状态,如缩短颗粒间距、增加接触面积等,促进物质输运,提高固相反应速度。但是在有液相或气相参与的固相反应过程中,物质输运不是通过固相质点的直接接触进行的,因此提高压力有时并不表现出积极作用,甚至会适得其反。例如黏土矿物脱水反应和伴有气相产物的热分解反应以及某些由升华控制的固相反应等,增大压力可能会使反应速度下降。

除了压力以外,气氛对某些固相反应也有重要影响。一般而言,气氛主要通过改变固体吸附特性而影响其表面反应活性。对于 ZnO、CuO 等非化学计量化合物,气氛能直接影响晶体表面缺陷的浓度,以及扩散机构和速度。

以上着重从物理化学角度分析影响固相反应速度的诸多因素。但必须指出,在实际的科研生产过程中,遇到的各种影响因素可能会更多、更复杂。例如,在推导各种动力学时,总是假定颗粒很小、传热很快,而且忽略了气相产物的逸出阻力,未考虑环境压力的影响。而在实际的科研生产过程中,这些条件难以满足。在生产上还应该从反应工程角度考虑影响固相反应的因素。

水泥工业中的碳酸钙分解速度,除遵循物理化学的一般基本规律以外,还与工程上的传质换热效率有关。在相同温度下,普通旋窑中的分解率要低于窑外分解炉中的分解率。这是因为在分解炉中处于悬浮状态的碳酸钙颗粒在传质换热条件上比在普通旋窑中好得多。因此,从反应工程角度考虑,传质效率和传热效率对固相反应的影响是同样重要的。

硅酸盐材料的生产通常都要求高温,此时传热速度对反应进行的影响极为显著。例如,把石英砂压制成直径为 50 mm 的球,以大约 8 ℃/min 的速度加热,进行 β⇔α 相变反应,大约需要 75 min 完成。而以同样的速度加热相同直径的石英单晶球,相变所需时间仅为 13 min。石

英单晶的传热系数大约为 5.23 $W \cdot m^{-2} \cdot K^{-1}$，而石英砂大约为 0.58 $W \cdot m^{-2} \cdot K^{-1}$，传热系数不同是影响相变反应时间的因素之一。除此之外，石英单晶球是透辐射的，其传热方式不同于石英砂球，不是连续传热，而是透过直接传热。相变反应不是在依序向球中心推进的界面上进行的，而是在具有一定宽度范围内，甚至在整个体积内同时进行，加快了相变反应速度。故而，从工程角度考虑，传热速度和传质速度对固相反应的影响是同样重要的。

【本 章 小 结】

固相反应是重要的高温过程，是固体之间发生化学反应并生成固体产物的过程。广义而言，凡是有固体参与的化学反应都是固相反应。固相反应是非均相反应，反应开始温度高，反应速度受限制，反应过程复杂，反应产物具有阶段性。固相反应不局限于化学反应，还包括相变、熔化、结晶等过程。

不同的固相反应在反应机理上可能相差很大，但都包含两个基本过程：相界面上的化学反应以及反应物通过产物层的扩散。如果在相界面上发生化学反应形成产物层后，反应物不能通过产物层扩散，或者扩散速度非常缓慢，则可以认为固相反应基本中止了。

在实际应用中，根据影响固相反应的因素，可以采用各种技术手段改变反应物的化学组成、活性、均匀性、接触状况及接触面积，控制温度、反应气氛及分压，加入合适的矿化剂，以达到控制固相反应进程的目的。

固相反应动力学方程的建立，依赖于对固相反应机理的了解，依赖于建立动力学方程时所采用的模型及其与实际反应物接触状况吻合的程度，以及求解动力学方程时定解条件的确定及获得等多种因素。目前已建立的动力学方程的应用虽然非常有限，但是对固相反应的研究仍具有很大的指导意义。

第7章 烧结过程

在陶瓷材料、耐火材料、粉末冶金材料、超高温材料等的生产过程中，烧结是不可或缺的环节。烧结的目的是在一定温度下，通过扩散把粉状材料的成型体转变为块状材料的烧结体，并赋予材料一定的致密度、强度和形状以及独特的性能。烧结体是由晶体、玻璃体和气孔构成的多晶材料。

烧结过程可以只涉及固相，也可以有液相参与；可以有化学反应，也可以没有化学反应。除了扩散以外，烧结还会涉及脱水、热分解、熔融、相变、固相反应等多种物理、化学和物理化学的变化，所以烧结是材料高温动力学中最复杂的动力学过程。水泥熟料在高温下进行处理，是为了通过固相反应得到所需的相，但是由于处理后粉料球团变得坚硬和致密，所以也称之为烧成。

无机材料的性能不仅与材料组成有关，还与材料的微观组织有密切关系。如果烧结体的晶粒的尺寸、分布不同，或者气孔的尺寸、分布、形状不同，或者晶界的体积分数不同，即使组成相同，也会出现性能的差异。而在烧结过程中可以通过控制晶粒的生长、气孔的充填改变微观组织，使材料的性能得以改善。因此，当材料组成、原料颗粒度、粉末颗粒成形等工序完成以后，烧结是使材料获得预期的微观组织和性能的关键工序。

研究物质在烧结过程中的各种物理化学变化，掌握烧结的机理、动力学规律以及影响烧结的因素，对于指导材料的生产研制、性能改进、质量控制有着十分重要的实际意义。

本章在介绍烧结基础理论的基础上，着重阐述纯固相和有液相参与的烧结过程、机理和动力学规律，烧结过程中的晶粒长大与再结晶以及影响烧结的因素等，为利用和控制烧结研制生产无机非金属材料奠定科学基础。

7.1 烧结过程和推动力

早在公元前 3 000 年，人类就已经掌握了烧结技术，但是直至 20 世纪中期，才开始系统地研究烧结理论。烧结过程属于复杂的工艺过程，影响因素众多，已有的研究根据伴随烧结的宏观变化，用相当理想和简化的物理模型研究烧结的机理和动力学关系。

目前对烧结过程的机理和动力学的研究比较完善，对解决各类材料的烧结技术与工艺、有效控制材料的微观组织与性能、发展各类新型材料有重要的意义。但迄今为止，仍未建立统一的较为普遍的理论系统，距离定量地解决复杂多变的实际烧结问题还有相当长的距离。

7.1.1 烧结的过程

烧结的对象是一种或者多种粉末颗粒。这些粉末颗粒(可以是金属、氧化物、非氧化物、黏土等)经过加压等成型方法形成坯体。坯体中的粉末颗粒相互堆积,颗粒间有的彼此之间以点接触,接触面积小;有的则相互分离,形成气孔、空隙,有的空隙甚至连通。如果定义气孔、空隙的总体积与坯体体积的比值为气孔率,那么此时坯体的气孔率为30%～60%。粉末颗粒之间没有形成有效的连接,因而坯体的强度较低。

在一定的气氛条件下,以一定的速度加热坯体,加热至设定温度并保温一段时间,坯体转变为烧结体,即可完成烧结。在上述过程中,加热到达的设定温度称为烧结温度,烧结温度一般低于材料主要成分的熔点。泰曼发现,烧结温度 T_s 与材料主要成分的熔点 T_m 之间的关系有一定的规律性。例如,金属粉末的 T_s 近似等于 $(0.3\sim0.5)T_m$,盐类的 T_s 近似等于 $0.57T_m$,硅酸盐的 T_s 近似等于 $(0.8\sim0.9)T_m$。在设定温度下保温的时间称为烧结时间,使用的气氛条件称为烧结气氛。

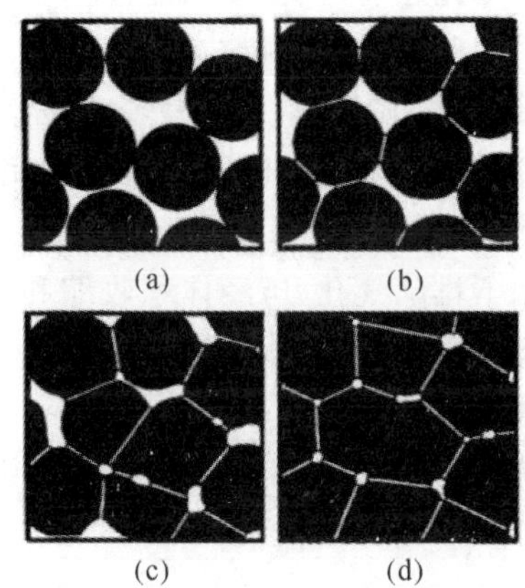

图 7-1 粉末颗粒坯体的烧结进程示意图

(a)烧结开始;(b)烧结初期;(c)烧结中期;(d)烧结后期

在烧结过程中,坯体内部发生了一系列物理变化。烧结开始时,粉末颗粒之间黏合和重排,颗粒相互接近,中心距缩短,大的空隙逐渐消失,气孔率迅速减小,但是颗粒之间仍以点接触为主,固/气总表面积没有减小,如图 7-1(a)所示。随着温度的升高,开始出现明显的传质过程,粉末颗粒之间由点接触逐渐扩大为面接触;随着接触面积的增加,固/气表面积相应减小,但是空隙仍然连通,如图 7-1(b)所示。温度继续升高,接触面积进一步扩大并形成晶界,同时晶界开始移动;连通的空隙转变成孤立的气孔,气孔率进一步降低,如图 7-1(c)所示。晶粒逐渐长大,气孔缩小、变形并逐渐迁移到晶界上消失、排出,形成充分致密并具有相当强度的多晶烧结体;个别晶粒可能急剧长大,将未排出的气孔包裹于晶粒内部,如图 7-1(d)所示。

整个烧结过程可以分为初期、中期和后期三个阶段。烧结初期以表面扩散为主,烧结体密度与理论密度的比值(即相对密度)为0.5～0.6;坯体与烧结体的体积差与坯体的体积的比值(即收缩率)为4%～5%。烧结中期以晶界和晶格扩散为主,相对密度为0.6～0.95,收缩率为5%～20%。烧结后期也以晶界和晶格扩散为主,相对密度达0.95以上。

图 7-2 是高压成型的电解铜粉在氢气氛中烧结时,烧结温度对铜粉烧结体性质的影响。

随烧结温度的升高，电导率和抗拉强度增加。在 600 ℃以下，密度几乎没有变化；在 600 ℃以上，密度迅速增大。600 ℃相当于铜熔点的 60%，即 $0.6T_m$。

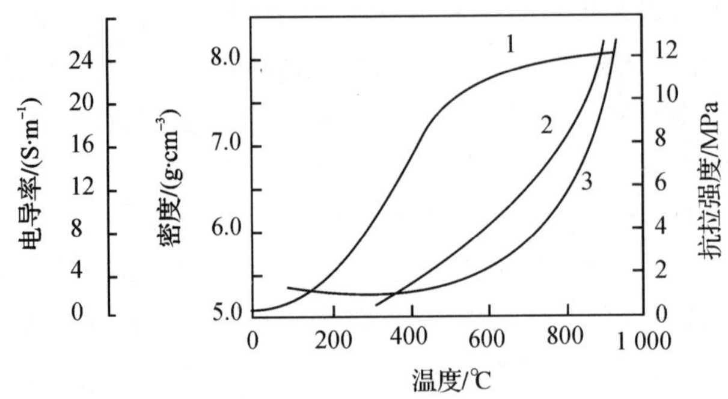

图 7-2　烧结温度对铜粉烧结体性质的影响

1—电导率；2—抗拉强度；3—密度

图 7-2 表明，在颗粒空隙被填充之前，颗粒接触位置就已经产生键合，键合具有一定的强度，电子可以沿着键合位置传递，因此电导率和抗拉强度增大。在低温下，向空隙传递的铜很少，密度几乎不变；随着温度升高，向空隙传递的铜增多，密度增大。当密度达到理论密度的 90%～95%后，其增加速度显著减小，且常规条件下很难达到完全致密，说明坯体中的空隙很难完全排除。

烧结过程是坯体在高温作用下排除气孔、历经体积收缩和致密度增大而逐渐形成具有相当强度的多晶烧结体的过程。可以用相对密度、收缩率、气孔率、吸水率、强度、电阻率、以及晶粒尺寸等宏观物理指标衡量粉末颗粒的烧结过程。

以上所述是纯固相烧结的情况，如果有液相参与，虽然其传质的途径及动力学不同，但是颗粒间的关系基本相似。

7.1.2　烧结的基本特征

一般认为，由粉末颗粒制成的坯体，在低于其熔点以下温度加热，颗粒产生黏结，经过物质迁移使坯体产生强度并导致致密化的再结晶过程，称为烧结。通过烧结，粉末颗粒制成的坯体转化为具有一定性能和几何外形的多晶烧结体。

烧结的类型很多，不同的烧结类型，其烧结过程存在着差异。但是所有的烧结过程有两个共同的基本特征：一是需要高温加热；二是烧结的目的是使粉末颗粒致密，产生相当的强度。

随着坯体转变为多晶烧结体，其化学组成和晶体结构没有改变，但微观组织变得更致密，结晶程度变得更完善。微观组织和结晶程度的改变会导致烧结体的强度和一些物理性能发生相应的变化。烧结体的晶粒尺寸越小，越有利于提高其强度。烧结体的电学和磁学性能在很宽的范围内也受到晶粒尺寸的影响。如果烧结体的晶粒择优取向，晶粒大而且定向，有利于提高其磁导率。除晶粒尺寸外，微观组织中气孔常成为应力的集中点而影响烧结体的强度。气孔作为光散射中心会影响烧结体的光学性能，气孔对畴壁运动的阻碍作用会影响烧结体的电学和磁学性能。

烧成是生产无机非金属材料的重要工序。与烧结相比，烧成的涵盖范围更广泛。烧成是在一定的温度范围内形成致密体的过程，包括脱水、分解、多相反应和熔融、溶解、烧结等多种物理和化学变化。烧结是在加热条件下形成致密的多晶烧结体的过程，是简单的物理变化，不包括化学变化。烧结仅是烧成过程的重要组成部分。

烧结与固相反应都是在低于材料主要成分的熔点或系统的熔融温度下进行的，而且二者在过程中自始至终都至少有一相处于固态。但是在固相反应过程中发生化学反应，形成了新物相。新物相的化学组成、晶体结构与微观组织都不同于参与化学反应的反应物。在烧结过程中不发生化学反应，通过简单的物理变化形成致密的烧结体。与坯体相比较，烧结体的化学组成和晶体结构没有发生变化，仅仅是微观组织更致密、结晶程度更完善。

在烧结过程中也可能发生某些化学反应。例如，在烧结时添加的烧结助剂可能会发生化学反应，但烧结过程与化学反应之间没有直接的联系。整个烧结过程完全可以没有任何化学反应参与，而仅仅是粉末颗粒聚集体的致密化过程。在实际的生产过程中，烧结和固相反应往往同时发生，没有明确的时间和空间的分界线。

7.1.3 烧结的推动力

粉末颗粒经压制成型后，颗粒之间仅仅是点接触，可以不通过化学反应形成致密的烧结体，致密化过程是依靠物质的定向迁移实现的。因此，在烧结过程中必须存在能使物质发生定向迁移的推动力。

1.表面能的降低

烧结使用的粉末颗粒可以通过多种方法形成。例如，破碎球磨法等固相方法和溶胶一凝胶法、湿化学法等液相方法。粉末颗粒具有的很大的比表面积，表面原子的断键等键合结构的变化引起化学能的增加，表面原子结构的变形导致应变能增大，所以粉末颗粒也具有很高的表面能。以破碎球磨法形成的粉末颗粒为例，在粉碎与研磨过程中消耗的机械能，以表面能的形式储存在粉末颗粒中。与同质量的块体相比，粉末颗粒具有很大的比表面积，相应的表面能也很高。此外，粉碎与研磨也会引入晶体缺陷，使得粉末颗粒具有较高的活性。因此烧结使用的粉末颗粒具有很高的表面能和反应活性，处于能量不稳定状态。

烧结体是具有复杂微观组织的多晶结构。由于气孔的消除和晶粒的长大，烧结体的能量比粉末颗粒形成的坯体小得多。根据热力学原理，任何系统都有自发地向最低能量状态转化，以降低系统能量的稳定趋势。当高温下质点具有足够的可动性时，伴随着物质的定向迁移，这个趋势就会演变成粉末颗粒之间的点接触，发展成为晶界从而使颗粒的两个表面被一个界面所代替的实际过程。

随着烧结的进行，系统的比表面积逐渐减小，表面能也随之不断降低，直到系统总能量达到最低状态，形成致密的烧结体。表面能的降低就是烧结过程的推动力。从热力学上讲，烧结过程是自发且不可逆的。

在一般的烧结过程中，由于粉末颗粒的表面能大于多晶烧结体的晶界能，表面能的降低推动烧结能够自发地进行。烧结后，晶界能取代了表面能，这是多晶烧结体能够稳定存在的原因。通常以晶界能 γ_{GB} 与表面能 γ_{SV} 的比值 γ_{GB}/γ_{SV} 作为衡量烧结难易程度的参数。材料的 γ_{GB}/γ_{SV} 越小，越容易烧结；反之，则难以烧结。γ_{SV} 越大，烧结越容易。为了促进烧结，应该使 $\gamma_{SV} \gg \gamma_{GB}$。

例如，Al_2O_3 的表面能为 1 J/m^2，晶界能为 0.4 J/m^2，因此表面被晶界所替代在能量上是有利的,烧结容易进行。但是共价键化合物(Si_3N_4、SiC、AlN 等)由于共价键具有饱和性和强烈的方向性,晶界能比较高,与表面能之间差值小,烧结推动力小而不易烧结。与离子化合物相比,共价化合物更难烧结,而金属材料最容易烧结。

理论计算表明,颗粒度为 10 μm、松散的无接触 Al_2O_3 粉末颗粒,烧结前后的能量变化为 0.3 kJ/mol,而 α-石英转变为 β-石英时的能量变化为 1.7 kJ/mol,一般化学反应前后的能量变化甚至高达 200 kJ/mol。因此,与相变和化学反应的能量变化相比,烧结推动力是极小的。

根据热力学理论,在粉末颗粒结合导致比表面积减少的过程中,表面能的降低能够起到烧结推动力的作用,烧结可以自发进行。但是在室温条件下,推动力很小,颗粒之间仅仅出现团聚现象。只有在高温条件下,烧结才能以明显的速度进行,在有限的时间内完成。

2.附加压强差

理论研究表明,金属、离子化合物和共价化合物的粉末颗粒,在颗粒度相同的条件下,其表面能相差不大。虽然三者的晶界能有所差别,但是相差并不悬殊。因此,三者的烧结速度的差别应该不是很明显。但是在实际的烧结过程中,金属、离子化合物和共价化合物的烧结条件和烧结速度相差很大。

在烧结过程中,单纯的比表面积减小而导致表面能降低是推动烧结的能量因素,只能衡量烧结难易程度以及判断烧结是否能够进行。还需要考虑在比表面积减少过程中,影响物质输运的热力学和动力学因素,这些因素能够促进颗粒之间形成接触、保证有效的物质输运,使得烧结致密化的过程能够顺利进行。

粉末颗粒成形后,在颗粒之间形成了大量的有效点接触,并且在相互接触的颗粒之间形成"孔洞"或"空隙"结构,如图 7-3 所示。这些"孔洞"或"空隙"结构呈现尖角形、圆滑菱形或者椭球形,相互连通形成了与毛细管类似的几何结构。随着烧结进行,"孔洞"或"空隙"的不连续表面转变为凸凹不平的弯曲连续表面。

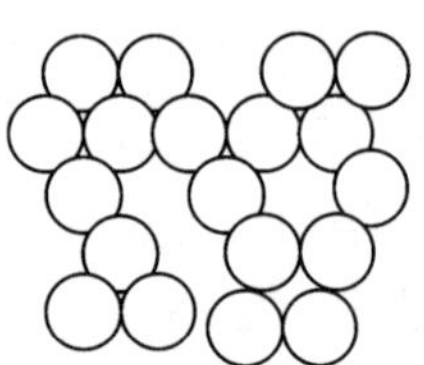

图 7-3　粉末颗粒成形示意图

与液相类似,表面张力会使弯曲表面产生附加压强差。拉普拉斯(Laplace)和杨(Young)给出了球形表面的曲率半径 ρ、表面张力 γ 与附加压强差 Δp 的关系

$$\Delta p = \frac{2\gamma}{\rho} \tag{7-1}$$

对于非球形表面,附加压强差 Δp 可以用相互垂直的 2 个主曲率半径 ρ_1 和 ρ_2 近似表示为

$$\Delta p \approx \gamma\left(\frac{1}{\rho_1} + \frac{1}{\rho_2}\right) \tag{7-2}$$

粉末颗粒之间形成的有效点接触不是理想的点接触,而是有一定面积的接触区域,称为颈或桥,颈部的结构和受力分布如图 7-4 所示,图中的 ρ 为颈部外表面的曲率半径。

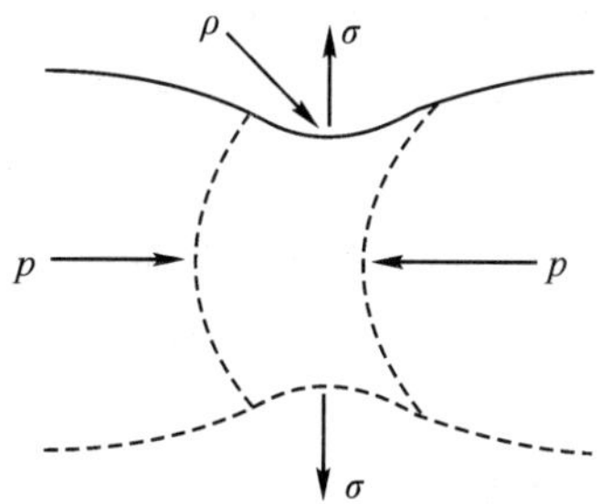

图7-4　烧结颈部的结构与受力分布图

在表面张力的作用下，颈部弯曲表面上产生的拉应力σ与附加压强差相当，即

$$\sigma=\Delta p=\frac{2\gamma}{\rho} \tag{7-3}$$

颈部表面拉应力σ起源于表面张力，但是其大小主要取决于颈部表面的曲率半径的大小，其方向是从颈部表面指向外部，相当于在两个颗粒的接触面的垂直中心线方向存在使两个颗粒相互靠近的压应力p。颈部表面拉应力使得“孔洞”或“空隙”承受了指向其中心的压应力，直接导致“空隙”或“孔洞”收缩，使粉末颗粒系统的比表面积减小。

粉末颗粒越细，曲率引起的烧结推动力越大。颗粒半径为1 μm的Cu粉，表面张力为1.5 N/m，颈部表面拉应力或附加压强差达到3×10^6 Pa，相当于30个大气压，这显然是相当可观的。

在烧结研究中，这种颈部表面拉应力有很多称呼，例如，附加压强差、拉普拉斯拉应力、表面张力导致的力、表面张力的力等。固体的表面张力一般不等于表面能，但是当表面上的原子无序排列或者在高温烧结时，仍然可以认为二者的数值相同。

3.化学位梯度

表面张力作为烧结的本征推动力或基本推动力，在颗粒接触区的不同弯曲表面之间产生了蒸气压差、溶解度差、空位浓度差或压力差，导致物质在不同弯曲表面之间存在化学位梯度，分别通过气相、液相、扩散或流动等途径实现烧结过程所必需的物质输运。

在高温条件下，固体表面存在平衡蒸气压，而固体的表面张力对弯曲表面的平衡蒸气压有较大影响，即平衡蒸气压与固体表面形状相关。

球形弯曲表面的蒸气压p可以用开尔文(Kelven)公式表示为

$$\ln\frac{p}{p_0}=\frac{2M\gamma}{dRT\rho} \tag{7-4}$$

非球形弯曲表面的蒸气压p也可以表示为

$$\ln\frac{p}{p_0}=\frac{2M\gamma}{dRT}\left(\frac{1}{\rho_1}+\frac{1}{\rho_2}\right) \tag{7-5}$$

式中：p_0是平表面的蒸气压；γ是表面张力；M是分子量；d是密度；R是气体常数。

对于有连续弯曲表面的颗粒，其凸表面的蒸气压高于平表面的蒸气压，凹表面的蒸气压低于平表面的蒸气压，在凸表面与凹表面之间出现了蒸气压差，由此产生了蒸气压差化学位梯度。当固体在高温下具有较高蒸气压时，在蒸气压差的作用下，凸表面物质蒸发，向凹表面输运，在颈部(凹表面)凝聚。这种通过气相传质使物质从凸表面向凹表面输运的物质迁移机理称为蒸发-凝聚机制，其推动力是蒸气压差，这也是由蒸发-凝聚传质机理引起的烧结推动力。

如果颗粒表面被液态的高温熔体包围与浸润，与蒸气压类似，固体在液体中的溶解度与固体表面形状有关。用固体平表面的溶解度 c_0 与弯曲表面的溶解度 c 分别代替开尔文公式中的平表面蒸气压 p_0 和弯曲表面蒸气压 p，那么球形弯曲表面的溶解度 c 可以表示为

$$\ln\frac{c}{c_0}=\frac{2M\gamma}{dRT\rho} \tag{7-6}$$

非球形弯曲表面的溶解度 c 也可以表示为

$$\ln\frac{c}{c_0}=\frac{2M\gamma}{dRT}\left(\frac{1}{\rho_1}+\frac{1}{\rho_2}\right) \tag{7-7}$$

固体表面的溶解度差，在液体中产生浓度差化学位梯度，使凸表面的物质溶解，向凹表面输运，在颈部(凹表面)沉积。这种通过液相传质使物质从凸表面向凹表面输运的物质迁移机理称为溶解－沉积机制，其推动力是溶解度差，这也是由溶解－沉积传质机理引起的烧结推动力。

在没有气相或液相参与的情况下，颗粒表面的空位浓度一般高于其内部的空位浓度，二者之间存在的空位浓度差导致内部质点向表面扩散，推动质点迁移，加速烧结。这种通过扩散传质使物质从颗粒内部向表面输运的物质迁移机理称为扩散机制，其推动力是空位浓度差，这也是由扩散传质机理引起的烧结推动力。

颗粒内部原子之间的强键合作用和巨大的内聚力，在很大程度上限制了烧结的进行，只有当固体质点具有明显可动性时，烧结才能以可测量的速度进行。一般当温度接近泰曼温度时，烧结速度明显增大。

7.1.4 烧结的基本类型

不同的烧结系统，在不同的烧结条件下，应用不同的烧结方式，烧结过程及其控制因素也会发生相应的变化，烧结分类的标准也不同。根据不同的分类依据，烧结可以分为不同的类型，有些类型之间有相互交叉的现象。

(1)根据烧结过程中是否施加外压力，烧结可以划分为不施加外压力的无压烧结和施加外压力的加压烧结。对松散的粉末或压制成形的粉末坯体同时施加高温和外压力，就是加压烧结。加压烧结包括热压烧结、热等静压烧结等方式。将松散的粉末或压制成形的粉末坯体置于限定形状的石墨模具中，在对其加热的同时施加单轴压力的烧结过程，就是热压烧结。将松散的粉末或压制成形的粉末坯体置于包套中，在对其加热的同时施加各向同性的等静压力的烧结过程，就是热等静压烧结。

(2)根据烧结过程中的传质机理，烧结可以划分为固相烧结和液相烧结。固相烧结和液相烧结一般都是不施加外压力的烧结过程。没有液相参与的烧结过程，即只在单纯固相颗粒之间进行的烧结过程称为固相烧结。有部分液相参与的烧结过程称为液相烧结。此外，有时也将通过蒸发-凝聚机理进行传质的烧结称为气相烧结。制备碳化硅和氮化硅以及物理气相沉积等都可以归类为气相烧结。

(3)根据烧结系统中的组元数量，烧结可以划分为单组元烧结、双组元烧结和多组元烧结。单组元烧结在烧结理论的研究中非常有用，而实际的烧结大都是双组元或多组元烧结。反应

烧结是常见的固相多组元烧结，其目的是通过化学反应形成期望的化合物。化合物可以是离子化合物、共价化合物或金属间化合物。在烧结过程中，颗粒或粉末之间发生的化学反应可以是吸热的，也可以是放热的。活化烧结也是固相多组元烧结，但更多见于固相双组元烧结。在烧结过程中，将微量的第二相组元加入主要组元中，达到降低烧结温度、加快烧结速度、抑制晶粒长大或提高烧结材料性能的目的。在实际生产过程中，第二相组元经常被称为添加剂、活化剂、烧结助剂等。

(4)根据烧结过程中是否采用强化手段，烧结可以划分为常规烧结和强化烧结。不施加外加烧结推动力、仅靠被烧结组元的扩散传质进行的烧结过程称为常规烧结。通过各种手段，施加额外的烧结推动力的烧结过程称为强化烧结或特种烧结。液相烧结、加压烧结、反应烧结、活化烧结是典型的强化烧结。微波烧结、电弧等离子烧结、自蔓延烧结也是常见的强化烧结。

更复杂的烧结是将上述典型烧结过程进行“排列组合”，形成液相热压烧结、反应热压烧结和反应热等静压烧结等。近年来，在研制结构材料和功能材料的同时，产生了微波烧结、放电等离子烧结、自蔓延烧结等新的烧结技术。可以预见，随着烧结理论和相关技术的发展，新的烧结技术还将不断涌现。

7.2 固相烧结

在烧结过程中，物质输运的方式不相同，烧结机理亦不相同；原料不相同，起主导作用的机理也不相同；即使同一种原料在不同的烧结阶段和条件下，机理也可能不相同。在烧结过程中的各个阶段，坯体中颗粒的接触情况各不同。基于烧结对象的多样性和烧结机理的复杂性，以及研究手段的欠缺，迄今为止，常用的烧结研究方法是：针对不同的烧结机理，从简化模型出发，建立不同阶段的烧结动力学关系。

典型的固相烧结一般是指不施加外压力，没有液相参与，只在单纯固相颗粒之间进行的烧结过程。固相烧结的主要传质方式是蒸发-凝聚传质、扩散传质，有时也会出现流动传质。

7.2.1 烧结模型

被烧结的坯体是由粉末颗粒通过压制和挤制等成型方法得到的集合体。为了便于研究，必须建立合理的简化模型，简化的前提是经过处理的原料可以满足或近似满足模型假设。

通常假设粉末颗粒是等径的球体，在坯体中趋向于紧密堆积，在平面堆积中每个球分别与4个或6个球相接触，在立体堆积中每个球则与12个球相接触。随着烧结的开始，在接触点处形成颈部并逐渐扩大，最后彼此烧结成为一个整体。由于各个颈部所处的环境和几何条件相同，整个成型体的烧结可以视为通过每一个颈部的长大加和而成。这样就可以根据一个接触点的颈部长大速度近似地描述整个成型体的烧结过程，并以此推导出动力学关系。

库津斯基(Kuczynski)提出的烧结模型是研究烧结机理的最常用的简化模型，如图7-5所示，图中的x是颈部半径，r是颗粒半径，ρ是颈部表面曲率半径。随着颈部半径的增大，在图7-5(a)所示的平板球模型中，球体中心与平板之间的距离缩短。在图7-5(b)所示的双球模型中，球体中心之间的距离不变。在图7-5(c)所示的双球模型中，球体中心之间的距离缩短。三种简化模型分别适合于不同的传质途径。

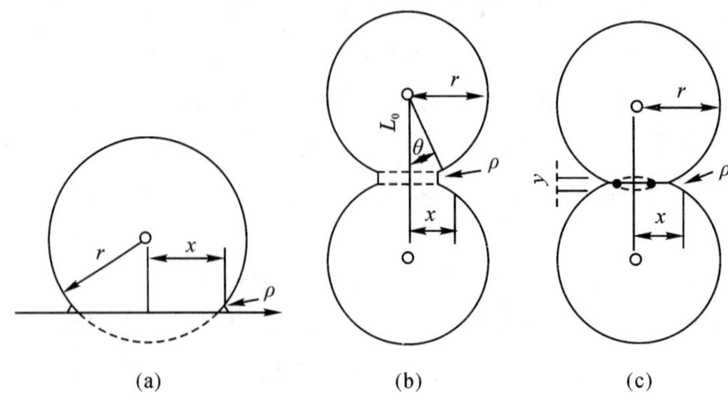

图 7－5　烧结模型

ρ—颈部表面的曲率半径；r—球粒的初始半径；x—颈部半径

根据图 7－5 的几何关系，可以求出颈部的体积 V、表面积 A 和曲率半径 ρ 的近似表达式，见表 7－1。在烧结初期，颗粒之间的接触点很小，形成的颈部半径也很小，可以认为颗粒半径基本没有变化，颈部半径远远大于颈部表面曲率半径。

烧结过程就是颈部长大的过程。一般用颈部增长率 x/r 和烧结收缩率 $\Delta L/L_0$ 描述烧结程度或速度。但是 x/r 很难测量，经常使用的是烧结收缩率 $\Delta L/L_0$。一般情况下，烧结收缩率表现为尺寸的收缩，也称线收缩率。如图 7－5(c) 所示，烧结收缩率 $\Delta L/L_0$ 表示为

$$\frac{\Delta L}{L_0}=\frac{r-(r+\rho)\cos\theta}{r} \tag{7-8}$$

式中：ΔL 是烧结前、后球体中心距的差值；L_0 是烧结前的球体中心距；θ 是圆心角。

在烧结初期，θ 值很小，所以有

$$\frac{\Delta L}{L_0}=-\frac{\rho}{r}=-\frac{x^2}{4r^2} \tag{7-9}$$

随着烧结进入中后期，颗粒形状发生变化，球状模型不再适合，需要采用多面体模型。

表 7－1　不同烧结模型中颈部几何参数的近似表达式

模型	ρ	A	V
平板-球[见图 7－5(a)]	$\frac{x^2}{2r}$	$\frac{\pi x^3}{r}$	$\frac{\pi x^4}{2r}$
双球[见图 7－5(b)]	$\frac{x^2}{2r}$	$\frac{\pi x^3}{r}$	$\frac{\pi x^4}{2r}$
双球[见图 7－5(c)]	$\frac{x^2}{4r}$	$\frac{\pi x^3}{2r}$	$\frac{\pi x^4}{2r}$

7.2.2　蒸发-凝聚传质

1.传质机理

固体颗粒表面不同位置的曲率不同，在高温下的蒸气压也不同。平表面的曲率半径为无

穷大，凸表面的曲率半径为正值，凹表面的曲率半径为负值。当粉末颗粒相互接触时，颗粒间会形成凹曲面，即颗粒接触颈部外表面，如图7-6所示。

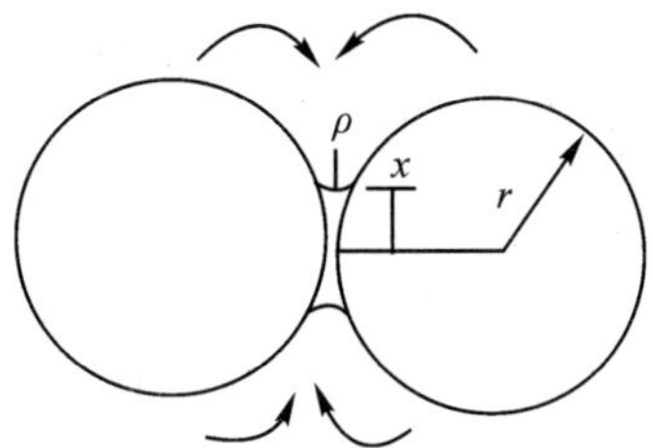

图7-6　蒸发-凝聚传质示意图

图7-6是蒸发-凝聚传质示意图，在颗粒表面有正曲率半径，而在两个颗粒接触的颈部则有小的负曲率半径。颈部的蒸气压 p_1 与颗粒表面的蒸气压 p_0 的关系可以用开尔文公式表示为

$$\ln\frac{p_1}{p_0}=\frac{M\gamma}{dRT}\left(\frac{1}{\rho}+\frac{1}{x}\right) \tag{7-10}$$

式中：M 是分子量；γ 是表面张力；d 是密度；R 是气体常数；T 是温度；r 是颈部表面的曲率半径。

在表面张力和温度一定的条件下，曲率半径的差异是蒸发-凝聚传质产生的原因。曲率半径越小，蒸气压差越显著。研究表明：当颗粒半径在10 μm以下时，蒸气压差比较明显；当颗粒半径在5 μm以下时，蒸气压差非常显著。因此，烧结时一般要求粉末颗粒的颗粒度至少在10 μm以下。

2.动力学关系

在颈部与颗粒表面之间存在蒸气压差 Δp，即 $\Delta p=p_1-p_0$，在实际是烧结系统中，Δp 很小，故而有

$$\ln\frac{p_1}{p_0}=\ln\left(1+\frac{\Delta p}{p_0}\right)\approx\frac{\Delta p}{p_0} \tag{7-11}$$

在烧结初期，颈部半径 x 远远大于颈部表面曲率半径 ρ，所以有

$$\Delta p=\frac{M\gamma\, p_0}{dRT\rho} \tag{7-12}$$

根据气体分子运动论和郎格缪尔(Langmuir)公式，可以得到物质在颈部的凝聚速度 U_m 的表达式：

$$U_m=\alpha\left(\frac{M}{2\pi RT}\right)^{\frac{1}{2}}\Delta p \tag{7-13}$$

式中：凝聚速率 U_m 是单位时间单位面积上凝聚的物质量；α 是调节系数，其值接近于1。

在蒸发-凝聚传质过程中，颈部体积增加的量应该等于通过凝聚传质而获得的量

$$\frac{\mathrm{d}V}{\mathrm{d}t}=U_m\frac{A}{d} \tag{7-14}$$

将烧结模型中相应的颈部曲率半径 ρ、颈部表面积 A、体积 V、蒸气压差 Δp 和凝聚速率 U_m 代入式(7-14)，并移项积分，得到球形颗粒接触界面的颈部增长率：

$$\frac{x}{r}=\left(\frac{3\sqrt{\pi}\ \gamma M^{\frac{3}{2}}\ p_0}{\sqrt{2}\ R^{\frac{3}{2}}\ T^{\frac{3}{2}}\ d^2}\right)^{\frac{1}{3}} r^{-\frac{2}{3}}\ t^{\frac{1}{3}} \tag{7-15}$$

根据上述方程可以得出颈部半径 x 与颗粒半径 r、颗粒表面蒸气压 p_0 以及时间 t 等影响生长速率的其他变量之间的关系。

在蒸发-凝聚传质过程中，颈部增长率 x/r 与时间 t 的 1/3 次方成正比。烧结开始时，颈部增长较显著。随着烧结的进行，大量物质由颗粒表面经气相迁移至颈部，很快填充颈部，Δp 随之下降，颈部增长迅速减慢甚至停止。颈部长大，球形颗粒逐渐变为椭圆形，气孔形状发生改变，颗粒之间的中心距不变，坯体不收缩，致密度没有变化。

在蒸发-凝聚传质过程，延长烧结时间不能达到促进烧结的目的，而减小颗粒初始颗粒度和适当提高温度有利于烧结。但是，随着颈部的长大，坯体的强度有所增加，导热、导电等性质也有提高。气孔形状的改变对坯体的一些宏观性质影响可观。

蒸发-凝聚传质要求系统在高温下具有一定的蒸气压。例如，对于微米级的粉末颗粒，蒸气压大于 1 Pa 时，才能看出传质效果。大多数氧化物材料高温下的蒸气压很低，蒸发-凝聚传质难以发生。在 1 200 ℃时，Al_2O_3 的蒸气压只有 1×10^{-41} Pa，因而在硅酸盐材料的烧结过程中，蒸发-凝聚传质也不常见。NaCl 等卤化物的蒸气压较高，蒸发-凝聚传质在烧结中起着重要作用。

7.2.3 扩散传质

大多数固体材料虽然在高温下的蒸气压很低，但是在接近烧结温度时，材料中空位等热缺陷的浓度很高，因此在烧结时更容易通过扩散过程进行传质，同时高温也保证了物质的有效扩散。

1.传质机理

扩散传质是指质点借助于空位浓度梯度的推动而迁移的传质机理。颗粒表面不饱和键引起的黏附作用，使颗粒间形成接触点并扩大成为具有负曲率的接触区，即颈部，颈部半径 x 远远大于颈部表面曲率半径 ρ，如图 7-7 所示。

在表面张力的作用下，颈部表面的拉应力 σ 与附加压强差 Δp 相等，即

$$\sigma=\Delta p=\gamma\left(\frac{1}{\rho}+\frac{1}{x}\right)\approx\frac{\gamma}{\rho} \tag{7-16}$$

颈部表面拉应力 σ 起源于表面张力，但是其大小主要取决于颈部表面的曲率半径；其方向是从颈部表面指向外部，相当于在两个颗粒的接触面的垂直中心线方向存在使两个颗粒相互靠近的压应力 p。

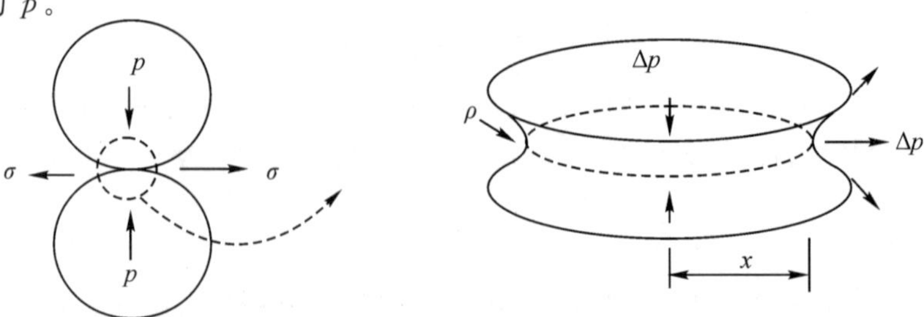

图 7-7 颗粒间形成的颈部区域

在烧结前，粉末颗粒聚集体如果是由尺寸相同的颗粒堆积成的理想密排堆积，颗粒接触点上的压应力相当于外加静压力。但是在实际系统中，由于颗粒尺寸大小不一、颈部形状不规则以及堆积方式不相同等因素，颗粒之间接触点将产生局部剪应力。在剪应力的作用下可能出现晶粒彼此之间沿晶界剪切滑移，滑移方向由不平衡的剪切力方向确定。在烧结开始阶段，在局部剪应力和静压力的作用下，颗粒间出现重新排列而使坯体堆积密度增大、气孔率减小，但晶粒形状没有变化，故而颗粒重排不能导致气孔完全消除。

颗粒接触的颈部表面受到拉应力，颗粒接触中心处受到压应力，而颗粒内部可以认为处于无应力状态。由于颗粒间不同部位所受的应力不同，不同部位形成空位浓度也所有差别。

不受应力的颗粒内部，其空位浓度 c_0 取决于温度和空位形成能 ΔG_f，即

$$c_0 = \frac{n}{N} = \exp\left(-\frac{\Delta G_f}{kT}\right) \tag{7-17}$$

式中：N 是晶体内原子总数；n 是晶体内空位数。

如果空位体积为 Ω，则在颈部表面区域每形成一个空位，颈部表面拉应力所做的功为

$$\Delta W = \frac{\gamma}{\rho}\Omega \tag{7-18}$$

在颈部表面形成一个空位所需的能量为 $\Delta G_f - \Delta W$，相应的空位浓度 c_1 为

$$c_1 = \exp\left(-\frac{\Delta G_f}{kT} + \frac{\gamma\Omega}{\rho kT}\right) = c_0 \exp\left(\frac{\gamma\Omega}{\rho kT}\right) \tag{7-19}$$

因为 $\frac{\gamma\Omega}{\rho kT} \ll 1$，所以 $\exp\left(\frac{\gamma\Omega}{\rho kT}\right) \approx 1 + \frac{\gamma\Omega}{\rho kT}$，即

$$c_1 \approx c_0\left(1 + \frac{\gamma\Omega}{\rho kT}\right) \tag{7-20}$$

则颈部表面的空位浓度 c_1 与颗粒内部的空位浓度 c_0 的差值 Δc_1 为

$$\Delta c_1 = c_1 - c_0 = \frac{\gamma\Omega}{\rho kT} \tag{7-21}$$

颗粒接触中心处受到的压应力大小与颈部表面受到的拉应力相同。在颗粒接触中心区域每形成一个空位，压应力所做的功与颈部表面拉应力所做的功相等。

在颗粒接触中心形成一个空位所需的能量为 $\Delta G_f + \Delta W$，相应的空位浓度 c_2 为

$$c_2 = \exp\left(-\frac{\Delta G_f}{kT} - \frac{\gamma\Omega}{\rho kT}\right) \approx c_0\left(1 - \frac{\gamma\Omega}{\rho kT}\right) \tag{7-22}$$

颈部表面的空位浓度 c_1 与颗粒接触中心的空位浓度 c_2 的差值 Δc_2 为

$$\Delta c_2 = c_1 - c_2 = \frac{2\gamma\Omega}{\rho kT} c_0 \tag{7-23}$$

颈部表面、颗粒内部、颗粒接触中心的空位浓度次序为

$$c_1 > c_0 > c_2$$

存在的空位浓度差形成了物质定向迁移的推动力。在此推动力作用下，空位从颈部表面不断地向颗粒其他地方扩散，而物质的质点则反方向地向颈部表面扩散。这样，颈部表面成为提供空位的空位源，而迁移出去的空位最终消失于颗粒表面、晶界和颗粒内部的位错处。

颗粒表面、晶界和位错处质点排列不规则，空位迁移至此，质点排列稍加调整，空位即可消失。空位消失处也称为空位阱，实际上也是提供使颈部长大所需质点的物质源。随着颈部长

大和颗粒接触点处物质的迁移，出现了气孔的缩小和颗粒中心距的缩短，宏观表现就是气孔率下降和坯体收缩。由扩散传质机理进行的烧结过程的推动力也是表面张力。

空位的扩散是从颈部表面出发，沿颗粒表面、晶界和颗粒内部进行，在颗粒表面、晶界或颗粒内部的位错处消失，通常称之为表面扩散、晶界扩散和体积扩散。

不同烧结机理的传质途径如图 7－8 和表 7－2 所示，箭头所指的方向是物质迁移方向。在这些途径当中，只有以晶界处为物质源的扩散方式才能使颗粒的中心间距缩短，形成宏观收缩，见图 7－8 和表 7－2 的 2 和 4；其他扩散方式不能使颗粒的中心间距缩短，仅能够使颈部长大，并伴随气孔的形状变化，见图 7－8 和表 7－2 的 1、3 和 6。在烧结过程中，不会只有一种传质机理在起作用，但是在不同的烧结阶段，一般总有 1～2 种传质机理起主导作用。

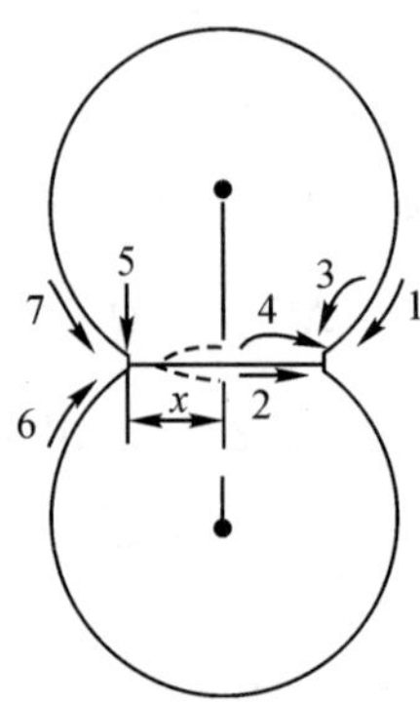

图 7－8　固相烧结的传质途径

表 7－2　固相烧结的传质途径

图 7－8 中的编号	途　径	物质来源	物质终点
1	表面扩散	表面	颈部
2	晶界扩散	晶界	颈部
3	体积扩散	表面	颈部
4	体积扩散	晶界	颈部
5	体积扩散	位错	颈部
6	蒸发-凝聚	表面	颈部
7	溶解-沉淀（液相烧结）	表面	颈部

2.动力学关系

在扩散传质过程中，体积扩散是最主要的传质途径。根据颗粒接触后形成的颈部尺寸、气孔形状与气孔体积，以及扩散进行的程度，可以将固相烧结的动力学过程分为烧结初期、中期和后期三个不同的阶段。

1）烧结初期

在烧结初期，颗粒间接触面逐渐扩展，颗粒的中心距离不断减小，出现宏观收缩，颗粒形状和气孔形状未发生明显变化，颈部尺寸与颗粒尺寸之比 $x/r<0.3$，线收缩率 $\Delta L/L\leqslant5\%$，相对密度为 50%～60%。

烧结模型是图 7－5(c)所示的中心距缩短的双球模型。颈部表面为空位源，通过体积扩散，质点从颗粒接触面扩散至颈部表面，空位则反向扩散到颗粒接触面，通过质点之间的位置调整而消失。颗粒接触面中心与颈部表面的空位浓度差 Δc 为

$$\Delta c=\frac{2\gamma\Omega}{\rho kT}c_0$$

烧结速度可以用颈部体积增长速度表示，而颈部体积增长速度又是空位扩散速度的函数，即颈部体积增长速度等于单位时间内通过颈部表面积 A 的空位扩散量。假定空位的平均扩散距离就是颈部表面曲率半径 ρ，根据菲克第一定律，可得

$$\frac{\mathrm{d}V}{\mathrm{d}t}=A\,\frac{\Delta c}{\rho}D_{\mathrm{V}} \tag{7－24}$$

式中：D_{V}是空位扩散系数。如果 D 是原子自扩散系数或原子的体积扩散系数，则 $D=D_{\mathrm{V}}c_0$，故有

$$\frac{\mathrm{d}V}{\mathrm{d}t}=A\,\frac{2\gamma\Omega}{kT\rho^2}D \tag{7－24}$$

根据图 7－5(c)所示的双球模型的几何关系，有

$$\mathrm{d}V=\frac{2\pi x^3}{r}\mathrm{d}x \tag{7－26}$$

将以上各式联立，并代入颈部几何参数 ρ 和 A 的表达式，得

$$x^4\,\frac{\mathrm{d}x}{\mathrm{d}t}=\frac{8\gamma D\Omega}{kT}r^2 \tag{7－27}$$

对式(7－26)进行积分，x 的积分范围是 $0\sim x$，t 的积分范围是 $0\sim t$，可得

$$x^5=\frac{40\gamma D\Omega}{kT}r^2t \tag{7－28}$$

即

$$\frac{x}{r}=\left(\frac{40\gamma D\Omega}{kT}\right)^{1/5}r^{-3/5}\,t^{1/5} \tag{7－29}$$

对于体积扩散传质的烧结，其颈部增长率 x/r 与时间的 1/5 次方成正比。随着颈部的长大，颗粒中心的距离缩短。烧结初期的颈部很小，收缩率可以表示为

$$\frac{\Delta L}{L_0}=4\left(\frac{40\gamma D\Omega}{kT}\right)^{2/5}r^{-6/5}\,t^{2/5} \tag{7－30}$$

通过实验，很容易测定坯体的线收缩率与时间的 2/5 次方成正比。如图 7－9 所示，在 NaF 和 Al_2O_3的烧结初期，线收缩率与时间的的 2/5 次方成正比。在烧结初期，以体积扩散传质为主，温度、烧结时间和原料颗粒尺寸是影响烧结速度的重要因素。

温度对烧结过程有决定性的作用。在颈部增长率 x/r 与收缩率 $\Delta L/L_0$的表达式中，随着温度 T 的升高，x/r 和 $\Delta L/L_0$呈现减小的趋势。但实际上，扩散系数受温度的影响更显著，即

$$D=D_0\exp\left(-\frac{Q}{RT}\right)$$

随着温度的升高，扩散系数明显增大，所以温度升高，必然加快烧结。

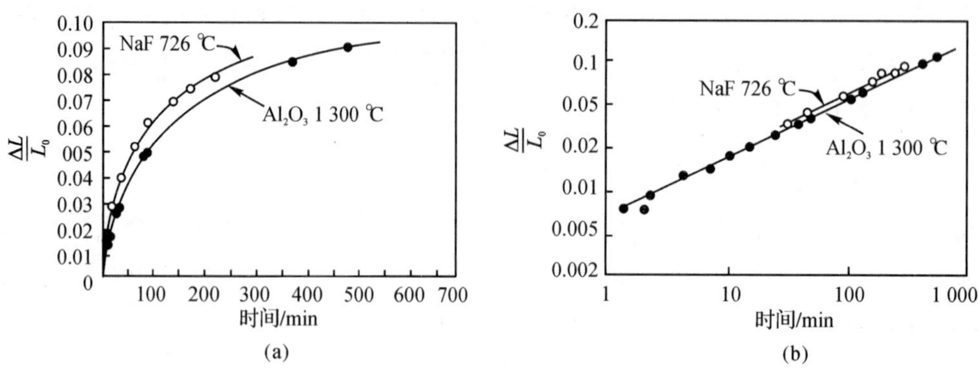

图 7-9　NaF 和 Al_2O_3烧结的线收缩率与时间的线性关系图和对数关系图

随着烧结的进行，颈部逐渐增大，颈部曲率亦相应增大，由此引起附加压强差和空位浓度差的减小，传质的推动力逐渐降低。如图 7-9(a)所示，收缩率 $\Delta L/L_0$随着时间 t 的延长而减小，即致密化速率随时间延长而稳定下降，并出现明显的终点密度。因此以扩散传质为主要的烧结，单纯用延长烧结时间来达到致密化的目的是不妥当的。对这类烧结宜采用较短的保温时间，例如 99.99％的 $A1_2O_3$陶瓷的烧结时间是 1～2 h，不宜过长。

原料颗粒尺寸的减小对提高烧结速度有很显著的作用。图 7-10 是颗粒尺寸对 Al_2O_3颈部增长率的影响。大颗粒原料在很长时间内也不能充分烧结，x/r 始终低于 0.1；而在同样的时间内，小颗粒原料的致密化速率很高，x/r 接近 0.4。因此在扩散传质的烧结过程中，原料初始颗粒度的控制是相当重要的。

温度、烧结时间和原料颗粒尺寸是控制烧结的最基本的工艺环节。

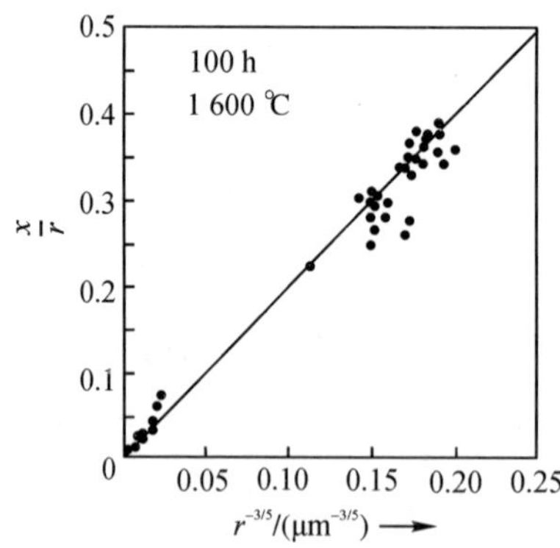

图 7-10　颗粒尺寸对 Al_2O_3颈部增长率的影响(1 600 ℃、100 h)

除体积扩散外，物质的质点或空位还可以沿着颗粒表面、晶界或颗粒内部的位错等途径扩散，相应的烧结动力学方程也有所不同，但都可以用以下的一般关系式进行描述：

$$x^n = \frac{K_1 \gamma D \Omega}{kT} r^m t \tag{7-31}$$

$$\left(\frac{\Delta L}{L}\right)^q = \frac{K_2 \gamma D \Omega}{kT} r^s t \tag{7-32}$$

扩散机理不同，指数 n、m、q、s 和系数 K_1、K_2也不同，见表 7-3 所示。

表7-3　颈部增长率一般关系式中的指数

传质方式	m	n
溶解-沉淀	2	6
蒸发-凝聚	1	3
体积扩散	2	5
晶界扩散	2	6
表面扩散	3	7
黏性流动	1	2

属于相同的烧结机理，却出现了不同的参数，这是因为使用了不同的模型。由于使用简化模型和和单一扩散途径，颈部几何参数选取近似值，以及实际烧结中通常是多种机理起作用等因素，在实际烧结过程应用上述动力学方程经常会出现偏差。尽管如此，这些定量描述对于估计初期的烧结速度，控制影响初期烧结的因素，以及探讨烧结机理等仍然具有重要的指导意义。

给定的烧结系统和烧结条件，颗粒尺寸 r 是定值，温度 T 不变，则表面张力 γ 和扩散系数 T 都是常数，上述烧结动力学的一般关系式可以进一步简化为

$$\left(\frac{\Delta L}{L_0}\right)^q = k' t \tag{7-33a}$$

或

$$\lg\left(\frac{\Delta L}{L_0}\right) = A + \frac{1}{q}\lg t \tag{7-33b}$$

以扩散传质为主的烧结初期，收缩率的对数与时间的对数呈线性关系，其斜率 $1/q$ 与扩散机构有关，与温度无关。图7-11是平均粒径为0.2 μm的 Al_2O_3 在1 150～1 350 ℃进行恒温烧结时的收缩率的对数与时间的对数的关系曲线，曲线均呈较好的直线形且相互平行。其斜率 $1/q$ 均接近2/5，可以认为 Al_2O_3 烧结初期遵循体积扩散机理。

如图7-11所示，各直线的截距 A 随温度的升高而增大，反映了温度对烧结的影响。截距 A 也称烧结速度常数，其与温度的关系服从阿累尼乌斯方程：

$$\ln A = B + \frac{Q}{RT}$$

式中：Q 为烧结激活能。可以根据不同温度所对应的 A 值即使烧结激活能 Q。图7-11中 Al_2O_3 的烧结激活能大约为669.9 kJ/mol，与 Al_2O_3 的体积扩散激活能基本相当。

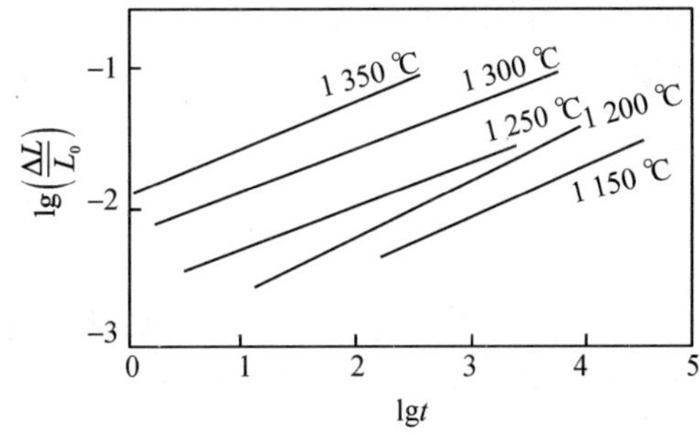

图7-11　Al_2O_3 在烧结初期的线收缩率（t 的单位是 min）

2)烧结中期

进入烧结中期,球形颗粒相互黏结变形,各颗粒间边界已相互交接组成晶界的网络,气孔处于晶界上。颈部的扩大使气孔变形和缩小,由不规则形状变成由三个颗粒包围的圆柱形管道,但仍然相互连通。烧结中期晶界已开始移动,晶粒正常长大。在这个阶段,颈部尺寸与颗粒尺寸之比 $x/r>0.3$,线收缩率 $\Delta L/L\leqslant 20\%$,相对密度在 60%～95%,直至坯体气孔率约为 5%。

库柏(Coble)提出十四面体模型描述烧结中期晶粒之间的几何关系,如图 7-12 所示。十四面体相当于截角的正八面体,包括 8 个六边形的面和 6 个四边形的面,这些十四面体按照体心立方结构紧密堆积。每个顶点处是 4 个十四面体晶粒的交汇点;每条边是三个晶粒的交界线,相当于圆柱形的气孔,气孔的表面就是空位源;每个面是相邻两个晶粒的接触面,相当于晶界,晶界可以视为物质源。空位从圆柱形气孔表面向晶界移,原子则反向扩散。

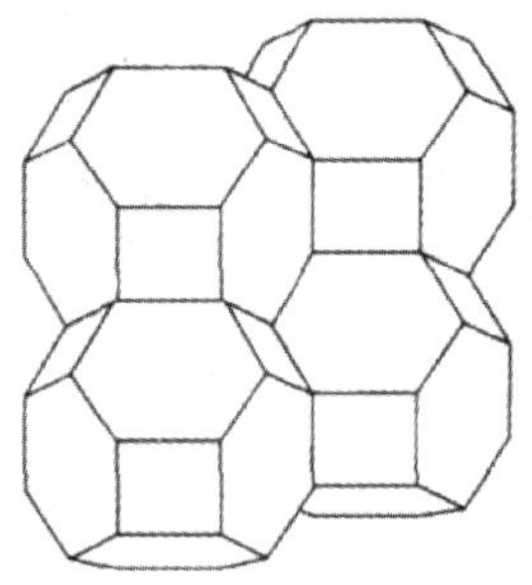

图 7-12 烧结中期颗粒的十四面体模型

根据十四面体模型,可以推导出在烧结中期,通过体积扩散,气孔率 P_C 与时间 t 的关系式为

$$P_C=\frac{10\pi\gamma D\Omega}{kTL^3}(t_f-t) \tag{7-34}$$

式中:L 是十四面体的边长,即圆柱形气孔的长度;t 是烧结时间;t_f 是圆柱形气孔缩小至孤立球形或完全消失的时间。

在烧结中期,温度和空位体积不变时,气孔率随烧结时间的延续而线性减小,气孔排除速度较快,致密化程度增加。

3)烧结后期

进入烧结后期,气孔呈孤立状,相对密度不小于 95%。可以认为气孔已由圆柱形管道收缩,成为孤立气孔,位于十四面体晶粒的各个顶角处。根据十四面体模型,可以推导出烧结后期气孔率 P_C 与时间 t 的关系式为

$$P_C=\frac{6\pi\gamma D\Omega}{\sqrt{2}kTL^3}(t_f-t) \tag{7-35}$$

在烧结后期,温度和空位体积不变时,气孔率仍然随烧结时间的延续而线性减小,致密度增大。烧结中期与烧结后期并无显著差异,只是在后期的气孔率公式中,与时间无关的系数要小一些,所以致密化速度比中期慢。烧结中期与烧结后期不能截然分开,有时是交叉进行的。如图 7-13 所示,Al_2O_3 烧结至理论密度的 95%之前,相对密度与时间近似呈直线关系。

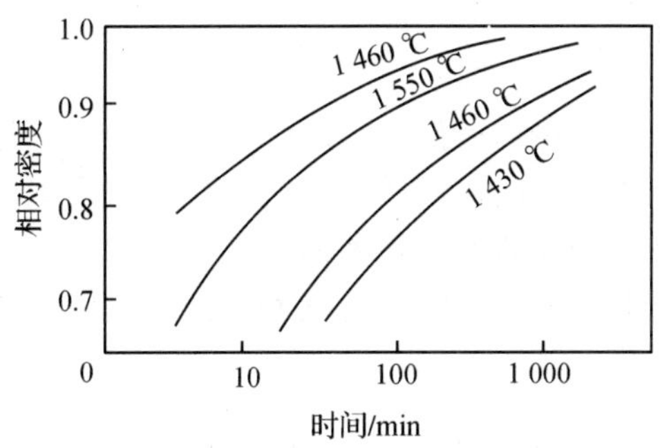

图 7-13　Al_2O_3在烧结中期和后期的相对密度

7.3　液 相 烧 结

凡是有液相参与的烧结过程称为液相烧结。由于粉末颗粒中存在杂质，大多数材料在烧结中都会或多或少地出现液相。即使在没有杂质的单纯固相系统中，高温下也会出现“接触”熔融现象，所以单纯的固相烧结不易实现。液相烧结的应用广泛，传统陶瓷、水泥、氮化物和碳化物等都采用液相烧结方式。

液相烧结也是双组元或多组元烧结过程，如果烧结温度超过某一个组元的熔点，就会形成液相。如果液相存在时间较长，称为长存液相烧结；如果液相在相对较短的时间内存在，称为瞬时液相烧结。例如，有共晶成分的双组元系统，当烧结温度稍高于共晶温度时，就会出现共晶液相，是典型的瞬时液相烧结。值得注意的是，液相烧结与活化烧结可以提高原子的扩散速率，加快烧结过程，有时统称为强化烧结。

根据液相数量和液相性质，可以将液相烧结分为两种类型三种情况，见表 7-4，表中的θ_{LS}是固液润湿角，C 是固相在液相中的溶解度。

表 7-4　液相烧结的类型

类型	条件	液相数量	烧结模型	传质方式
Ⅰ	$\theta_{LS} < \frac{\pi}{2}$ $C > 0$	少	Kingery	溶解-沉淀
		多	LSW	
Ⅱ	$\theta_{LS} > \frac{\pi}{2}$ $C = 0$	少	双球	扩散

注：LSW 是 Lifshitz-Slgozow-Wagner 的缩写。

液相烧结与固态烧结的推动力都是表面能，烧结过程包括颗粒重排、气孔充填和晶粒生长等阶段。但是液相烧结的流动传质速度比固相烧结的扩散传质快，液相烧结致密化速度大，可以在比固态烧结低得多的温度条件下较快地获得致密烧结体。此外，液相烧结的速度与液相数量、黏度和表面张力等液相性质，液相与固相的润湿状况，固相在液相中的溶解度等因素有密切的关系，因此影响液相烧结的因素比影响固相烧结的因素更为复杂。

7.3.1 溶解-沉淀传质

在液相参与的烧结中，当固相在液相中有较大的溶解度，这时烧结传质过程是由部分固体溶解而在另一部分固相上沉积，直至晶粒长大和获得致密的烧结体。

如果系统在高温下具有足够的液相且液相的黏度不太高，有可能通过溶解-沉淀传质机理进行烧结。溶解-沉淀传质过程中，首要条件是液相必须润湿固相，如图 7-14 所示。当液固相接触并达平衡时，有如下关系

$$\gamma_{SS}=2\gamma_{SL}\cos\frac{\varphi}{2} \tag{7-36}$$

式中：φ 是固液二面角；γ_{SS}是固相颗粒之间接触界面的表面张力；γ_{SL}固液界面的表面张力。

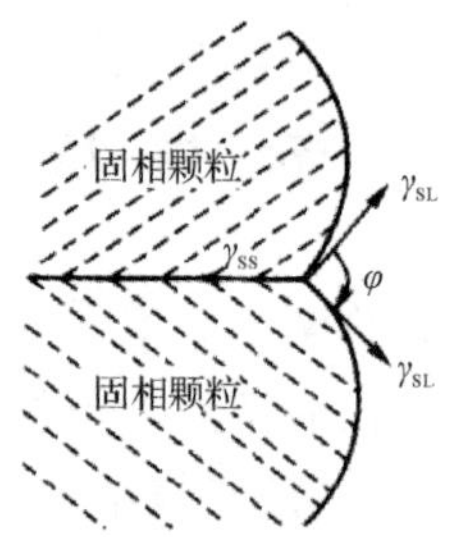

图 7-14 液相对固相颗粒的润湿

如果 $\gamma_{SS}\geqslant 2\gamma_{SL}$，则表面张力以附加压强差的形式使颗粒拉紧，在颗粒之间形成液相薄膜，如图 7-15 所示。附加压强差的数值为

$$\Delta p=\frac{2\gamma_{LV}}{\rho}$$

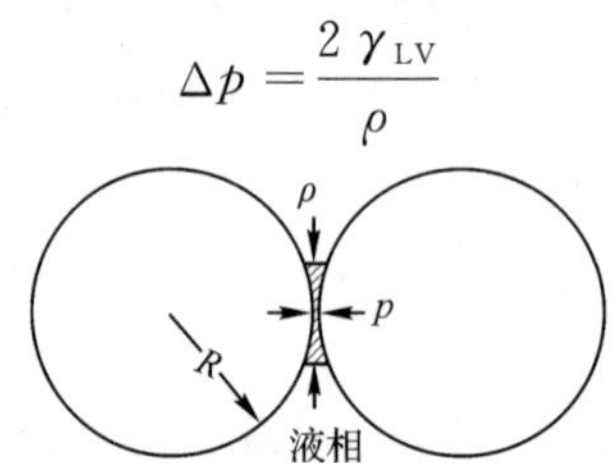

图 7-15 固相颗粒颈部的液相

如果微米级颗粒之间充满了硅酸盐液相，液相表面的曲率半径是 0.1～1 μm，附加压强差可达 1.23～12.3 MPa。可见，附加压强差所造成的烧结推动力是很大的。在液相薄膜的拉紧作用下，颗粒之间接触点处受到很大的压应力，其值应等于液相的附加压强差。接触点处的压应力将导致接触点处固相物质的化学位或活度增加，即

$$\mu-\mu_0=RT\ln\frac{\alpha}{\alpha_0}=\Delta PV_0 \tag{7-37}$$

式中：μ 和 α 是接触点处物质的化学位和活度；μ_0 和 α_0 是非接触表面物质的化学位和活度；V_0 是摩尔体积；ΔP 是由表面张力引起的压应力。

接触点处化学位增加可提供物质传递迁移的推动力。因此，液相烧结过程也是在表面张力的推动下，通过颗粒重排、溶解-沉淀以及晶粒长大等步骤来完成的。随着烧结温度的升高，出现足够的液相；在附加压强差的作用下，分散在液相中的固相颗粒相对移动，发生重新排列，颗粒堆积趋于紧密。较小的颗粒或颗粒接触点处的固相溶解，通过液相传质，在较大的颗粒或

颗粒的自由表面上沉积，出现晶粒长大和晶粒形状的变化，不断重排，使气孔消除，实现致密化。

要通过溶解-沉淀传质实现液相烧结，必须满足的条件包括：①有显著数量的液相与合适的液相黏度，才能有效促进烧结；②固相在液相中有显著的溶解度，否则在表面张力的作用下，物质输运与固相烧结类似；③液相完全润湿固相，否则相互接触的固相颗粒就会直接黏附，这样就只能通过固相内部的传质实现致密化，液相的存在对这些过程没有实质的影响。

1.颗粒重排

颗粒在附加压强差的作用下，通过黏性流动或者在一些颗粒间接触点上由于局部应力的作用而进行重新排列，得到了更紧密的堆积。可以认为，该阶段的致密化速度与黏性流动相关，线收缩率与时间大致呈线性关系：

$$\frac{\Delta L}{L} \propto t^{1+x} \tag{7-38}$$

式中：指数 $1+x$ 表示略大于 1。

颗粒重排对坯体致密度的影响取决于液相数量。如果液相数量不足以完全包围颗粒，也不能够填充质点间的空隙，虽然也能产生颗粒重排，但不足以进一步消除气孔。当液相数量超过颗粒边界薄层变形所需的量时，在重排完成后，固体颗粒占总体积的 60%～70%，多余液相可以通过流动传质和溶解-沉淀传质进一步填充气孔，使坯体在这一阶段的烧结收缩率达总收缩率的 60%以上。图 7-16 是黏土耐火砖烧成时液相含量与坯体气孔率的关系。

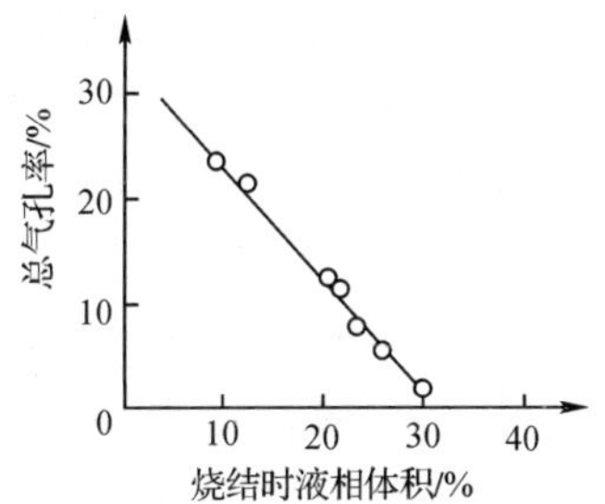

图 7-16　黏土耐火砖烧成时液相含量与气孔率关系

颗粒重排促进致密化的效果还与固液二面角以及固液润湿性有关。二面角愈小，液相对固相的润湿性愈好，对致密化愈有利。

2.溶解-沉淀传质过程

溶解-沉淀传质过程的推动力仍然是颗粒的表面张力。根据液相的数量，溶解-沉淀传质有金格尔(Kingery)模型和 LSW 模型两种理论。

金格尔模型理论认为，液相量较少时，在表面张力的作用下，颗粒接触点处的化学位增加，颗粒在接触点溶解，通过液相扩散到颗粒的自由表面沉淀析出，其结果是颗粒间的接触面积扩大，颗粒中心距离接近，达到致密化目的。LSW 模型理论认为，液相量较多且颗粒大小不等时，在表面张力的作用下，小颗粒具有比大颗粒更大的溶解度，小颗粒优先溶解，通过液相扩散并在大颗粒表面沉淀析出，也会使粒界不断推移，空隙被填充，达到致密化目的。

在含少量低黏度的液相的 MgO 以及添加了碱土金属硅酸盐的高铝瓷的烧结中，溶解-沉淀传质机理起着重要的作用。

由于颗粒接触点(小颗粒)在液相中的溶解度高于颗粒自由表面(大颗粒)，在颗粒接触点

(小颗粒)与颗粒自由表面(大颗粒)之间产生化学位梯度 $\Delta\mu$:

$$\Delta\mu = RT\ln\frac{\alpha}{\alpha_0}$$

式中:α 是凸面(颗粒接触点或小颗粒)的离子活度;α_0是平面(颗粒自由表面或大颗粒)的离子活度。化学位梯度使物质发生迁移,通过液相传递而导致晶粒生长和坯体致密化。

金格尔运用与推导固相烧结动力学公式类似的方法进行合理分析,得出溶解-沉淀过程的收缩率:

$$\frac{\Delta L}{L} = \frac{\Delta\rho}{r} = \left(\frac{K\gamma_{LV}\delta D c_0 V_0}{RT}\right)^{\frac{1}{3}} r^{-\frac{4}{3}} t^{\frac{1}{3}} \tag{7-39}$$

式中:$\Delta\rho$ 是两颗粒中心距离的收缩;K 是常数;γ_{LV}是液气表面张力;D 是被溶解物质在液相中的扩散系数;δ 是颗粒间液膜厚度;c_0是固相在液相中的溶解度;V_0是液相体积分数;r 是颗粒初始粒径;t 是烧结时间。

γ_{LV}、D、δ、c_0和 V_0都是与温度有关的物理量,因此当烧结温度和初始粒径确定后,式(7-39)可写为

$$\frac{\Delta L}{L} = K t^{\frac{1}{3}} \tag{7-40}$$

可见,在溶解-沉淀阶段,收缩率与时间的 1/3 次方成正比;而在颗粒重排阶段,收缩率近似与时间成正比,说明致密化速度降低了。影响溶解-沉淀传质过程的因素包括颗粒初始颗粒度、烧结温度、液相数量、颗粒在液相中的溶解度以及液相对颗粒的润湿性等。

值得注意的是,颗粒重排、液相分布与溶解-沉淀过程可能同时发生,实际的烧结过程中可能还有其他过程,因此实际情况更为复杂。另外,固相在液相中的溶解度、液相对颗粒的润湿性、固液扩散系数和界面反应常数等没有可靠的数据,所以液相烧结的研究远比固相烧结更为复杂,对液相烧结的动力学过程的研究还存在较大问题,目前还很难有统一的液相烧结理论。

在 1 730 ℃烧结 MgO+2%(质量分数)高岭土,收缩率的对数与时间的对数的关系曲线如图 7-17 所示。由图可见,典型的液相烧结可以划分为三个传质阶段:第一阶段直线的斜率大约都是 1,符合颗粒重排过程;第二阶段直线的斜率大约都是 1/3,符合溶解-沉淀传质过程;第三阶段曲线趋于水平,说明致密化速度更加缓慢,已接近终点密度。此时在液相中形成封闭气孔,只能依靠扩散传质消除气孔。如果气孔内气体不溶入液相,则随着烧结温度升高,气孔内压力也会增大,抵消了表面张力的作用,烧结就停止。

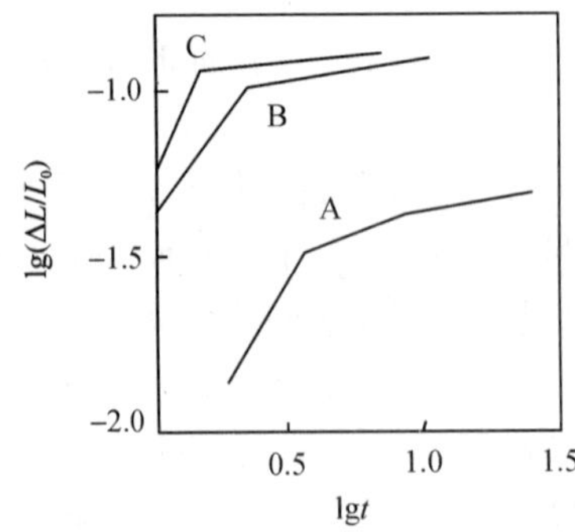

图 7-17　MgO+2%(质量分数)高岭土在 1 730 ℃烧结的情况(t 的单位是 min)

MgO 原料颗粒度:A—3 μm;B—1 μm;C—0.52 μm

由图7-17还可以发现，曲线A颗粒度最大，收缩率最低；曲线C的颗粒度最小，收缩率最高；曲线B的颗粒度和收缩率介于二者之间。这说明在液相烧结中，初始颗粒度对烧结速度有显著影响。

用适合于液相量较多的LSW模型推导出的烧结速度通常要比金格尔模型要大。

3.晶粒生长与粗化

烧结继续进行时，由于封闭气孔的影响，烧结速度下降。如果继续保持高温，颗粒黏结长大、液相在气孔中的填充、不同曲面间溶解-沉积等现象仍然会继续进行，只是比较缓慢。

在液相烧结过程中，如果固相可以被液相很好地浸润，则晶粒间的物质迁移只能通过液相发生。在不同的系统中，液相既可能促进晶粒生长，也可能阻碍晶粒生长。在某些情况下，由于液相中的物质扩散速度较快，液相烧结的晶粒生长速度比固相烧结快得多；而在另一些情况下，液相也能起到抑制晶粒生长的作用。

在大量液相存在的情况下，球形颗粒的晶粒生长可以描述为

$$(r_s)^n - (r_s^0)^n = kt \tag{7-41}$$

式中：r_s是在时间t时的晶粒平均半径；$r_s{}^0$是在生长开始时的晶粒平均半径；k是晶粒生长速率常数。晶粒尺寸指数n取决于晶粒生长机理，$n=3$和$n=2$分别代表扩散控制和界面反应控制。同时，这个关系式同样适用于高固相体积分数的情况。

当固相在液相中的溶解促进致密化时，在不同形状和不同尺寸的颗粒之间的溶解度差异，将导致通过Ostwald熟化的晶粒生长，表现为气孔生长和晶粒数目减少。从颗粒尖角处溶解的溶质趋向于在较粗大颗粒上再沉积。因此，细小颗粒消失，粗大颗粒生长。

当液相数量对晶粒生长起决定性作用时，液相中很低浓度的添加物会显著影响晶粒生长的动力学和形貌。例如，在烧结氧化铝/玻璃时，将CaO作为烧结助剂与SiO_2同时加入Al_2O_3中，与加入MgO相比，晶粒生长更快且可以产生更多的小晶界。

7.3.2 流动传质

所谓流动传质，就是物质在表面张力的作用下通过变形、流动产生的迁移。属于这类机理的有黏性流动和塑性流动两种。

1.黏性流动

高温下依靠黏性液体的流动而致密化是大多数硅酸盐材料烧结的主要传质过程。在液相烧结时，由于高温下黏性液体（熔融体）出现牛顿型流动而产生的传质称为黏性流动传质或黏性蠕变传质。

玻璃粉末坯体在高温下发生软化，在表面张力的作用下，质点会优先沿着表面张力作用的方向移动，如图7-18所示。对于晶体物质，当温度升高时，空位浓度增大，成排的原子而非单个的原子有可能在表面张力的作用下，依次向相邻的空位移动，出现相应的物质流。物质迁移量与表面张力成比例，并且服从牛顿黏性流动的规律：

$$\sigma = \eta\varepsilon = \frac{\partial V}{\partial x} \tag{7-42}$$

式中：σ是应力；ε是应变；η是黏度系数。

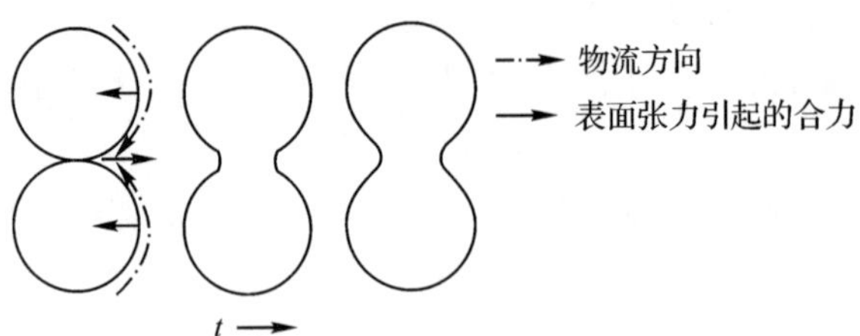

图 7-18　玻璃烧结时黏性流动示意图

弗伦克尔最早利用式(7-42)研究了相互接触的固体颗粒和颈部曲面在附加压强差的作用下,固体表面层物质产生黏性流动传质的烧结问题。大多数硅酸盐系统的烧结有液相参与,属于黏性流动传质机理。例如,50%高岭土、25%长石和25%硅石组成的半透明日用瓷在烧结过程中产生大量的高黏度玻璃相,其主要传质机理就是黏性流动传质。

弗伦克尔的研究认为,在高温下物质的黏性流动可以分为两个阶段:首先是相邻颗粒黏结导致接触面增大直至孔隙封闭;然后是封闭气孔被表面张力黏性压紧,残留的封闭气孔逐渐缩小。假如两个颗粒相接触,与颗粒表面相比,在曲率半径为 ρ 的颈部有一个负压力,在此压力作用下引起物质黏性流动,并填充颈部。根据表面积减小的能量变化等于黏性流动消耗的能量,弗伦克尔推导出颈部增长率:

$$\frac{x}{r}=\left(\frac{3\gamma}{2\eta}\right)^{\frac{1}{2}} r^{-\frac{1}{2}} t^{\frac{1}{2}} \tag{7-43}$$

式中:r 是颗粒尺寸;x 是颈部半径;η 是液相黏度;γ 是液气表面张力;t 是烧结时间。因颗粒间中心距减小而导致的体积收缩率和线收缩率为

$$\frac{\Delta V}{V}=3\frac{\Delta L}{L}=\frac{9\gamma}{4\eta r}t \tag{7-44}$$

可见,收缩率正比于表面张力,反比于黏度和颗粒尺寸。上述结论是根据双球模型得出的,颈部增长率表达式和收缩率表达式适用于黏性流动初期。

随着烧结进行,坯体中的小气孔经过长时间烧结后,会逐渐缩小形成半径为 r 的封闭气孔。每个孤立封闭气孔内部有负应力,相当于作用在坯体外使其趋于致密的正应力,负应力与正营口的数值相等,都是 $2\gamma/r$。麦肯基(Mackenzie)等推导了有相同尺寸孤立气孔的坯体在黏性流动传质时的收缩率:

$$\frac{\mathrm{d}\theta}{\mathrm{d}t}=\frac{3\gamma}{2\eta r}(1-\theta) \tag{7-45}$$

式中:θ 为孔隙度;η 为黏度;r 为颗粒尺寸。

钠钙硅酸盐玻璃粉体致密化过程如图 7-19 所示。随着温度升高,黏度降低,致密化速度迅速增大。图中圆点是实验结果,实线是式(7-45)的计算结果,二者吻合得很好。这说明式(7-45)是适用于黏性流动传质全过程的烧结速度公式。

在黏性流动传质过程中,决定烧结速度的主要参数是初始颗粒度、黏度和表面张力。颗粒尺寸从 10 μm 减小至 1 μm,烧结速度增大 10 倍。黏度及其随温度的变化是需要控制的最重要的因素。典型的钠钙硅酸盐玻璃,如果温度变化 100 ℃,黏度大约变化 1 000 倍。因此,如果坯体烧结速度太低,可以采用液相黏度较低的组成提高烧结速度。

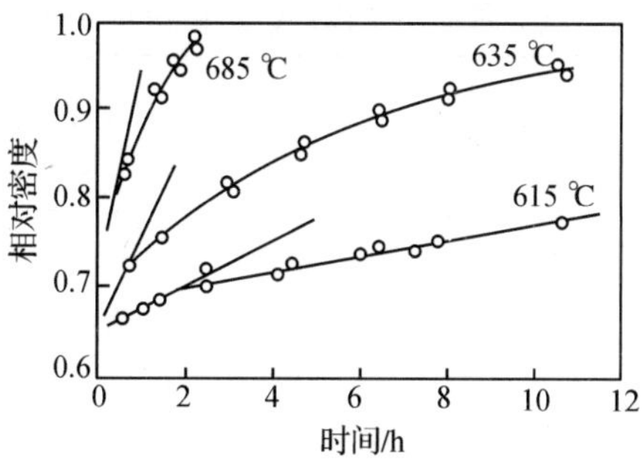

图 7-19　钠钙硅酸盐玻璃的致密化过程

2.塑性流动

当坯体中液相含量很少时，高温下流动传质不能看成是纯牛顿形流动，而是属于塑性流动。塑性流动与黏性流动不同，塑性流动只有在作用力超过固体屈服点时才能发生。在陶瓷烧结过程中，塑性流动是表面张力作用下位错运动的结果。热压烧结能在较低温度下快速地进行，其主要传质机理就是在外加压力下通过高温下的蠕变，使烧结体中的空隙以及封闭气孔通过原料的塑性流动得以快速消除。氧化物和共价化合物陶瓷都能通过热压烧结方法实现快速烧结。

在塑性流动传质过程中，表面张力足以使晶体产生位错，质点可以通过整排原子的运动或晶面的滑移实现物质传递。只有作用力超过屈服值 f 时，流动速度才与作用的剪应力成正比。式(7-45)改写为

$$\frac{\mathrm{d}\theta}{\mathrm{d}t}=\frac{3\gamma}{2\eta r}(1-\theta)\left[1-\frac{fr}{\sqrt{2}\gamma}\ln\left(\frac{1}{1-\theta}\right)\right] \tag{7-46}$$

式中：η 是当作用力超过 f 时液体的黏度；r 为初始颗粒度。屈服值 f 越大，烧结速度越低。当屈服值 f 为0时，式(7-46)退化为式(7-45)。为了提高致密度，在烧结时应选择较小的起始颗粒度 r、较低的液体黏度 η 和较大的表面张力 γ。

在固态烧结中也可能存在塑性流动。对于金属和氧化镁等位错运动阻力较小的系统，在烧结早期，表面张力较大，塑性流动可以通过位错运动实现；在烧结后期，在低应力作用下通过空位自扩散形成黏性蠕变，高温下发生的蠕变是以位错的滑移或攀移来完成的。塑性流动机理目前应用在热压烧结的动力学过程是很成功的。

7.3.3　传质机理的比较

实际固相或液相烧结中，蒸发-凝聚、扩散、流动和溶解-沉淀传质过程可以单独进行也可以几种传质过程同时进行，但每种传质的产生都有其特有的条件。表7-5为各种传质过程主要特征的对比。

烧结是很复杂的过程。对单组元的纯固相烧结或纯液相烧结进行动力学分析时，以简单的双球模型为基础，并假设在高温下不发生固相反应，纯固相烧结也不出现液相，这样就将复杂的问题简化了。对于纯固相烧结的氧化物材料和纯液相烧结的玻璃材料而言，理论分析与实际情况比较接近。从科学的观点而言，把复杂的问题分解并简化，以获得比较接近的定量结果是必要的。

表 7-5 各种传质过程主要特征的对比

传质方式	原因	条件	特点	工艺控制
蒸发-凝聚	蒸气压力差 Δp	①$\Delta p=1\sim10$ Pa; ②$r<10$ μm	①凸面蒸发,凹面凝聚; ②中心距不变	①温度(蒸气压); ②颗粒度
扩散	空位浓度差 Δc	①颈部表面空位浓度大于正常区域的平衡空位浓度; ②$r<5$ μm	①空位与物质的质点相对扩散; ②中心距缩短	①温度(扩散系数); ②颗粒度
流动	应力 应变	①黏性流动 η 小; ②塑性流动 $\tau>f$	①流动的同时颗粒重排; ②致密化速度最高	①黏度; ②颗粒度
溶解-沉淀	溶解度差 Δc	①可观的液相量; ②固相在液相中溶解度大; ③固液润湿	①接触点溶解,自由平面沉积,或小颗粒溶解,大颗粒沉积; ②传质同时是晶粒生长过程	①温度(溶解度); ②黏度; ③颗粒度; ④液相数量

从生产的角度而言,问题要复杂得多。例如固相烧结,实际上经常是几种可能的传质机理在互相起作用:有时是一种机理起主导作用,有时则是几种机理同时出现;有时条件改变了,传质方式也随之变化。

烧结氧化铍时,气氛中的水汽就是重要的影响因素。在干燥气氛中,扩散传质起主导作用。如果气氛中的水汽分压很高,蒸发-凝聚传质为主导方式。烧结长石瓷或滑石瓷时,都有液相参与,随着烧结的进行,往往是几种传质方式交替发生。

在真空中烧结氧化钛,其结果符合体积扩散传质,氧空位的扩散是控制内素。但是在空气和湿氢条件下烧结氧化钛,其结果符合塑性流动传质,大量空位形成位错,导致塑性流动。事实上,空位扩散与晶体内的塑性流动并不是没有联系。塑性流动是位错运动的结果,而一整排原子的运动可以视为位错运动,可能同样会导致缺陷的消除。处于晶界上的气孔,在剪切应力的作用下也可能通过两个晶粒的相对滑移晶界吸收来自气孔表面的空位,达到消除气孔的目的,从而使这两个机理又能在某种程度上协调起来。

总之,烧结体在高温下的变化是很复杂的,影响烧结体致密化的因素也是众多的。产生典型的传质方式都是有一定条件的,因此必须对烧结全过程的各个方面(原料、粒度、粒度分布、杂质、成型条件、烧结气氛、温度、时间等)都有充分的了解,才能真正掌握和控制整个烧结过程。

7.4 晶粒生长与二次再结晶

晶粒生长与二次再结晶过程往往与烧结中、后期的传质过程是同时进行的。初次再结晶是在已发生塑性变形的基质中出现新生的无应变晶粒的成核和长大过程。这个过程的推动力是基质塑性变形所增加的能量,数量级是 0.4~4.2 J/g,此数值与熔融热相比是很小的,熔融热是此值的 1 000 或更多倍。初次再结晶在金属中较为重要,而陶瓷材料在热处理时塑性变形较小。

晶粒生长是无应变的材料在热处理时,平均晶粒尺寸在不改变其分布的情况下,连续增大的过程。二次再结晶是少数巨大晶粒在细晶消耗时快速长大的过程,或称晶粒异常生长,亦称晶粒不连续生长。

7.4.1　晶粒生长

在烧结的中、后期,晶粒要逐渐长大,而晶粒生长过程也是另一部分晶粒缩小或消失的过程,其结果是平均晶粒尺寸的增长和晶粒数量的减少。这种晶粒长大并不是小晶粒的相互黏结,而是晶界移动的结果。在晶界两边物质的自由能之差是使界面向曲率中心移动的驱动力。小晶粒生长为大晶粒,则使总的界面面积和界面能降低,例如晶粒尺寸由 1 μm 变化到 1 cm,对应的能量变化为 0.42～2.1 J·g^{-1}。

1.界面能与晶界移动

两个晶粒之间的晶界结构如图 7-20(a)所示,弯曲晶界两边各为一晶粒,小圆圈代表各个晶粒中的原子。在晶界两侧,曲率为正(凸面)的晶面上的 A 点自由能高于曲率为负(凹面)的晶面上的 B 点,所以位于 A 点位置的原子必然有自发地向能量低的 B 点位置跃迁的趋势。当 A 点原子到达 B 点并释放出 ΔG^* 的能量后就稳定在 B 晶粒内,如图 7-20(b)所示。如果这种跃迁不断发生,则晶界就向着 A 晶粒曲率中心不断推移,导致 B 晶粒长大而 A 晶粒缩小,直至晶界平直、界面两侧自由能相等为止。由此可见,晶粒生长是晶界移动的结果,而不是简单的小晶粒之间的黏结,晶粒生长速度取决于晶界移动的速度。

如图 7-20(a)所示,A 晶粒、B 晶粒之间由于曲率不同而产生的压差为

$$\Delta p = \gamma\left(\frac{1}{\rho_1}+\frac{1}{\rho_2}\right)$$

式中:γ 为表面张力;ρ_1、ρ_2 为曲面的主曲率半径。

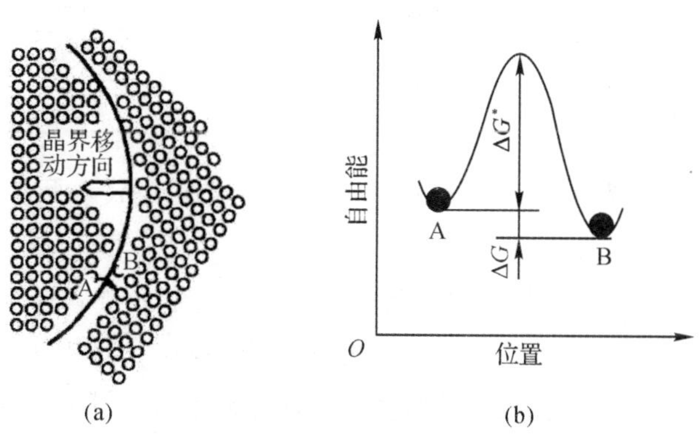

图 7-20　晶界结构和原子跃迁的能量变化

由热力学可知,当系统只做膨胀功时,$\Delta G = -S\Delta T + V\Delta p$。当温度不变时,有

$$\Delta G = \bar{V}\Delta p = \gamma\,\bar{V}\left(\frac{1}{\rho_1}+\frac{2}{\rho_2}\right) \tag{7-47}$$

式中：ΔG 为跃过弯曲界面的自由能变化；$\overline{V}$ 为摩尔体积。

晶界移动速度还与原子跃过晶界的速度有关。原子由 A→B 的频率 f 是原子振动频率 ν 与获得 ΔG^* 能量的质点的概率 P 的乘积，即

$$f = P\nu = \nu \exp\left(-\frac{\Delta G^*}{RT}\right) \tag{7-48}$$

由于可跃迁的原子的能量是量子化的，即 $E=h\nu$，一个原子平均振动能量 $E=kT$，所以

$$\nu = \frac{E}{h} = \frac{kT}{h} = \frac{RT}{Nh} \tag{7-49}$$

式中：h 为普朗克常数；k 为玻尔兹曼常数；R 为气体常数；N 为阿伏伽德罗常数。因此，原子由 A→B 跳跃频率为

$$f_{AB} = \frac{RT}{Nh}\exp\left(-\frac{\Delta G^*}{RT}\right)$$

原子由 B→A 跳跃频率为

$$f_{BA} = \frac{RT}{Nh}\exp\left(-\frac{\Delta G^* + \Delta G}{RT}\right)$$

晶界移动速度为

$$u = \lambda f \tag{7-50}$$

式中：λ 为每次跃迁的距离，所以有

$$u = \lambda(f_{AB} - f_{BA}) = \lambda\frac{RT}{Nh}\exp\left(-\frac{\Delta G^*}{RT}\right)\left[1 - \exp\left(-\frac{\Delta G}{RT}\right)\right] \tag{7-51}$$

因为 $1-\exp\left(-\frac{\Delta G}{RT}\right) \approx \frac{\Delta G}{RT}$，以及 $\Delta G^* = \Delta H^* - T\Delta S^*$，则

$$u = \lambda\frac{RT}{Nh}\left[\frac{\gamma\overline{V}}{RT}\left(\frac{1}{\rho_1}+\frac{1}{\rho_2}\right)\right]\exp\left(\frac{\Delta S^*}{R}\right)\exp\left(-\frac{\Delta H^*}{RT}\right) \tag{7-52}$$

可见，晶粒生长速度随温度成指数规律增加，温度升高和晶界曲率半径愈小，晶界向其曲率中心移动的速度也愈快。

2.晶粒长大的几何原则

由许多晶粒组成的多晶体，其界面移动情况如图 7-21 所示。所有晶粒长大的几何学情况可以从以下的一般原则推知：

(1)晶界上有晶界能的作用，因此晶粒形成一个在几何学上与皂泡相似的三维阵列。

(2)晶粒边界如果都具有基本上相同的表面张力，则在二维平面上界面间交角最终成 120°，晶粒呈正六边形。实际多晶系统中多数晶粒间界面能不等，因此从一个三界汇合点延伸至另一个三界汇合点的晶界都具有一定曲率，表面张力将使晶界移向其曲率中心。

(3)在晶界上的第二相夹杂物(杂质或气泡)，如果它们在烧结温度下不与主晶相形成液相，则会阻碍晶界移动。

从图 7-21 看出，大多数晶界都是弯曲的。二维平面的基本情况是：大于六条边时边界向

内凹,小于六条边时边界向外凸。结果是小于六条边的晶粒缩小,甚至消失,而大于六条边的晶粒长大,总的结果是平均晶粒增长。

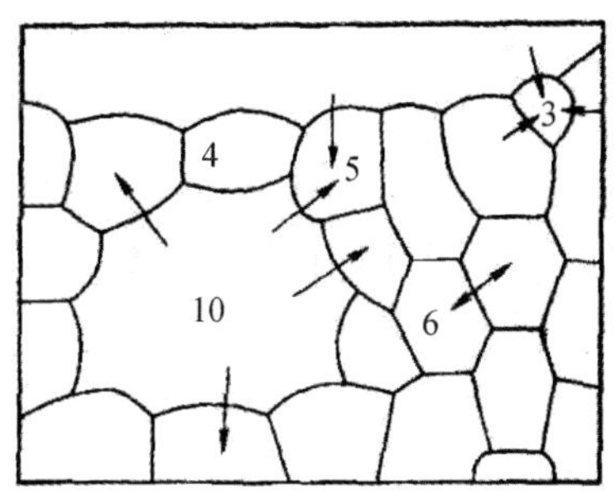

图7-21 多晶坯体中晶粒长大示意图(图中数字表示晶粒在二维平面上的边界数)

3.晶粒长大的平均速度

晶界移动速度与弯曲晶界的半径成反比,因而晶粒长大的平均速度与晶粒的直径成反比。晶粒长大定律可表示为

$$\frac{\mathrm{d}D}{\mathrm{d}t}=\frac{K}{D}$$

式中:D 为时间 t 时的晶粒平均直径;K 为常数。积分后得

$$D^2-D_0^2=Kt \tag{7-53a}$$

式中:D_0为时间 $t=0$ 时的晶粒平均尺寸。在晶粒生长后期,$D\gg D_0$,则有

$$D=K\,t^{\frac{1}{2}} \tag{7-53b}$$

作 $\lg D\sim\lg t$ 图,得到斜率为 1/2 的直线。然而一些氧化物材料的晶粒生长实验表明,直线的斜率为 1/2~1/3,主要原因是晶界移动时遇到杂质或气孔而限制了晶粒的生长。

4.晶粒长大的影响因素

1)夹杂物的阻碍作用

晶界移动时遇到气孔、杂质等夹杂物,其形状的变化如图 7-22 所示。晶界通过夹杂物后界面能就被降低,降低的量正比于夹杂物的横截面积。通过障碍以后,弥补界面又要付出能量,结果使界面继续前进的能力减弱,界面变得平直,晶粒生长就逐渐停止。

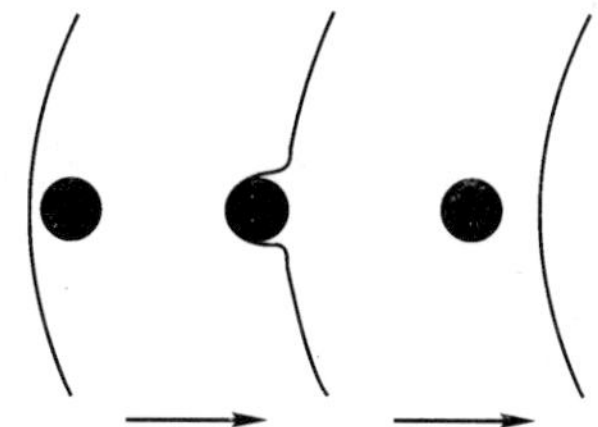

图7-22 界面通过夹杂物时形状的变化

随着烧结的进行,气孔往往位于晶界或三个晶粒的交汇点。气孔在晶界上是随晶界移动还是阻止晶界移动,与晶界曲率有关,也与气孔直径、数量、气孔作为空位源向晶界扩散的速度、气孔内的气压、包围气孔的晶粒数等因素有关。当气孔汇集在晶界上时,晶界移动会出现以下几种情况:①在烧结初期,晶界上气孔数目很多,气孔牵制了晶界的移动。如果晶界移动

速度为 V_b，气孔移动速度为 V_p，此时气孔阻止晶界移动，因而 $V_b=0$。②烧结中、后期，气孔逐渐减少，温度控制适当，可以出现 $V_b=V_p$，此时晶界带动气孔以正常速度移动，使气孔保持在晶界上，气孔可以利用晶界作为空位迁移的快速通道而迅速汇集或消失。

图 7－23 是气孔随晶界移动而聚集在三晶粒交汇点的示意图。当烧结达到 $V_b=V_p$时，烧结过程已接近完成，应严格控制温度以继续维持 $V_b=V_p$，此时烧结体应适当保温。如果再继续升高温度，由于晶界移动速度随温度而呈指数增加，必然导致 $V_b \gg V_p$，晶界越过气孔而向曲率中心移动。一旦气孔包入晶体内部，只能通过体积扩散排除，十分困难。处于晶粒内的气孔不仅使坯体难以致密化，而且还会严重影响材料的各种性能。因此，烧结中控制晶界的移动速度是十分重要的。

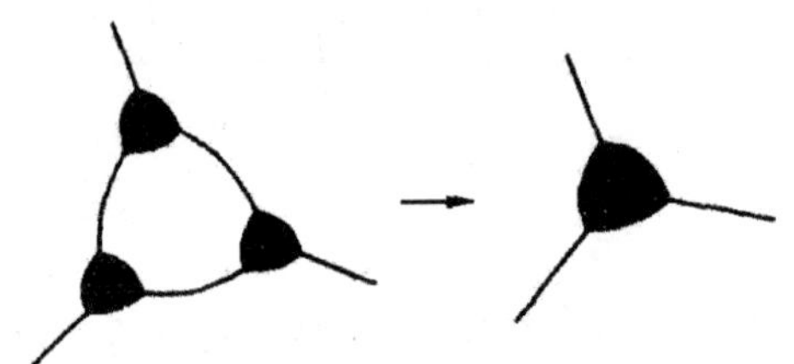

图 7－23　气孔在三晶粒交汇点聚集

气孔在烧结过程中能否排除，除了与晶界移动速度有关外，还与气孔内的气压有关。随着烧结的进行，气孔逐渐缩小，而气孔内的气压不断增高，当气压增加至 $2\gamma/r$ 时，即气孔内的气压等于烧结推动力，烧结就停止了。如果继续升高温度，气孔内的气压大于 $2\gamma/r$，气孔不仅不能缩小，反而膨胀，对致密化是不利的。烧结时如果要达到坯体完全致密化，必须采取特殊措施。例如要获得接近理论密度的制品，通常要采用气氛或真空烧结和热压烧结等特殊方法。

2）晶界上液相的影响

约束晶粒生长的另一个因素是有少量液相出现在晶界上。少量液相使晶界上形成两个新的固液界面，从而使界面移动的推动力减小，扩散距离增加，因此少量液相可以起到抑制晶粒长大的作用。例如 95％的 Al_2O_3 中加入少量石英和黏土，产生少量硅酸盐液相，可以阻止晶粒异常生长。但是当坯体中有大量液相时，变成液相烧结，反而可以促进晶粒生长。

3）晶粒生长的极限尺寸

在晶粒正常生长过程中，由于夹杂物对晶界移动的牵制而使晶粒大小不能超过某一极限尺寸。采纳(Zener)粗略估计了晶粒正常生长时的极限直径 D_1：

$$D_1=\frac{d}{f} \tag{7-54}$$

式中：d 是夹杂物或气孔的平均直径；f 是夹杂物或气孔的体积分数。在烧结过程中 D_1 随着 d 和 f 的改变而变化。当 f 愈大时，D_1 愈小；当 f 一定时，d 愈大，则晶界移动时与夹杂物相遇的概率愈小，于是晶粒长大而形成的平均晶粒尺寸就愈大。

7.4.2　二次再结晶

正常的晶粒生长由于夹杂物或气孔等的阻碍而停止后，如果在均匀的基相中存在若干大晶粒，这种晶粒比邻近晶粒的边界多，晶界呈负的大曲率，晶界可以越过气孔或夹杂物而进一步向邻近小晶粒的曲率中心推进，使大晶粒成为二次再结晶的核心，不断吞并周围小晶粒而迅速长大，直至与邻近大晶粒接触为止。

二次再结晶过程中，随着晶粒长大，大晶粒长大的驱动力不会减少反而增加，晶界快速移动，导致晶粒间的气孔来不及排除，生成含有封闭气孔的大晶粒，导致了所谓不连续的晶粒生长。

晶粒生长与二次再结晶的区别在于：①晶粒生长是坯体内晶粒尺寸的均匀生长，二次再结晶是个别晶粒的异常生长；②晶粒生长是平均尺寸增长，各界面相对处于平衡状态，界面上无应力，二次再结晶时大晶粒的界面上有应力存在；③晶粒生长时气孔都维持在晶界上或晶界交汇处，二次再结晶时气孔被包裹到晶粒内部。

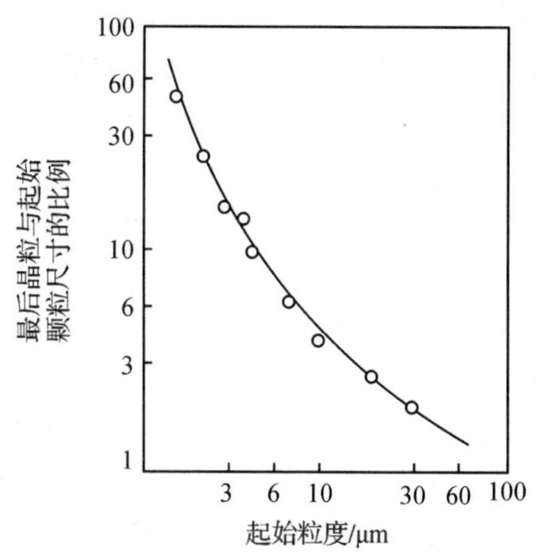

图 7-24 BeO 在 200 ℃下保温 0.5 h 晶粒生长率与初始颗粒度关系

研究发现，二次再结晶很大程度上取决于初始原料颗粒的大小。如果无控制，细的初始原料颗粒相对的晶粒长大反而要大得多。图 7-24 是 BeO 晶粒的相对生长率与初始颗粒度的关系。初始颗粒度为 2 μm，二次再结晶后的颗粒度为 60 μm，增长了大约 30 倍；而初始颗粒度为 10 μm，二次再结晶后的颗粒度大约为 30 μm，只增长了 3 倍。

从工艺控制考虑，造成二次再结晶的原因主要是初始颗粒度不均匀、烧结温度偏高、烧结速度太快，以及坯体成型压力不均匀、局部有不均匀液相等。研究表明，初始颗粒尺寸分布对烧结后的多晶结构的影响很大，如果在初始粉料很细的基质中夹杂有少数粗颗粒，最易产生二次再结晶，形成粗化的多晶结构。

为了避免晶粒异常生长和气孔封闭在晶粒内，应防止致密化速度过快。在烧结体达到一定的体积密度以前，应该控制温度防止晶界快速移动。例如镁铝尖晶石在烧结时，坯体密度达到理论密度的 94%以前，致密化速度应以 $1.7\times10^{-3}\ \text{min}^{-1}$ 为宜。

防止二次再结晶的最好方法是适当地引入能抑制晶界迁移和加速气孔排除的添加剂。例如 Al_2O_3 中加入少量 MgO，可以制成接近理论密度的制品；ThO_2 中加入 Y_2O_3 或 CaO 中加入 ThO_2 等也都是很有效的。当采用晶界迁移抑制剂时，晶粒长的定律变为

$$D^3 - D_0^3 = kt \tag{7-55}$$

烧结体中出现二次再结晶，由于晶体的各向异性原因使大晶粒受到周围晶粒的应力作用以及大晶粒本身缺陷较多，大晶粒内常出现隐裂纹。二次再结晶的产品致密度较低，导致材料性能恶化。但是在硬磁铁氧体 $BaFe_{12}O_{14}$ 的烧结中，成型时通过高强磁场的作用，使晶体颗粒择优取向，烧结时有意地控制大晶粒成为二次再结晶的晶核，从而可以得到高度取向的高导磁

率的材料。

7.4.3 晶界的作用

晶界是多晶体中晶粒之间的界面。根据材料以及组成的不同，晶界宽度可以在 3～30 nm 范围内变化。通常晶界上原子排列较为疏松混乱，在烧结的传质和晶粒生长过程中晶界对坯体致密化起着十分重要的作用。

晶界是气孔表面(空位源)的空位消失的主要位置，空位和晶界上的原子反向扩散迁移，达到气孔收缩的结果。晶界也是气孔内气体原子向烧结体外扩散的重要通道，气体原子通过晶界扩散，最后排除到坯体表面，使气孔内的气压降低，致密化得以继续进行。由于烧结体中气孔的形状不规则，晶界上气孔的扩大、收缩或稳定与表面张力、润湿角以及包围气孔的晶粒数有关，还与晶界移动速度和气孔内的气压等因素有关。

离子晶体的烧结与金属材料不同，正、负离子必须同时扩散才能达到物质传递与烧结的目的。一般而言，负离子体积大，扩散总比正离子慢，因此烧结速度一般由负离子扩散速度控制。实验表明，晶粒尺寸为 20～30 μm 的 Al_2O_3 多晶体中，O^{2-} 的自扩散系数比在单晶体中大约高两个数量级，而 Al^{3+} 的自扩散系数则与晶粒尺寸无关。库柏等认为，在晶粒尺寸细小的 Al_2O_3 多晶体中，依靠晶界区域所提供的通道，O^{2-} 的扩散速度大大加快，有可能使 Al^{3+} 的体积扩散成为控制因素，所以晶界对扩散传质的烧结过程是有利的。

晶界上溶质的偏聚可以延缓晶界的移动，加速坯体致密化。为了从坯体中完全排除气孔，获得致密的烧结体，空位扩散必须在晶界上保持相当高的速度。只有通过抑制晶界的移动才能使气孔在烧结时始终都保持在晶界上，避免晶粒的不连续生长。利用溶质易在晶界上偏析的性质，在坯体中添加少量溶质作为烧结助剂，就能达到抑制晶界移动的目的。

7.5 影响烧结的因素

7.5.1 原料种类、烧结温度和保温时间

晶体的晶格能越大，离子结合得越牢固，离子的扩散也越困难，所需要的烧结温度也就越高。各种晶体的键合情况不同，烧结温度也相差很大，即使同一种材料，其烧结温度也不是固定不变的。

提高烧结温度对固相扩散或溶解-沉淀等传质过程是有利的，但是单纯提高烧结温度不仅很不经济，还有可能出现二次再结晶，导致材料性能恶化。有液相的烧结中，温度过高会使液相过度增加，黏度下降，从而使材料变形。因此，不同材料的烧结温度必须通过实验确定。

由烧结机理可知，表面扩散只能改变气孔形状而不能引起颗粒中心距离的接近，因此不会导致坯体致密化。在烧结的高温阶段以体积扩散为主，而在低温阶段以表面扩散为主。如果材料的烧结在低温时间较长，不仅不会致密化，反而会因表面扩散改变了气孔的形状而给后续烧结致密化带来不利的影响。

因此，应该尽可能快地从低温升到高温，以创造体积扩散的条件。一般认为，高温短时间烧结有利于材料的致密化，但是还要考虑材料的传热系数、二次再结晶温度、扩散系数等因素，合理制定烧结工艺。

7.5.2　初始粉料的粒度

无论是在固相烧结还是在液相烧结中，细小颗粒能够增加烧结的推动力，缩短原子扩散距离，提高颗粒在液相中的溶解度，导致烧结过程加速。如果烧结速度与初始颗粒度的1/3次方成反比，理论计算表明，当初始颗粒度从2 μm缩小到0.5 μm，烧结速度可以增加64倍，相当于使烧结温度降低150～300 ℃。

为抑制二次再结晶，初始颗粒必须细小而均匀，如果细小颗粒中有少量粗大颗粒存在，就容易发生二次再结晶。制备高性能陶瓷材料最适宜的原料颗粒度为0.05～0.5 μm。

原料颗粒度不同，烧结机理有时也会发生变化。例如AlN的烧结，当颗粒度从0.78 μm增大至4.4 μm时，粗大颗粒坯体按照体积扩散机理烧结，而细小颗粒坯体则按照晶界扩散或表面扩散机理烧结。

在采用亚微米级和纳米级尺寸的超细颗粒制备高性能陶瓷的研究发现，超细颗粒的高表面能引起的颗粒团聚现象是阻碍烧结致密化的关键原因。如果在坯体成型前不能将团聚体充分地破坏，直至烧结完成，存在团聚体的局部仍然疏松而多孔。

7.5.3　外加剂的作用

在固相烧结中，少量外加剂可以与主晶相形成固溶体促进缺陷浓度增大；在液相烧结中，外加剂能改变液相的黏度等性质，因而能促进烧结。外加剂在烧结中的主要作用如下：

(1)外加剂与烧结主体形成固溶体。当外加剂与烧结主体互溶而形成固溶体时，会使主晶相晶格畸变、缺陷增加，便于物质的质点移动而促进烧结。一般而言，外加剂与烧结主体形成有限置换固溶体比形成连续置换固溶体更有助于促进烧结。外加剂离子的电价、半径与烧结主体离子的电价、半径相差越大，晶格畸变程度越大，促进烧结的作用也越明显。例如，在烧结Al_2O_3时，加入3%的Cr_2O_3形成连续置换固溶体，可以在1 860 ℃烧结；而加入1%～2%的TiO_2有限置换固溶体，在1 600 ℃左右就能致密化。

(2)外加剂与烧结主体形成液相。外加剂与烧结主体的某些组分形成液相，液相中扩散传质阻力小，流动传质速度快，因而降低了烧结温度，提高了坯体的致密化速度。例如，烧结95%的Al_2O_3陶瓷时，加入的CaO与SiO_2的质量比为1时，生成$CaO-Al_2O_3-SiO_2$液相，在1 540 ℃即能烧结。

(3)外加剂与烧结主体形成化合物。烧结透明的Al_2O_3陶瓷时，为了抑制二次再结晶，消除晶界上的气孔，一般加入MgO或MgF_2，在高温下形成镁铝尖晶石$MgAl_2O_4$包裹在Al_2O_3晶粒表面，抑制晶界移动，充分排除晶界上的气孔，对促进坯体致密化有显著作用。

(4)外加剂阻止多晶转变。ZrO_2中存在多晶转变，转变前、后的体积变化较大，使烧结发生困难。在ZrO_2中加入5%的CaO，Ca^{2+}进入置换Zr^{4+}，由于电价不等而形成负离子空位型固溶体，抑制了多晶转变，使致密化易于进行。

(5)外加剂扩大烧结范围。加入适当外加剂能扩大烧结温度范围，给工艺控制带来方便。例如，锆钛酸铅材料的烧结温度范围是20～40 ℃，如果加入适量的La_2O_3和Nb_2O_5，烧结温度范围可以扩大到80 ℃。

值得注意的是，只有加入适量的外加剂才能促进烧结，如果选择不恰当的外加剂或者加入量过多，反而会阻碍烧结，因为过多的外加剂会妨碍原料颗粒的直接接触，影响传质过程的进行。烧结 Al_2O_3时，外加剂的种类和数量对烧结激活能的影响见表 7-6。无杂质 Al_2O_3的烧结激活能是 502 kJ/mol；在 Al_2O_3 中加入 2%质量分数的 MgO，使烧结激活能降至 398 kJ/mol，可以促进烧结；而加入 5%的 MgO，烧结激活能则升高至 540 kJ/mol，反而抑制了烧结。

表 7-6 外加剂种类和数量对 Al_2O_3烧结激活能 E 的影响

添加剂	无	MgO		Co_3O_4		TiO_2		MnO_2	
		2%	5%	2%	5%	2%	5%	2%	5%
$E/(kJ \cdot mol^{-1})$	502	398	540	630	560	380	500	270	250

7.5.4 原料的活性

烧结是通过在表面张力作用下的物质迁移而实现的。高温氧化物的晶格能较大，结构状态稳定，质点迁移的激活能较高，烧结困难，可以用提高原料活性的方法促进烧结。降低原料颗粒度是提高活性的常用方法，但单纯依靠机械粉碎提高原料颗粒度是有限的，而且能耗太高。化学方法是提高原料活性的重要方法，有助于加速烧结。例如，草酸镍在 450 ℃轻烧可以形成活性 NiO，以其为原料进行烧结，致密化所需的激活能仅为非活性 NiO 的 1/3，很容易获得致密烧结体。

很多无机非金属材料的原料是盐类的形式，经过加热煅烧后成为活性氧化物并发生烧结。大多数盐类具有层状结构，煅烧分解时，这种结构往往不能完全被破坏。原料盐类与生成物间如果保持结构上的关联性，那么盐类的种类、煅烧条件会影响烧结体的结构缺陷和内部应变，从而影响烧结速度与最终性能。

1.煅烧条件

对盐类的分解温度与生成氧化物性质的关系已经进行了大量研究。例如，$Mg(OH)_2$煅烧温度与生成的 MgO 的性质之间的关系如图 7-25 和图 7-26 所示。

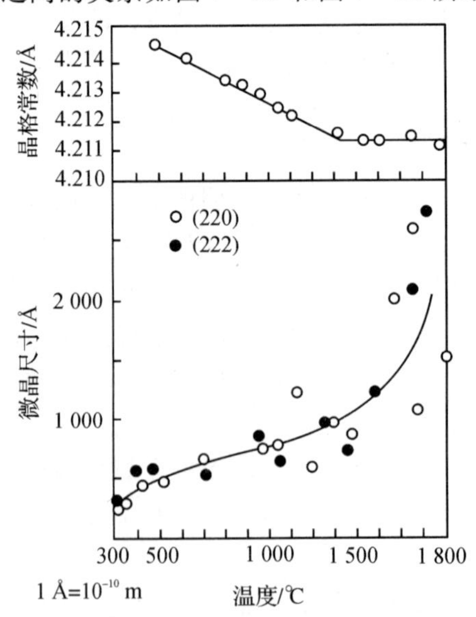

图 7-25 $Mg(OH)_2$煅烧温度与 MgO 晶格常数以及微晶尺寸的关系

由图7－25可见，在300～400 ℃低温煅烧$Mg(OH)_2$所得的MgO，晶格常数较大，结构缺陷较多，随着煅烧温度的升高，结晶性变好。与高温煅烧相比，低温煅烧的MgO具有更高的热容量、更大的溶解度，呈现很高的烧结活性，有助于降低烧结温度。由图7－26可见，900 ℃煅烧$Mg(OH)_2$所得的MgO，烧结激活能最小，烧结活性较高。可以认为，煅烧温度越高，烧结性能越差的原因是MgO的结晶性良好，导致激活能增高。

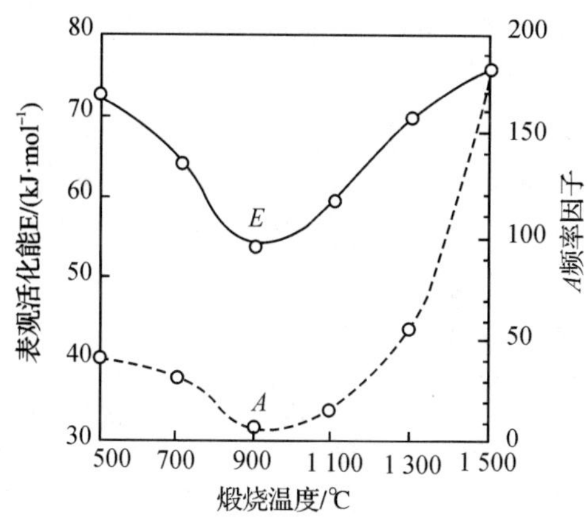

图7－26　$Mg(OH)_2$煅烧温度与MgO扩散烧结表观激活能以及频率因子的关系

2.盐类的选择

不同形式的盐类，煅烧分解后获得的氧化物的活性不同。表7－7是不同的镁盐分解得到的MgO烧结性能的比较。由表可见，原料盐的种类不同，MgO的烧结性能有明显差别。由碱式碳酸镁、醋酸镁、草酸镁、氢氧化镁分解得到的MgO，其烧结体的理论密度可以达到82%～93%；而由氯化镁、硝酸镁、硫酸镁得到的MgO，在相同条件下烧结，仅能达到理论密度的50%～66%。比较MgO的性质可以发现，如果原料盐生成颗粒度小、晶格常数大、微晶小、结构松弛的MgO，这种活性MgO的烧结性良好；如果原料盐生成颗粒度大、结晶性好的MgO，这种MgO的烧结性差。

表7－7　镁化合物分解条件与MgO性能的关系

镁化合物	最佳温度/ ℃	颗粒尺寸/nm	所得MgO/nm		1 400 ℃，3 h烧结体	
			晶格常数	微晶尺寸	体积密度/(g·cm^{-3})	相对密度
碱式碳酸镁	900	50～60	0.421 2	50	3.33	93
醋酸镁	900	50～60	0.421 2	60	3.09	87
草酸镁	700	20～30	0.421 6	25	3.03	85
氢氧化镁	900	50～60	0.421 3	60	2.92	82
氯化镁	900	200	0.421 1	80	2.36	66
硝酸镁	700	600	0.421 1	90	2.08	58
硫酸镁	1 200～1 500	106	0.421 1	30	1.76	50

7.5.5 烧结气氛的影响

烧结气氛一般可以分为氧化气氛、还原气氛和中性气氛，烧结气氛的影响是很复杂的。一般而言，在扩散控制的氧化物烧结中，气氛的影响与扩散控制因素有关，与气孔内气体的扩散和溶解能力有关。例如，Al_2O_3的烧结过程是由 O^{2-} 扩散速度控制，在还原气氛中烧结时，晶体中的氧从表面脱离，在晶格表面形成很多氧离子空位，O^{2-} 扩散系数增大，导致烧结过程加速。

表 7-8 是不同气氛下 $\alpha-Al_2O_3$ 中 O^{2-} 扩散系数与温度的关系。用于钠光灯管的透明氧化铝在氢气炉内烧结，就是因为在还原气氛下，可以加速 O^{2-} 扩散，气孔内气体容易逸出，使材料更致密，从而提高透光度的。如果氧化物的烧结是由正离子扩散速度控制，则应在氧化气氛中烧结，此时晶粒表面积聚了大量氧，使正离子空位增加，有利于正离子扩散而促进烧结。

表 7-8 不同气氛下 $\alpha-Al_2O_3$ 中 O^{2-} 扩散系数与温度的关系

温度/ ℃	不同气氛下的扩散系数/($cm^2\cdot s^{-1}$)	
	氢气	空气
1 400	8.09×10^{-12}	
1 450	2.36×10^{-11}	2.97×10^{-12}
1 500	7.11×10^{-11}	2.70×10^{-11}
1 550	2.51×10^{-10}	1.97×10^{-10}
1 600	7.50×10^{-10}	4.90×10^{-10}

封闭气孔内的气体，其原子尺寸越小，越易于扩散，气孔消除也越容易。例如，氩、氮等大分子气体，在氧化物晶格内不易扩散，最终形成残留气孔；氢、氦等小分子气体，在晶格内可以快速扩散，不会影响烧结的致密化。

如果材料中含有铅、锂、铋等易挥发物质，控制烧结气氛更为重要。例如，烧结锆钛酸铅时，必须维持一定分压的铅气氛，以抑制材料中铅的大量逸出，保持材料严格的化学组成，否则将影响材料的性能。

在探讨烧结气氛的影响时，由于材料组成、烧结条件、外加剂的种类和数量等因素的影响，经常会出现不同的结论，必须根据具体情况慎重选择。

7.5.6 烧结时压力的影响

对烧结而言，压力可以分为成型时的压力和烧结时的压力两种。粉末颗粒成型时必须施加一定压力，除了使其具有一定的形状和强度外，也给烧结创造了颗粒间紧密接触的条件，使烧结时扩散距离减小。但是成型压力不能无限增加，通常成型压力的最大值不能超过材料的脆性断裂强度值。

在高温下同时施加外压力的烧结方法称为热压烧结，这种方法的烧结机理类似于塑性流动。对大多数氧化物和碳化物的热压烧结研究认为，热压烧结的初始阶段主要是颗粒滑移、重排和塑性变形，此阶段的致密化速度最快，其速度取决于原料颗粒度、形状和材料的屈服强度。此后就是塑性流动阶段，外压力的存在，不仅使致密化加快，而且可以克服烧结后期封闭气孔中增大的气体压力对表面张力的抵消作用，使烧结得以继续，提高坯体的最终密度。

在图 7－27 中，比较了 BeO 在 14 MPa 压力下的热压烧结与无压烧结的致密化速度。热压烧结可以在短时间内以较低温度快速烧成，能够达到比无压烧结更高的致密度。由于烧结温度低，晶粒不易长大，可以得到细晶结构的烧结体。

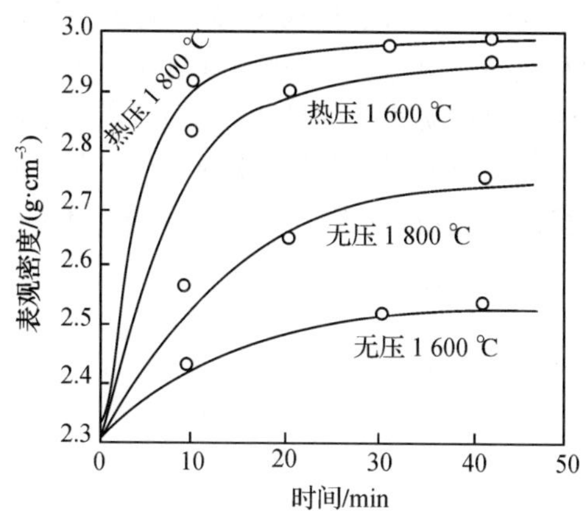

图 7－27　BeO 在热压与无压烧结时的致密化速度

热压烧结已经广泛用于高熔点氧化物陶瓷、共价化合物陶瓷和粉末冶金的生产。碳化物、氮化物、硼化物等共价化合物材料，在正常烧结温度下具有高分解压、低原子迁移率的特点，难以实现致密化。例如，BN 材料在等静压力 200 MPa 下成型，在 2 500 ℃下进行无压烧结，相对密度仅为 0.66；而在 1 700 ℃和 25 MPa 压力下进行热压烧结，相对密度可达 0.97。采用热压烧结的 SiC、Si_3N_4 和 BC 等材料的密度接近于理论密度。

热压烧结的不足之处在于，因加压方式的限制，产品形状比较简单，而且生产效率较低，因此产品种类和经济性受到限制。

影响烧结的因素有很多，而且相互之间的关系也很复杂。研究烧结时如果不充分地考虑众多的因素，并恰当地加以运用，就不能获得高致密度的材料，从而对烧结体的微观组织以及材料性能产生显著的影响。

【本章小结】

烧结是陶瓷、耐火材料、超高温材料等无机材料制备过程中的重要工序，是非常复杂的高温动力学过程，可能还包含扩散、相变、固相反应等动力学过程。由粉末颗粒制成的坯体，在低于其熔点以下温度加热，颗粒产生黏结，经过物质迁移使坯体产生强度并导致致密化的再结晶过程，称为烧结。根据传质机理，烧结可以划分为单纯固相烧结和有液相参与的液相烧结。烧结的主要传质方式有蒸发-冷凝传质、扩散传质、溶解-沉淀传质和流动传质。在实际烧结过程中，这几种传质过程既可能单独进行，也可能同时进行，但是每种传质的产生都有其特有的条件。烧结可分为三个阶段：烧结初期、烧结中期和烧结后期。

晶体长大、二次再结晶是与烧结并列的高温动力学过程，不依赖于烧结机理，但又与烧结同时发生，主要在烧结的中期、后期出现，在烧结后期特别明显。晶粒长大和二次再结晶决定了材料微观组织的形成，以及材料最终的性质或性能。晶粒生长是指在不改变分布的情况下，平均晶粒尺寸连续增大的过程。二次再结晶是少数大晶粒吞并周围小晶粒而迅速长大的过程。

影响烧结的因素，除了原料种类、烧结温度、保温时间、原料颗粒度等直接因素以外，还包括原料活性、外加剂、烧结气氛和压力等间接因素。

由于烧结过程复杂，在描述烧结动力学过程时，只能针对不同的传质机理以及不同阶段坯体中颗粒、气孔的不同形状和接触状况，采用简化模型建立相应的动力学关系。因为实际过程很难与简化模型完全一致，所以目前所建立的动力学方程的应用范围极其有限。对实际烧结过程的控制，是从影响烧结的因素出发，利用已积累的实验数据，定性地或者经验性地控制烧结过程。研究物质在烧结过程中的各种物理化学变化，对指导科研和生产是非常重要的。

第8章　人工晶体生长

从过饱和的气体或溶液中，或者过冷的熔体中获得晶体的过程就是人工晶体生长。晶体生长最初是在气体、溶液或熔体等介质中形成晶核，晶核形成后，出现了晶体与介质的界面，界面过程是晶体生长中最重要的过程。晶核按照一定的机制通过物质的输运，在介质中以一定的速度长大，形成具有特定尺寸、形态和功能的晶体。人工晶体生长本质上就是理解晶体结构、晶体缺陷、生长条件和晶体形态之间的关系，通过改变生长条件来控制晶体内部缺陷的形成，从而改善和提高晶体的质量和性能。

弗雷米(Fremy)、弗尔(Feil)和乌泽(Wyse)在1885年首先用焰熔法合成了红宝石，开创了人工晶体生长的先河，维尔纳叶(Verneuil)在1902年改进这一技术使之能进行商业化生产。进入20世纪后，人工晶体生长技术有了飞跃式的发展，在水热环境中生长水晶，在高温条件下合成云母，在高温、高压下制取钻石。20世纪50年代，硅单晶的生长成功，促进了半导体技术和电子工业的发展。20世纪60年代，激光晶体的开拓，奠定了激光技术的基础。人工晶体种类繁多，不同的晶体需要不同的生长条件，同一晶体根据需求的不同又需要不同的生长方法，这就造成人工晶体生长方法的多样性以及生长设备和生长技术的复杂性。人工晶体生长技术几乎利用了现代实验技术中的一切重要手段，生长了大量支撑现代科学技术发展的高品质晶体。

如果将1878年吉布斯(Gibbs)发表论文“论复相物质的平衡”视为人工晶体生长理论的开端，那么迄今为止其已经有140余年的历史。由于晶体生长是一种非平衡态过程，早期的理论发展比较缓慢。进入20世纪20年代，随着化学、热力学、动力学、统计物理学等在晶体生长中的应用，人工晶体生长理论获得了长足的发展。柯塞耳(Kossel)、杰克逊(Jackson)、特姆金(Temkin)、斯特仑斯基(Stranski)、弗兰克(Frank)、伯顿(Burton)、卡勃雷拉(Cabrera)、帕克(Parker)等提出了许多生长机制和生长模型，结合热力学和动力学探讨晶体生长过程。但是，现有的人工晶体生长理论还不完善，现有的晶体生长模型还不能完全用于指导晶体生长实践，还有许多实际问题尚待解决。

人工晶体生长研究已经从工艺性研究逐步发展，形成人工晶体生长技术研究和晶体生长理论研究两个方向。二者相互渗透、相互促进。晶体生长技术研究为晶体生长理论研究提供了丰富的对象；而晶体生长理论研究又力图从本质上揭示晶体生长的基本规律，进而指导晶体生长技术研究。

本章着重阐述人工晶体生长的成核理论、界面过程和生长动力学等基础知识，并结合热力学和动力学理论介绍晶体生长的气相法、溶液法、熔盐法和熔体法，为获得高质量的人工晶体、制定合理的晶体生长工艺过程提供必要的科学基础。

8.1 成核理论

物质由液态转变为固态的过程称为凝固。液态物质转变为结晶态固体(晶体)的过程称为结晶。无论是凝固过程还是结晶过程,都属于相变过程。

8.1.1 相变驱动力

1.相变驱动力的定义

气相系统中的过饱和蒸气、溶液系统中的过饱和溶液、熔体系统中的过冷熔体都是亚稳相,而这些系统中生长的晶体却是稳定相。在亚稳系统中晶体可能出现,存在的晶体可能长大,是由于亚稳相和稳定相间存在自由能差值,或者说是由于相变驱动力的存在。

晶体生长过程,实际上是晶体/流体界面向流体中推进的过程,这个过程之所以会自发地进行,是因为流体是亚稳相,其吉布斯自由能较高的缘故,设晶体/流体界面的面积为 A,向流体中推进的垂直距离为 Δx,这个过程中引起系统的吉布斯自由能的改变为 ΔG,作用于界面上单位面积的驱动力为 f,则

$$f=-\frac{\Delta G}{A\Delta x}=-\frac{\Delta G}{\Delta V}=-\frac{d}{M}\Delta\mu \tag{8-1}$$

式中:d 为晶体的密度;M 为晶体的摩尔质量;$\Delta\mu$ 为生长 1 mol 晶体在系统中引起的吉布斯自由能的变化;负号表示界面位移(生长)引起系统自由能的变化方向是降低的。

1 mol 晶体中有 N 个原子(生长单元),如果一个原子由液体转变为晶体引起系统的吉布斯自由能的降低量为 Δg,则有

$$\Delta\mu=N\Delta g \tag{8-2}$$

于是有

$$f=-\frac{d}{M}N\Delta g \tag{8-3}$$

对确定的晶体,在一定的温度和压力下,d/M 为常数,驱动力 f 与 $\Delta\mu$ 和 Δg 成正比。在热力学上常用 Δg 或 $\Delta\mu$ 表示驱动力,其意义是单个原子由流体相转变为晶体相时引起的系统吉布斯自由能的降低量,或者说使单个原子从流体相变为晶体相的力。

当 $\Delta g<0$ 时,f 为正,表示 f 指向流体,即此时晶体生长;当 $\Delta g>0$ 时,f 为负,表示 f 指向晶体,即此时晶体溶解(熔化或升华);当 $\Delta g=0$ 时,$f=0$,界面不动,晶体与溶液(熔体或气体)处于平衡,晶体不生长也不溶解(熔化或生化)。

2.气相生长系统中的相变驱动力

图 8-1 是晶体的饱和蒸气压与温度的关系曲线,曲线上任意一点代表蒸气与晶体两相呈平衡的状态,如果系统的状态在 $b(p_0,T_0)$点,晶体、蒸气两相平衡,此时的蒸气压 p_0为饱和蒸气压。如果系统的状态在 $a(p_1,T_0)$点,由图 8-1 可知,$p_1>p_0$,即蒸气压大于饱和蒸气压 p_0,此时蒸气为亚稳相,有转变为晶体的趋势,此时的蒸气压 p_1称为过饱和蒸气压,过饱和蒸气压 p_1,与同温度下的饱和蒸气压 p_0之比称为饱和比 α,即 $\alpha=p_1/p_0$,而 $\sigma=\alpha-1$ 称为过饱和度。

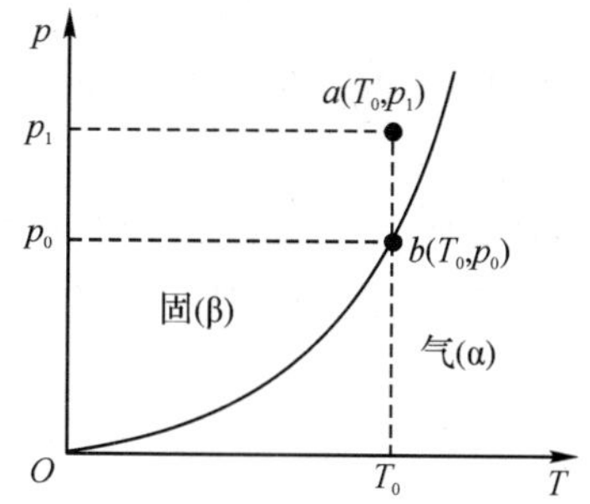

图 8－1　饱和蒸气压与温度的关系曲线

根据热力学原理，可得驱动力 Δg 的表达式：

$$\Delta g = \frac{\Delta\mu}{N} = -kT\ln\frac{p_1}{p_0} = -kT\ln\alpha = -kT\ln\sigma \tag{8-4}$$

式中：$k=R/N$ 是玻尔兹曼常数；T 是相变时的热力学温度。由式(8－4)可知，当温度一定时，驱动力 Δg 与过饱和度 σ 成线性关系。过饱和度 σ 是气相生长系统中的名义驱动力。

3.溶液生长系统中的相变驱动力

在溶液生长系统中，晶体和溶液两相平衡时，溶液的浓度为饱和浓度 c_0。在相同温度和压力下溶液的过饱和浓度为 c_1，$c_1>c_0$。而 $\alpha=c_1/c_0$ 称为饱和比，$\sigma=\alpha-1$ 称为过饱和度。

根据热力学原理，可得温度为 T 的溶液生长系统中驱动力 Δg 的表达式：

$$\Delta g = \frac{\Delta\mu}{N} = -kT\ln\frac{c_1}{c_0} = -kT\ln\alpha = -kT\ln\sigma \tag{8-5}$$

可见，溶液生长系统中驱动力 Δg 的表达式与气相生长系统中驱动力 Δg 的表达式在形式上是相同的。过饱和度 σ 是气相生长系统中的名义驱动力。

4.熔体生长系统中的相变驱动力

在单元系统中，当温度为熔点 T_m 时，晶体和熔体两相共存，呈热力学平衡，摩尔吉布斯自由能相等，两相间无相变驱动力，在这样的系统中晶体不能生长。通常的熔体生长系统中，其温度 T 略低于熔点 T_m，亦即具有一定的过冷度 $\Delta T=T_m-T$，在这样的系统中，熔体为亚稳相，晶体和熔体中的摩尔吉布斯自由能不相等，即存在相变驱动力。

根据热力学原理，相变驱动力与过冷度 ΔT 的关系为

$$\Delta g = \frac{\Delta G(T)}{N} = -\frac{L_{SL}}{N}\frac{\Delta T}{T_m} = -l_{SL}\frac{\Delta T}{T_m} \tag{8-6}$$

式中：$\Delta G(T)$ 为晶体、熔体中摩尔吉布斯自由能的差值；L_{SL} 为晶体生长时系统放出的热量；l_{SL} 为单个原子的熔化潜热；ΔT 为熔体的过冷度，所起的作用与气相、液相生长系统中的过饱和度相同，亦称为名义驱动力。

8.1.2　弯曲界面的平衡与相变势垒

1.弯曲界面的力学平衡——界面压力

通常，在讨论复相系统的热力学平衡时，总是完全忽略界面效应，但是如果两相的分界面

不是平坦的，那么当它发生位移时，一般说来它的面积会发生变化，因而能量也要发生变化，在界面处会导致附加力的出现。两相间如果有弯曲界面存在，表面张力会导致附加力的出现，结果弯曲界面处两相的压力会彼此不等，其差值称为界面压力。

界面压力首先决定于界面的性质，即决定于界面能，其次还和弯曲界面的曲率半径有关，因为具有弯曲相界的复相平衡的条件是温度相等和化学势相等，而压力是不等的，或者说是存在界面压力的。

界面压力的一般表达式为拉普拉斯公式：

$$\Delta p = p_S - p_L = \gamma_{SF}\left(\frac{1}{\rho_1} + \frac{1}{\rho r_2}\right) \tag{8-7a}$$

式中：p_S、p_L分别是弯曲界面两侧的晶体、流体中的压力；γ_{SF}是晶体/流体界面的比表面能；ρ_1和 ρ_2是弯曲界面上任意一点的主曲率半径。当曲面为球面时，$\rho_1=\rho_2=r$，则式(8-7a)退化为

$$\Delta p = p_S - p_L = \frac{2\gamma_{SF}}{r} \tag{8-7b}$$

可见，球状晶体半径 r 愈小，界面压力愈大；反之当半径 $r\to\infty$时，$\Delta p=0$，即 $p_S=p_L$，界面退化为平面。

在式(8-7)中，假设球心在晶体内，这就规定了 r 的正负号。当球心在晶体中，界面凸向流体，r 取正号，$p_S>p_L$，如图 8-2(a)所示；如果球心在流体中，界面凸向晶体，r 取负号，$p_S<p_L$，如图 8-2(b)所示。表面能作用下界面面积有缩小的趋势，这就产生了附加压力，如图8-2中箭头所示。

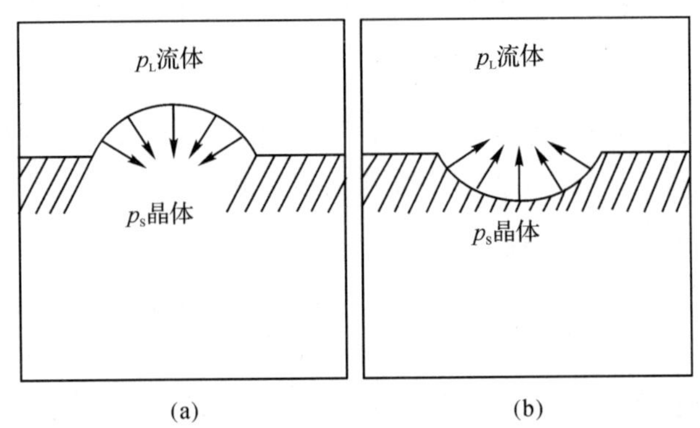

图 8-2　界面压力与曲面半径的正负号

(a)$p_S>p_L$；(b)$p_S<p_L$

估计熔体直拉法中固液界面的压力。如果凹面或凸面的曲率半径为 1 cm，锗的 γ_{SF}是 1.81×10^{-5} J/cm^2，铜的 γ_{SF}是 1.77×10^{-5} J/cm^2，冰的 γ_{SF}是 3.21×10^{-4} J/cm^2。根据式(8-7b)可求得界面压力分别为 36.2 Pa、35.4 Pa、6.42 Pa，可见界面压力是可以忽略的。但是在成核问题中，由于新相开始出现的尺寸很小，界面压力将引起不可忽视的效应，例如，当晶核的半径为 1 μm 时，锗、铜、冰产生的界面压力分别为 3.62×10^5 Pa、3.54×10^5 Pa、0.64×10^5 Pa。

2.弯曲界面的相平衡

在平衡条件下，晶体/流体界面为曲面时，两相中压力不等，故存在界面压力，界面压力与晶体的尺寸和形状有关，实质是界面能 γ 在弯曲界面上的表现。

需要经常注意的是界面为曲面时的平衡参量与界面为平面时的平衡参量间的差异。气相生长系统中注意其平衡蒸气压间的差异，溶液生长系统中注意其平衡浓度的差异，熔体生长系统中注意其平衡温度的差异。

在同一温度下，晶体/流体界面为球面时晶体/流体间相变驱动力 Δg_V 与球面半径 r 之间关系的普遍表达式为

$$\frac{2\gamma_{SF}\Omega_S}{r}=\Delta g_V \tag{8-8}$$

式中：γ_{SF} 是晶体/流体界面的界面能；Ω_S 是晶体的单个原子或分子的体积。

根据相变驱动力 Δg_V 在气相、溶液和熔体生长系统中的表达式，可以得到不同生长系统中曲面平衡参量与平面平衡参量间的关系表达式。

气相生长系统中，同一温度下，曲面平衡蒸气压 p_e 与平面平衡蒸气压 p_0 间的关系为

$$\frac{2\gamma_{SV}\Omega_S}{r}=kT\ln\frac{p_e}{p_0} \tag{8-9}$$

式中：γ_{SV} 是晶体-气体界面的界面能。

溶液生长系统中，同一温度下，曲面平衡浓度 c_e 与平面平衡浓度 c_0 间的关系为

$$\frac{2\gamma_{SL}\Omega_S}{r}=kT\ln\frac{c_e}{c_0} \tag{8-10}$$

式中：γ_{SL} 是晶体-溶液界面的界面能。

熔体生长系统中，同一温度下，曲面平衡温度 T_e 与平面平衡温度 T_0 间的关系为

$$\frac{2\gamma_{SM}\Omega_S}{r}=l_{SL}\ln\frac{T_0-T_e}{T_0} \tag{8-11}$$

式中：γ_{SM} 是晶体-熔体界面的界面能；l_{SL} 是单个原子的熔化潜热。

上述各式给出了不同半径的晶体与流体相（气相、溶液相、熔体相）的平衡参量（p_e、c_e、T_e）的关系。单元系统中的这些关系示意地表示于图 8－3 中，虚线表示界面曲率半径 ρ 对单元系相图的影响。

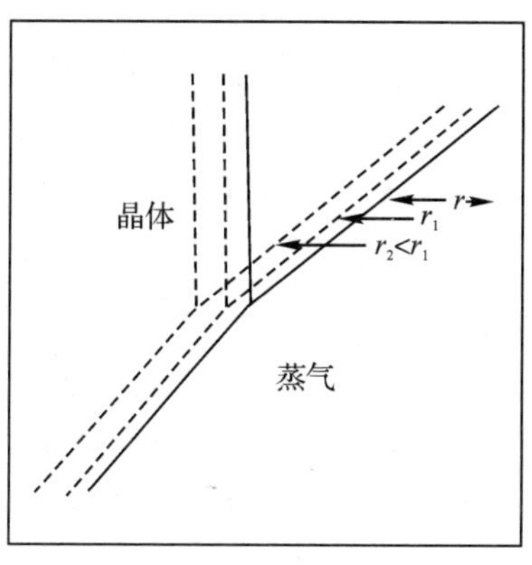

图 8－3　界面曲率半径 ρ 对单元系相图的影响

3.界面能势垒

在具有一定的过饱和度或过冷度的亚稳相中，能够存在的晶体的最小尺寸是一定的。晶体的最小尺寸不能大于临界半径，任何小于临界半径的晶体是不能存在的。如果开始出现的

晶体,其尺寸大于或等于此临界尺寸,此晶体就可以存在,并能自动长大,否则即使晶体形成了,也会重新消失。这就是界面能在晶体形成过程中所设置的障碍,称为形成过程中的热力学势垒,而在一定的驱动力下,借助于起伏越过该势垒而形成晶核的过程,称为成核过程。

与此类似,在晶体生长过程中,如果在晶体/流体界面上遇到了某种干扰,界面上出现了凸缘,如果凸缘尺寸小于当时的驱动力所规定的晶体能够存在的最小尺寸,则此凸缘就会自动消失,这就是界面能对界面稳定性的贡献,也可称为界面的稳定性被破坏过程中的热力学势垒。

8.1.3 均匀成核

在驱动力作用下,亚稳相终究要转变为稳定相。在亚稳相系统中空间各点出现稳定相的几率都是相同的,称为均匀成核;如果稳定相优先地出现在系统中的某些局部区域,称为非均匀成核。

1.晶核的形成能和临界尺寸

在流体相(母相)中,由于能量涨落,可能有少数几个分子连结成“小集团”存在。这些“小集团”可能聚集更多的分子而生长壮大,也可能失掉一些分子从而分解消失,这样的“小集团”称为胚团。胚团是不稳定的,但是当其体积达到相当的程度后,胚团就能稳定地发展下去而不会消失。这时就称它们为晶核,以区别于不稳定的胚团。胚团形成之后,它们的单位体积的自由能相对于母相的单位体积的自由能是有变化的。母相处于亚稳态,胚团单位体积的自由能相对于母相单位体积的自由能显然有所降低,系统才趋于向新相过渡。当系统中一旦出现了新相,新相和母相之间就会出现分界面,有界面就会有界面能存在,所以胚团出现对系统来说增加了界面能,因而系统总的自由能的变化应当是两部分的和。

如果胚团中单个原子或分子的体积为 Ω_S,胚团和流体相界面的单位面积的表面能为 γ_{SF},则在亚稳流体相中形成半径为 r 的球状胚团所引起的吉布斯自由能的改变为

$$\Delta G(r)=\frac{4\pi r^3/3}{\Omega_S}\Delta g+4\pi r^2\gamma_{SF} \qquad (8-12)$$

式(8-12)表明,如果在流体相中出现半径为 r 的球状晶体所引起的吉布斯自由能的变化 ΔG 为两项之和。第一项是当流体相中出现了半径为 r 的球状晶体时所引起的体自由能的变化;第二项是在这种情况下所引起的表面能的变化,这项显然是正的,因为晶体一旦出现就总会引起界面能的增加。

当驱动力 $\Delta g>0$ 时,驱动力迫使晶体相转变为流体相。此时,ΔG 中第一项为正,第二项为正,故 ΔG 恒为正,且随 r 的增加而增加。因而 $\Delta g>0$ 时,晶体相难以出现,即使出现了也要很快地消失。因为从能量的观点来看,恒温、恒压下系统的吉布斯自由能的变化总是趋于降低的,而上面讨论的结果说明在 $\Delta g>0$ 时,系统的吉布斯自由能的变化是增加的,故晶体相难以出现,即使出现了也难以存在下去,很快会消失。

当驱动力 $\Delta g<0$ 时,驱动力迫使流体相转变为晶体相。此时,ΔG 中第一项为负,第二项恒为正,但是二者之和 ΔG 有可能随 r 的增加而减小。当 r 很小时,表面能项起主要作用,故 ΔG 随 r 的增加而增加;当 r 超过晶核临界半径 r^* 后,自由能项起主要作用,r 继续增大,ΔG 很快下降并变成负值,ΔG 随 r 变化,并在 r^* 处有极大值,如图 8-4 所示。

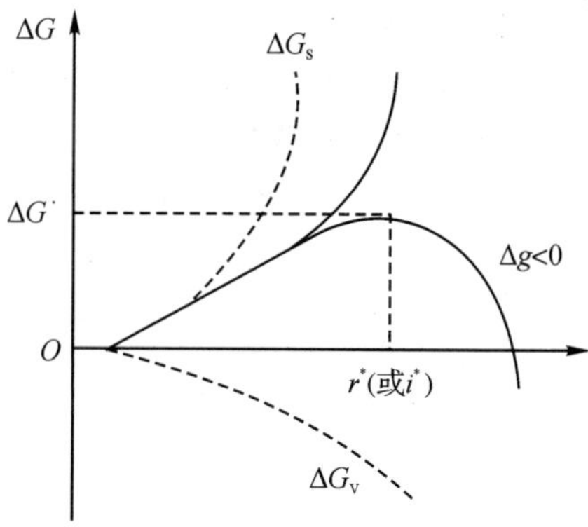

图 8-4　自由能的改变与晶核尺寸的关系

利用求极值的方法，可得临界半径 r^* 为

$$r^* = -\frac{2\gamma_{SF}\Omega_S}{\Delta g} \tag{8-13}$$

当胚团半径小于临界值 r^* 时，胚团消失的概率大于长大的概率；当胚团半径大于临界值 r^* 时，胚团长大的概率大于消失的概率，于是 $r > r^*$ 集合体一旦产生，就意味着在流体相中诞生了晶相。因而半径为 r^* 的集合体称为晶核。

晶核的形成能为

$$\Delta G(r^*) = \frac{4}{3}\pi\gamma_{SF}r^{*2} = \frac{1}{3}\ \frac{16\pi\Omega_S^2\gamma_{SF}^3}{\Delta g^2} \tag{8-14}$$

将不同生长系统得 Δg 表达式代入上述临界半径和晶核形成能的表达式，可得气相生长、溶液生长、熔体生长中晶核的半径和形成能的具体表达式。

因此，在亚稳相中欲出现新相，必须首先产生晶核，而晶核的产生又必须具有一定的形成能，因而晶核的产生是较为困难的，即是说新相的产生必须翻越一个热力学势垒，这就是亚稳相能够存在的物理原因，也是新相不能在系统中的全部空间同时产生的原因。在均匀成核的情况下，晶核的形成能由系统的能量涨落供给。

2.复相起伏和晶核的成核率

宏观上任何均匀的系统(固相、液相或气相)中，如果以微观尺度观之，不仅存在通常的密度起伏，而且系统中的原子或分子时而聚成胚团，时而离散。鉴于胚团的寿命极短，它的出现在宏观上并不表明在亚稳相中产生了新相，可是胚团又具有和新相完全相同的结构和性能，为区别这种与新相完全无关的密度起伏，称其为复相起伏。必须注意，将复相起伏限制在亚稳系统中是完全不正确的，任何均匀系统不管是平衡态还是亚稳态都存在复相起伏。

系统中半径达到临界半径的胚团称为临界胚团(晶核)。单位体积内的临界胚团数(晶核数)为

$$n(r^*) = n\exp\left[-\frac{\Delta G(r^*)}{kT}\right] \tag{8-15}$$

式中：n 是系统中未参与胚团构成的分子数。

半径为 r^* 的晶核（临界胚团）虽然与周围的过饱和或过冷流体相平衡，然而这种平衡是不稳定平衡，如果晶核失去一个或多个原子，平衡就趋于消失；如果晶核得到一个或多个原子，就趋于长大成宏观晶体。故定义晶体的成核率为：单位时间、单位体积内能够发展成为晶体的晶核数，并以 I 表示。

晶体的成核率，除了和单位体积内的晶核数成比例外，还和晶核捕获流体相中的原子或分子的概率 B 成比例，晶体的成核率可表示为

$$I = Bn(r^*) \tag{8-16}$$

气相生长系统的成核率：

$$I = np\ (2\pi mkT)^{-\frac{1}{2}} 4\pi \left[\frac{2\Omega_S \gamma_{SV}}{kT\ln(p/p_0)}\right]^2 \exp\left[-\frac{16\pi\Omega_S^2\gamma_{SV}^3}{3k^3T^3\ln(p/p_0)^2}\right] \tag{8-17}$$

式中：m 是原子或分子的质量。

熔体生长系统的成核率：

$$I = n\nu_0 \exp\left(-\frac{\Delta g}{kT}\right)\exp\left[-\frac{16\pi\Omega_S^2\gamma_{SV}^3}{3kT\ (l_{SL}\Delta T/T_m)^2}\right] \tag{8-18}$$

式(8－17)和式(8－18)表明了在气相生长系统和熔体生长系统中成核率与各种物理参量、几何参量以及驱动力的关系，深入讨论这些关系就能给出控制系统中成核的途径。

在气相生长系统和熔体生长系统中，将成核率 $I=1\ \mathrm{cm^{-3}\cdot s^{-1}}$ 时对应的饱和比（过冷度）称为临界饱和比（临界过冷度）。随饱和比的增大，在接近临界饱和比之前成核率大体上保持为零，而达到临界饱和比时，小晶体几乎是以不连续的方式突然出现。在熔体生长中也完全类似，即当熔体的过冷度达到临界值时，晶体也是突然出现的，这是由于成核率与驱动力间满足指数规律的缘故。

8.1.4 非均匀成核

在大气中往往悬浮大量尘埃，这些尘埃能有效地降低云雾中的成核势垒，使在较低的饱和比下液滴或冰晶能成核于其上。凡能有效地降低成核势垒促进成核作用的物质，称为成核催化剂。在存在成核催化剂的亚稳系统中，空间各点成核的概率不等，在催化剂上将优先成核，这就是所谓非均匀成核或称催化成核。

对于非均匀成核（催化成核），在具体工作中的有些场合要尽量降低其影响。例如用籽晶进行单晶生长时，就要求完全防止成核事件的发生；不论是均匀成核还是非均匀成核，用熔盐法进行晶体生长时，理想的工艺是在生长全过程中只产生一个晶核，这样即使坩埚小，也能长出尺寸较大的晶体。而在另一些场合，则要突出地利用催化剂的作用。例如，在铸造工业中，为了让铸件的晶粒细化，以改善其机械性能，常有意加入某种催化剂；人工降雨也利用催化成核，即饱和比不大的不能均匀成核的云雾中撒入碘化银（AgI）催化剂，达到人工降雨的目的。

1.催化作用——降低成核的表面能势垒

如果在亚稳流体相 F 中存在催化剂 C，催化剂和流体的界面为平面，如图 8－5 所示。

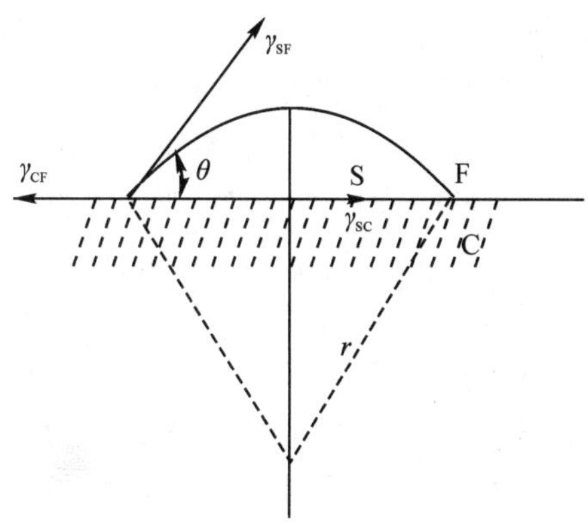

图 8-5　催化成核示意图

如果有球冠状的晶体胚团 S 成核于催化剂上，此球冠的曲率半径为 r（即晶体/流体界面的曲率半径），三相（C、F、S）交接处的接触角为 θ，则系统吉布斯自由能的变化为

$$\Delta G(r)_{\text{非均}}=\left(\frac{\pi r^3/3}{\Omega_S}\Delta g+\pi r^2\gamma_{SF}\right)(1-m)^2(2+m) \tag{8-19}$$

式中：m 是接触角 θ 的余弦。

利用求极值的方法，可得球冠状胚团的临界半径 r^* 为

$$r^*=-\frac{2\gamma_{SF}\Omega_S}{\Delta g} \tag{8-20}$$

这个结果与均匀成核的结果完全相同，因为两式都是弯曲界面的相平衡条件所得的结果。

晶核的形成能为

$$\Delta G(r^*)_{\text{非均}}=\frac{16\pi\Omega_S^2\gamma_{SF}^3}{3\Delta g^2}f(m) \tag{8-21}$$

式中

$$f(m)=\frac{(1-m)^2(2+m)}{4} \tag{8-22}$$

比较均匀成核与非均匀成核情况下形成能的表达式发现，二者只差一个因子 $f(m)$。如果接触角 $0°\leqslant0\leqslant180°$，则 $0\leqslant f(m)\leqslant1$，因而催化剂具有使临界胚团的形成能降低的属性，即催化剂能降低成核的热力学势垒。

如果流体相为蒸气，在催化剂上的成核率为

$$I_{\text{非均}}=np\,(2\pi mkT)^{-\frac{1}{2}}4\pi\left[\frac{2\Omega_S\gamma_{SV}}{kT\ln(p/p_0)}\right]^2\exp\left[-\frac{16\pi\Omega_S^2\gamma_{SV}^3}{3k^3T^3\ln(p/p_0)^2}f(m)\right] \tag{8-23}$$

如果流体相为熔体，在催化剂上的成核率为

$$I_{\text{非均}}=n\nu_0\exp\left(-\frac{\Delta g}{kT}\right)\exp\left[-\frac{16\pi\Omega_S^2\gamma_{SV}^3}{3kT\,(l_{SL}\Delta T/T_m)^2}f(m)\right] \tag{8-24}$$

对同一生长系统，不同的催化剂有不同的接触角 θ，因而有不同的 $f(m)$，而 $0\leqslant f(m)\leqslant1$，故催化剂总能提高成核率，催化剂的催化作用大小完全可以用接触角 θ 表征。

2.晶体生长系统中成核率的控制

在人工生长单晶的系统中，必须严格控制成核事件的发生，通常采用非均匀“驱动力场”的方法来控制。所谓生长系统中的驱动力场是指生长系统中驱动力按空间的分布场。

设计合理的驱动力场是：只在固体-液体界面邻近驱动力为负，其余各处驱动力为正，并且离固体-液体界面愈远的地方，正的驱动力愈大，同时还要求驱动力场具有轴对称性。在这样的驱动力场中，如果用籽晶生长单晶时，能保证生长过程中不发生成核事件，如果不用籽晶而用一根金属细丝引晶，使其产生很细的缩颈，也能生长出良好的单晶体。

在驱动力场设计不合理的直拉法生长系统中，在引晶阶段有时会在液面上出现“漂晶”。所谓“漂晶”是漂浮在液面上的晶体，这些晶体通常成核在液面或坩埚壁上，这是由于该处的驱动力不能保证正值，故在坩埚或熔体内异质粒子的催化下出现。

其他生长系统对驱动力场的要求原则上与上述相同，同时也是通过温度场或溶质浓度场来控制的。平衡蒸气压或平衡浓度和温度有关，调节温度场能使生长系统中局部区域的蒸气或溶液成为过饱和，即使该处驱动力场最大，而其他区域不发生成核现象。这对通常不用籽晶生长的助熔（溶）剂方法最为重要，因为如果不控制成核率，则在坩埚中生长的晶体很多，但尺寸很小；如果在同样的条件下，精确控制成核率，使其只出现少数晶核，就能得到尺寸较大的晶体。例如熔盐法生长 YAG 晶体时就可以通过精确控制成核率，获得大尺寸晶体。

通过温度场来改变驱动力场，借以控制生长系统中的成核率，这是在晶体生长工艺中经常采用的方法，然而要正确无误地控制还必须尽量地减少系统中能起催化作用的外来粒子。

8.2 界面的平衡结构

晶体生长过程主要是晶体/流体（蒸气、溶液、熔体）界面向流体不断推移的过程。在这个过程中，晶体/流体界面要吸附分子或基团参与晶体的生长，所以这个界面很关键。因此，要了解晶体生长过程，就必须了解界面的性质，特别是了解界面的结构特性。

8.2.1 晶体的平衡形状

1.表面能极图与晶体的平衡形状

处于晶体内部的质点，其四周为离子所包围，电价饱和，在结晶的时候已经把可以放出的能量全部放出而使晶体具有最小的内能。但是，处于晶体表面的质点，并不是四周都有离子包围，电价就不是饱和的，因此它放出的能量较少，与晶体内部的质点相比有较多的能量，这些较多的能量就构成了晶体的表面能。晶体表面单位面积的表面能称为该晶面的比表面能。

在晶体与环境相（气体、液体、熔体）之间形成新的界面，伴随着能量的消耗，增加了晶体的表面积，使一些原来处于晶体内部的质点变成了表面的质点，这种产生单位表面所消耗的功称为该表面的比表面能，单位为 J/m^2，数值上与表面张力（单位为 N/m）相等。比表面能不仅取决于晶面本身的结构，而且取决于环境相的性质。假如界面两边的介质是完全一样的，则此界面的比表面能等于零。一般界面两边的介质结构愈相近，则此表面能愈小，反之则愈大，因此比表面能是由许多参数的函数，例如面网密度、质点的种类、介质的成分、温度、结晶学取向等都对比表面能有影响。

一般晶体的表面能 γ 是结晶学取向 n 的函数，而且还反映晶体的对称性。如果已知表面能与取向的关系，即已知 $\gamma(n)$，可以求得给定晶体在热力学平衡态时的形状。由热力学可知，在恒温恒压下，一定体积的晶体与溶液或熔体处于平衡态时，它所具有的形态(平衡形态)应使其总的表面能最小。也就是说，在趋于平衡态时晶体将调整自己的形态，以便使自己的表面能降低至最小，这就是居里乌尔夫(Curiewulff)定理。按照这个定理，一定体积的晶体的平衡形态总是其表面能最小的形状，故

$$\Phi_{\min} = \sum A_i \gamma_i V = 常数 \tag{8-25}$$

式中：Φ 是总的表面自由能；γ_i 是第 i 个晶面的比表面能；A_i 是第 i 个晶面的表面积；V 是晶体的总体积。式(8-25)还可以写成

$$\oiint r(n)\,\mathrm{d}A = 最小值 \tag{8-26}$$

液体的表面能是各向同性的，也就是说与晶面的取向无关，故 $\gamma(n) = \gamma =$ 常数。因为总表面能最小就是其表面积最小，故液体的平衡形状为球形。而晶体所显露的面尽可能是表面能较低的晶面。

根据已知的 $\gamma(n)$ 的关系，可以求出晶体的平衡形状。从原点 O 作出所有可能存在的晶面的法线，取每一条法线的长度与该晶面的表面能的大小成比例，即

$$\gamma_1 : \gamma_2 : \gamma_3 \cdots = n_1 : n_2 : n_3 \cdots \tag{8-27}$$

式中：n_i 表示从结晶中心到第 i 个晶面的法线长度。

这些直线族的端点的集合就表示表面能与晶面取向的关系，这种反映表面能与晶面取向关系的图形被称为晶体的表面能极图。图 8-6 是具有立方对称的晶体的表面能极图的断面，也可以理解为具有四次轴的二维晶体的表面能极图。

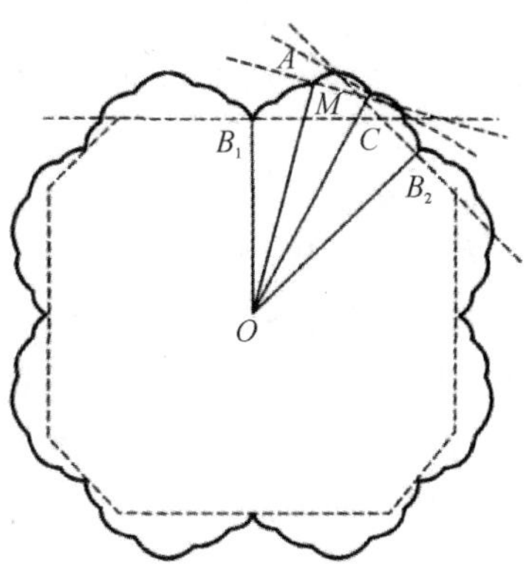

图 8-6　立方晶体的表面能极图

居里乌尔夫定理的另一种表述方法是：在表面能极图上每一点作出垂直于该点矢径的平面，这些平面所包围的最小体积就相似于晶体的平衡形状，亦即是说晶体的平衡形状相似于表面能极图中体积最小的内接多面体。

在表面能极图中相应于表面能较低的方向，能量曲面将出现凹入点，如图 8-6 中 B_1、B_2 端点处。一般说来，在 0 K 时，晶体的所有低指数方向都是凹入点，但当温度较高时，由于热涨落，许多凹入点消失，只有少数存在。

2.奇异面、非奇异面和邻位面

根据晶体的表面能极图,可以对晶面进行较为严格的分类。

表面能极图中能量曲面上出现极小值的点所对应的晶面称为奇异面。在极小值点(凹入点)处能量曲面是不连续的,数学上该点称为奇异点,相应于奇异点的晶面称为奇异面。显然,奇异面是表面能较低的晶面。一般说来,奇异面是低指数面,也是密积面。例如,在简立方晶体中奇异面是{100}面,其次是{110}面,再次是{111}面;面心立方晶体中奇异面是{111}面,其次是{100}面;体心立方晶体中奇异面是{110}面,其次是{112}面。

取向在奇异面邻近的晶面称为邻位面。由于界面能效应,邻位面往往由一定组态的台阶构成,如图 8-7 所示。图中虚线代表与奇异面的偏角为 θ 的邻位面,该邻位面由间距为 λ、高度为 h 的系列台阶构成。其他取向的晶面,称为非奇异面。

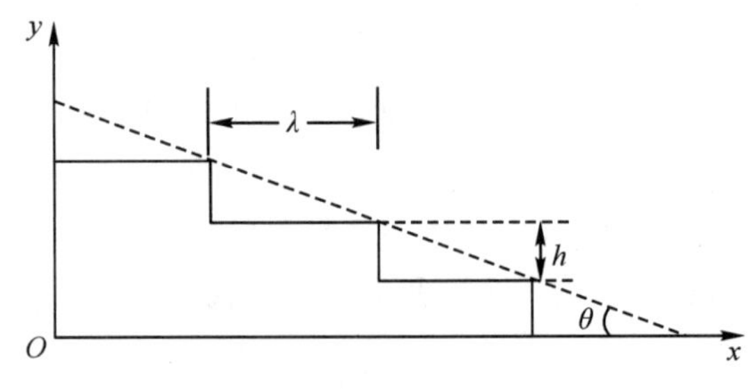

图 8-7　邻位面与奇异面

8.2.2　生长界面结构的基本类型

1.划分界面类型的标准

界面结构与生长环境密切相关,界面的能量状态与界面结构类型有关。划分界面类型的标准有:

(1)界面是突变的还是渐变的。如果从固体到流体的相变仅发生在一个或两个原子层,则称此固液界面为突变界面;如果相变发生在两个以上的原子层,则称此固液界面为渐变界面。

(2)界面是否存在吸附层。在理想纯熔体情况下,固体表面不存在吸附层(或较高的熔质浓度层),此种固液界面是无吸附层界面,相反则是有吸附层界面。

(3)界面是光滑的还是粗糙的。所谓光滑与粗糙可以反映在表面能级图上,光滑面对应于表面能极图上的奇异面,粗糙面则对应于非奇异面。

(4)界面是完整的还是非完整的。如果界面上无缺陷,则称为完整界面;如果界面上有缺陷,则称为非完整界面。

以上 4 种分类标准,有 16 种组合方式,似乎有 16 种生长界面,但有不少状态是相同的,因此从微观结构(原子级)而言,只要考虑 4 种界面即可,即完整光滑突变界面、非完整光滑突变界面、粗糙突变界面和扩散界面。

2.光滑界面与粗糙界面

所谓光滑界面,是指界面在微观上是光滑的,如图 8-8(a)所示。界面上有台阶,台阶上有扭折,晶面沿法向生长是由于台阶沿界面的切向运动,台阶切向运动是由于扭折沿台阶的运动,扭折沿台阶运动是由于流体原子进入扭折位置。这种界面的生长特征是界面上任意一点只有当台阶或扭折运动通过时，才能不连续地生长一个台阶高度，晶体呈层状生长，这种界面相当于奇异面。

所谓粗糙界面，是指界面在微观上是凹凸不平的，如图 8-8(b)所示。界面上到处是台阶，台阶上到处是扭折，流体原子能附着于界面上任何位置，生长一个台阶高度。因而，这种界面的任何位置都能连续生长，这种界面相当于非奇异面。

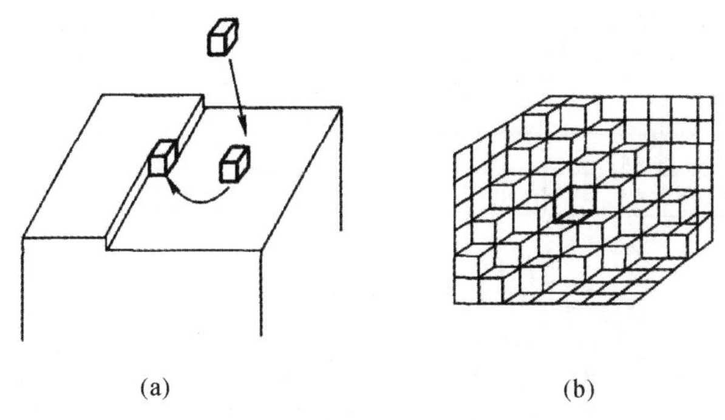

(a)　　　　　　(b)

图 8-8　光滑界面与粗糙界面

(a)光滑界面；(b)粗糙界面

因此，界面的结构不同，其生长方式也不同。粗糙界面能连续地生长，光滑界面的生长却比较困难，当扭折从台阶的一端到达另一端时，台阶前进了，扭折也消失了；要台阶不断地前进，就必须要求台阶不断地产生扭折。同样，当台阶沿界面的一边到达另一边时，晶体生长了，台阶也消失了。要晶体不断地生长，必须要求晶面上不断地产生台阶。

两相处于热力学平衡态时，能够自发产生台阶的晶体/流体界面是粗糙界面，反之就是光滑界面。所谓自发产生是指系统过渡到热平衡而产生。

3.邻位面的台阶化

如果邻位面上的原子全部坐落在该面的面指数所确定的几何平面内，如图 8-9(a)所示，则在距离表面一定深度的范围内，晶体的结构引起很大的畸变，表面能很大。如果该邻位面是由两组或多组奇异面所构成的台阶式的表面，如图 8-9(b)所示，则晶体表面的畸变被消除，大大地降低表面能，虽然形成台阶式平面后表面积会有所增加，可能在某种程度上增大表面能，但是一般说来，邻位面由平面转变为台阶面时其表面能总是降低的，因为其表面能减小，故邻位面总是表现为台阶式的。近年来，场离子显微镜可以直接分辨出晶体中的原子，用这种显微镜对晶体进行直接观察，结果表明邻位面确实是台阶式的。

如图 8-9 所示，邻位面偏离奇异面的角度愈大，台阶化后邻位面上的台阶密度 k 愈大，k 与台阶间距 λ 的关系为

$$k=\frac{1}{\lambda} \tag{8-28}$$

因此，邻位面的斜率 $\tan\theta$ 与台阶密度 k、台阶高度 h 间的关系为

$$\tan\theta=\frac{\partial y}{\partial x}=-hk \tag{8-29}$$

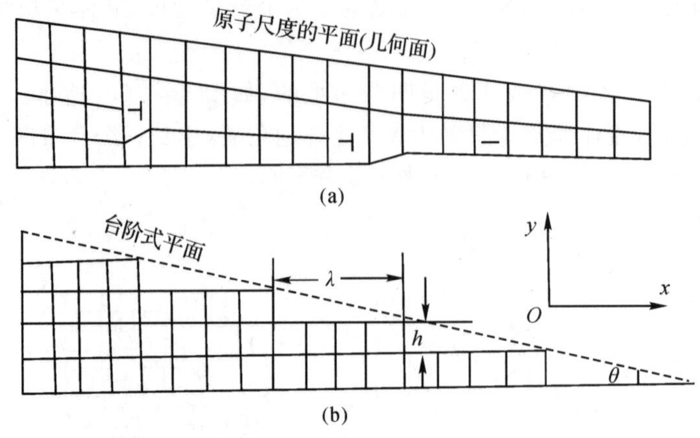

图 8-9　邻位面的台阶化

由式(8-29)可知,奇异面的台阶密度 $k=0$,因而奇异面是光滑面。当邻位面与奇异面的夹角 θ 增加时,台阶密度 k 也随之增加。当台阶密度很大,台阶间距只有几个原子间距时,台阶的意义就模糊了,这样的表面称为粗糙面,即前述的非奇异面。因此,通常所说的台阶化只能是指邻位面的台阶化。奇异面不可能台阶化,只能是光滑界面。

8.2.3　柯塞尔模型

柯塞尔(Kossel)首先提出台阶的平衡结构模型,即柯塞尔模型(Kossel Model),如图 8-10所示。从晶体生长的观点出发,该模型解释了在生长温度下台阶的平衡结构。

考虑简单立方晶体(001)面上的[100]密排方向的台阶,最近邻的原子间的相互作用能(键合能)为 $2\Phi_1$。在 0 K 时,此台阶是直的,当温度上升时,由于热涨落出现了扭折。扭折的正、负定义是:沿着台阶方向前进,规定左边的晶面高于右边,遇到扭折向左拐,扭折为负;向右拐,扭折为正。其中有一些扭折与吸附的单个原子(图中 B 位置)相联系,有一些与吸附的空位(图中 A 位置)相联系。

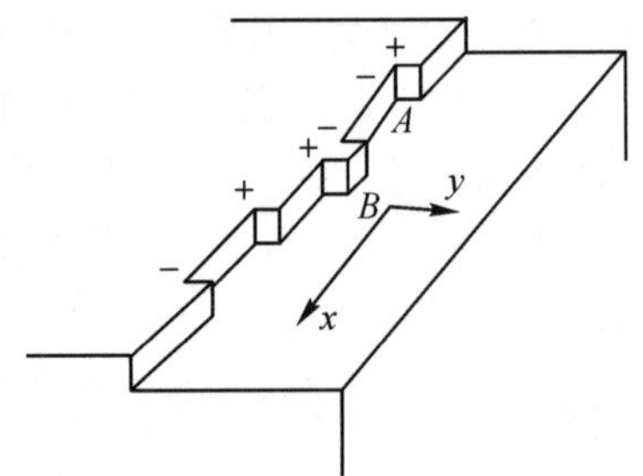

图 8-10　台阶上热涨落产生的扭折

扭折之间的平均距离为

$$x_0=\frac{a}{2}\left(\exp\frac{\Phi_1}{kT}+2\right) \tag{8-30a}$$

式中:x_0为扭折之间的平均距离;a 为原子间距;Φ_1为扭折形成能;T 为温度。由于扭折之间的平均距离 x_0比原子间距 a 要大得多,故有

$$x_0=\frac{a}{2}\exp\frac{\Phi_1}{kT} \tag{8-30b}$$

式(8－30b)说明，当温度接近 0 K 时，扭折间距 x_0 很大，可以认为台阶上没有扭折存在。在晶体生长的温度下，台阶上通常有扭折存在，或者说在有限温度下具有扭折的台阶才是台阶的平衡结构。可以估计台阶上扭折间距的数量级。从蒸气中吸附一个原子到扭折处所释放的能量称为蒸发热，这个能量可以通过实验测定。

如图 8－11 所示，从蒸气中吸附一个原子到扭折处将形成三个键，每个键的键合能为 $2\Phi_1$，故所释放的蒸发热为 $6\Phi_1$，而扭折的形成能为 Φ_1，故扭折的形成能为蒸发热的 1/6。通常蒸发热的数量级为－0.6 eV，因而扭折形成能为－0.1 eV。根据式(8－30b)，可以估计在 600 K 时，扭折之间的平均距离仅为 4～5 个原子间距，所以在晶体生长过程中扭折的来源不可能限制晶体生长，因为借助热涨落可以自发地产生台阶。台阶前进虽然要消耗扭折，但是扭折是用之不竭的。

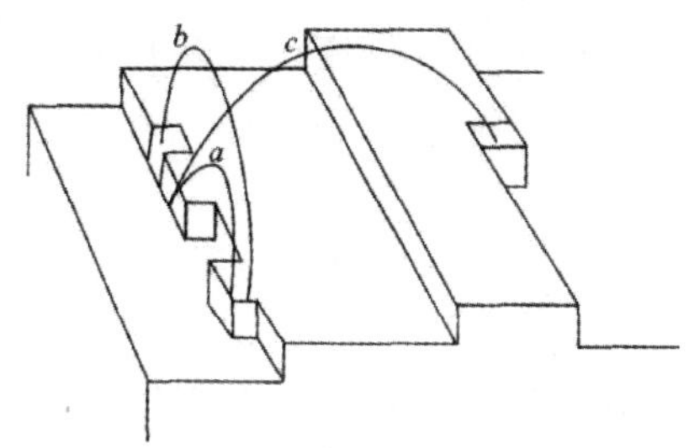

图 8－11　晶体表面的原子过程

邻位面台阶化后可以降低表面能，但是其表面能仍然超过相邻的奇异面的表面能。如果将邻位面理解为具有一定数量台阶的奇异面，则邻位面与相邻的奇异面的表面能的差值就可以理解为台阶的能量。

物体为降低其表面能，将尽可能地减小其表面积，形成表面张力，相似的台阶也将尽可能减小其长度，降低台阶的能量，形成台阶的线张力。台阶的线张力在数值上等于单位长度台阶所具有的能量。

在温度为 0 K 时，沿密排方向的台阶上是没有扭折存在的。如果在 0 K 时台阶偏离了密排方向，由于台阶线张力的存在，要求台阶具有最小的长度，故要求台阶为直线。但是，由于此偏离方向上单位长度的台阶具有的能量大于密排方向单位长度的台阶所具有的能量，故该面的表面能较高，因而有自发“台阶化”的倾向，形成由奇异面构成的台阶面。虽然原台阶的长度增加了，但由于台阶侧面被二奇异面所代替，比表面能降低了，所以台阶总能量会降低，从而导致在偏离密排方向的台阶上会出现几何取向所要求的扭折，与密排方向的偏离愈大，因为几何取向所要求存在的扭折愈多。

8.2.4　杰克逊模型

晶体和环境相处于热平衡态时，晶体/流体(蒸气、熔体、溶液)界面在宏观上是静止的，但是从原子角度来看，晶体/流体界面在任何时刻都有大量的生长单元离开界面处的晶格座位，同时又有大量的生长单元从流体相进入界面上的晶格座位，只不过两者的速度相等。

在研究界面的平衡结构之前，首先要区分在晶体/流体界面上的生长单元是属于晶体，还是属于流体。晶体中的原子只能在其平衡位置附近振动，因而对时间取平均值，晶体中原子的位置是固定的，而流体中原子的位置对时间取平均值，其位置是变化的。于是，要区别界面处晶格座位上的原子是属于晶体，还是属于流体，只要考察该原子的位置关于时间的平均值即可。如果该原子的位置关于时间的平均值是固定的，则该原子就属于晶体，否则即使原子暂时占有晶格座位，也属于流体相，因为下一时刻它将离开晶格座位。

杰克逊(Jackson)提出的界面平衡结构模型，即杰克逊模型，它从晶体生长的观点出发解释了在生长温度下台阶的平衡结构。

考察某一单元系统，假设生长单元就是一个单原子。单元系统中单位质量的晶体与流体相的体积、内能、熵是不同的，因而在界面层的 N 个原子中，属于晶体相的原子成分不同，该界面层所具有的吉布斯自由能也就不同。

杰克逊模型考虑的界面是一种单原子层。假设界面层中原来的 N 个原子座位全为流体相原子所占有，其中有 N_A 个原子转变为晶体相原子，即属于晶体成分为 $X=N_A/N$，属于流体的成分为 $(1-X)$。如果界面层的 N 个原子座位中有近 50%的原子座位属于晶体相或流体相，即 $X\approx 50\%$，这类界面称为粗糙界面；如果界面层中有 0%或 100%的原子座位属于晶体相，即 $X\approx 0$ 或 $X\approx 100\%$，这类界面称为光滑界面。

流体相原子之间没有相互作用，而晶体相原子与流体相原子之间也无相互作用，只是晶体相原子之间有相互作用，如图 8-12 所示。图中，η_0 表示界面层中一个原子在晶体表层中的近邻数(非水平键数)，η_1 表示界面中一个原子在界面层中可能存在的近邻数(水平键数)，如果晶体相内部一个原子的近邻数(键数)为 Z，则 $Z=2\eta_0+\eta_1$。

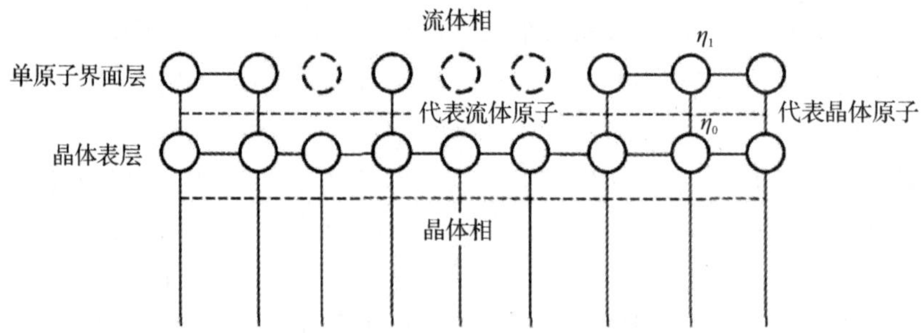

图 8-12　粗糙突变界面模型

界面的吉布斯自由能的变化 ΔG 与界面层中晶体相原子成分 X 的函数关系为

$$\frac{\Delta G}{NkT_e}=\alpha X(1-X)+X\ln X+(1-X)\ln(1-X) \tag{8-31}$$

式中：T_e 是晶体相与流体相的平衡温度；α 是界面相变熵。

$$\alpha=\frac{L_0}{kT_e}\frac{\eta_1}{Z} \tag{8-32}$$

式中：L_0 是一个流体相原子转变为晶体相原子所引起的内能变化；η_1 是界面中一个原子在界面层中可能存在的近邻数(水平键数)；Z 是晶体相内部一个原子的近邻数(键数)。式 8-31 是一个很重要的关系式，适用于气相生长、溶液生长和熔体生长系统。图 8-13 是不同的界面相变熵 α 的 $\Delta G/(NkT_e)$ 随 X 变化的曲线。

由图 8-13 可以看出，对不同的界面相变熵 α，所对应的自由能曲线 $\Delta G(X)/(NkT_e)$ 的形状是很不相同的。对给定的 α 值，可以从曲线上找到吉布斯自由能极小时的 X，此 X 值能够表明界面的平衡性质。例如，对 $\alpha=1.0$ 的曲线，当 $X=50\%$ 时，吉布斯自由能最小，也就是说，此时界面的平衡结构是粗糙面。对 $\alpha=10.0$ 的曲线，当 $X=0\%$ 或 100% 时，吉布斯自由能最小，故界面的平衡结构是光滑界面。

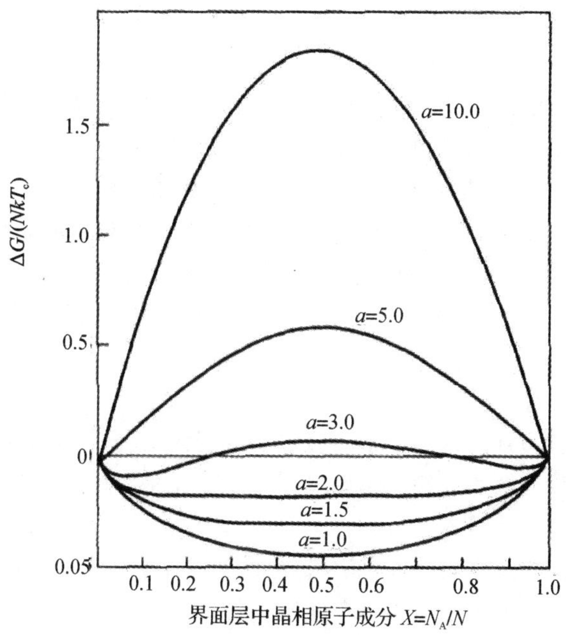

图 8－13　界面层中 $\Delta G/(NkT_e)$ 随 X 变化的曲线

自由能关于 X 的曲线可分成两类。

一类是界面相变熵 $\alpha>2$ 的生长系统，在这类生长系统中晶体-环境相的界面是光滑界面。界面上不能自发产生台阶，因此这种系统在生长过程中，台阶源可能成为限制晶体生长的主要因素。实验表明，在这种生长系统中所长出的晶体，或者是多面体，或者是在界面上出现小面。通常的气相生长、溶液生长（水溶液法、水热法、助熔剂法、金属溶剂法）属于这类生长系统。

另一类是界面相变熵 $\alpha<2$ 的生长系统，在这类生长系统中，晶体-环境相的界面是粗糙界面，晶体生长过程中台阶源不成问题，限制这种系统内生长的主要过程是热量和质量的输运过程。这类生长系统中的相界面在几何上往往和等温面或等浓度面的形状相似，因而所长出的晶体不会呈现多面体形状。大多数金属晶体的熔体生长属于这类系统。

界面相变熵 α 是一个重要的参量，由式(4－37)可以看出，α 是两个因子的乘积。第一个因子是 $L_0/(kT_e)$，其中 L_0 是单个原子相变时内能的改变，也可以近似地看成是单个原子的相变潜热，T_e 是两相的平衡温度，k 是玻尔兹曼常数。由此可见，L_0/T_e 是单个原子相变时熵的改变，故称为物质相变熵。它取决于相变潜热和两相的平衡温度，即不仅决定于构成系统的物质，还决定于系统中共存的两相的类别。例如，水和铝是不同物质，故其相变熵不同。而同一物质，如水，水－冰的相变熵和水－汽的相变熵也是不同的。

决定 α 的第二因子是 η_1/Z，其中 Z 是晶体内一个原子的近邻数，即配位数，这是一个与晶体结构有关的常数。而 η_1 是界面层中的原子在该单原子界面层中的近邻数，它取决于界面层的面指数。例如，对面心立方晶体，如果只考虑最近邻的相互作用，$Z=12$，如果界面为{111}

面，其 $\eta_1=6$，则 $\eta_1/Z=1/2$；如果界面为{100}面，其 $\eta_1=4$，则 $\eta_1/Z=1/3$。因此，对给定的晶体，其结构确定，界面的面指数不同，η_1/Z 就不同，α 也就不同，η_1/Z 称为界面取向因子，故界面相变熵等于物质相变熵与界面取向因子的乘积，显然，界面愈是低指数面，愈是密堆积面，其 η_1/Z 愈大，α 亦愈大。

8.2.5 特姆金模型

特姆金(Temkin)提出的扩散界面模型，亦称多层界面模型，通常被称为特姆金模型。这种模型比双层界面的杰克逊模型有更多的优点。例如，其不限制界面的层数，对所有类型的晶体/流体界面都适用，所以更具有一般性。利用这种模型可以确定热平衡条件下界面的层数，并可根据非平衡状态下界面自由能的变化推测出界面相变熵对界面结构的影响。当然，特姆金模型也还存在着局限性。例如，所用的理论推导仍采用统计计算，引用了布喇格-威廉斯(Bragg - Williams)近似，忽略了原子的偏聚效应。但作为研究界面性质的模型，特姆金模型当前仍为较好的模型。

特姆金模型的基本假设如下：

(1)简单立方晶体的{001}面，生长单元分别看成固体块(固体原子)和流体块(流体原子)。晶体由固体块组成，并只考虑最近邻固体块之间的相互作用，每个固体块有 4 个水平键和 2 个垂直键，水平键和垂直键的键能不相等。

(2)流体看成均匀的连续介质，整个晶-流界面是由固体原子和流体原子相互接触的空间区域，在此区域内的全部原子都位于相当于实际固体的晶格座位上。空间区域由许多层组成，每层由固体原子和流体原子组成，层间距为{001}面的面间距用 d_{001} 表示。

(3)界面层中特定面的层数用 n 表示，如图 8 - 14 所示，第 n 层所包含的原子座位数为 N，其中坐有 N_S 个固体块和 N_F 个流体块，即 $N=N_S+N_F$。

(4)定义第 n 层中固体块的成分为 $C_n=N_S/N$，则流体块的成分为 $(1-C_n)$，而 $-\infty \leqslant n \leqslant +\infty$，边界条件为 $C_{-\infty}=1$，$C_{+\infty}=0$，即当 $n=-\infty$ 变化到 $n=+\infty$ 时，原子从完全固体相转变为完全流体相。

(5)固体块只能在固体块上堆积，因而 $C_{n+1}\leqslant C_n$，即在完全的流体块中没有孤立的固体块存在。

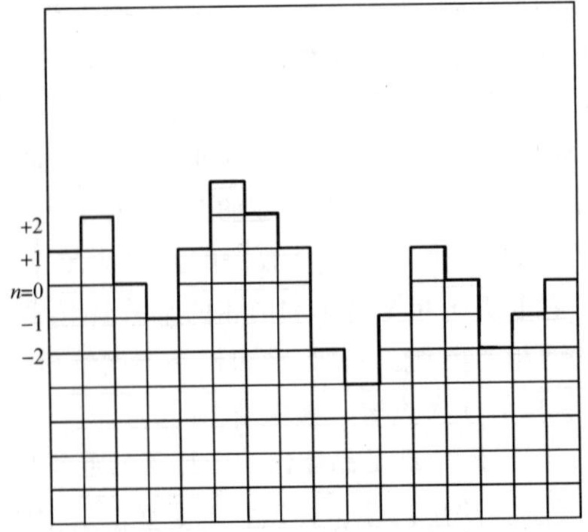

图 8 - 14　多层界面模型

当界面变粗糙时所引起的界面自由能变化 ΔG 的一般表达式为

$$\frac{\Delta G}{NkT}=\beta\left[\sum_{n=-\infty}^{0}(1-C_n)-\sum_{n=1}^{+\infty}C_n\right]+\alpha\sum_{n=-\infty}^{+\infty}C_n(1-C_n)+\sum_{n=-\infty}^{+\infty}(C_n-C_{n+1})\ln(C_n-C_{n+1}) \tag{8—33}$$

其中

$$\beta=\frac{\Delta\mu}{kT}=\frac{\mu_F-\mu_S}{kT},\ \alpha=\frac{4\varepsilon}{kT}$$

式中：μ_F 和 μ_S 分别是流体块和固体块的化学势；ε 是形成一个固体-流体水平键所获得的能量。

利用求极值的方法，根据上式可以得出界面处于平衡状态时固体块成分的函数关系式：

$$\frac{C_n-C_{n+1}}{C_{n-1}-C_n}\exp(-2\alpha C_n)=\exp(-\alpha+\beta) \tag{8-34}$$

式(8-34)无法得到解析形式的结果，只能用数值解法求解，其数值计算结果如图 8-15 所示。图中是在平衡温度下($\beta=0$)，界面处于平衡状态时，对于不同的 α 值，C_n 与 n 的关系。图 8-15 中晶体/流体界面的层数见表 8-1。由式(8-34)和图 8-15 可以得到如下结论：

(1)在平衡温度下($\beta=0$)，界面的宽度(或厚度)决定于 α 值。当 α 值较小时，界面自由能的极大值和极小值几乎没有差别，界面为扩散界面；当 α 值较大时，界面自由能的极大值与极小值的差别很大，界面为突变界面。

(2)在过冷状态下($\beta>0$)，式(8-33)右边的第一项起作用，相当于普通参量 β 在界面上施加了附加的驱动力。当附加驱动力较小时，界面自由能的极大值与极小值相差较大；当附加驱动力较大时，不存在界面自由能的极大值和极小值，这样就必然存在着临界 β_C。当 $\beta>\beta_C$ 时，随着界面的移动，界面自由能趋于降低，界面移动时已不再需要激活能。

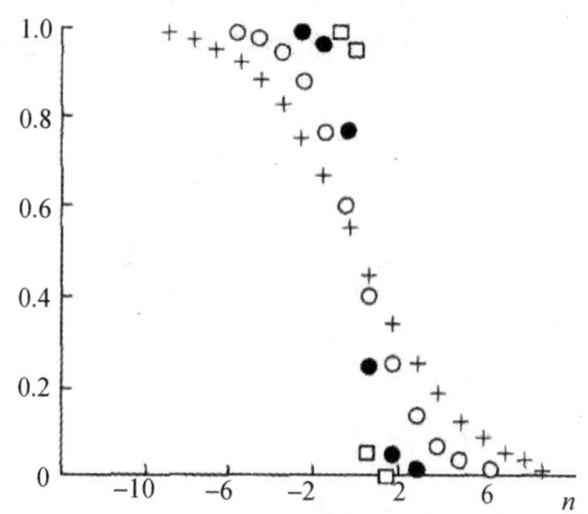

图 8-15　晶体/流体界面的扩散度

表 8-1　晶体/流体界面的层数

α 值	界面层数	图中记号
0.446	～20	+
0.769	～12	o
1.889	～4	●
3.310	～2	□

图 8-16 是过冷状态下的界面 α 与 β 的关系，从图中可以找出 β_C，整个平面分成 A 和 B

两个区域。A 区域自由能(ΔG)具有真正的极小值,因而是稳定区,如果原来为光滑面,则生长过程中仍为光滑面。B 区域没有自由能的极小值,因而是不稳定区域,原来光滑的界面转变为粗糙界面。如果 α 值足够大,即使对应较高的 β 值,界面也可以保持稳定的状态;如果 $\alpha<1.2$,则不管 β 多大,界面总是粗糙的。

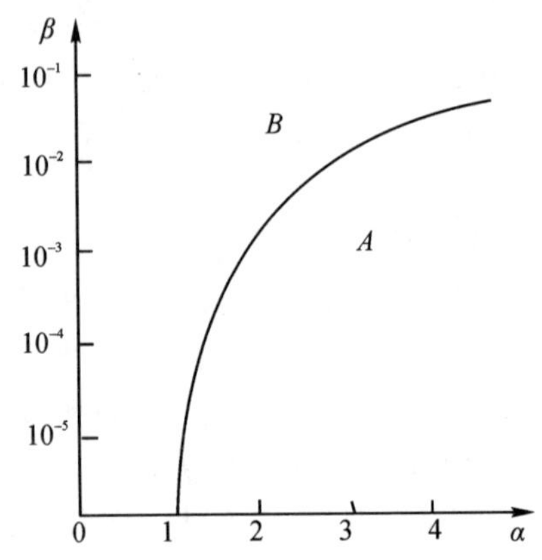

图 8-16　过冷状态下的界面 α 与 β 的关系

8.3　晶体生长动力学

通常,将生长速度 R 和驱动力之间的关系 $R(\Delta g)$ 称为界面动力学规律,它取决于晶体生长的机制,而晶体生长的机制又取决于生长过程中界面的结构,因而界面动力学规律与界面的结构是密切相关的。

8.3.1　邻位面的生长

在晶体生长过程中,只要有邻位面存在,该面上就必然有台阶存在,于是邻位面的生长问题就是台阶在光滑界面上的运动问题。

1.界面上分子的位能

以简单立方晶体{100}面为模型,假设最近邻原子或分子对的交互作用能(键合能)为 $2\Phi_1$,次近邻的交互作用能为 $2\Phi_2$。考虑流体相中的一个分子或原子进入图 8-17 所示的界面(邻位面)上的不同位置所释放出的能量。

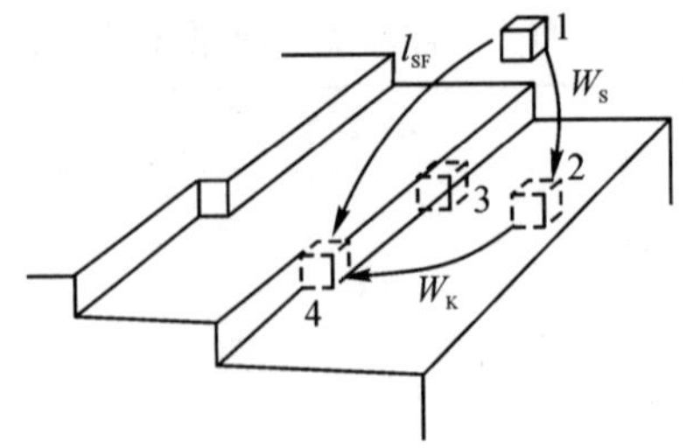

图 8-17　邻位面上吸附分子的不同位置

当流体分子或原子由位置 1 到达位置 2 时，形成了一个最近邻键和 4 个次近邻键，释放的能量为 $W_S=2\Phi_1+8\Phi_2$；流体分子或原子到达位置 3 时，释放的能量为 $4\Phi_1+12\Phi_2$；达到扭折位置 4 时，释放的能量为 $6\Phi_1+12\Phi_2$。由此可见，在这些位置中，到达扭折位置 4 所释放的能量最大，故其位能最低、最稳定。因而，通常将进入扭折位置的分子看成晶体相分子，进入扭折位置所释放的能量为相变潜热 l_{SF}。

当晶体和流体处于平衡态时，此时驱动力 $\Delta g=0$，因而分子吸附到扭折位置上的速度和离开扭折位置的速度相等。当流体为亚稳相时，此时驱动力 $\Delta g<0$，因而分子吸附到扭折位置上的速度较大，故晶体生长。

由于在通常的生长温度下台阶上能自发地产生扭折，且扭折密度较高，故生长速度快。而吸附于界面上的分子，见图 8-17 中的位置 2，其位能较高，较不稳定，或是吸收能量 W_S 重新回到流体，或是继续释放出能量 W_K，通过面扩散达到扭折位置。

图 8-18 是界面上不同位置的势能曲线。由图可知，单个分子的相变潜热 l_{SF} 可表示为

$$l_{SF}=W_S+W_K \tag{8-35}$$

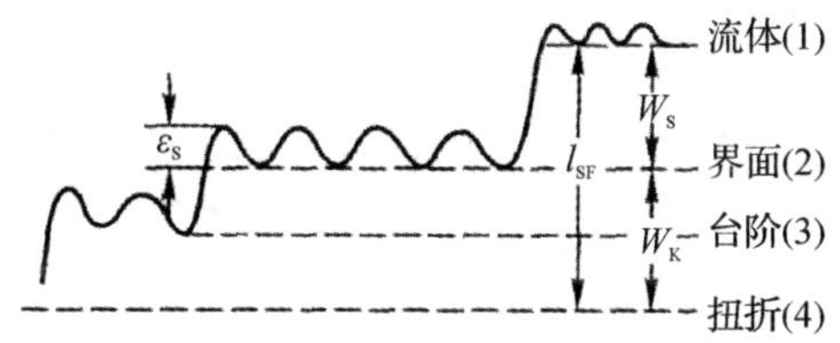

图 8-18　界面上不同位置的势能曲线

因此，晶体生长可能的途径有以下几种。

途径 A：流体分子(1) $\xrightarrow{\text{体扩散}}$ 面吸附分子(2) $\xrightarrow{\text{面扩散}}$ 台阶上的分子(3) $\xrightarrow{\text{线扩散}}$ 扭折(4)；

途径 B：流体分子(1) $\xrightarrow{\text{体扩散}}$ 扭折(4)；

途径 C：流体分子(1) $\xrightarrow{\text{体扩散}}$ 面吸附分子(2) $\xrightarrow{\text{面扩散}}$ 扭折(4)。

一般说来，台阶上扭折位置之间的距离 x_0 较小，由台阶上的位置 3 通过一维扩散到达扭折位置比较容易。因此，可以认为凡是到达台阶上的分子都能立即到达扭折位置，故生长过程中流体分子或是通过途径 B 到达扭折位置，或是通过途径 C 到达扭折位置。

2.吸附分子的面扩散

如图 8-17 所示，位置 2 的吸附分子由于热激活可能离开晶面进入流体，但是这个过程需要吸收能量 $W_S=2\Phi_1+8\Phi_2$，因而 W_S 就是吸附分子返回流体需要克服的势垒。吸附分子在热激活下进行面扩散，移向最近邻的晶格座位需要克服的势垒 ε_S 却低得多，如图 8-18 所示，也可以认为 ε_S 是吸附分子能够面扩散所必需的能量，称为面扩散激活能。

当晶体和流体共存时，不断地有流体分子吸附于界面，同时又不断地有吸附分子离开界面。一个分子在界面上逗留的时间称为吸附分子的平均寿命。在吸附分子的平均寿命内，无规则的漂移在给定方向的迁移(面扩散距离) x_S 的表达式为

$$x_S=\frac{a}{2}\exp\frac{W_S-\varepsilon_S}{2kT} \tag{8-36}$$

式(8-36)是以简单立方晶体的{100}面为晶体模型，但是 x_S 的导出并不依赖于该晶体模型，它对不同结构的晶体的面扩散都是适用的。不同晶体、不同晶面、不同流体相在不同温度下将有不同的 x_S 值。

对不同结构晶体的研究表明，虽然 W_S、ε_S 不同，但是对任何晶面，其差值($W_S-\varepsilon_S$)大致等于 0.45 l_{SF}，故

$$x_S=\frac{a}{2}\exp\frac{0.22l_{SF}}{kT} \tag{8-37}$$

根据式(8-37)估计了不同生长系统中典型材料吸附分子的定向迁移 x_S，结果见表 8-2。吸附分子的定向迁移 x_S 对晶体生长的基本过程影响很大。x_S 可以影响流体分子到达界面上扭折位置的途径。

如果 x_S 较大，而界面上台阶的间距以及台阶上扭折位置的距离小于 x_S，则意味着吸附分子在其寿命内就可能和台阶或扭折相遇而被捕获。在这种情况下，界面上的所有吸附分子都对生长有贡献，生长将按途径 B 的方式进行，气相生长就是这种方式的典型。

如果 x_S 很小，则生长只能按途径 C 的方式进行，此时生长只能是流体分子通过扩散直接到达扭折位置，这种生长方式在溶液生长系统中较常见。

表 8-2　不同生长系统中典型材料的定向迁移 x_S 的估计

生长系统	材料	l_{SF}/eV	T/K	l_{SF}/kT	x_S
气相生长	水银(Hg)	0.65	200	37	2 500 a
	镉(Cd)	1.2	573	23	100 a
	冰	0.53	273	22	75 a
熔体生长	水杨酸苯酯(Salol)	0.94	314	35	1 500 a
	硅(Si)	0.4	1 704	3.3	1 a
	锡(Sn)	0.07	505	1.6	0.7 a
溶液生长	明矾	0.29	320	11	6 a
	ADP	0.09	310	3.5	1 a
	蔗糖	0.03	273	1.1	0.5 a

3.台阶动力学

当环境相处在过饱和状态时，吸附分子从环境相向生长界面(光滑界面)移动，再沿着界面到达台阶，通过分子的这种流动促使台阶不断运动。因此，台阶的运动速度取决于吸附分子沿界面的二维扩散流量。

如果吸附分子的扩散是稳态扩散，而且吸附分子的面扩散距离 x_S 远大于扭折间距 x_0，那么单直台阶的运动速度 V_∞ 与名义驱动力(过饱和度 σ 或过冷度 ΔT)成线性关系。

对于气相生长系统，有

$$V_\infty=A\,|\Delta g|=(AkT)\sigma \tag{8-38}$$

式中

$$A=2\frac{x_S\nu_0}{kT}\exp\left(-\frac{l_{SF}}{kT}\right)$$

对于溶液生长系统，有

$$V_\infty=A\,|\Delta g|=(AkT)\sigma \tag{8-39}$$

式中
$$A=\frac{2\pi DC_0\Omega}{kTx_0}$$

对于熔体生长系统，有

$$V_\infty=A\mid\Delta g\mid=\left(A\frac{l_{SF}}{T}\right)\Delta T \tag{8-40}$$

式中
$$A=\frac{3D}{akT}$$

上述诸式中的 D 是扩散系数；a 是晶格常数；C_0是溶液的平衡浓度；Ω 是溶质原子的体积；x_0是台阶上扭折的间距；x_S是吸附分子的面扩散距离；ν_0是吸附分子上下振动的频率；l_{SF}是单个分子的相比潜热。

如果存在一系列平行直台阶，为简单起见，假设台阶等间距分开，其间距为 y_0，仍然假设吸附分子的面扩散距离 x_S远大于扭折间距 x_0，那么在驱动力 Δg 作用下，直台阶列的运动速度表达式为

$$U_\infty=V_\infty\tanh\frac{y_0}{2x_S} \tag{8-41}$$

式中：双曲线正切函数总是小于或等于 1，因而等间距平行直台阶列的速度 U_∞只能是小于或等于单直台阶的速度 V_∞，即当 $y_0\leqslant 2x_S$时，$\tanh(y_0/2x_S)<1$，因而 $U_\infty<V_\infty$；当 $y_0\gg 2x_S$时，$\tanh(y_0/2x_S)\to 1$，因而 $U_\infty\to V_\infty$。

4.邻位面生长动力学

邻位面上必然有台阶，由于台阶运动，晶体将迅速地生长，甚至在很低的过饱和度或过冷度下生长速度 R 也是很高的。然而，在对界面形状的约束较为松弛的生长系统中，如气相生长或溶液生长，邻位面迅速生长的重要的后果是使邻位面自身消失，从而使界面转变成为光滑界面。但是，在对界面的约束十分强烈的生长系统中，如熔体生长中的提拉法，邻位面可以始终存在于生长的全过程中，邻位面生长机制在这种生长中将起重要作用。

图 8－19 是提拉法生长时界面为凹面的情况下界面上出现的光滑面和邻位面。由于界面受到温度场的强烈约束，只要不改变温度场，凹界面的曲率总是不会改变的。在这种情况下，邻位面是不会消失的。于是，邻位面为光滑面的生长提供了无限的台阶，称为邻位面生长机制。

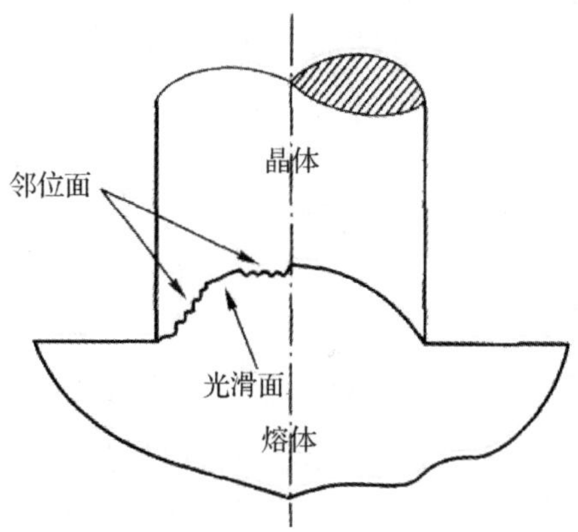

图 8－19　提拉法生长中的凹界面

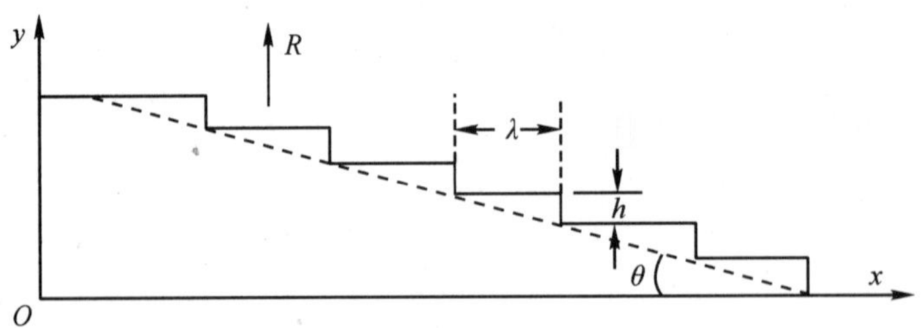

图 8-20　台阶群示意图

如图 8-20 所示，如果邻位面上的台阶高度为 h，台阶间距为 λ，在界面上沿 x 方向单位长度的台阶数为 K，此即台阶密度。一般来说，台阶密度是界面上的位置和时间的函数，即 $K(x,t)$。定义单位时间内通过某点的台阶数为该点的台阶流量 q，并假设台阶流量只是台阶密度的函数，即 $q=q(K)$。于是台阶的运动速度 $V_{\infty}=q/K$。

光滑面的法向生长速度 $R=hq$，于是当邻位面提供的台阶是平行的等间距的台阶列时，所引起的光滑面(奇异面)的生长速度为

$$R=hKU_{\infty} \tag{8-42}$$

平行台阶列的运动所引起的邻位面的法向生长速度为

$$V=R\cos\theta=\frac{h}{\sqrt{\lambda^2+h^2}}U_{\infty} \tag{8-43}$$

由此可见，邻位面生长机制的动力学规律是线性规律，亦即邻位面的法向生长速度 V 与驱动力 Δg(或名义驱动力 σ 或 ΔT)成线性关系。

8.3.2　光滑界面的生长

光滑界面上不能自发地产生台阶，而在通常情况下，邻位面所具有的台阶在较低驱动力的作用下将很快地运动，最后消失在晶体边缘，于是邻位面就消失了，剩下的是不能自发地产生台阶的光滑面。因而，必须考虑光滑界面的生长机制。

1.二维成核生长机制(完整光滑突变界面的生长)

光滑界面上被吸附的流体原子或分子，可以聚集成二维胚团。二维胚团一旦出现，系统的棱边能增加，棱边能的作用与界面能的作用完全相似，形成二维成核的热力学势垒，只有当二维胚团的尺寸达到某临界尺寸时，胚团才能成为自发长大的二维晶核，如图 8-21 所示。

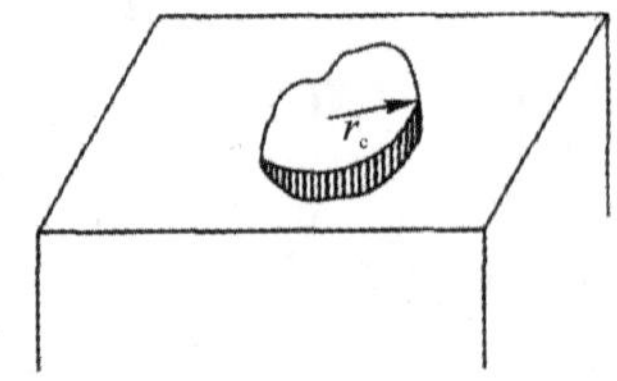

图 8-21　光滑界面上的二维晶体

如果单位长度棱边能为 γ_e，单个分子或原子所占面积为 f_0，胚团是半径为 r 的圆，当流体相为亚稳相时，驱动力 Δg 为负，则形成半径为 r 的圆形二维胚团所引起系统吉布斯自由能的变化为

$$\Delta G(r)=-\frac{\pi r^{2}}{f_{0}}|\Delta g|+2\pi r\gamma_{e} \tag{8-44}$$

式(8-44)第一项是光滑界面上出现半径为 r 的二维胚团时,由于亚稳相的流体原子或分子转为稳定相的晶体原子或分子所引起系统的吉布斯自由能的降低,第二项是由于二维胚团形成引起的棱边能的增加。利用求极值的方法,可得二维晶核的临界半径为

$$r_{c}=\frac{\gamma_{e}f_{0}}{|\Delta g|} \tag{8-45}$$

二维晶核的形成能为

$$\Delta G(r_{c})=\frac{1}{2}(2\pi r_{c}\gamma_{e}) \tag{8-46}$$

式(8-46)表明,二维晶核形成能为二维晶核棱边能的一半。

事实上,棱边能是各向异性的,因而二维晶核的平衡形状应该是二维棱边能极图所确定的内接多边形(由 Curie Wulff 定理给出)。

光滑界面上单位时间、单位面积晶面上形成的二维晶核的数目,称为二维晶核在晶面上的成核率,其表达式为

$$I=C\exp\left[-\frac{\Delta G(r_{c})}{kT}\right] \tag{8-47}$$

式中:$\Delta G(r_{c})$为二维晶核的形成能;C 为决定于动力学因素的系数,可近似看成界面上吸附分子的碰撞频率。

如果光滑界面的面积为 S,则单位时间内的成核数为 IS,连续两次成核的时间间隔(成核周期)t_{n}为

$$t_{n}=\frac{1}{IS} \tag{8-48}$$

二维晶核一旦形成,台阶在驱动力作用下沿界面运动,扫过整个晶面 S,则晶体生长一层。一个二维晶核的台阶扫过晶面所需的时间(复盖周期)t_{s}为

$$t_{s}=\frac{\sqrt{S}}{V_{\infty}} \tag{8-49}$$

1)单二维核生长

如果 $t_{n}\gg t_{s}$,表明二维晶核形成后,在新的二维晶核再次形成前有足够的时间让该核的台阶扫过整个晶面,于是下一次二维晶核将在新的晶面上形成。因此,每一层晶面的生长仅用了一个二维晶核,这样的生长方式称为单二维核生长。

这种情况下,每隔时间 t_{n},晶面就增加一个台阶的高度 h,于是晶面的法向生长速度为

$$R=A\exp\left(-\frac{B}{\Delta g}\right) \tag{8-50}$$

式中:$A=hSC$,$B=\dfrac{\pi f_{0}\gamma_{e}^{2}}{kT}$ 。

式(8-50)表明,在单二维核生长的情况下,生长速度 R 和驱动力 Δg 之间成指数关系。将不同生长系统中的驱动力的表达式代入上式,即得到不同生长系统中生长速度与名义驱动力的关系。

对气相生长和溶液生长,有

$$R = A\exp\left(-\frac{B'}{\sigma}\right) \tag{8-51}$$

式中：$A = hSC$，$B' = \frac{\pi f_0 \gamma_e^2}{k^2 T^2}$。

对熔体生长，有

$$R = A\exp\left(-\frac{B''}{\Delta T}\right) \tag{8-52}$$

式中：$A = hSC$，$B'' = \frac{\pi f_0 \gamma_e^2 T_m}{kTl_{SF}}$。

研究表明，气相单二维核生长，在过饱和度为100%时，晶体生长速度大约为每月50 nm，这样的生长速度在实验上是无法测量的。

2)多二维核生长

如果 $t_n \ll t_s$，表明单个核的台阶扫过晶面所需的时间远远超过连续二次成核的时间间隔，因而同一层晶面的生长，就需要有两个以上的二维晶核，这样的生长方式称为多二维核生长，如图8-22所示。当所有相邻的二维晶核的台阶在图中虚线处相遇时，台阶消失，晶面就增加一个台阶的高度 h。

光滑界面上某二维晶核的出现到相邻二维晶核的台阶相遇而消失，这个时间间隔的平均值称为二维晶核的寿命。因为在二维晶核的平均寿命内，晶体生长一个台阶的高度 h，故多核生长时界面的法向生长速度为

$$R = A''(\Delta g)^{\frac{2}{3}}\exp\left(-\frac{B''}{|\Delta g|}\right) \tag{8-53}$$

式中：A''、B''可以根据不同的生长系统中的台阶运动速度的表达式 V_∞ 和二维成核率的表达式 I 求得。值得注意的是，两种二维晶核生长过程的生长速度 R 和驱动力 Δg 之间的关系基本上都是指数关系。

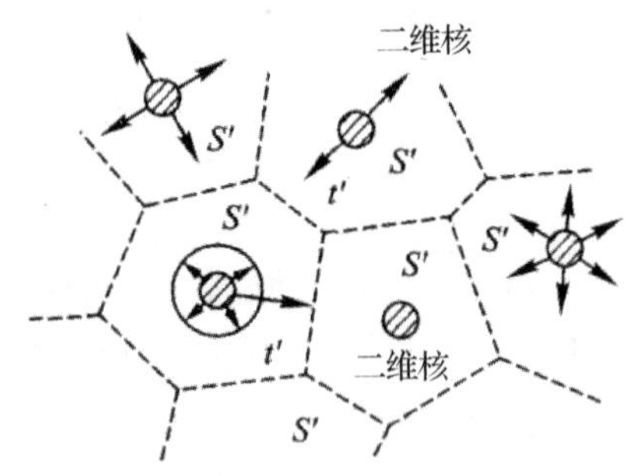

图8-22　多二维核生长

对溶液生长系统中过饱和度为10%的情况进行了估算，其生长速度大体上与实验观测的结果相符合。

2.位错生长机制(非完整光滑突变界面的生长)

光滑界面不能自发地产生台阶，因而晶体只能通过二维成核机制不断地产生台阶以维持晶体的持续生长。二维成核需要克服由于棱边能作用而形成的热力学势垒，欲得到可以观测到的生长速度，存在一个临界驱动力，低于此临界驱动力几乎无法观测到生长速度。

但是，大多数的晶体生长实验表明，即使在很低的驱动力下，晶体仍然以可观察到的一定的速度生长着。这说明生长过程中必然也有某些可能消除或减小二维成核的热力学势垒的催化作用存在，如位错的存在就能消除或减小二维成核的热力学势垒。

1)位错对生长的贡献

晶体中必然存在一定数量的位错。如果一个纯螺型位错和光滑界面正交，就会产生一个高度等于界面间距的台阶，如图 8-23 所示。

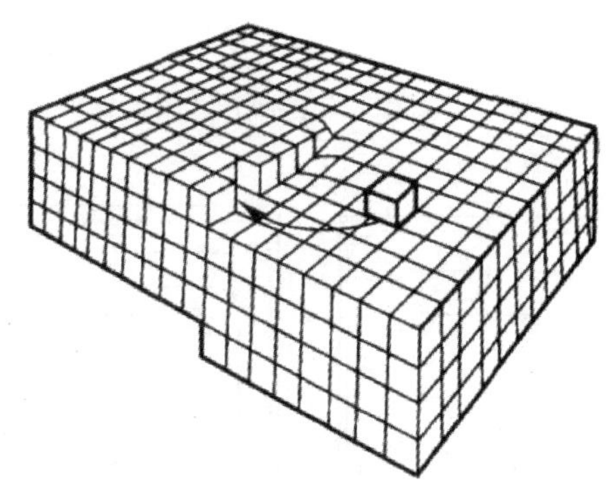

图 8-23　纯螺型位错与光滑界面正交所产生的台阶

不管晶面如何生长，这种类型的台阶是永存的。这是由于晶体中出现了螺位错，晶面已经成为一个连续的螺蜷面，而不再像完整晶体那样是一层一层垛起来的。由于这种因位错产生的台阶永远存在，因而能在生长过程中提供无穷无尽的台阶源，这就完全消除了光滑界面生长的热力学势垒，去除了二维成核的必要性。

因位错产生的台阶把螺位错的端点和晶体的边缘连接起来，在驱动力作用下，当流体原子或分子被吸附在晶体表面并扩散到台阶之后，台阶便向前推进。既然位错端点固定不动，台阶就势必绕着此端点旋转。由于使台阶内端旋转一周比使台阶外端旋转一周所需要的原子少，因此台阶内端部分比台阶外端部分旋转得快，即角速度要大些，因而台阶便成为螺蜷状。如图 8-24 所示。

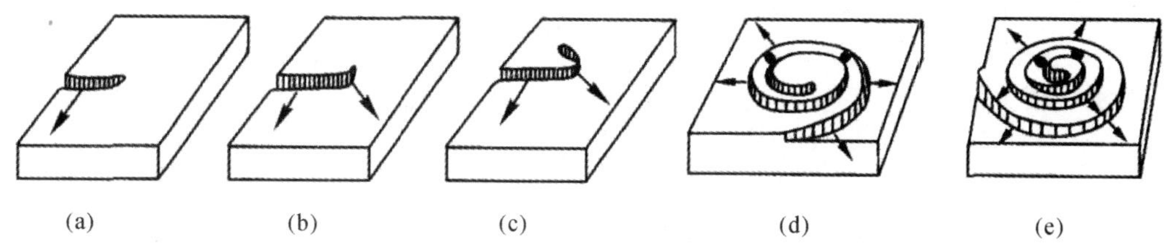

图 8-24　螺蜷状台阶的发展

台阶发展成为螺蜷状之后，台阶内端的角速度不会永远比外端大。因为台阶内端的曲率半径总比外端的小，所以台阶内端运动速度也就会比外端的小。最后，台阶的形状达到稳定状态时，台阶上各点的角速度都是一样的，这样的生长方式将在光滑界面上形成蜷线式的小丘，称为生长丘。

如果有一对异号螺位错(一个左旋螺位错和一个右旋螺位错)在表面露头，间距大于 $2r_c$(r_c是二维晶核的临界半径)，其间的台阶以类似的方式运动，如图 8-25 所示。由两个中心(位错露头处)传播出来的台阶相遇而消失，便形成一个闭合的台阶传播出去，这样的过程不断重复，也能提供无穷无尽的台阶。值得注意的是，一对异号螺位错所产生的台阶是一层层闭合平台，而单个螺位错所产生的台阶是一个连续螺蜷面式的台阶，如图 8－26 所示。

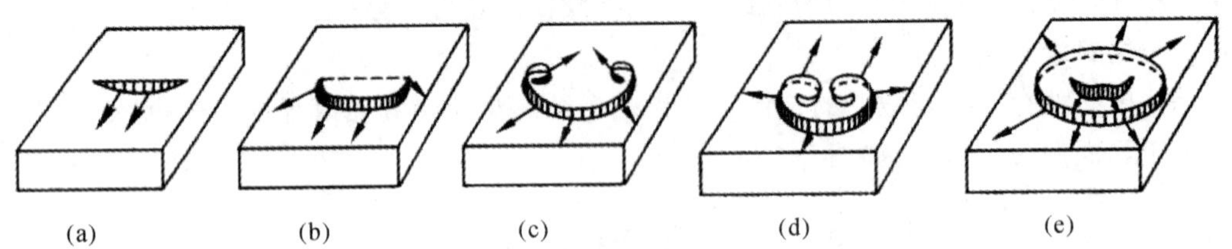

图 8－25　一对螺位错连续产生台阶圈的过程

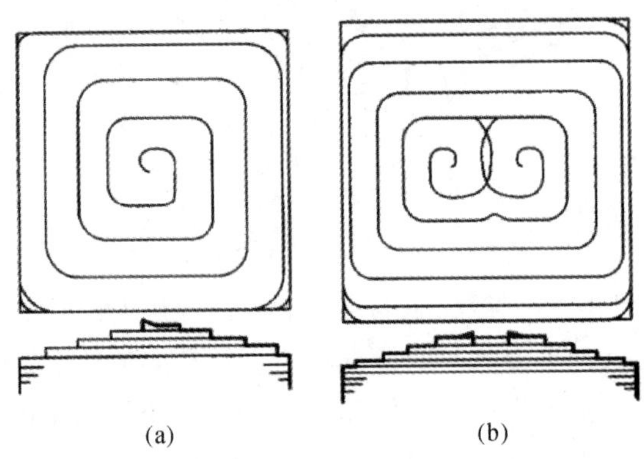

图 8－26　位错产生的生长丘

(a)单根位错的生长丘；(b)一对位错的生长丘

2)位错机制的生长速度

在一定的驱动力下，如果螺蜷状台阶已达稳定形状，此后的晶体生长将是此螺蜷状台阶绕位错端点(位错露头)以等角速度旋转(界面上只有一个螺位错露头)。如果光滑界面的面间距为 h，则生长速度为

$$R=\frac{h}{4\pi r_c}U_\infty \tag{8-54}$$

对于气相生长，有

$$R=A\tanh\frac{\sigma_1}{\sigma}\sigma^2 \tag{8-55}$$

式中

$$A=\frac{hkTx_S\nu_0}{2\pi\gamma_e f_0}\exp\left(1-\frac{l_{SF}}{kT}\right)$$

当过饱和度很小时，即 $\sigma\ll\sigma_1$，$\tanh(\sigma_1/\sigma)\approx1$，故生长速度 R 和过饱和度 σ 之间的关系为抛物线关系，即

$$R=A\sigma^2 \tag{8-56}$$

当过饱和度较大时，即 $\sigma\gg\sigma_1$，$\tanh(\sigma_1/\sigma)\approx\sigma_1/\sigma$，故生长速度 R 和过饱和度 σ 之间的关系为线性关系，即

$$R=A\sigma_1\sigma \tag{8-57}$$

对于溶液生长，其结果也具有式(8－55)的形式，但参量 A、σ_1 的表达式稍有不同。同样，

当过饱和度较小时，R 与 σ 具有抛物线关系；当过饱和度较大时，R 与 σ 具有线性关系。

对于气相生长和溶液生长，当过饱和度较小时，都由线性规律退化到抛物线规律，不过其物理原因是不同的。在气相生长中，低过饱和度时，由于台阶间距大于面扩散的平均距离，所以界面上的吸附分子或原子不能全部为台阶扭折捕获，有不少分子或原子又重新升华到气相中，故 R 与 σ 的关系由线性规律降低为抛物线规律；而在溶液生长中，不存在界面扩散，过饱和度降低是台阶间距增大而使得单位界面内的扭折数减少的缘故。

对于熔体生长，由螺位错生长机制导出的生长动力学规律也是抛物线形的，可以表示为

$$R = A\ (\Delta T)^2 \tag{8-58}$$

位错在界面上的露头，消除了二维成核的热力学势垒，使晶体在低过饱和度下也能生长。因而，在过饱和度较小时，生长速度与名义驱动力的抛物线关系反映了位错生长机制的实质。

上述结论是从一个与界面正交的螺位错推导出来的动力学规律，同样也适用于一对异号螺位错的情况。因为当一个螺位错产生台阶时，在晶面上某处所通过的台阶流量与一对异号螺位错产生台阶时所通过的台阶流量是一样的。

8.3.3　粗糙界面的生长

粗糙界面上到处是台阶、扭折，吸附原子或分子位于粗糙界面上任何位置所具有的位能是完全相等的。粗糙界面上的所有位置都是“生长位置”，因而粗糙界面生长过程中不存在为了产生台阶而需要克服的热力学势垒，也不需要晶体缺陷在生长中起催化作用。大多数晶体的熔体生长都是典型的粗糙界面生长。

当生长系统中生长温度 T 接近平衡温度 T_m，或生长蒸气压 p 接近平衡蒸气压 p_0，或生长时溶液浓度 C 近于平衡浓度 C_0 时，晶体的生长速度为

$$R = h\nu \exp\left(-\frac{Q_F}{kT}\right)\frac{|\Delta g|}{kT} \tag{8-59}$$

式中：h 是界面的面间距；ν 是原子的振动频率；Q_F 是流体原子穿越界面进入晶格座位必须克服的其近邻流体原子的约束，即激活能；Δg 是流体原子转变为晶体原子时吉布斯自由能的降低，即相变驱动力；T 是温度。

对熔体生长，代入驱动力的表达式，则有

$$R = \frac{h\nu l_{SF}}{kTT_m}\exp\left(-\frac{Q_F}{kT}\right)\Delta T \tag{8-60}$$

式(8－60)表明，熔体生长系统中，晶体的生长速度 R 与名义驱动力 ΔT 成线性关系。对气相、溶液生长系统同样可得生长速度 R 与过饱和度 σ 的线性关系。

8.3.4　晶体生长动力学统一理论

界面结构决定了生长机制，而不同的生长机制表现出不同的动力学规律，因而界面结构比生长系统对生长动力学起着更加本质的作用。

完全光滑界面的生长是通过台阶的产生和台阶运动而进行的。只有当台阶通过界面上任意一点时，该点的界面才能前进一个晶面的间距，因而光滑界面以不连续的方式生长。又因为台阶是沿着界面运动的，故光滑界面的生长又称为侧向生长、沿面生长或层状生长。

完全粗糙的界面上到处都是台阶、扭折，晶体生长不存在克服热力学势垒的问题。在一定

的驱动力下，流体原子近于连续地进入界面上的晶格座位，界面能连续地生长，故粗糙界面的生长称为连续生长或称法向生长。表 8－3 总结了界面结构、生长机制和生长动力学规律。

表 8－3　界面结构、生长机制和生长动力学规律

界面结构	生长机制			生长动力学规律		
				动力学规律	熔体生长中动力学系数的估计	
光滑界面（奇异面）$\alpha>2$	层状生长	完整晶体	二维成核机制	指数规律 $R=A\exp\left(\frac{-B}{\lvert\Delta g\rvert}\right)$	$R=A\exp\left(\frac{-B}{\Delta T}\right)$	$10<A<10^4$（单位：cm/s）$1<B<10^4$（单位：℃）
		缺陷晶体	位错机制	抛物线规律 $R=A\lvert\Delta g\rvert^2$	$R=A\Delta T^2$	$10^4<A<10^{-2}$［单位：cm/(s · ℃²)］
粗糙界面 $\alpha<2$	连续生长			线性规律 $R=A\lvert\Delta g\rvert$	$R=A\Delta T$	$1<A<10^3$［单位：cm/(s · ℃)］

8.3.5　晶体生长形态学

晶体的形态不仅取决于晶体的本性，还取决于晶体的生长条件。因此，了解晶体形态的形成过程，也就了解了晶体生长的动力学过程。此外，不同品种的晶体往往各自具有特殊的形态，因此晶体形态可以作为鉴别晶体的一个特征。通过研究不同条件下形成的晶体外形上的差异，可以了解这些条件对晶体生长的影响。

1.影响晶体形态的因素

晶体呈现多面体形状取决于其界面生长速度的各向异性，而界面生长速度的各向异性又取决于其微观结构。一般说来，在低的驱动力作用下，粗糙界面生长得快，有位错存在的光滑界面次之，完全光滑的界面生长得慢。如果认识到了引起界面生长速度各向异性的原因，即找到了影响晶体形状的因素，从而可以有效地控制晶体生长的形状。

首先是物质相变熵的影响。如果物质相变熵很小（$\alpha<2$），界面是粗糙的，在均匀的驱动力场下各晶面都按线性动力学规律生长，故生长速度是各向同性的，这种情况下晶体不表现多面体形状，如大多数金属的熔体生长。如果物质相变熵较大（$\alpha\geqslant2$），同一晶体中可能某些面是光滑的，某些面是粗糙的。不同类型的面按不同的动力学规律生长，粗糙面生长速度较快，光滑面生长速度较慢，于是粗糙面隐没，光滑面显露，晶体呈现由光滑面所构成的多面体形状，如气相生长、溶液生长中大多数是这种情况。值得注意的是，即使同为光滑面，如果界面相变熵不同，则界面上台阶、扭折的形成能不同，其生长速度也不同，也会表现出生长速度的各向异性。这种情况下，生长速度较低的光滑面显露，生长速度较高的光滑面仍隐没。

一般说而言，氧化物、半导体、金属的物质相变熵是顺次减小的，因而其出现多面体形状的可能性也将顺次减小。物质相变熵还取决于生长系统，同一物质在气相生长系统中相变熵较大，在熔体生长系统中较小，因而气相生长系统中易呈现多面体形状。

其次是表面能的影响。表面能最小面的台阶不易出现，台阶棱边能最大，二维成核热力学势垒最高，生长速度最慢。因而，在生长过程中表面能小的界面显露出来，反之则易隐没。

不仅生长系统的物性参量影响晶体形态，工艺参量也影响晶体形态。

一般说来，驱动力较小时，界面的结构近于平衡结构，因而界面相变熵或表面能决定了晶体形态。而当驱动力较大时，光滑界面有转变为粗糙界面的趋势，生长速度亦趋于转变为各向同性，因而不易呈现出多面体的形态。如果驱动力进一步增大，界面稳定性可能遭到破坏，则可能出现枝晶形态或胞状界面。

如果生长系统中存在杂质，而杂质在界面的吸附往往妨碍晶面上台阶的运动，因而也将减小该晶面的生长速度。杂质的吸附往往是选择性吸附，即不同的晶面吸附杂质的概率不同，于是杂质的选择性吸附会改变晶面的生长速度，因此能有效地改变晶体的形态。

晶体中的位错能对晶体生长起催化作用，提高光滑界面的生长速度，因而将减少该界面的显露面积，从而改变晶体的形态。

2.小面生长

在自由生长系统中，如果各晶面所受的驱动力(过冷度)是相同的，光滑界面的生长速度较慢，生长速度的各向异性将表现出来，晶体可能长成光滑界面所构成的多面体。然而，在强制生长系统中，则要求界面上各晶面的生长速度相等，因而在粗糙界面上要求过冷度较小，在光滑界面上要求过冷度较大。只有如此，光滑界面和粗糙界面才能具有同样的生长速率。这个要求在强制生长系统中是能够自动被满足的。

提拉法生长系统是典型的强制生长系统。该系统中要求固液界面上任何晶面的生长速度在提拉方向的分量必须相同，而且必须等于提拉速度。如果晶体生长开始时固液界面上各晶面具有同样的过冷度，因而各晶面处于同一温度的等温面上。如果在该过冷度下粗糙界面的生长速度正好等于提拉速度，则在恒速提拉过程中所有粗糙界面的位置保持不变。而在同样的过冷度下，光滑界面的生长速度小于粗糙界面的速度，因而也小于提拉速度，于是光滑界面的位置将向上移动。

随着光滑界面的位置向上位移，光滑界面上的过冷度便增加，光滑界面的法向生长速度也随之增加，直到光滑界面的生长速度等于提拉速度时，光滑界面的位置才不再变化。此时，界面上不同类型的晶面的生长速度都等于提拉速度，但是不同类型晶面上的过冷度不同，固液界面上就会出现偏离等温面的平坦区域，如图 8 - 27 所示。这个偏离等温面的平坦区域称为小晶面(Facet)，简称小面。

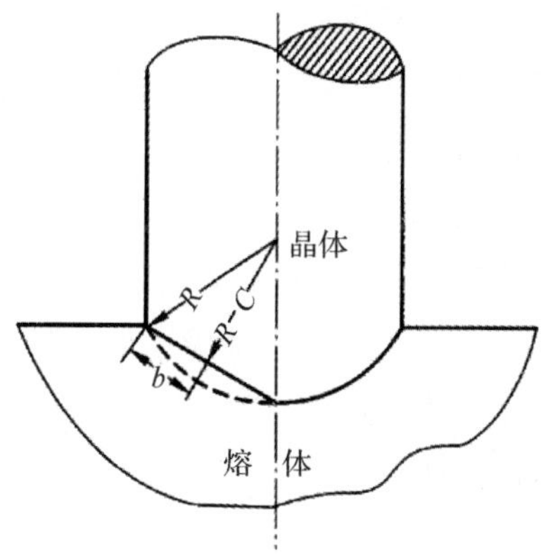

图 8 - 27　小面形成的动力学解释

由于界面的结构不同，在强制生长系统中表现为小面，而在自由生长系统中可表现为多面体。但是产生小面和多面体的物理原因都是相同的。

在固液界面上出现小面后，虽然小面和周围的粗糙界面以同样的速度生长，但是小面上的过冷度较大，而且其生长机制和周围的粗糙界面完全不同。因此，小面区域所长出的晶体和周围的晶体在物理性能上存在着差异。例如，在小面生长区域内会出现溶质浓度异常、品质参数异常，并伴随出现弹性畸变。因而，通常将晶体中的小面生长区域称为内核。内核的出现破坏了晶体物理性能的均匀性，因此在生长工艺上是要力图避免的。

假设固液界面的曲率半径为 R，小面的半径为 b，几何参量 C 的意义如图 8－27 所示，由几何关系可得

$$b^2 = C(2R - C) \tag{8-61a}$$

当 $R \gg C$ 时，有

$$b^2 \approx 2RC \tag{8-61b}$$

如果固液界面邻近的温度梯度为 G，小面中心相对于周围粗糙面的相对过冷度为 ΔT，有

$$\Delta T = GC \tag{8-62}$$

因此

$$b^2 \approx \frac{2R\Delta T}{G} \tag{8-63}$$

式中：相对过冷度 ΔT 取决于小面和周围界面的生长动力学规律的差异。固液界面的曲率半径 R 和界面附近的温度梯度可以通过工艺手段调节，要想减小小面的尺寸，可以减小曲率半径尺和增加温度梯度 G，不过这不能根本消除小面。但是，如果适当地选择籽晶取向，同时调节固液界面的曲率半径，使光滑界面不出现在固液界面上，就能完全避免小面的出现。

8.4 人工晶体的气相生长法

8.4.1 气相生长的方法和原理

在晶体生长方法中，从气相中生长单晶材料是最基本和常用的方法之一。由于这种方法含有大量变量，生长过程较难控制，所以用气相法生长大块单晶通常仅适用于那些难以从液相或熔体生长的材料。例如Ⅱ－Ⅵ族化合物和碳化硅等。

气相生长的方法大致可以分为三类：

(1)升华法是将固体在高温区升华，蒸气在温度梯度的作用下向低温区输运结晶的一种生长晶体的方法。有些材料具有如图 8－28 所示的相图，在常压或低压下，只要温度改变就能使它们直接从固相或液相变成气相，并能还原成固相，即升华。一些硫属化合物和卤化物，例如 CdS、ZnS、CdI_2、HgI_2 等，可以通过这种方法生长。

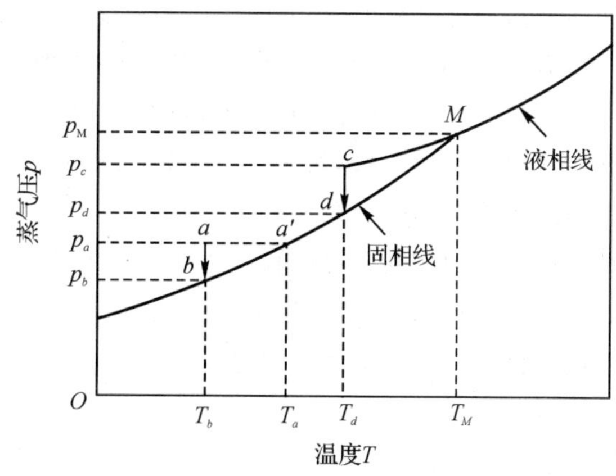

图 8-28　从液相或气相凝结成固相的蒸气压-温度关系

(2)蒸气输运法是在一定的环境(如真空)下,利用运载气体生长晶体的方法,通常用卤族元素来帮助源的挥发和原料的输运,可以促进晶体的生长。例如当有 WCl_6 存在时,用电阻加热直径不均匀的钨丝时,钨丝会变得均匀,即钨从钨丝较粗的(较冷的)一端输运到较细的(较热的)一端,其反应为 $W+3Cl_2 = WCl_6$。

许多硫属化物(例如氧化物、硫化物和碲化物)以及某些磷属化物(例如氮化物、磷化物、砷化物和锑化物)可以用卤素输运剂从热端输运到冷端从而生长出适合单晶研究用的小晶体。

需要指出的是,蒸气输运并不局限于二元化合物,碘输运法也能生长出 $ZnIn_2S_4$、$HgGa_2S_4$ 和 $ZnSiP_2$ 等三元化合物小晶体。

(3)气相反应法是利用气体之间的直接混合反应生成晶体的方法。例如,GaAs 薄膜就是用气相反应来生长的。目前,气相反应法已发展成为工业上生产半导体外延晶体的重要方法之一。

气相生长的基本原理可概括成:对于某个假设的晶体模型,气相原子或分子运动到晶体表面,在一定的条件(压力、温度等)下被晶体吸收,形成稳定的二维晶核;在晶面上产生台阶,再俘获表面上进行扩散的吸附原子,台阶运动、蔓延横贯整个表面,晶体便生长一层原子高度;如此循环往复即能长出块状或薄膜状晶体。

8.4.2　气相生长的输运过程

气相生长中原料的输运主要靠扩散和对流来实现,实现对流和扩散的方式虽然较多,但主要还是取决于系统中的温度梯度和蒸气压力或蒸气密度。

总体说来,如果满足下列条件,输运过程就比较理想。

(1)反应产生的所有化合物都是挥发性的。

(2)有一个在指定温度范围内和所选择的气体种类分压内,所希望的相是唯一稳定的固体产生的化学反应。

(3)自由能的变化接近于零,反应容易成为可逆的,并保证在平衡时反应物和生成物有足够的量;如果反应物和生成物的浓度太低,将很难造成材料从原料区到结晶区的适当的流量。在通常所用的闭管系统内尤为如此,因为该系统中输运的推动力是扩散和对流。在很多情况下，还伴随有多组分生长的问题，如组分过冷、小晶面效应和枝晶现象。

(4)固体的摩尔溶解热(焓)ΔH 不等于零。这样，在生长区，平衡朝着晶体的方向移动，而在蒸发区，由于两个区域之间的温度差，平衡被倒转。因而，ΔH 决定了温度差 ΔT。ΔT 不可过小，否则温度控制比较困难；但也不能太大，太大了虽有利于对流输运，但动力学过程将受到妨碍，影响晶体的质量。因此，需要选择一个合适的 ΔT。

(5)控制成核，要求具有在合理的时间内足以长成优质晶体的快速动力学条件。适当选择输运剂，输运剂与输运元素的分压应接近化合物所需要的理想配比。

在气相系统中，通过可逆反应生长时，输运可以分成三个阶段：

(1)在原料固体上的复相反应。

(2)气体中挥发物的输运。

(3)在晶体形成处的复相逆向反应。

气体输运过程因其内部压力不同而主要有三种可能的方式：

(1)当压力小于 1×10^2 Pa 时，气相中原子的平均自由程接近或者大于典型设备的尺寸，那么原子或分子的碰撞可以忽略不计，输运速度主要取决于原子的速度。如果输运过程是限制速度，根据气体分子运动论，对于确定的输运气体，当温度保持不变时，输运速度与总压力成正比；当总压力保持不变时，输运速度与温度成反比。

(2)在 $1\times10^2\sim3\times10^5$ Pa 的压力范围，分子运动主要由扩散确定，菲克定律可描写这种情况。如果浓度梯度不变，扩散系数随总压力的增加而减小。

(3)当压力大于 3×10^5 Pa 时，热对流对确定气体运动极其重要。由扩散控制的输运过程到由对流控制的输运过程的转变范围常常取决于设备的结构细节。

在大多数的实际气相晶体生长中，输运过程由扩散机制决定，而输运过程又限制着生长速度。

8.4.3 气相生长的特点

对于气相生长，如果系统的温度场设计比较合理，生长条件掌握比较好，仪器控制比较灵敏精确的话，长出的晶体质量是很好的，外形比较完美，内部缺陷也比较少，是制作器件的好材料。

但是如果生长条件选择不合适，温度场设计不理想等，生长出的晶体就不完美，内部缺陷(如位错、枝晶、裂纹等)就会增多，甚至长不成单晶，而是长成多晶。

因此，严格选择和控制生长条件是气相生长晶体的关键。

8.5 人工晶体的溶液生长法

从溶液中生长晶体的历史最为悠久，应用也很广泛。这种方法的基本原理是将原料(溶质)溶解在溶剂中，采取适当的措施造成溶液的过饱和状态，使晶体在其中生长。

广义的溶液生长法包括水溶液、有机溶剂和其他无机溶剂的溶液、熔盐(高温溶液)以及水热溶液等。狭义的溶液生长法指的是从水溶液中生长晶体的方法。

8.5.1　溶解度、溶解度曲线和晶相

1.溶液和熔体

由两种或两种以上物质组成的均匀混合系统称为溶液。广义的溶液包括气体溶液、液体溶液和固体溶液，溶液由溶质和溶剂组成。溶质和溶剂没有严格的定义，但通常把溶液中含量较多的那个组分称为溶剂。本节中所涉及的溶液是指溶剂为液体、溶质为固体的溶液。

许多物质在常温下是固体，但温度升到熔点以上时就熔化为液体。这种常温下是固态的纯物质的液相称为熔体。但在一般的应用中，通常把两种或两种以上在冷却时凝固的均匀液态混合物也称为熔体。例如液态的 α 萘酚（熔点 96 ℃）是熔体，α 萘酚和 β 萘酚（熔点 122 ℃）的均匀液态混合物也称为熔体，但 α 萘酚、β 萘酚和乙醇的液体混合物却不能称为熔体，而应称为溶液。

溶液和熔体、溶解和熔化、溶质和溶剂有时是很难严格区分的。例如，KNO_3 在少量水的存在下，在远低于其熔点的温度下可化为液体，这样形成的液体就很难判断是溶液还是熔体，因为如果把它看成 KNO_3 溶于水的溶液时，则溶剂太少，如若称为水在 KNO_3 中的溶液时又不符合习惯。在这种情况下，通常把该系统看作熔体，即 KNO_3“熔化”在少量的水中。

由此可见，熔体和溶液是连续的，所以熔化和溶解在本质上是一样的。可以把熔化看成是被溶解所液化的特殊情况。当水是溶液的一个组分时，一般总是看成溶质（盐类）溶在一定温度的水中，而不是从水的存在使盐的熔点降低这个角度来看问题。习惯上把水多时称为溶解，而水很少时看成熔化。

2.溶解度

溶解度是从溶液中生长晶体的最基本的参数，溶解度可以用在一定条件（温度、压力）下饱和溶液的浓度来表示。溶质在溶液中的浓度（溶液成分）有下列几种表示方法：

（1）体积摩尔浓度 n：1 L 溶液中所含溶质的摩尔数。

（2）当量浓度 N：1 L 溶液中所含溶质的当量数。

（3）质量摩尔浓度 μ：1 000 g 溶剂中所含溶质的摩尔数。

（4）摩尔分数 x：溶质摩尔数与溶液总摩尔数之比。

（5）质量分数：100 g 或 1 000 g 溶液中所含溶质的克数。

（6）质量比 f：100 g 或 1 000 g 溶剂中所含溶质的克数。

不同的浓度表示方法适合于不同的场合。在实验中使用体积摩尔浓度和当量浓度很方便，但是由于其和溶液体积有关，易受温度影响（某一给定的 n 和 N 随温度的升高而减小），因此在溶解度数据中，经常使用其他浓度表示法。最常用的表示方法是质量比和摩尔分数，后者特别适合表示多组分混合物的成分。

3.溶解度曲线

表示温度与浓度关系的曲线称为溶解度曲线。图 8－29 给出了一些水溶性晶体的溶解度曲线。溶解度曲线是选择从溶液中生长晶体的方法和生长温度区间的重要依据。对于溶解度温度系数为正且较大（溶解度随温度的升高而增大）的物质，采用降温法生长比较理想；对于溶解度温度系数比较小或为负（溶解度随温度的升高而减小）的物质，则宜采用蒸发法生长，例如碘酸锂（$LiIO_3$）晶体的生长。对于有些在不同条件下有不同相的物质，则要求选择稳定的温度区间进行生长。

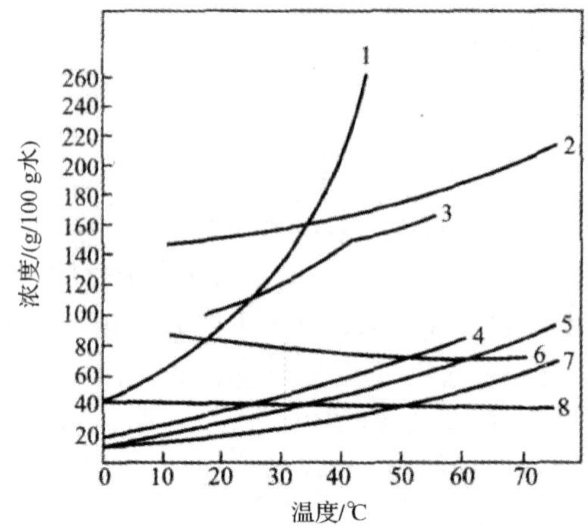

图 8-29　一些水溶性晶体的溶解度曲线

1—酒石酸钾钠(OKNT)；2—酒石酸钾(DKT)；3—酒石酸乙二铵(EDT)；

4—磷酸二氢铵(ADP)；5—硫酸甘氨酸(TGS)；6—碘酸锂(LI)；

7—磷酸二氢钾(KDP)；8—硫酸锂(LS)

温度对溶解度的影响可以用 Vant Hoff 公式表示：

$$\frac{\mathrm{dln}X}{\mathrm{d}T}=-\frac{\Delta H}{RT^2} \tag{8-64}$$

式中：x 为溶质的摩尔分数；ΔH 为固体的摩尔溶解热(焓)；T 为绝对温度；R 是普适气体常数。在理想情况下，式(8-64)可以演变为

$$\lg X=-\frac{\Delta H}{2.303R}\left(\frac{1}{T}-\frac{1}{T_0}\right) \tag{8-65}$$

式中：T_0 为晶体的熔点。从式(8-65)可以看出：

(1)对于大多数的晶体，溶解过程是吸热过程，ΔH 为正，温度升高，溶解度增大；如果溶解过程是放热过程，则 ΔH 为负，温度升高，溶解度减小。

(2)在一定温度下，高熔点晶体的溶解度小于低熔点晶体的溶解度。

式(8-65)还可以简化为

$$\lg X=-\frac{a}{T}+b \tag{8-66}$$

式中：a、b 是常数。

4.晶相

在水溶液中，溶解度高的材料会形成几种不同成分或结构的相，这些相具有界限分明的热力学稳定区域。根据相律可知，对于两种组元和三个相的系统，只有一个自由度。假如压力固定，系统就不变，因此两种固相能与溶液平衡共存的温度只有一个。当处于任何其他温度时，一定有一个固相是不稳定的，它将转变成另一个固相。但是，由于反应速度慢，一种相的成核会受到抑制，于是晶体可以在其热力学不稳定的区域内生长。当然在这样的区域内生长时，晶体的质量可能不会好，因为任何人为的因素都会引起相转变。

通过测量饱和温度与成分关系的曲线可以得到不同相的稳定边界线，如图 8-30 所示。KH_2PO_4 的温度系数是较低的，因此它不能用降温法生长；但是对三水合物却具有大的正温度

系数，所以容易生长；而六水合物的溶解度曲线显示异常的特征，即从正温度系数变到负温度系数时，没有溶解度极大值，因为它发生在亚稳区。

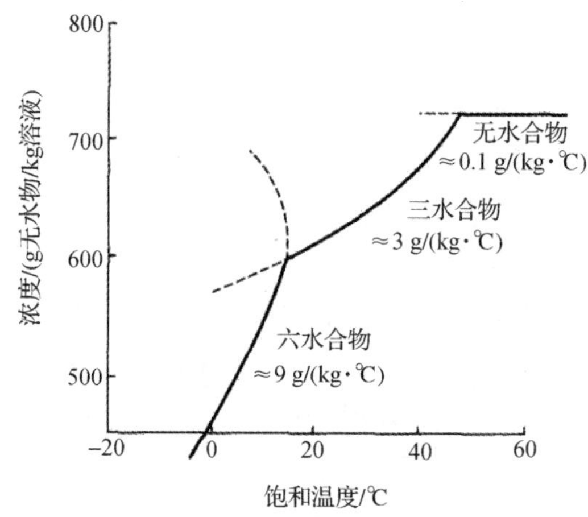

图 8-30　磷酸二氢钾-水 H_2O 系统

氘化的磷酸二氢钾 $K(D/H)_2PO_4$ 能以两种晶相存在，即具有相同组元的单斜和四方晶体结构。这里，存在具有两个自由度的三种相和三种组元。但是，当压力和温度固定时，系统就成为不变的，这时只有一种成分（氘化比）可变，在该成分下有两种固相可与溶液平衡共存。假如两种晶型以任何其他成分存在，那么一种晶型将溶解，而另一种则长大。

当然，这并不排除在非常接近边界的某个成分处生长亚稳态晶体的可能性，因为晶体生长实际就是一种非平衡态过程，两种晶型都可能生长，只不过是以不同的饱和度生长而已。

8.5.2　溶液生长的方法和原理

从溶液中生长晶体的最关键因素是控制溶液的过饱和度。使溶液达到过饱和状态，并在晶体生长过程中始终维持其过饱和度的途径有：

(1)根据溶解度曲线改变温度。

(2)采取各种方法（如蒸发、电解等）减少溶剂，改变溶液成分。

(3)通过化学反应来控制过饱和度。由于化学反应的速度和晶体生长的速度差别很大，因此要做到这点很困难的，需要采取一些特殊的方式，如用凝胶扩散使反应缓慢进行等。

(4)用亚稳相来控制过饱和度。即利用某些物质的稳定相和亚稳相的溶解度差别，控制一定的温度，使亚稳相不断溶解，稳定相不断生长。

根据晶体的溶解度与温度的关系，从溶液中生长晶体的具体方法主要有以下几种。

1.降温法

降温法是从溶液中生长晶体的最常用的方法。这种方法适用于溶解度和温度系数都较大的物质，并需要一定的温度区间。这一温度区间是有限的，温度上限由于蒸发量过大而不宜过高，温度下限太低，对晶体生长也不利。一般来说，比较合适的初始温度是 50～60 ℃，降温区间以 15～20 ℃为宜，典型的生长速度为每天 1～10 mm，生长周期为 1～2 个月。

降温法的基本原理是利用物质较大的正溶解度温度系数，在晶体生长的过程中逐渐降低温度，使析出的溶质不断在晶体上生长。用这种方法生长的物质溶解度温度系数最好不低于1.5 g/kg·℃。降温法生长晶体的装置有多种，不过基本原理都相同，图 8－31 是其原理示意图。

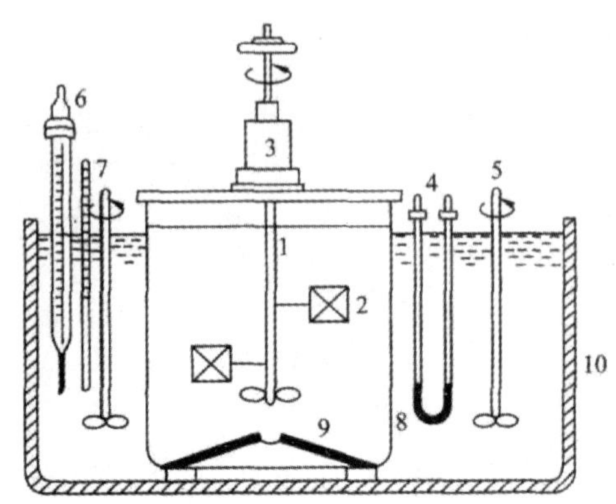

图 8－31　降温法生长晶体的原理示意图

1—籽晶杆；2—晶体；3—密封装置；4—加热器；5—搅拌器；
6—控制器；7—温度计；8—育晶器；9—有孔隔板；10—水槽

不管哪种装置，都必须严格控制温度，按一定程序降温。实验证明，微小的温度波动都会造成某些不均匀区域，影响晶体的质量。目前，温度控制精度已达±0.001 ℃。另外，在降温法生长晶体过程中，由于不再补充溶液或溶质，因此要求育晶器必须严格密封，以防溶剂蒸发和外界污染，同时还要充分搅拌，以减少温度波动。

2.流动法（温差法）

图 8－32 是流动法（温差法）生长晶体的原理示意图，由生长槽 A、溶解槽 B 和过热槽 C 组成。三槽之间的温度情况为槽 C 高于槽 B，槽 B 又高于槽 A。原料在溶解槽 B 中溶解后经过滤器进入过热槽 C，过热槽温度一般高于生长槽温度 5～10 ℃，可以充分溶解从槽 B 中流入的微晶，提高溶液的稳定性。经过热后的溶液泵入生长槽 A，此时溶液处于过饱和状态，析出溶质使晶体生长。析晶后变稀的溶液从生长槽 A 溢流入槽 B，重新溶解原料至溶液饱和，再进入过热槽，溶液如此循环流动，晶体便不断生长。

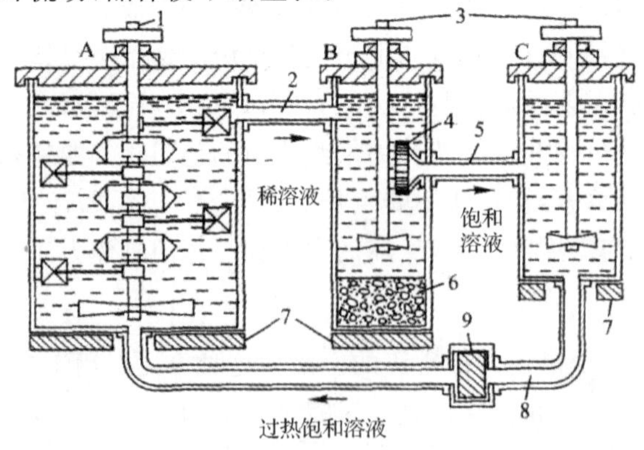

图 8－32　流动法（温差法）生长晶体的原理示意图

A—生长槽；B—溶解槽；C—过热槽；1—籽晶杆；2—连接管；3—搅拌器；
4—过滤器；5—连接管；6—原料；7—底座；8—连接管；9—循环泵

流动法(温差法)晶体生长的速度受溶液流动速度和B、A两槽温差的控制。该方法的优点是生长温度和过饱和度都固定,使晶体始终在最有利的温度和最合适的过饱和度下生长,避免了因生长温度和过饱和度变化而产生的杂质分凝不均和生长带等缺陷,使晶体完整性更好。此方法的突出优点是能够培养大单晶。已用该方法生长出重达20 kg的ADP($NH_4H_2PO_4$)优质单晶。这种装置还用来进行晶体生长动力学研究。

流动法(温差法)的缺点是设备比较复杂,调节三槽之间的温度梯度和溶液流速之间的关系需要有一定的经验。

3.蒸发法

蒸发法生长晶体的基本原理是将溶剂不断蒸发减少,从而使溶液保持在过饱和状态,晶体便不断生长。这种方法比较适合于溶解度较大而溶解度温度系数很小或为负值的物质。蒸发法生长晶体是在恒温下进行的。

蒸发法的装置和降温法的装置基本相同,不同的是,在降温法中,因为需要严格密封,育晶器中蒸发的冷凝水全部回流,而在蒸发法中则是部分回流,有一部分被取走了。降温法是通过控制降温来保持溶液的过饱和度,而蒸发法则是通过控制溶剂的蒸发量来保持溶液的过饱和度。

蒸发法生长晶体的装置有许多种,图8-33是其原理示意图。

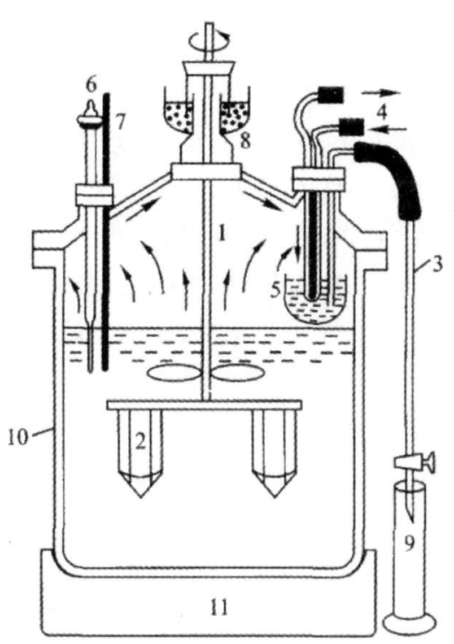

图8-33　蒸发法生长晶体的原理示意图

1—籽晶杆;2—晶体;3—虹吸管;4—冷却水管;5—冷凝器;6—控制器;7—温度计;8—水封装置;9—量筒;10—育晶缸;11—加热器

对于降温法和蒸发法生长,除了注意上面所讲到的一些原理和措施以外,在生长过程中还应注意下面几点:

(1)晶体在溶液中最好能做到既能自转也能公转,以避免晶体发育不良。

(2)正确调整溶液的酸碱度,使晶体发育完美。

(3)生长速度不能过大,随时防止除晶体以外其他位置成核。

4.凝胶法

凝胶法是以凝胶(常见硅胶)作为扩散和支持介质,使一些在溶液中进行的化学反应通过凝胶扩散缓慢进行,从而使溶解度较小的反应物在凝胶中逐渐形成晶体的方法。因此,凝胶法也就是通过扩散进行的溶液反应法,该法适用于生长溶解度十分小的难溶物质的晶体。由于凝胶生长是在室温条件下进行的,所以此法也适用于生长对热很敏感(如分解温度低或在熔点下有相变)的物质的晶体。图 8 - 34 是凝胶法生长晶体的原理示意图。

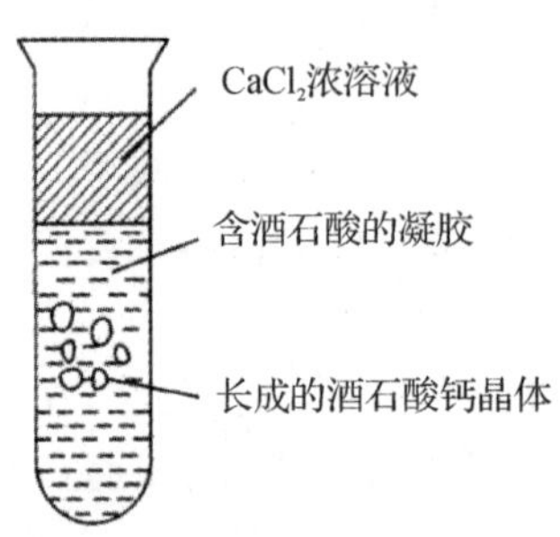

图 8 - 34　凝胶法生长晶体的原理示意图

凝胶法生长的基本原理可以从酒石酸钙的生长中看出。当 $CaCl_2$溶液进入含有酒石酸的凝胶时,发生的化学反应为

$$CaCl_2 + H_2C_4H_4O_6 + 4H_2O \rightarrow CaC_4H_4O_6 \cdot 4H_2O \downarrow + 2HCl$$

这种反应属于复分解反应,此外还可利用氧化-还原反应生长金属单晶,如 CuCl、Agl 等。

凝胶法生长的优点在于方法和操作都简单,在室温下生长,能生长一些难溶的或对热敏感的晶体。生长的晶体一般具有规则的外形,而且可以直接观察晶体生长过程和宏观缺陷的形成,还可以掺杂,便于晶体生长的研究和新品种的探索。其缺点是生长速度慢,周期长,晶体的尺寸小,难以获得大块晶体。但是,该方法与化学、矿物学联系较密切,因此仍有不可忽视的实用价值。

8.5.3　溶液生长的特点

溶液法生长具有以下优点:

(1)晶体可在远低于其熔点的温度下生长。有许多晶体不到熔点就分解或发生不希望出现的晶型转变,有的在熔化时有很高的蒸气压,溶液使这些晶体可以在较低的温度下生长,从而避免了上述问题。此外,在低温下使晶体生长的热源和生长容器也较易选择。

(2)降低黏度。有些晶体在熔化状态时黏度很大,冷却时不能形成晶体而成为玻璃,溶液法采用低黏度的溶剂则可避免这一问题。

(3)容易长成大块的、均匀性良好的晶体,并且有较完整的外形。

(4)在多数情况下,可以直接观察晶体生长过程,便于研究晶体生长动力学。

溶液法生长的缺点是组分多,影响晶体生长因素比较复杂,生长速度慢,周期长(一般需要数十天乃至一年以上)。另外,溶液法生长晶体对控温精度要求较高,在一定的温度(T)下,温度波动(ΔT)对晶体生长的影响取决于 $\Delta T/T$,如果维持 $\Delta T/T$ 数值不变,则在低温下 ΔT 应当小。经验表明,为培养高质量的晶体,温度波动一般不宜超过百分之几摄氏度,甚至是千分之几摄氏度。

8.6　人工晶体的水热生长法

8.6.1　水热生长的方法和原理

晶体的水热生长法，是在高温、高压下的过饱和水溶液中进行结晶的方法。此种方法的历史比较悠久，至今仍然广泛采用。现在用水热法可以合成水晶、刚玉、方解石、氧化锌以及一系列的硅酸盐、钨酸盐和石榴石等上百种晶体。

目前，较普遍采用的是温差水热结晶法。结晶或生长是在特别的高压釜内进行的，图 8-35是其生长晶体的原理示意图，原料放在高压釜底部的溶解区，籽晶悬挂在温度较低的上部生长区。在生长区和溶解区之间，放入一块有合适开口面积的金属挡板，以获得均匀的生长区域。高压釜外面有加热炉，加热炉提供所需要的工作温度和温度梯度。可用高压釜周围保温层的不同厚度来调节温度梯度，或用一台具有合适的绕组分布或绕组可分别加热的管式炉来提供所要求的温度梯度。

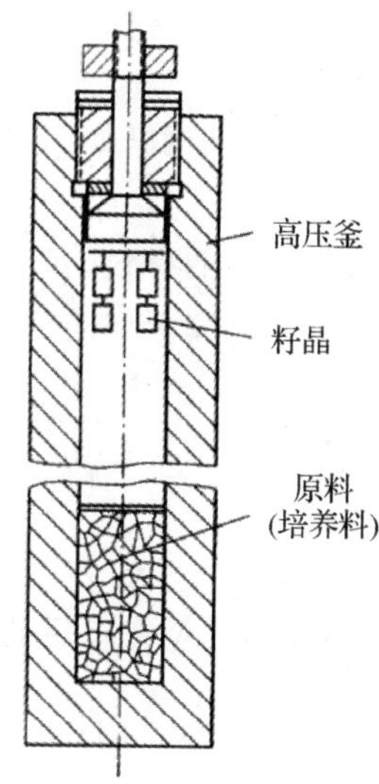

图 8-35　水热法生长晶体的原理示意图

晶体生长时，容器内部上、下部分溶液之间的温差产生了对流，将高温的饱和溶液带至籽晶区形成过饱和溶液而结晶。过饱和度取决于溶解区与生长区之间的温差以及结晶矿物的溶解度温度系数，而高压釜内过饱和度的分布则取决于最后的热流。通过冷却析出部分溶质后的溶液又流向下部，溶解培养料，如此循环往复，使籽晶得以连续不断地生长。

在高压釜中，除了原料和籽晶外，还有按一定的“充满度”放入的矿化剂溶液。实验证明，矿化剂的选取对晶体生长非常重要。因为它不仅可以增大原料的溶解度和溶解度温度系数，而且还影响着晶体的结晶习性和生长速度。另外，当加入某种添加剂时，对晶体的生长速度和性能也能产生影响，可以提高晶体的结晶速度。

高压釜是水热法生长单晶体的关键设备，其既要能在高温、高压下工作，又要耐酸碱腐蚀，

所以要求制作高压釜的材料的机械性能、化学稳定性、结构密封性等都要良好、可靠。具体地说,高压釜应满足下列条件:

(1)制作材料在高温、高压下有很高的强度,在温度为 200～1 100 ℃范围内能耐压(2～100)×10^7 Pa,耐腐蚀,化学稳定性好。

(2)釜壁的厚度不能低于理论公式的计算值,当温度高于 4 000 ℃时,还应考虑蠕变和持久强度。

(3)密封结构良好。高压釜的密封结构可分为自紧式和非自紧式两大类。

(4)高压釜的直径与高度比。一般对于内径为 100～200 mm 的高压釜来说,内径与高度之比为 1∶16 左右。内径增大,上述比例也相应增大。作为溶解度试验用的高压釜,其内径与高度比取 1∶5 就可以了。

(5)耐腐蚀,特别是耐酸碱腐蚀。一般采用惰性材料制成的内衬管来防腐蚀。

8.6.2 水热生长的特点

通常,水溶液中水热生长晶体的典型条件是温度为 300～700 ℃,压力为(5.05～30.3)×10^7 Pa。一般说来,水热法的温度介于大气压下水溶液法生长晶体的温度与熔体法或熔盐法生长晶体的温度之间。

与熔体法和熔盐法比较,水热法的优点是:

(1)由于存在相变(如 α 石英)或可能形成玻璃(如高黏滞度、结晶很慢的硅酸盐),在熔点时,不稳定的结晶相可以用水热法生长。

(2)可以用来生长在接近熔点时蒸气压高的材料(如 ZnO)或要分解的材料(如 VO_2)等。

(3)适用于要求比熔体生长的晶体有较高完美性的优质大晶体,或在理想配比困难时要更好地控制成分的材料的生长。

(4)生长出的晶体热应力小,宏观缺陷少,均匀性和纯度也较高。

水热法的主要缺点是:

(1)需要特殊的高压釜和安全保护措施。

(2)需要适当大小的优质籽晶,虽然晶体质量在以后的生长中能够得到改善。

(3)整个生长过程不能被观察。

(4)生长一定尺寸的晶体时间较长。

8.7 人工晶体的熔盐生长法

熔盐生长法,又称助熔剂法或高温溶液法,简称熔盐法,是在高温下从熔融盐溶剂中生长晶体的方法,生长晶体的过程与自然界中矿物晶体在岩浆中的结晶过程十分相似。熔盐法是古老的生长晶体的经典方法,至今已有 100 多年的历史。随着生长技术的不断改进,用熔盐法不仅能够生长出金红石、祖母绿等宝石晶体,而且能够生长出大块优质的钇铁石榴石铁氧体、磷酸钛氧钾、偏硼酸钡、铌酸钾、钛酸钡等重要晶体。

熔盐法胜过熔体法生长的主要优点在于,可以借助高温溶剂,使溶质相在远低于其熔点的温度下进行生长。它的适用范围很广泛,因为对于任何材料,理论上都能找到一种溶剂,但是在实际生长中要找到合适的溶剂却是熔盐法生长的一个既困难又很关键的问题。

8.7.1　熔盐生长的方法和原理

1.生长机理

熔盐法生长晶体的过程与从水溶液中生长晶体相类似，并且在所有情况下都可以应用同样的理论。在无籽晶加助熔剂熔体中生长晶体的过程，仍然是在较高的过饱和度下先成核，晶核长大，随着生长的进行和溶质的消耗，过饱和度就降低，达到平衡时，晶体稳定生长。根据螺旋生长理论处理，晶体的线生长速度 v 与相对过饱和度 σ 的关系为

$$v=\frac{C\sigma^2}{\sigma_1}\tanh\frac{\sigma_1}{\sigma} \tag{8-67}$$

式中：C 为常数；σ_1为临界过饱和度。当 $\sigma \ll \sigma_1$时，式(8－67)近似为

$$v=\frac{C\sigma^2}{\sigma_1} \tag{8-68}$$

当 $\sigma \gg \sigma_1$时，式(8－67)近似为

$$v=C\sigma \tag{8-69}$$

由于 C 和 σ_1的复杂性，二者都有难以定性的因素，即使是数量级大小也难以估计，所以目前要验证上述公式对熔盐法生长的正确性只能依靠经验数据。

2.生长方法

熔盐法生长中精确控制温度是稳定生长所必须的条件。用于熔盐法的晶体生长炉一般是长方形或立式圆柱形的马弗炉，结构比较简单。发热元件是碳化硅等导电陶瓷材料。对晶体生长炉的要求是温度控制精确，保温性能好，坩埚进出方便，能够防止助熔剂蒸气侵蚀发热元件等。图 8－36 是熔盐法生长晶体的原理示意图。

熔盐法生长晶体需要使用坩埚，常用的坩埚材料包括铂、铱、铝、石英、刚玉和石墨等，其中比较满意的是铂。铂的寿命在氧化性气氛下比较长，但是铂会与金属铅、铋、铁生成低共熔物，所以要特别注意避免一定量的金属铅、铋、铁的影响。如果必须使用铅基助熔剂，可以加入少量 PbO，增加坩埚的寿命。

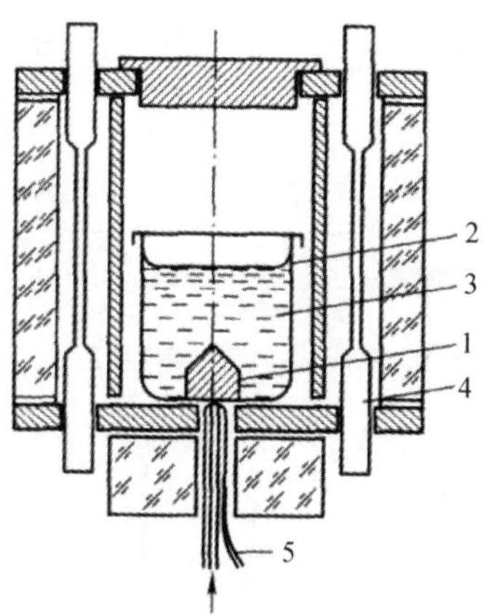

图 8－36　熔盐法生长晶体的原理示意图

1—晶体；2—坩埚；3—高温溶液；4—加热器；5—热电偶

熔盐法生长晶体，在生长停止后，需要将晶体与残余物的溶液分离。常用的方法有：

(1)如果晶体生长在坩埚壁上,可以在固化前把过量的溶液倾倒出来,分离的晶体立刻放回炉中慢慢降至室温,这种方法会使晶体产生应力。

(2)把晶体和溶液连同坩埚一起冷却到室温,然后固化物浸入某些含水的试剂中,溶剂在这些试剂中溶解,而晶体不溶解。溶解过程可能要几星期,特别是对于大坩埚。在冷却过程中,晶体会被固化在溶剂中,有可能在晶体中引入应力。

(3)为了减少应力,可以在坩埚底部开孔,让溶液流出而不必从炉中取出坩埚;也可以采用坩埚倒转法,将坩埚密封倒转,如图 8-37 所示。这两种方法的操作比较复杂,而且是高温操作,应特别注意。还可以采用坩埚倾斜法,倾斜坩埚使晶体与余液分离,如图 8-38 所示。

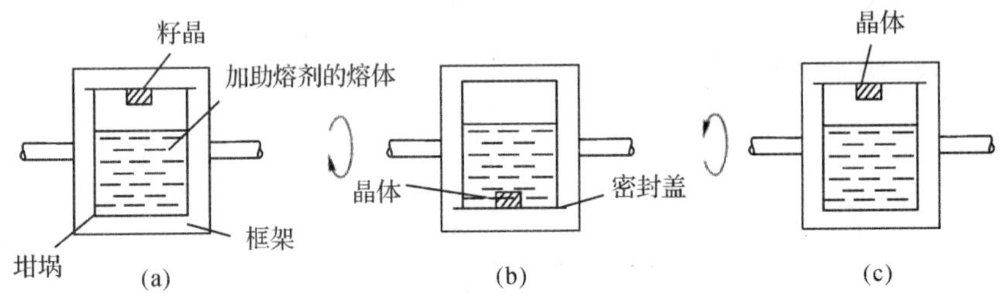

图 8-37　坩埚倒转法示意图

(a)冷却到液相线温度以下;(b)坩埚倒转生长阶段;(c)重新转回来,把晶体和助熔剂分开

8.7.2　助熔剂的选择

助熔剂的种类很多,为给定的材料选择合适助熔剂的详细理论还未建立。由于缺乏相图数据和诸如黏滞度和蒸气压等重要数据,选择能够使用的助熔剂变得更加困难。

选择助熔剂时必须首先考虑助熔剂的物理和化学性质。理想的助熔剂应具备下述物理化学特性:

(1)对晶体材料必须具有足够大的溶解性,一般为 10%～50%(质量分数)。在生长温度范围内,还应有适度的溶解度的温度系数。该系数太大时,生长速度不易控制,温度稍有变化就会引起大量的结晶物质析出,不但造成生长速度的较大变化,还常常引起大量的自发成核,不利于大块优质单晶的生长。该系数太小时,则生长速度很小。一般而言,在 10%左右的范围内较为合适。

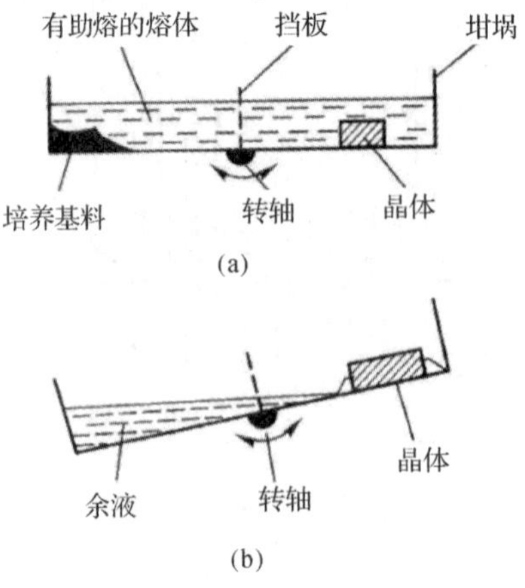

图 8-38　坩埚倾斜法示意图

(2)在尽可能大的温度压力等条件范围内与溶质的作用应是可逆的，不会形成稳定的其他化合物，而所要的晶体是唯一稳定的物相，这就要求助熔剂与参与结晶的成分最好不要形成多种稳定的化合物。但经验表明，只有二者组分之间能够形成某种化合物时，溶液才具有较高的溶解度。

(3)助熔剂在晶体中的固溶度应尽可能小。为避免助熔剂作为杂质进入晶体，应选用那些与晶体不易形成固溶体的化合物作助熔剂，还应尽可能使用与生长晶体具有相同原子的助熔剂，而不使用性质与晶体成分相近的原子构成的化合物。

(4)具有尽可能小的黏滞性，以利于溶质和能量的输运，从而有利于溶质的扩散和结晶潜热的释放，这对于生长高完整性的单晶极为重要。

(5)有尽可能低的熔点、尽可能高的沸点，这样才有较宽的生长温度范围供选择。

(6)具有很小的挥发性和毒性。由于挥发会引起溶剂的减少和溶液浓度的增加，从而使系统的过饱和度增大，生长难于控制。此外，助熔剂多少都有些毒性，挥发性大的助熔剂会对环境造成污染，对人体造成损害。

(7)对铂或其他坩埚材料的腐蚀性要小，否则，助熔剂不仅会损坏坩埚，还会污染溶液。

(8)易溶于对晶体无腐蚀作用的某种液体溶剂中，如水、酸或碱性溶液等，以便于生长结束时晶体与母液的分离。

(9)在熔融态时，助熔剂的密度应与结晶材料相近，否则上、下浓度不易均一。

实际上很难找到一种能同时满足上述条件要求的助熔剂。在实际使用中，一般采用复合助熔剂来尽量满足这些要求，因为复合溶剂成分可以变化，可以进行协调，例如在溶解度和挥发性之间进行协调。倘若所需要的材料要结晶成稳定相，最合适的选择常常是低共熔成分。但复合助熔剂的组分过多，又常常使溶液系统的物相关系复杂化，扰乱待长晶体的稳定范围。因此，对复合助熔剂的使用也必须慎重考虑。为一些新材料选择助熔剂时，一方面是根据上述原则并参考已发表的相图，挑选出适当的成分；另一方面则是查阅已经成功地使用在与所需要的化合物相类似的化合物生长的助熔剂文献。实际上已有几种助熔剂被用在多种材料的生长上，如生长 YAG，使用的助熔剂为 PbO/PbF_2，熔点 494 ℃，熔质是 $Y_3Al_5O_{12}$。目前，使用最广泛的是以 PbO 和 PbF_2 为主的助熔剂。常用的助熔剂和生长的晶体见表 8-4。

表 8-4　常用的助熔剂和生长的晶体

助熔剂	熔点(低共熔点)/ ℃	室温时的溶剂	溶质举例
BaO/B_2O_3	870	HNO_3	$Ba_2Zn_2Fe_{12}O_{22}$，YIG
$BaO/Bi_2O_3/B_2O_3$	600	HNO_3	$NiFe_2O_4$，$ZnFe_2O_4$
$Bi_6Y_3O_{17}$	大约 900	HNO_3	Cr_2O_3，Fe_2O_3
Li_2O/MoO_3	532	H_2O	BaO，$ZnSiO_4$
$Na_2B_4O_7$	741	HNO_3	$NiFe_2O_4$，Fe_2O_3
$Na_2W_2O_7$	620	H_2O	$CaWO_4$，CoV_2O_4
PbF_2	840	HNO_3	$A1_2O_3$，$MgAl_2O_4$
PbO/B_2O_3	500	HNO_3	In_2O_3，$YFeO_3$
PbO/PbF_2	494	HNO_3	$GdAlO_3$，$Y_3Fe_5O_{12}$
$PbO/PbF_2/B_2O_3$	大约 494	HNO_3	$A1_2O_3$，$Y_3Al_5O_{12}$
$Pb_2P_2O_7$	824	HNO_3	Fe_2O_3，$GaPO_4$
$Pb_2V_2O_7$	720	HNO_3	Fe_2TiO_5，YVO_4

8.7.3 熔盐生长的特点

熔盐法生长的主要优点在于可以借助高温溶剂,使溶质在远低于其熔点的温度下生长。熔盐法至今还备受瞩目并广泛采用,其原因在于它有以下几方面的优点:

(1)可以生长熔点很高而现有设备达不到要求的材料。

(2)适用于生长不同成分熔化的材料,或在较低温度下出现的相变引起严重应力或破裂的材料。

(3)适用于生长由于组元蒸气压较高、容易形成非理想配比的材料。

(4)生长出的晶体质量好,不仅能够培育小晶体,而且也能够生长优质的大晶体。

熔盐法生长的缺点是不能直接观察生长过程,精确控温比较困难,有腐蚀性蒸气排出,对设备和环境有一定影响。

8.8 人工晶体的熔体生长法

从熔体中生长晶体的历史悠久,目前仍然是制备大尺寸单晶体和特定形状晶体的最常用也是最重要的方法。电子学、光学等现代技术应用中所需要的单晶材料,大部分是用熔体生长方法制备的,例如 Si、Ge、GaAs、GaP、$LiNbO_3$ 以及一些碱金属和碱土金属的卤化物等。与其他方法相比,熔体生长具有生长快、晶体的纯度高、完整性好等优点。目前,熔体生长的工艺和技术已相当成熟,不少晶体品种早已实现工业化生产。

8.8.1 熔体生长的特点

通常,熔体生长过程只涉及固液相变过程,这是熔体在受控制条件下的定向凝固过程。在该过程中,原子(或分子)随机堆积的阵列直接转变为有序阵列,这种从无对称性结构到有对称性结构的转变不是整体效应,而是通过固液界面的移动而逐渐完成的。

1)热量输运问题

在晶体生长中,首先要形成一个单晶核,然后在晶核和熔体的交界面上不断进行原子或分子的重新排列而形成单晶体。只有当晶核附近熔体的温度低于凝固点时,晶核才能继续发展。因此,要求生长着的界面必须处于过冷状态。然而,为了避免出现新的晶核和避免生长界面的不稳定性,过冷区必须集中在界面附近狭小的范围内,而熔体的其余部分则应处于过热状态。在这种情况下,结晶过程中释放出来的潜热不可能由熔体输运,必须由生长着的晶体输运。

通常,使生长着的晶体处于较冷的环境之中,由晶体的传导和表面辐射输运热量。随着界面向熔体发展,界面附近的过冷度将逐渐趋近于零,为了保持一定的过冷度,生长界面必须向着低温方向不断离开凝固点等温面,只有这样,生长过程才能继续进行下去。此外,为使熔体保持适当的温度,还必须由加热器不断供应热量。上述的热输运过程在生长系统中建立起一定的温场,并决定了固液界面的形状。因此,在熔体生长过程中,热量的输运对晶体的生长起着支配作用。

2)溶质输运问题

对于那些掺杂的或非同成分熔化的化合物,在界面上会出现溶质分凝问题。分凝问题由界面附近溶质的浓度所支配,而后者又取决于熔体中溶质的扩散和对流输运过程。因此,溶质的输运问题也是熔体生长过程中的重要问题。

3)熔体法生长晶体的类型

从熔体中生长晶体,一般有两种类型。一种是晶体与熔体有相同的成分,纯元素和同成分熔化的化合物属于此类。这类材料实际上是单元系统,在生长过程中,晶体和熔体的成分均保持恒定,熔点也不变。这类材料容易得到高质量晶体,例如 Si、Ge、Al_2O_3、YAG 等,也允许有较高的生长率。第二种是晶体与熔体成分不同,掺杂的元素或化合物以及不同成分熔化的化合物属于此类。这类材料实际上是二元或多元系统,在生长过程中晶体和熔体的成分均在不断变化,熔点(或凝固点)也在随成分的变化而变化。熔点和凝固点不再是一个确定的值,而是由一条固相线和一条液相线表示。这类材料要得到均匀的单晶就困难得多,有些可以形成连续固溶体,但多数只形成有限固溶体,一旦超过固溶限,就将会出现第二相沉淀物,甚至出现共晶或包晶反应,使单晶生长受到破坏。

此外,熔体生长过程中不仅存在着固液平衡问题,还存在着固气平衡和液气平衡问题。那些蒸气压或离解压较高的材料(如钆镓石榴石 GGG、GaAs),在高温下某种组分的挥发将使熔体偏离所需要的成分,而过剩的气体组分将成为有害杂质,生长这类材料将增加技术上的困难。

还有,晶体生长完毕后,必须由高温降至室温。有些材料在这一温度范围内有固态相变(包括脱溶沉淀和共析反应),这也将给晶体生长带来很大困难。

因此,只有那些没有破坏性相变,又有较低的蒸气压或离解压的同成分熔化的化合物(包括纯元素),才是熔体生长的理想材料,可以获得理想的单晶体。不能满足上述条件的材料,虽然难以生长,但随着生长技术和理论的发展,有许多品种也已获得了优质晶体。

8.8.2　熔体生长的方法和原理

从熔体中生长单晶体的方法有很多,根据材料系统的构成,可以将典型的熔体生长法划分为正常凝固法和逐区熔化法两种类型。

正常凝固法的特点是在晶体生长开始时,除了引入的籽晶以外,全部多晶原料熔融。材料系统由晶体和熔体两部分组成。在生长过程中不向熔体添加原料,而是以晶体的长大和熔体的消失而告终。晶体提拉法、坩埚移动法等属于此类。

逐区熔化法的特点是在晶体生长开始时,局部区域的多晶原料熔融,形成熔区。材料系统由晶体、熔体和多晶原料三部分组成。在生长过程中,熔区有两个固液界面,在一个界面上结晶,在另一个界面熔化多晶原料,熔区向多晶原料方向移动。尽管熔区的体积不变,但是不断地向熔区中添加原料。生长过程将以晶体的长大和多晶原料的耗尽而告终。区熔法、浮区法等属于此类。

1.晶体提拉法

晶体提拉法属于正常凝固法,是熔体生长中最常用的方法,该方法已成功地生长出了半导体、氧化物和其他绝缘体等重要的实用晶体。改进的晶体提拉法能顺利生长 GaP 等易挥发的化合物,以及一些特定形状的晶体,如管状宝石和带状硅单晶等。

丘克拉斯基(Czochralski)最早提出了晶体提拉法,该方法的生长晶体的原理示意图如图 8-39 所示,材料在坩埚中被加热到熔点以上。坩埚上方有下端有夹头以及可以旋转和升降的提拉杆,其上装有籽晶。降低提拉杆,使籽晶插入熔体中,只要熔体的温度适中,籽晶既不熔解，也不长大，然后缓慢向上提拉和转动籽晶杆，同时缓慢降低加热功率，籽晶逐渐生长变粗。小心地调节加热功率，就能得到所需直径的晶体。整个生长装置安放在外罩里，以保证生长环境有所需要的气体和压力。通过外罩的窗口可以观察到生长的状况。

1)晶体提拉法生长晶体的直径控制

在晶体提拉法生长晶体过程中，温度起伏会引起晶体直径的起伏，二者的关系为

$$\Delta T = C^{*} \Delta d \tag{8-70}$$

同样的温度起伏对不同的生长系统引起的直径起伏是不同的，C^{*} 愈大，直径起伏 Δd 就愈小。C^{*} 被称为直径惯性，是反映生长系统综合性能的物理量。

在固液界面以下一定深度 δT 下，熔体的温度恒为平均温度 T_m，而在此深度 δT 之内，温度逐渐降到临界温度 T_m，这个深度 δT 被称为温度边界层，如图 8-40 所示。

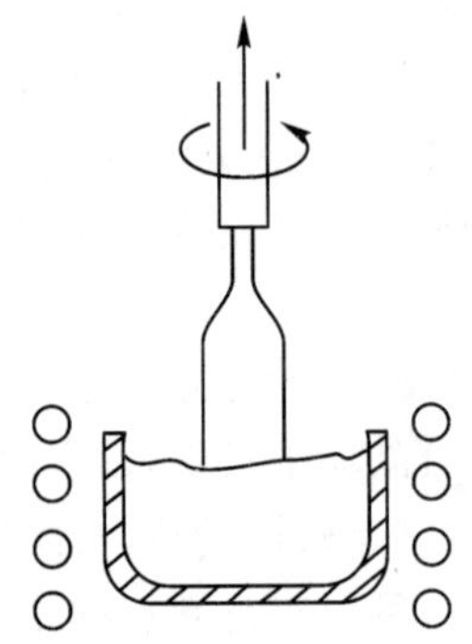

图 8-39　晶体提拉法生长晶体的原理示意图

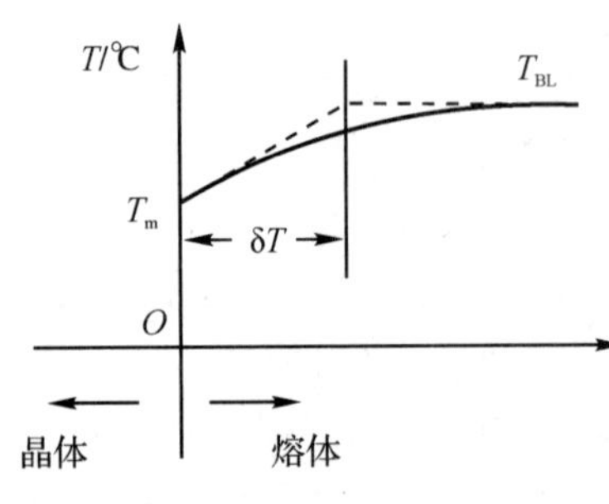

图 8-40　温度边界层

如果晶体的转速为 ω，温度边界层厚度的近似表达式为

$$\delta T \propto \omega^{-\frac{1}{2}}$$

假设 K_S 为晶体的导热系数，K_L 为熔体的导热系数，ε 为热交换系数，d 为晶体的直径，则晶体的直径控制方程为

$$\Delta T_{BL} = \frac{2K_S^{\frac{1}{2}} \varepsilon^{\frac{1}{2}} \theta_m \delta T}{K_L d^{\frac{2}{3}}} \Delta d = C^{*} \Delta d \tag{8-71}$$

其中，$\theta_m = T_m - T_0$，T_0 是炉膛的环境气氛的温度。

可以看出，对同样的温度系统，直径惯性 C^{*} 越大，直径的变化 Δd 就越小，这正是生长阶

段所要求的。

晶体提拉法生长晶体的直径控制方法有很多，既有人工直接用眼睛观察进行控制，也有自动控制。晶体直径的自动控制方法目前有弯月面光反射法、晶体外形成像法、称重法等。利用上述方法控制晶体的直径，不仅使生长过程的控制实现了自动化，而且提高了晶体的质量和成品率。

2)晶体提拉法生长晶体的工艺要点

晶体提拉法生长晶体的加热方法主要是电阻加热和高频感应加热，在无坩埚生长时可采用激光加热、电子束加热和等离子体加热等方法。

电阻加热的优点是成本低，可使用大电流、低电压的电源，并可以制成各种形状的加热器。对电阻加热来说，当温度高于 1 500 ℃时，通常采用需要保护气氛的圆筒石墨或钨加热器。当温度较低时，一般采用电阻丝、硅钼棒或碳硅管加热器，可以不用保护气氛。

高频加热可以提供较干净的环境，时间响应快，但成本高。高频加热中，坩埚本身常常就是加热器，在高温时多采用铱坩埚，在 1 500 ℃以下时常采用铂坩埚。

坩埚材料对熔体生长关系重大，坩埚材料的选择应遵从如下原则：

(1) 坩埚材料不溶或仅仅微溶于熔体。

(2) 尽可能地不含有能输运到熔体中去的杂质。

(3) 容易清洗，使任何表面杂质都能除去。

(4) 在正常使用条件下，必须有高的强度和物理稳定性。

(5) 有低的孔隙率以利于排气。

(6) 有易于加工或制成所需形状的坩埚。

最常用的坩埚材料有石英、铂、铱、钼和石墨。石英除了与镁、钙、钡、锶、铝、稀土元素和氟化物反应以外，对许多元素和化合物来说是惰性的。石墨除了与硅、硼、铝和铁会形成碳化物以外，对大多数金属来说是惰性的。铂、铱对大多数物质来说是很稳定的。如果没有合适的坩埚装熔体，则应采用无坩埚技术。

3)晶体提拉法生长晶体的特点

晶体提拉法生长晶体的主要优点是：

(1) 在生长过程中，可以直接观察晶体的生长状况，为控制晶体外形提供了有利条件。

(2) 晶体在熔体的自由表面处生长，不与坩埚相接触，能够显著减小晶体的应力，并防止坩埚壁上的寄生成核。

(3) 可以方便地使用定向籽晶的和“缩颈”工艺，得到不同取向的单晶体，降低晶体中的位错密度，减少镶嵌结构，提高晶体的完整性。

晶体提拉法的最大优点在于能够以较快的速度生长较高质量的晶体。例如，晶体提拉法生长的红宝石与焰熔法生长的红宝石相比，具有较低的位错密度、较高的光学均匀性，也没有嵌镶结构。此外，在晶体提拉法中：使用液相封盖技术和高压技术，可以生长具有较高蒸气压或较易离解的材料；增加磁场，可以使单晶中氧的含量和电阻率分布得到控制和趋于均匀。而导模技术可以按照所需要的形状和尺寸来生长晶体，晶体的均匀性也得到了改善。

晶体提拉法生长晶体的主要缺点是：

(1) 一般用坩埚作为容器，导致熔体有不同程度的污染。

(2) 当熔体中含有易挥发物时，则存在控制组分的困难。

(3) 适用范围有一定的限制。例如,不适于生长冷却过程中存在固态相变的材料,也不适于生长反应性较强或熔点极高的材料,因为难以找到合适的坩埚。

总之,晶体提拉法生长的晶体完整性很高,生长速度和晶体尺寸也令人满意。设计合理的生长系统、精确而稳定的温度控制是获得高质量晶体的重要前提条件。

2.坩埚下降法

坩埚下降法属于正常凝固法。布里奇曼(Bridgman)首先提出了坩埚下降法,斯托克巴杰(Stockbarger)对这种方法的发展作出了重要的推动。坩埚下降法主要用于生长碱金属和碱土金属的卤族化合物晶体(例如 CaF_2、LiF、NaI 等),以及半导体化合物晶体(例如 HgCdTe、CdZnTe、HgMnTe、CdMnTe 等)。

坩埚下降法的特点是熔体在坩埚中冷却并定向凝固。坩埚可以垂直放置,也可以水平放置,如图 8-41 所示。生长晶体时,将原料放入具有特殊形状的坩埚里,加热使原料熔化。通过下降装置,坩埚可在具有一定温度梯度的结晶炉内缓缓下降,经过温度梯度最大的区域时,熔体便会在坩埚内自下而上地结晶为整块晶体。这个过程也可以让坩埚不动,结晶炉沿着坩埚上升,或坩埚和结晶炉都不动,而是通过缓慢降温来实现生长。生长装置中通过尖底坩埚可以成功地得到单晶,也可以在坩埚底部放置籽晶。为防止晶体黏附于坩埚壁上,可以使用石墨衬里或涂层。对于挥发性材料要使用密封坩埚。

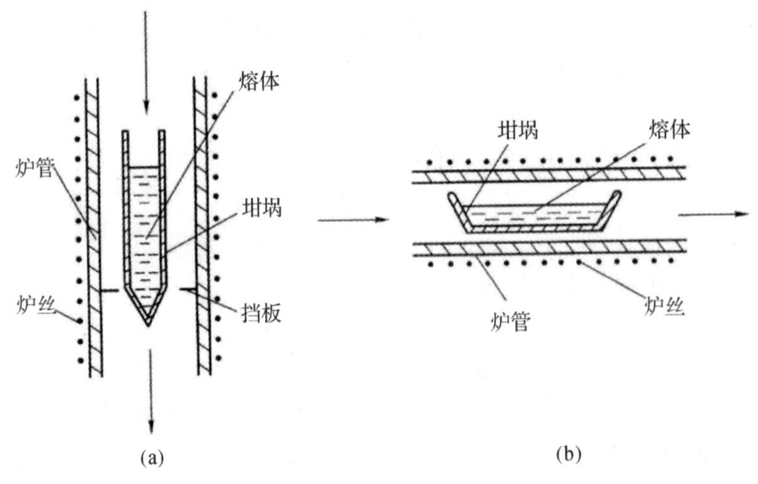

图 8-41　坩埚下降法生长晶体的原理示意图

(a)垂直式;(b)水平式

1)坩埚下降法生长晶体的温度场控制

采用坩埚下降法进行晶体生长的情况较为复杂,只能在简化模型的基础上加以讨论。为简便起见,假设晶体的生长速度可以近似看成是热量在一维空间上的传导,则由热传导连续方程可以推导得出:

$$v=\frac{\Delta T\,(K_S-K_F)}{\rho_m L} \tag{8-72}$$

式中:ΔT 为固液界面处的温度梯度;K_S、K_F 分别为晶体、熔体的热导率;ρ_m 为熔点附近熔体的密度；L 为生长单位质量的晶体所释放出的结晶潜热。

由式(8-72)可以看出，温度梯度 ΔT 越大，生长速度 v 也就越大。从经济省时的角度出发，v 越大越好，但如果要考虑晶体的质量，情况就较为复杂。

固液界面处的温度梯度 ΔT 是由高温区和低温区之间的温差造成的，如果增大温度梯度，就要增大高温区的温度或减小低温区的温度。高温区的温度过高，可能导致熔体的剧烈挥发、分解和污染，影响晶体的质量；而低温区的温度过低，生长的晶体在短距离内经受很大的温差，会造成较大的热应力。如果坩埚的热膨胀系数比晶体大，冷却时坩埚的收缩量也比晶体大，坩埚就要挤压晶体，使晶体产生比较大的压应力。低温区温度越低，这种压应力就越大，甚至引起晶体炸裂。因此，斯托克巴杰认为坩埚下降法生长晶体，理想的轴向温度分布是：

(1) 高温区的温度应高于熔体的熔点，但不要太高，以避免熔体的剧烈挥发。

(2) 低温区的温度应低于晶体的熔点，但不要太低，以避免晶体炸裂。

(3) 熔体结晶应在高温区和低温区之间温度梯度大的区间进行，即在散热板附近。

(4) 高温区和低温区内部要求有不大的温度梯度。这样既避免了在熔体上部结晶，又避免了在低温区晶体内产生较大的内应力。

2)坩埚下降法生长晶体的工艺要点

坩埚下降法所使用的结晶炉通常由上、下两部分组成，上炉为高温区，原料在高温区中充分熔化，下炉为低温区。为了在上炉、下炉之间形成较大的温度梯度，上炉、下炉一般分别独立控温，还可以在上炉、下炉之间增加散热板。炉体设计合理，是保证得到足够的温度梯度以满足晶体生长需要的关键。

坩埚下降法一般采用自发成核生长晶体，获得单晶体的依据就是晶体生长中的几何淘汰规律，其原理示意图如图 8-42 所示。在坩埚底部有三个不同晶向的晶核 A、B、C，其生长速度由于晶向的不同而不同。假设晶核 B 的最大生长速度方向与坩埚壁平行，晶核 A 和 C 则与坩埚壁斜交。从图中可以发现，在生长过程中，A 核和 C 核的成长空间受到 B 核的排挤而不断缩小，最终完全被 B 核所湮没，只剩下取向良好的 B 核占据整个熔体而发展成单晶体，这一现象就是几何淘汰规律。

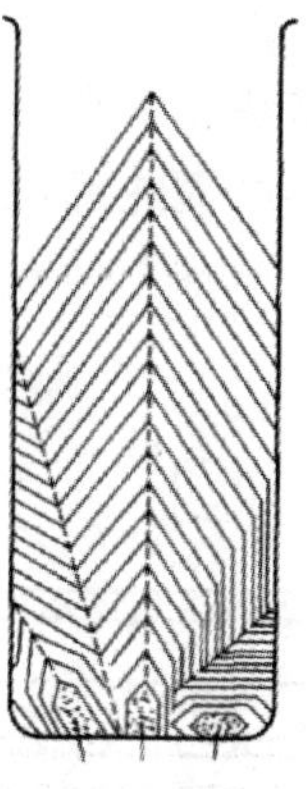

图 8-42　几何淘汰规律原理示意图

为了充分利用几何淘汰规律，提高成品率，设计了各种各样的坩埚，如图 8-43 所示，目的是让坩埚底部通过温度梯度最大的区间时，在底部形成尽可能少的晶核，这些晶核再经过几何淘汰，剩下取向优异的单核发展成晶体。经验表明，坩埚底部的形状也因晶体类型的不同而有所差异。

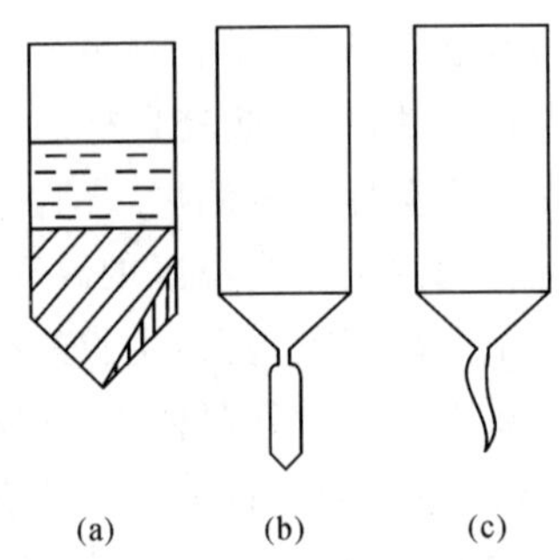

图 8-43 各种形状的生长晶体的坩埚

3)坩埚下降法生长晶体的特点

坩埚下降法生长晶体的主要优点是:

(1)可以把原料密封在坩埚里,减少了挥发造成的泄漏和污染,使晶体的成分容易控制。

(2)可以生长大尺寸晶体,可生长的晶体品种很多,操作简单,易实现程序化生长。

(3)每个坩埚中的熔体都可以单独成核,可以在结晶炉中同时放入若干个坩埚,或者在大坩埚里放入多孔的柱形坩埚,每个孔都可以生长晶体,而它们共用一个圆锥底部进行几何淘汰,这样可以大大提高成品率和工作效率。

坩埚下降法生长晶体的主要缺点是:

(1)不适宜冷却时体积增大的具有负膨胀系数的晶体。

(2)生长过程中晶体直接与坩埚接触,可能在晶体中引入较大的内应力和较多的杂质。

(3)在晶体生长过程中难以进行直接观察,生长周期比较长。

(4)采用籽晶时,籽晶在高温区既不完全熔融,又必须部分熔融才能进行生长,这一技术问题比较难解决。

总之,坩埚下降法的最大优点是能够生长大直径晶体,主要缺点是晶体和坩埚壁接触容易产生应力或寄生成核。

3.区熔法

区熔法属于逐区熔化法,有水平区熔法和重直区熔法两种基本类型。普凡(Pfann)最早提出了水平区熔法,这种方法主要用于材料的提纯,但也常用于生长晶体。图 8-44 是该方法的生长晶体的原理示意图。

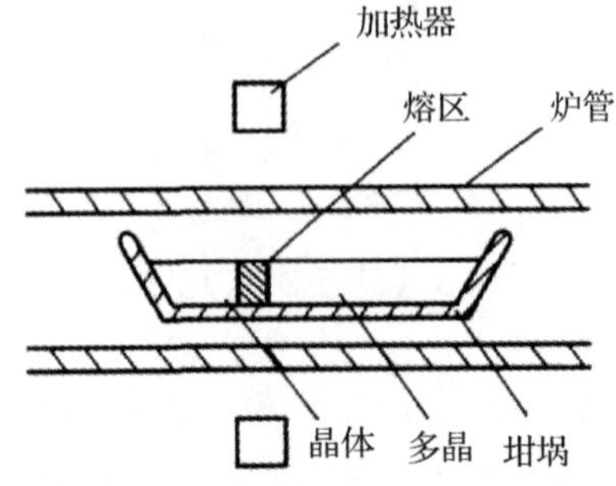

图 8-44 水平区熔法生长晶体的原理示意图

水平区熔法与水平坩埚下降法相似，不过熔区被限制在狭窄的范围内，绝大部分材料处于固态。随着熔区沿着多晶原料由一端向另一端缓慢移动，晶体的生长过程逐渐完成。与正常凝固法相比，该方法的优点是：减小了坩埚与熔体的接触面积，从而减轻了坩埚对熔体的污染；熔区范围狭窄，加热功率较低；区熔过程可以反复进行，从而可以提高晶体的纯度或使掺杂均匀化。

4.浮区法

浮区法属于逐区熔化法。凯克（Keek）和格雷（Golay）首先提出了浮区法，这种方法可以视为垂直区熔法。图8-45是该方法的生长晶体的原理示意图。在生长的晶体和多晶原料棒之间有一段熔区，该熔区由表面张力支持。熔区的稳定是靠表面张力与重力的平衡来保持，因此材料要有较大的表面张力和较低的熔体密度。

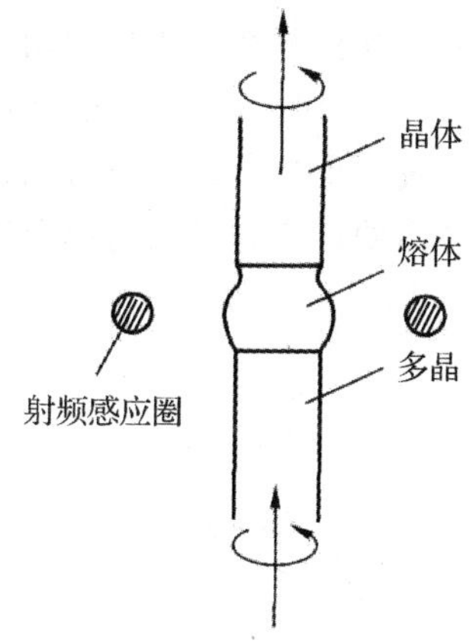

图8-45 浮区法生长晶体的原理示意图

通常，熔区自上而下移动，以完成结晶过程。浮区法属于无坩埚技术，主要优点是不需要坩埚，避免了坩埚造成的污染，常用于生长Si等半导体材料。由于加热温度不受坩埚熔点的限制，浮区法可以生长熔点极高的材料，例如熔点达3 400 ℃的钨单晶。浮区法对加热技术和机械传动装置的要求比较严格。

【本章小结】

在单元复相系统中，相平衡的条件是共存的各个相的化学势相等。在多元复相系统中，相平衡的条件是共存的各个相中，任意组元的化学势相等。如果系统处于非平衡态或亚稳态，则系统中的相称为亚稳相，系统有过渡到平衡态的趋势，亚稳相也有转变为稳定相的趋势。在亚稳相中新相一旦成核，就能自发地长大，这是由于新相的长大过程就是系统化学势降低的过程。

气相系统的过饱和蒸气、溶液系统的过饱和溶液、熔体系统的过冷熔体都是亚稳相，而这些系统中生长的晶体却是稳定相。亚稳相与晶体之间存在化学势差，即存在相变驱动力，如果考虑界面效应，弯曲界面相平衡条件也是两相的化学势相等，但压强却是不连续的，对相变驱动力也会产生影响。

在相变驱动力的作用下，稳定相在亚稳相中的某个区域内成核，通过相界面的移动而逐渐长大，这种转变在空间上是不连续的，在时间上是连续的。人工晶体生长过程就是这种成核—长大过程。如果新相在系统中各个区域出现的概率相同，就是均匀成核；如果新相优先出现于系统中某些区域，即为非均匀成核。必须注意的是，均匀是指新相在亚稳相中各个区域出现的概率是均等的，但出现新相的区域仍然是局部的。

晶体生长过程主要是晶体/流体（气体、溶液、熔体）界面向流体不断推移的过程。在这个过程中，晶体/流体界面要通过宏观传输吸附原子、离子、分子或基团参与晶体的生长，界面结构与生长环境密切相关，界面的能量状态与界面结构类型有关，界面结构与晶体生长过程的宏观传输特性相互耦合、相互影响，从而影响晶体质量。

生长速率与驱动力间的函数关系称为生长动力学规律。生长动力学规律取决于生长机制，而生长机制又取决于生长过程中界面的微观结构。因而生长动力学规律与界面结构密切相关，界面的性质决定了晶体生长的微观机制和所遵从的动力学规律。就生长动力学而言，界面结构比生长系统有着更加本质的影响作用。晶体的性质及其生长条件会影响晶体的形态。

从气相系统、溶液系统和熔体系统中生长晶体的方法和技术有很多，但是其原理和适用范围千差万别。在生长晶体时，根据晶体的性质和应用选择合适的晶体生长方法，是获得高质量人工晶体的先决条件。

参 考 文 献

[1] 介万奇. 晶体生长原理与技术[M].2 版.北京:科学出版社,2019.

[2] 闵乃本. 晶体生长的物理基础[M]. 上海:上海科学技术出版社,1982.

[3] 张克从,张乐潓. 晶体生长科学与技术[M]. 北京:科学出版社,1997.

[4] 姚连增. 晶体生长基础[M]. 合肥:中国科技大学出版社,1995.

[5] 朱世富,赵北君. 材料制备科学与技术[M]. 北京:高等教育出版社,2006.

[6] 潘金生,仝健民,田民波. 材料科学基础[M]. 北京:清华大学出版社,1998.

[7] 胡赓祥,蔡珣,戎永华. 材料科学基础[M].3 版.上海:上海交通大学出版社,2010.

[8] 陶杰,姚正军,薛烽. 材料科学基础[M]. 北京:化学工业出版社,2006.

[9] 刘智恩. 材料科学基础[M].3 版.西安:西北工业大学出版社,2007.

[10] 谷智,介万奇,周万城.材料制备原理与技术[M]. 西安:西北工业大学出版社,2014.

[11] 宋晓岚,黄学辉. 无机材料科学基础[M].2 版.北京:化学工业出版社,2019.

[12] 罗绍华. 无机非金属材料科学基础[M]. 北京:北京大学出版社,2013.

[13] 樊先平,洪樟连,翁文剑. 无机非金属材料科学基础[M]. 杭州:浙江大学出版社,2004.

[14] 陆佩文. 无机材料科学基础:硅酸盐物理化学[M].2 版.武汉:武汉理工大学出版社,2006.

[15] 曾燕伟. 无机材料科学基础[M].2 版.武汉:武汉理工大学出版社,2015.

[16] 林营. 无机材料科学基础[M]. 西安:西北工业大学出版社,2020.

[17] 贺蕴秋,王德平,徐振平. 无机材料物理化学[M]. 北京:化学工业出版社,2005.

[18] 白志民,邓雁希. 硅酸盐物理化学[M].北京:化学工业出版社,2017.

[19] 张志杰.材料物理化学[M]. 北京:化学工业出版社,2006.

[20] 胡志强. 无机材料科学基础教程[M].2 版.北京:化学工业出版社,2011.

[21] 罗绍华,赵玉成,桂阳海. 材料科学基础:无机非金属材料分册[M]. 哈尔滨:哈尔滨工业大学出版社,2014.

[22] 马爱琼,任耘,段锋. 无机非金属材料科学基础[M].2 版.北京:冶金工业出版社,2020.

[23] 周玉. 陶瓷材料学[M].2 版.北京:科学出版社,2004.

[24] 叶瑞伦,方永汉,陆佩文. 无机材料物理化学[M]. 北京:中国建筑工业出版社,1984.

[25] 南京化工学院. 陶瓷物理化学[M]. 北京:中国建筑工业出版社,1981.

[26] 浙江大学,武汉建材学院,上海化工学院,等. 硅酸盐物理化学[M]. 北京:中国建筑工业出版社,1980.

[27] 范瑞明,郭春芳,冯勋. 无机材料科学理论及其性能研究[M]. 北京:中国原子能出版社,2019.

[28] 卢安贤. 无机非金属材料导论[M].3 版.长沙:中南大学出版社,2012.
[29] 刘培生. 晶体点缺陷基础[M]. 北京:科学出版社,2010.
[30] 蒂利. 固体缺陷[M]. 刘培生,田民波,朱永法,译. 北京:北京大学出版社,2013.
[31] 李爱东. 先进材料合成与制备技术[M].2 版.北京:科学出版社,2019.
[32] 陈刚,王宇,孙净雪,等.高等材料物理化学[M]. 哈尔滨:哈尔滨工业大学出版社,2020.
[33] 张克立. 固体无机化学[M]. 武汉:武汉大学出版社,2005.
[34] 樊慧庆,刘来君. 固体化学[M]. 北京:兵器工业出版社,2015.